Christoph Kreileder

Die Relevanz der Kommunikationswissenschaft für Public-Relations-Praktiker

Kommunikationswissenschaft

Band 5

LIT

Christoph Kreileder

Die Relevanz der Kommunikationswissenschaft für Public-Relations-Praktiker

Eine qualitative Studie
zur Rolle des Fachs in der Wissensgesellschaft

LIT

Inaugural-Dissertation zur Erlangung des Doktorgrades der Philosophie an der Ludwig-Maximilians-Universität München, 2014.

Gedruckt auf alterungsbeständigem Werkdruckpapier entsprechend
ANSI Z3948   DIN ISO 9706

Bibliografische Information der Deutschen Nationalbibliothek
Die Deutsche Nationalbibliothek verzeichnet diese Publikation in der Deutschen Nationalbibliografie; detaillierte bibliografische Daten sind im Internet über http://dnb.d-nb.de abrufbar.

ISBN 978-3-643-12593-4
Zugl.: München, Univ., Diss., 2014

© LIT VERLAG Dr. W. Hopf Berlin 2014
Verlagskontakt:
Fresnostr. 2   D-48159 Münster
Tel. +49 (0) 2 51-62 03 20   Fax +49 (0) 2 51-23 19 72
E-Mail: lit@lit-verlag.de   http://www.lit-verlag.de

Auslieferung:
Deutschland: LIT Verlag Fresnostr. 2, D-48159 Münster
Tel. +49 (0) 2 51-620 32 22, Fax +49 (0) 2 51-922 60 99, E-Mail: vertrieb@lit-verlag.de
Österreich: Medienlogistik Pichler-ÖBZ, E-Mail: mlo@medien-logistik.at
E-Books sind erhältlich unter www.litwebshop.de

Für meinen Großvater Alfred

INHALTSVERZEICHNIS

ABBILDUNGS- UND TABELLENVERZEICHNIS — IX
VORWORT — 1
I. EINLEITUNG — 7
II. GRUNDLAGEN — 21

1. **KOMMUNIKATIONSWISSENSCHAFT UND DER FORSCHUNGSBEREICH PR** — 21
   1.1 Kommunikationswissenschaft — 21
   1.2 Forschungsbereich PR — 42
   1.3 Exkurs: Kommunikations-Controlling und Kommunikationsmanagement — 72
   1.4 Zusammenfassung — 75

2. **BERUFSFELD PR** — 76
   2.1 Grundlegende Struktur — 79
   2.2 Alter, Geschlecht, Karriereweg und Einkommen — 80
   2.3 Tätigkeitsschwerpunkte und Selbstverständnis — 82
   2.4 Ausbildung, Wissen und Professionalisierungsgrad — 83
   2.5 Zusammenfassung — 85

3. **RELEVANTE FACHBEITRÄGE UND STUDIEN MIT BEZUG ZUR FORSCHUNGSFRAGE** — 85
   3.1 Allgemeine Anmerkungen und Studien — 92
   3.2 PR-Berufsfeld- und Professionalisierungsforschung — 101
   3.3 Wissensmanagement — 110
   3.4 Zusammenfassung — 111

III. THEORIE — 113

1. **HINTERGRUND: DIE WISSENSGESELLSCHAFT** — 113
   1.1 Grundlagen — 114
   1.2 Kritik — 120
   1.3 Wissensgesellschaft und Medien/Kommunikation — 123
   1.4 Zusammenfassung — 125

2. **TRANSFER ZWISCHEN WISSENSCHAFT UND PRAXIS** — 125
   2.1 Normativer Exkurs: ‚Muss' Wissenschaft anwendbar sein? — 126
   2.2 Definitionen von Wissen — 128
   2.3 Ausgewählte Theorien und Erkenntnisse — 136
   2.4 Zusammenfassung — 149

3. **EIGENES THEORETISCHES KONZEPT UND FORSCHUNGSFRAGE** — 150

IV. UNTERSUCHUNGSDESIGN 159
1. WAHL EINER QUALITATIVEN METHODE 159
2. UNTERSUCHUNGSABLAUF 163
3. LEITFADENINTERVIEWS 164
4. AUSWAHLVERFAHREN 167
5. FELDZUGANG 178
6. ENTWICKLUNG DES LEITFADENS 179
6.1 Leitfaden für die 16 Interviews mit PR-Praktikern 179
6.2 Ziele und Inhalte der beiden Experteninterviews 189
7. ABLAUF DER INTERVIEWS 190
8. AUSWERTUNGSVERFAHREN 193
8.1 Primäranalyse 193
8.2 Sekundäranalyse 195

V. ERGEBNISSE 197
1. PRIMÄRANALYSE 197
1.1 *KW-Laien* 202
1.2 *KW-Kritiker* 226
1.3 *KW-Verfechter* 247

2. SEKUNDÄRANALYSE 266
2.1 Praktiker mit *fokussiert-unidirektionalem* PR-Verständnis 269
2.2 Praktiker mit *diversifiziert-reziprokem* PR-Verständnis 292

3. ZUSAMMENFASSUNG UND DISKUSSION 307
3.1 Für wen die KW (k)eine Relevanz besitzt 307
3.2 Diskussion 325

VI. FAZIT 345

LITERATUR 351

Abbildungs- und Tabellenverzeichnis

Abbildungen

Abb. 1:	Unternehmenskommunikation, Kommunikations-Controlling und -Management	73
Abb. 2:	Studienfächer der PR-Praktiker	84
Abb. 3:	Bekanntheit von Hochschulen mit PR-Ausbildungsprogrammen	106
Abb. 4:	Empfehlung von PR-Ausbildungsprogrammen	106
Abb. 5:	Kompetenzfelder der Problemlösungskompetenz Öffentlichkeitsarbeit	132
Abb. 6:	Qualifikationsprofil der *DPRG*	134
Abb. 7:	Die Entwicklung der Anwendungsforschung	139
Abb. 8:	Modell für den *Markt des Wissens im Bereich Kommunikation*	158
Abb. 9:	Die Hauptfragen des Leitfadens sowie ausgewählte Zusatz- und Nachfragen	184

Tabellen

Tab. 1:	Unterschiede in der wissenschaftlichen Betrachtung von PR	51
Tab. 2:	Auswahl von Studien mit Bezug zur Forschungsfrage	90
Tab. 3:	Gesamtbewertung von Wissensgebieten	108
Tab. 4:	Bewertung verschiedener Ausbildungstypen	109
Tab. 5:	Unterscheidung zwischen wissenschaftlichem Wissen und PR-Praxiswissen	135
Tab. 6:	Interviewpartner der Primäranalyse	170
Tab. 7:	Interviewpartner der Sekundäranalyse	172
Tab. 8:	Ort, Datum und Uhrzeit der einzelnen Interviews	191
Tab. 9:	Die in der Primäranalyse gebildeten Typen und ihre Merkmale	194
Tab. 10:	Typologie für die Auswertung der selbst geführten Interviews	198
Tab. 11:	Typologie für die Sekundäranalyse der 22 nicht selbst geführten Interviews	268
Tab. 12:	In der Primäranalyse identifizierte Präferenzen für Inhalte der KW	310
Tab. 13:	Auswahl der KW-affinsten PR-Praktiker für die Detailanalyse	313
Tab. 14:	Zusammenfassung der Merkmale der vier KW-affinsten PR-Praktiker	325

Vorwort

Im Juni dieses Jahres ist der Journalist und Publizist Frank Schirrmacher, unter anderem langjähriger Mitherausgeber der *Frankfurter Allgemeinen Zeitung*, überraschend verstorben. Sein Buch *Ego. Das Spiel des Lebens* stand noch im Jahr zuvor wochenlang auf Platz 1 der *Spiegel*-Bestsellerliste – exakt zu der Zeit, als sich die vorliegende Studie, die im Spätsommer 2013 als Dissertation an der Ludwig-Maximilians-Universität in München eingereicht wurde, in der letzten Erstellungsphase befand. Und ich bin mir ziemlich sicher, dass Frank Schirrmacher diese Arbeit äußerst kritisch betrachtet hätte. Ich glaube, er hätte sie als symptomatisch für den von ihm diagnostizierten Zeitgeist erachtet, in welchem der ‚homo oeconomicus' zu unserer zweiten Natur geworden ist. Dafür gibt es drei Gründe:

Erstens zielt die Forschungsfrage meiner Studie auf die Verwertbarkeit von Wissenschaft jenseits des universitären Kontextes ab und fragt danach, welche Relevanz die Kommunikationswissenschaft für Menschen besitzt, die in der PR-Branche tätig sind. In Kapitel 27 seines Buches beschreibt Schirrmacher den Beginn des studentischen Widerstandes an der Universität Berkeley gegen die intensivierte Nutzbarmachung von Absolventen[1] und Erkenntnissen für den militärisch-kommerziellen Machtapparat der USA in den 1960er Jahren („Wir sind ein Stück Rohmaterial, das nicht in ein Produkt verwandelt werden will, das nicht von irgendwelchen Kunden der Universität gekauft werden will. Wir sind menschliche Wesen"; Schirrmacher 2013: 247). Er sieht darin ein Aufbegehren gegen das damals im Entstehen begriffene und heute dominierende Mantra von der „Verwertung von Seele, Geist und Wissen" (ebd.). Durch diese Brille betrachtet knüpft die Forschungsfrage meiner Dissertation an eben jenen problematischen Verwertungszwang zugunsten der Industrie an.

---

[1] An dieser Stelle ist lediglich zur besseren Lesbarkeit nicht von ‚Absolventen und Absolventinnen' die Rede. Dies gilt für die gesamte Arbeit, die damit dem Verständnis des Wissenschaftsrats aus dem Jahr 2007 folgt, der in seinen Empfehlungen für die Kommunikationswissenschaft „die männliche und weibliche Sprachform nicht nebeneinander" aufführt (Wissenschaftsrat 2007: 5). „Personenbezogene Aussagen, Amts-, Status-, Funktions- und Berufsbezeichnungen gelten aber stets für Frauen und für Männer" (ebd.).

Zweitens basiert die vorliegende Studie auf dem theoretischen Metakonzept der ‚Wissensgesellschaft'. Verkürzt dargestellt basiert dieses Konzept auf der Hypothese, dass Wissen in modernen Gesellschaften durch alle Branchen hindurch zu einem elementaren Produktionsfaktor geworden ist und eine steigende Bedeutung als Ressource im globalen Wettbewerb erlangt hat. Schirrmacher argumentiert, dass es sich bei diesem Terminus lediglich um einen Kunstbegriff handelt, der die gesellschaftliche Realität nicht adäquat abbildet. Stattdessen befänden wir uns in einer Welt, in der alle verfügbaren Informationen zugunsten der Macht des anonymen Informationskraken mit dem Namen ‚Big Data' gesammelt und für ökonomische Zwecke ausgewertet würden: „Die ‚Wissensgesellschaft' liebt immaterielle Güter und virtuelles Kapital, betreibt [...] die Entkleidung (‚dismantling') Einzelner und ganzer Unternehmen und ihr darwinistischer Evergreen heißt ‚lebenslanges Lernen'. [...] Ausgerechnet in die Ära der ‚Wissensgesellschaft' fällt [...] die Deklassierung der deutschen Universität und ihrer Studenten, in der genau die Kreativität ausgeschaltet wurde, die doch so erwünscht war. [...] [T]atsächlich kostet Allgemeinbildung, die nicht sofort auf die industrielle Verwertbarkeit zielt, eine Gesellschaft am wenigsten und hat die langfristigsten Wirkungen auf das Leben" (ebd.: 272f.).

Und drittens habe ich – basierend auf eben jenem Konzept der Wissensgesellschaft – als konkreten theoretischen Ansatz für meine Arbeit ein Marktmodell entwickelt, welches den Austausch zwischen der Kommunikationswissenschaft auf der einen und der PR-Praxis auf der anderen Seite als eine Beziehung zwischen Wissensproduzenten und Wissenskonsumenten darzustellen versucht. Wissen als Produkt in einem Markt – für Schirrmacher wäre dies sicherlich der endgültige Beleg für eine Dissertation, die dem herrschenden Zeitgeist entsprungen ist und diesem quasi zu Füßen liegt. Für ihn arbeitet der ‚homo oeconomicus' (von Schirrmacher als ‚Nummer 2' bezeichnet) „in digitalen Umgebungen wie ein Unternehmen, das Effizienz und Wettbewerbsfähigkeit steigern will. [...] Die ‚unsichtbare Hand des Marktes' wird die Hand von Nummer 2. Nicht nur der Erfolg von Börsen, der Erfolg *aller* Marktplätze – vom Heiratsmarkt bis zum ‚Markt der Ideen' –, so lautete 1999 Vulkans Prophezeiung, ‚ist von der Performance egoistischer Agenten abhängig, deren Ver-

halten von niemandem mehr kontrolliert werden kann'" (ebd.: 148f.).²
Man könnte daher behaupten, dass ich mit meinem Marktmodell eben jenes Menschenbild übernommen habe, dem zufolge sowohl Kommunikationswissenschaftler als auch PR-Praktiker lediglich als ‚egoistische Agenten' agieren.

Die vorliegende Dissertation weist also in mehrfacher Hinsicht Merkmale auf, die aus dem Blickwinkel der Kapitalismuskritik (wie sie in diesen Zeiten des ‚Bank-Bashing' beileibe nicht nur ein Frank Schirrmacher vorgebracht hat) problematisch erscheinen dürften. Zugespitzt könnte man sagen: Die Arbeit hat den Stallgeruch des wirtschaftswissenschaftlichen Paradigmas, welches bis zum Beginn der Finanzkrise vor einigen Jahren auch in der Wissenschaft insgesamt immer größeren Einfluss erlangte. Und in der Tat sollte an dieser Stelle keinesfalls verschwiegen werden, dass ich genau in dieser Zeit akademisch geprägt wurde. Meyen et al. (2011) fordern in ihrem Lehrbuch für die qualitative Forschung in der Kommunikationswissenschaft, dass der Autor einer Studie seine persönlichen Beweggründe und Einflussfaktoren offenlegt. Sie argumentieren, „dass auch die Theorieentscheidung von der Forscherin oder vom Forscher abhängt: von der Herkunft und vom Elternhaus, (vielleicht noch stärker) von der akademischen Sozialisation […], von der Position im wissenschaftlichen Feld […] und möglicherweise auch von Persönlichkeitsmerkmalen. […] Qualitative empirische Sozialforschung […] thematisiert die ‚Seinsverbundenheit des Wissens' […] – ohne dabei das Ziel Verallgemeinerung aufzugeben" (ebd.: 34).

Als Kind der *Bologna*-Reform habe ich mein Bachelorstudium 2005 in München begonnen, und dieses fiel damit in eine Zeit, in der Studiengebühren gezahlt und Lehrpläne für die ‚Abschaffung des Humboldt'schen Bildungsideals' (so die Anklage des Politikprofessors im Grundstudium – gerichtet an die Kommunikationswissenschaftler im Auditorium) zugunsten von Geschwindigkeit und Anwendbarkeit kritisiert wurden. Mein Nebenfach war Volkswirtschaftslehre, mein Masterstudium habe ich an einer wirtschaftsorientierten Universität in London absolviert. Somit wurde ich sicherlich vom Hype rund um die Ökonomie beeinflusst, das heißt: von der Überzeugung, dass Märkte als Austauschmechanismen anderen Systemen in Bezug auf die Schaffung von Wohlstand überlegen

---

² Schirrmacher bezieht sich hier auf Nir Vulkan von der Saïd Business School der Universität Oxford.

sind und dass die mathematischen Theorien der Wirtschaftswissenschaft hohe Erklärungs- und Prognosefähigkeit besitzen. Meine Freunde sind mehrheitlich in der freien Wirtschaft tätig, ich komme aus einer liberalen Angestelltenfamilie und habe meine berufliche Laufbahn selbst als Angestellter in der PR-Branche begonnen. All diese Faktoren tragen sicherlich dazu bei, dass ich ein dem Kapitalismus wohlgesonnenes Weltbild in mir trage. Sie haben sicherlich auch dazu beigetragen, dass ich mir während meines Studiums oft die Frage gestellt habe, ob ich das Wissen der Kommunikationswissenschaft wohl später im PR-Alltag würde anwenden können und ob es somit einen Nutzen für die Wirtschaft hat. Und genau diese Überlegungen wurden schließlich zum Thema der vorliegenden Arbeit.

Doch bedeutet dies alles nun, dass es sich bei dieser Dissertation lediglich um ein Produkt seiner Zeit handelt, welches aufgrund seiner Nähe zu der von Schirrmacher und anderen kritisierten ökonomischen Denkweise und der Hoffnung auf ‚Anwendbarkeit' des eigenen Studienfachs in der Wirtschaftswelt auf einem unbrauchbaren Fundament beruht? Sind damit die hervorgebrachten Studienergebnisse unbrauchbar? Auch wenn ich anerkenne, dass die Wissensgesellschaft und das darauf aufbauende Marktmodell (wie jede andere wissenschaftliche Perspektive auch) Schwächen aufweisen und dass ich bei der Wahl von Forschungsfrage und theoretischem Grundgerüst von persönlichen Einflüssen geleitet wurde – diesem Vorwurf möchte ich an dieser Stelle entschieden widersprechen.

Schließlich wurde die vorliegende empirische Studie entlang der gängigen Qualitätsstandards sozialwissenschaftlicher Forschung durchgeführt. Sie stellt somit keinen ‚Gesinnungsaufsatz' zugunsten einer bestimmten Weltsicht dar. Ich bin ergebnisoffen an den Forschungsgegenstand herangetreten und habe bei der Interpretation der Ergebnisse darauf geachtet, einen neutralen Blick auf das Datenmaterial zu wahren. Nur weil ich persönlich im Studium die Hoffnung auf eine wie auch immer geartete spätere Nutzbarmachung meines theoretischen Wissens in der PR-Praxis hegte, bedeutet dies nicht, dass dieser Wunsch die Ergebnisse meiner Dissertation beeinflusst hat. Spätestens die Kontrolle im Doktorandenseminar, die zahlreichen Gespräche mit Freunden und Familie sowie die Korrektur- und Prüfungsinstanzen meiner Universität hätten bzw. haben solchen Tendenzen entgegengewirkt. Bei der Lektüre des Ergebnisteils wird klar, dass hier nicht zugunsten der Anwendbarkeit meines Studienfachs geschönt wurde.

Darüber hinaus wäre es falsch, die Frage nach dem Nutzen einer Wissenschaft außerhalb des universitären Betriebs lediglich mit dem von Schirrmacher attestierten ökonomischen Zeitgeist zu erklären. Wie in der Einleitung auf den kommenden Seiten gezeigt werden wird, wird diese Frage bereits seit Jahrhunderten auf unterschiedliche Art und Weise gestellt. Auch die fundamentale Kritik am Konzept der ‚Wissensgesellschaft' ist meiner Ansicht nach ungerechtfertigt. Trotz aller Schwächen und blinder Flecken lenkt dieses theoretische Konstrukt unseren Blick darauf, dass das Wissen als immaterielles Gut heute einen hohen Stellenwert in einem globalisierten und spezialisierten Wettbewerb besitzt. Ganz gleich, wie man persönlich zum System der Marktwirtschaft stehen mag: Dass ein Großteil der wirtschaftlichen Ertragskraft moderner Volkswirtschaften heute durch die Köpfe und nicht mehr durch die Hände der Menschen erbracht wird, kann wohl kaum bestritten werden. Die vorliegende Arbeit beschäftigt sich mit der Frage, zu welchem Grad die Köpfe im PR-Sektor das Wissen der Kommunikationswissenschaft im Wettbewerb um Aufmerksamkeit und Meinung als nützlich erachten.

Und schließlich vertrete ich die Auffassung, dass das in dieser Arbeit verwendete Marktmodell einen belastbaren theoretischen Ansatz zur Beschreibung der Austauschprozesse zwischen Wissenschaft und Praxis darstellt. Mehrere Autoren haben bereits von Produzenten und Konsumenten von Wissen gesprochen – in dieser Arbeit wurde der Versuch unternommen, diesen Gedanken in ein konsistentes Modell zu gießen. Sicherlich kann man mit Recht einwenden, dass es sich bei universitär generiertem Wissen zumeist nicht um ein knappes Gut mit entsprechendem Preis handelt, welches durch seine Nutzung ‚verbraucht' und damit für andere Konsumenten unverfügbar wird. Warum, so könnte man daher fragen, also ein Marktmodell? Kritikpunkte wie diese werden im Lauf der Arbeit diskutiert, ändern jedoch nichts an meiner Auffassung, dass ein Marktmodell per se Austauschbeziehungen gut abbilden kann – und nicht als unreflektiertes Produkt des wirtschaftswissenschaftlichen Paradigmas abgetan werden darf.

* * *

Abschließend möchte ich mich an dieser Stelle für die Unterstützung bedanken, die ich in den zurückliegenden fünfeinhalb Jahren von vielen Menschen erhalten habe. Zunächst bei meiner Frau Alexandra für die zahlreichen Appelle durchzuhalten und die unzähligen Gespräche und wertvollen Anregungen auf dem langen Weg in Richtung Druckfassung. Ohne ihren emotionalen und intellektuellen Rückenwind läge dieses Buch heute nicht vor. Bei meinen Eltern und Geschwistern für die stets offenen Ohren in erfolgreichen und in weniger erfolgreichen Phasen des Projekts. Bei den 18 PR-Praktikern, die sich die Zeit für Gespräche mit mir genommen haben – dabei vor allem bei Prof. Dr. Bernd Schuppener und Prof. Dr. Rainer Zimmermann, deren Aussagen als Experten für Theorie *und* Praxis namentlich Eingang in die Studie gefunden haben. Und schließlich bei meinem Großvater, dessen liebenswürdiger Unnachgiebigkeit ich es zu verdanken habe, dass ich mir diese Dissertation neben dem Beruf angetan habe, und dem diese Arbeit daher gewidmet ist.

Der größte Dank gilt jedoch meinem Doktorvater, Prof. Dr. Michael Meyen. Er hat mir die Möglichkeit eröffnet, bereits nach dem Bachelorstudium mit der Arbeit zu beginnen und mich auch nach langen Phasen der Ablenkung durch Masterstudium und Berufseinstieg stets mit konstruktiven Ratschlägen in München empfangen. Auch hat er die anfänglichen Theoriedefizite und meine zwischenzeitigen Quantifizierungssehnsüchte entschuldigt und zu korrigieren geholfen. Für die großartige Unterstützung und die vielen Gespräche möchte ich mich hiermit ganz herzlich bedanken.

Christoph Kreileder
Hamburg, im Juli 2014

I. Einleitung

Die vorliegende Studie beschäftigt sich mit der Frage, welche Relevanz die Kommunikationswissenschaft (KW) für Public-Relations-(PR)-Praktiker besitzt.[3, 4] Damit steht sie – trotz ihrer Fokussierung auf ein spezifisches Fach und ein spezifisches Berufsfeld – in der Tradition einer Vielzahl von Arbeiten zum Verhältnis von Wissenschaft und Praxis. Unter den Autoren dieser Arbeiten finden sich einige sehr prominente Namen – eine Tatsache, die beim Verfasser dieser Dissertation nicht selten das Gefühl entstehen ließ, als kleiner Wanderer im großen Gebirge der Wissenschaftsgeschichte unterwegs zu sein.

So entwarf etwa Sir Francis Bacon in Anlehnung an Platon mit *Nova Atlantis*, erschienen im Jahr 1627, die „Utopie einer vollständig wissenschaftsgesteuerten Gesellschaft" (Fabris 2002a: 38). Immanuel Kant beschäftigte sich 1793 mit dem Sprichwort: „Das mag in der Theorie richtig sein, taugt aber nicht für die Praxis" (Bonß 2003: 37f.; Kunczik 2010: 71). Max Weber fragte 1917, was der „*Beruf der Wissenschaft*" innerhalb des Gesamtlebens der Menschheit" und welches ihr „Wert" sei (Weber 1994: 10; kursive Hervorhebung im Original; Anm. d. Verf.). Im Positivismusstreit der 1960er Jahre argumentierten Autoren wie Jürgen Habermas, dass sich mit dem „Verhältnis der Theorie zur Geschichte" auch „das der Wissenschaft zur Praxis" (Habermas 1982: 26) verändert habe und dass der „Szientismus" dazu beigetragen habe, dass wir Wissenschaft „nicht länger als *eine* Form möglicher Erkenntnis verstehen können, sondern Erkenntnis mit Wissenschaft identifizieren müssen" (Habermas 1973: 13; kursive Hervorhebung im Original; Anm. d. Verf.).

---

[3] Im Folgenden wird ‚Kommunikationswissenschaft' mit ‚KW' und ‚Public Relations' mit ‚PR' abgekürzt.

[4] Im Folgenden wird PR mit dem Begriff ‚Öffentlichkeitsarbeit' gleichgesetzt: „Über die Synonymität der beiden Begriffe herrscht in Wissenschaft und Praxis seit langem Konsens" (Fröhlich 2008a: 95). Dies gilt jedoch nicht für den Begriff der ‚Organisationskommunikation' (vgl. Theis-Berglmaier 2013; Weihmeier et al. 2013). In den vergangenen Jahren konnte eine zunehmende Verschiebung vom Begriff ‚PR' hin zum Begriff ‚Kommunikationsmanagement' (vgl. exemplarisch Bentele 2008a; Nothhaft 2011; Will 2008) beobachtet werden. Dennoch wird in dieser Arbeit von ‚PR' gesprochen (die Begründung dafür findet sich in Kapitel II, 1.2.1).

Und in den 1980er Jahren beschäftigten sich zahlreiche wissenschaftssoziologische Arbeiten mit möglichen ‚Transferprozessen' zwischen Wissenschaft und Praxis und mit der Frage, ob „die Verwendung sozialwissenschaftlicher Argumentationen zu ‚rationaleren' Problemlösungen" führe (Beck/Bonß 1989: 8). „Die Sozialwissenschaften", so die dem Rationalisierungsparadigma kritisch gesonnenen Soziologen Ulrich Beck und Wolfgang Bonß, hätten seit dem Positivismusstreit „einen Aufschwung erlebt, der die früheren Kontroversen zum Verhältnis von Theorie und Praxis in einem gewandelten Licht erscheinen lässt" (ebd.). Um als Wanderer in diesem Gebirge nicht die Orientierung zu verlieren, musste die eigene Forschungsfrage immer klar umgrenzt und im Blick behalten werden. Es ging daher stets um die Relevanz der deutschsprachigen KW für PR-Praktiker – wenngleich diese deutschsprachige KW natürlich nie ohne die externen (vor allem US-amerikanischen) Einflüsse gedacht werden kann, die zur Entstehung des aktuellen Fachkerns führten und deren Forscher heute mehr denn je in internationalem Kontext forschen, publizieren und diskutieren (siehe Kapitel II, 1.1.2).[5, 6]

In bisherigen Studien zu diesem Thema wurde oft Kurt Lewin, der prominente Mitbegründer der Sozialpsychologie, mit seinem Spruch „Nichts ist so praktisch wie eine gute Theorie" zitiert (Aronson et al. 2008: 47).[7] Für die KW hielt jedoch der Mainzer Publizistikwissenschaftler Michael Kunczik gemeinsam mit seinen Co-Autoren 1995 ernüchtert fest, dass dieser Satz nicht für die PR gelte und dass es keine Seltenheit sei, dass „Forschungsergebnisse [der KW] ignoriert bzw. als irrelevant bezeichnet werden" (Kunczik et al. 1995: 138).[8] Klagen über eine zu geringe Praxisrelevanz im Speziellen sowie über zu wenig öffentliche Resonanz der KW im Allgemeinen wurden auch in den Jahren danach von vielen Fachver-

---

[5] Selbiges gilt auch für den Zweig der PR-Forschung, der genauso wenig ohne die Einbettung in den internationalen Forschungszusammenhang beschrieben werden kann (Kapitel II, 1.2).
[6] Was ‚Relevanz' in dieser Arbeit genau bedeutet, wird am Ende der Einleitung erklärt.
[7] Als „gedankliche[r] Urheber" dieses bekannten Ausspruchs gilt jedoch auch Platon (Rolke 2009: 173).
[8] Selbiges trifft aus der Sicht von Schierl (2002) auch auf die Werbebranche zu, die „bei weitem nicht so professionell bei der Ausschöpfung von wirkungsrelevanten Ressourcen vorgeht, wie es ihre Gegner zumeist befürchten. Im Gegenteil wird der allergrößte Teil kommunikations- und werbewissenschaftlicher Forschungsergebnisse als für die Praxis irrelevant abgetan und kaum beachtet" (ebd.: 479; siehe auch: Kapitel II, 3).

tretern in unterschiedlichen Kontexten vorgebracht – bei den folgenden Aussagen handelt es sich dabei lediglich um eine Auswahl:

1997 bezeichnete es der heute in Lugano beheimatete Stefan Ruß-Mohl als ein „Trauerspiel", dass die KW zu wenig öffentliche Präsenz besitze (in: Hohlfeld 2006: 392). Romy Fröhlich von der Universität München konstatierte fünf Jahre darauf, dass die Forschungsergebnisse der KW „in der Praxis nicht bekannt sind", da das Fach „die Zielgruppe Medienpraxis nie wirklich ins Auge gefasst" habe (Fröhlich 2002: 2). 2006 entgegnete Ralf Hohlfeld (heute Universität Passau) auf die Frage, ob es „[ö]ffentliche Aufmerksamkeit, die über den Sprengel der Fachzeitschriften hinausreicht", gebe, kurz und knapp mit „Fehlanzeige" (Hohlfeld 2006: 391). Die Forschung habe sich „bislang wenig um die Frage gekümmert, inwieweit [die KW] [...] Kommunikatoren aus Politik, Wirtschaft und Medien Entscheidungshilfen anbietet" (ebd.: 403).

Die *Deutsche Gesellschaft für Publizistik- und Kommunikationswissenschaft* (*DGPuK*) widmete ihre Jahrestagung 2011 in Dortmund dem Thema „Theoretisch praktisch!? Anwendungsoptionen und gesellschaftliche Relevanz der Kommunikations- und Medienforschung".[9] Dort attestierte Miriam Meckel, unter anderem Direktorin des St. Gallener Instituts für Medien- und Kommunikationsmanagement, dem Fach in Deutschland „ein verklemmtes Verhältnis zur Öffentlichkeit" und Stephan Ruß-Mohl sprach den amerikanischen Fachkollegen „mehr Mühe" dabei zu, „ihre Botschaften verständlich für ein breites Publikum rüber zu bringen" (epd 2011: 4). Der mittlerweile emeritierte Berner Kommunikationswissenschaftler Roger Blum forderte zur gleichen Zeit weniger Rückzug auf „empirische Datenhuberei", sollte das Fach „in der Gesellschaft Gewicht haben" wollen (Blum 2011).[10] Ebenfalls 2011 hielt die Münsteraner KW-Professorin Ulrike Röttger gemeinsam mit den Co-Autoren ihres PR-Lehrbuchs fest, dass sich „Wissenschaft und Praxis oft verständnislos gegenüber stehen", da sie „beide nach unterschiedlichen Handlungslogiken operieren und daher Antworten auf unterschiedliche Fragen suchen" (Röttger et al. 2011: 37). Und der Informationsdienst der deutschen KW-Fachgemeinschaft, *aviso*, widmete seine Ausgabe vom Oktober 2011 der

---

[9] Website der Tagung: http://www.dgpuk2011.de/index.html; siehe auch: Fengler/Eberwein/Jorch 2012; Kapitel II, 3.1 dieser Arbeit.
[10] Online-Quelle ohne Seitenangabe

Frage, ob die KW „mehr Public Relations" benötigt (Werner/Wied 2011: 1).

Selbst heute noch, so argumentieren manche Fachvertreter unter Berufung auf den inzwischen verstorbenen Schweizer KW-Professor Ulrich Saxer, sei das Fach „stärker gefordert [...] Schwierigkeiten der Kommunikationspraxis lösen zu helfen", jedoch vor allem die „Problemdefinitionen der Praktiker [...] als Ausdruck einer anderen Perspektive zu interpretieren und in wissenschaftsfähige Fragen umzuformulieren" (in: Preusse et al. 2013: 118).[11] Howard Nothhaft (unter anderem Assistenzprofessor an der Universität Lund, Schweden) und Stefan Wehmeier (Universität Greifswald) schließlich attestieren der PR-Forschung dieser Tage weiterhin eine „mangelnd[e] Nachgefragtheit in Bezug auf politische und publizistische Expertise" (Nothhaft/Wehmeier 2013: 312).[12]

All diese Klagen lassen sich mit der Geschichte des Fachs in Verbindung bringen – seit ihren Anfängen sieht sich die Disziplin mit dem Vorwurf der Irrelevanz konfrontiert.[13] Max Weber hatte eine wissenschaftliche Beschäftigung mit dem „Zeitungswesen" zwar noch für so dringend gehalten, dass er zu Beginn des letzten Jahrhunderts für die Einrichtung einer „Enquête" (Meyen/Löblich 2006: 145) plädierte. Doch das bewahrte das Fach nicht davor, in den folgenden Jahrzehnten massiv in Frage gestellt zu werden. So empfahl etwa der Wissenschaftsrat im Jahr 1960 „dieses Sondergebiet" nur noch in Berlin und München weiter zu erforschen. Und „selbst noch Jahre später wurde das Fach nach dem Urteil zeitgenössischer Beobachter innerhalb und außerhalb der Universitäten nicht sonderlich ernst genommen" (Kutsch/Pöttker 1997: 7f).[14]

---

[11] Wichtig ist in diesem Zusammenhang der Hinweis, dass den Autoren gerade *nicht* an einer Anbiederung an die Praxis gelegen ist, sondern vielmehr die „Begründung einer unpraktischen PR-Theorie" geleistet werden sollte (Preusse et al. 2013: 117).
[12] Die Autoren denken dabei weniger an die klassische KW, sondern mehr an die spezialisierte PR-Forschung. Dabei geht es ihnen um „eine Forschung, die bewusst und absichtsvoll die Gesellschaft, nicht nur die Effektivität und Effizienz von Organisationen, als Bezugspunkt wählt" (Nothhaft/Wehmeier 2013: 326).
[13] Auf dieses Phänomen wird in Kapitel II, 1.1.2 detailliert eingegangen werden.
[14] Auch Elisabeth Noelle-Neumann, eine der bekanntesten Fachvertreterinnen und Mitbegründerin der modernen KW (oder auch Publizistik), konstatierte 1975 vor der *Siemens-Stiftung* in München, dass das Fach „in der akademischen Rangordnung ‚ganz unten' stehe – gemessen an der Zahl der ordentlichen Professuren, an der Ausstattung der Fachinstitute und an der Betreuungsrelation" (Meyen/Löblich 2006: 36).

Den dadurch entstandenen Minderwertigkeitskomplex hat das Fach oftmals durch die Betonung der eigenen Wissenschaftlichkeit zu bekämpfen versucht. Damit sah sich die KW jedoch wiederum der Kritik derjenigen ausgesetzt, die sich von ihr Praxisnähe und Ausbildung für die Medienberufe erhofft hatten. Sie wurde gewissermaßen in einen Topf mit anderen und vermeintlich abgehobenen Geistes- und Sozialwissenschaften gesteckt, über die Ex-Bundeskanzler Helmut Schmidt 1968 urteilte: „Wir haben zu viele Soziologen und Politologen. Wir brauchen mehr Studenten, die sich für anständige Berufe entscheiden, die der Gesellschaft nützen" (in: Kühl 2003: 71). Etwas anders formulierte es der Soziologe Alphons Silbermann, der fast dreißig Jahre später in der Wochenzeitung *Die Zeit* seinen „Abgesang auf die deutsche Medien- und Kommunikationswissenschaft" veröffentlichte, in dem er dem Fach unter anderem vorwarf, „sich selbst in den Schatten der Nutzlosigkeit" zu stellen, sich „weit von der gesellschaftlichen Wirklichkeit entfernt" zu haben und dadurch nicht von anderen gesellschaftlichen Institutionen um „Rat" gefragt zu werden (Silbermann 1996[15]; vgl. auch Schäfer 2012, Langenbucher 2010).

Die KW befindet sich daher nach Ansicht der Münchner Fachvertreter Michael Meyen und Maria Löblich seit jeher in einem „Legitimationsdilemma" (Meyen/Löblich 2006: 59) – gefangen im Kampf um wissenschaftliche Anerkennung in der Universität auf der einen und um ausbildungsrelevante Anerkennung in der Praxis auf der anderen Seite. Auch wenn beispielsweise der mittlerweile emeritierte Bielefelder Wissenschaftssoziologe Peter Weingart argumentiert, ihm sei „keine Disziplin bekannt, deren Vertreter nicht darüber jammern, dass ihr Rat nicht in ausreichendem Maß gehört wird" (Weingart 2012: 33) – für die KW stellt diese Klage einen sehr zentralen Bestandteil der eigenen Identität dar. Somit wohnt der Forschungsfrage dieser Arbeit eine besondere Relevanz inne, sie berührt das Selbstverständnis des Fachs. Und auch wenn in den vergangenen Jahr(zehnt)en bereits zahlreiche Studien und Anmerkungen zur Relevanz der KW für die PR erschienen sind (siehe Kapitel II, 3), so gibt es aus der Sicht des Autors (dessen persönliches Interesse bereits im Vorwort dargelegt wurde) drei zentrale Gründe, um sich erneut mit diesem Thema auseinanderzusetzen:

---

[15] Online-Quelle ohne Seitenangabe

Erstens wurde in den vergangenen Jahren der *Bologna*-Prozess konsequent vorangetrieben, „der den Hochschulen nicht zuletzt auch mehr ‚Praxisbezug' abverlangt" und in dessen Folge von Wissenschaftlern zunehmend eine „öffentliche Legitimation ihres Handelns" erwartet wird (Fengler/Eberwein 2012: 13).[16] Die Auswirkungen von *Bologna* auf die KW wurden auch innerhalb der Fachgemeinschaft intensiv diskutiert (siehe: *aviso*-Ausgabe Nr. 51; Werner/Wied 2010).[17] Schlägt sich der den Hochschulen nahegelegte ‚Praxisbezug' in einer erhöhten Relevanzzuschreibung für die KW durch die PR-Praxis nieder? Laut den 2011 in der *Publizistik* vorgestellten Ergebnissen der Studie *Forschungslandschaft Kommunikations- und Medienwissenschaft* liegt der Themenkomplex „PR, Unternehmenskommunikation, Organisationskommunikation" auf Platz eins der fünf häufigsten Forschungsbereiche der KW ohne finanzielle Förderung und auf Platz vier bei Projekten mit einer solchen Förderung (Altmeppen et al. 2011: 380).[18] Was kommt von diesen wissenschaftlichen Anstrengungen zum Thema PR in der Praxis an?

Zweitens hat der Wissenschaftsrat in seinen 2007 formulierten „Empfehlungen zur Weiterentwicklung der Kommunikations- und Medienwissenschaften in Deutschland" kritisch festgehalten, dass es keine ausreichenden Voraussetzungen „für eine profunde kommunikations- und medienwissenschaftliche Beratung von Politik, Wirtschaft und Öffentlichkeit"

---

[16] Mittlerweile werden beispielsweise bei Anträgen für Forschungsprogramme wie dem der Europäischen Kommission „detaillierte Beschreibungen" dazu verlangt, „wie die Antragsteller die Forschungsergebnisse über die akademische Fachöffentlichkeit hinaus an relevante Zielgruppen in die Praxis zu vermitteln beabsichtigen" (Fengler/Eberwein 2012: 13). Auch Peter Weingart hielt in seiner *Wissenschaftssoziologie* im Jahr 2003 fest: „Die Wissenschaftspolitik drängt die Universitäten, sich enger an den Bedürfnissen der Wirtschaft zu orientieren. Die Ausgründungen von Firmen durch Professoren gelten als krönender Erfolg" (Weingart 2003: 104).
[17] Ralf Hohlfeld etwa argumentiert, dass *Bologna* „auch der Kommunikationswissenschaft" geschadet habe. „Aber Bologna hat uns auch genutzt, weil wir zum Umdenken gezwungen wurden. Nicht ohne Grund sind es die neueren Standorte des Fachs, die nun im Hochschul-Ranking den Ton angeben" (Hohlfeld 2011: 5).
[18] Noch 2005 hatten Donsbach et al. in ihrer Auswertung von Beiträgen in den KW-Fachzeitschriften *Publizistik* und *Medien & Kommunikationswissenschaft* festgestellt, dass sich der Prozentsatz von PR-Beiträgen zwischen 1983-87 und 1998-2003 von lediglich 0,8 auf 3,3 Prozent erhöht hatte. Zwar konnte die Kommunikatorforschung „einen enormen Zuwachs" verzeichnen – jedoch handelte es sich dabei „fast ausschließlich" um Journalismus- (und somit nicht um PR-)Forschung (Donsbach et al. 2005: 57).

gebe (Wissenschaftsrat 2007: 9).¹⁹ Es habe sich, etwa im Gegensatz zu den Vereinigten Staaten, „kein Institut etabliert, das die Ressourcen besäße, eine solche kontinuierliche Beratung auf hohem Niveau zu leisten" (ebd.). Die vorliegende Studie kann der Frage nachgehen, ob PR-Praktiker in Deutschland diese Einschätzung von ihrer Seite des Schreibtisches aus teilen.

Und drittens, so nicht nur die Marburger Soziologinnen Laura Kajetzke und Anina Engelhardt, „spricht einiges dafür", dass wir heute in einer „Wissensgesellschaft" leben (Kajetzke/Engelhardt 2010: 8). Zumindest handelt es sich dabei um die „aktuell populärst[e] Zeitdiagnose" (ebd.: 11). Sie basiert auf dem Gedanken, dass Wissen in einer wachsenden Zahl gesellschaftlicher Bereiche zu einer strategisch entscheidenden Ressource, zu einer „spezifische[n] Form der Macht" geworden ist (Pühringer 2006: 14; Franz et al. 2003).²⁰ Sie stellt in den Augen der meisten Autoren eine Weiterentwicklung der Industriegesellschaft dar und zeichnet sich vor allem dadurch aus, dass „abstrakt-objektiviertes Wissen im Hinblick auf gesellschaftliche (Re)produktion eine immer wichtigere Rolle einnimmt" (Bosch/Renn 2003: 53). Wissenschaftliches Wissen dringe dabei „in nahezu alle Gesellschafts- und Lebensbereiche ein und wird zum gestaltenden Faktor in zahlreichen Praxiskontexten. Wissenschaftliches Wissen ist in gesellschaftlichen Institutionen – in transformierter, anwendbarer Form – in vielerlei Hinsicht verfügbar: als Idee, als theoretisches Konzept zur Deutung von Natur und Gesellschaft, als Methode und als spezifisch umgrenztes Fachwissen" (ebd.).

Dabei ist es mit Blick auf den bereits erwähnten Aufschwung der sozialwissenschaftlichen Forschung nach Ansicht mancher Autoren auch zu einer „Selbstperpetuierung der Nachfrage nach sozialwissenschaftlichen Experten und sozialwissenschaftlichem Wissen" (Badura 1976: 8) gekommen. Zwar herrscht mittlerweile weitgehender Konsens darüber, dass Wissenschaft nicht über eine Art linearen Transferprozess von der allwissenden Wissenschaft in die unwissende Praxis übergeht (vgl. Weingart 2003). Vielmehr, so argumentiert etwa Jürgen Howaldt von der Sozialforschungsstelle Dortmund, hätten sich die berufstätigen Praktiker

---

[19] Genauso wurde die KW vom Wissenschaftsrat jedoch auch „zu verstärkter Grundlagenforschung ermutigt, verbunden mit einer Stärkung der Theoriebildung" (Rössler 2007: 4). Insgesamt lösten die Empfehlungen des Wissenschaftsrats unterschiedliche Reaktionen in der KW-Fachgemeinschaft aus (vgl. exemplarisch Fröhlich 2007; Kepplinger 2007).
[20] Eine kritische Einführung zum Konzept der Wissensgesellschaft erfolgt in Kapitel III, 1.

„vom Anspruch einer ‚Vorrangstellung' der Wissenschaft befreit und gelernt, kritisch mit deren Ergebnissen umzugehen" (Howaldt 2003: 241). Ein kritischer Umgang schließt jedoch nicht aus, dass bestimmte Elemente der Sozialwissenschaften in der Praxis dennoch für unterschiedliche Zwecke aktiv nachgefragt werden.

Wenn es den beschriebenen Trend hin zu einer Wissensgesellschaft tatsächlich gibt, und damit auch sozialwissenschaftliches Wissen als strategische Ressource erhöhte Relevanz für bestimmte Praxisfelder erlangt, muss gefragt werden: Wird auch der KW in bestimmten Praxiskontexten – hier: der PR – verstärkte Relevanz zugewiesen und wird sie somit verstärkt nachgefragt? Zumindest der Wissenschaftsrat zeigt sich in seinem Empfehlungspapier „überzeugt" davon, „dass vom Feld der Kommunikations- und Medienwissenschaften wesentliche Impulse für ökonomische, technische und kulturelle Entwicklungen unserer Gesellschaft ausgehen und dass umgekehrt der Bedarf seitens Wirtschaft, Gesellschaft und Politik, vermehrt auf diese Forschungen zurückgreifen zu müssen, steigen wird" (Wissenschaftsrat 2007: 10).

Auch Susanne Fengler und Tobias Eberwein vom Institut für Journalistik der TU Dortmund beziehen sich gleich zu Beginn ihrer Einleitung für den Sammelband der erwähnten *DGPuK*-Tagung auf das theoretische Konzept der Wissensgesellschaft – allerdings ohne dass einer der Beiträge der Tagung das Verhältnis von KW und PR konsequent vor dem Hintergrund der Wissensgesellschaft behandelt hätte (vgl. Fengler/Eberwein 2012). Nur ein einziger Forschungsbericht für den Sammelband befasste sich mit dem Verhältnis von KW und PR – und dabei handelte es sich um eine Analyse des Spezialfalls von militärischer Medienarbeit (vgl. Auer/Schleicher 2012).[21, 22]

Ziel der vorliegenden Arbeit ist es, die Fachdebatte um eine qualitative Studie zu bereichern, welche die Wissensgesellschaft als theoretischen

---

[21] Eine etwas genauere Betrachtung dieser Studie erfolgt in Kapitel II, 3.1.
[22] Der Beitrag von Constanze Rossmann (Universität München) zur „Relevanz der Psychologie und Kommunikationswissenschaft für die Planung einer Kampagne zur Förderung körperlicher Aktivität" (Rossmann 2012) widmete sich ebenfalls einem speziellen Gebiet: der Gesundheitskommunikation. Mit diesem Bereich beschäftigten sich auch die Vorträge von Lampert/Baumann/Fromm und Schneider auf der *DGPuK*-Tagung. Dabei ging es auch um die Frage, inwieweit „wissenschaftliches Wissen in der Kampagnenpraxis rezipiert und angewendet wird" (http://www.dgpuk2011.de/fileadmin/documents/Book_of_Abstracts_DGPuK2011.pdf).

Bezugsrahmen wählt.[23] Nach Klärung der für diese Arbeit zentralen Begrifflichkeiten und einer überblicksartigen Einführung zur KW (Kapitel II, 1.1), dem Forschungsbereich PR (Kapitel II, 1.2) sowie dem Berufsfeld PR (Kapitel II, 2) werden zunächst relevante Studien und Anmerkungen mit Bezug zur Forschungsfrage gesichtet (Kapitel II, 3). Anschließend erfolgt eine kurze Einführung zur theoretischen Hintergrundfolie der Wissensgesellschaft (Kapitel III, 1), bevor konkrete theoretische Konzepte zur Erfassung von Interaktionsprozessen zwischen Wissenschaft und Praxis vorgestellt werden (Kapitel III, 2).

Aufbauend auf dieser Literaturarbeit wird schließlich ein eigenes theoretisches Marktmodell für die vorliegende empirisch-qualitative Untersuchung entwickelt (Kapitel III, 3), welche auf einer

- *Primäranalyse* von 16 Leitfadeninterviews mit PR-Praktikern und zwei Experteninterviews mit Rainer Zimmermann, Professor für Strategie, Design und Kommunikation an der Fachhochschule Düsseldorf und zuvor unter anderem Senior Partner der PR-Agentur *Pleon Europe*, und mit Bernd Schuppener, Honorarprofessor für Kommunikationsmanagement an der Universität Leipzig und unter anderem Mitgründer der Kommunikationsberatung *Hering Schuppener*, sowie einer
- *Sekundäranalyse* von 22 weiteren Interviews mit PRlern, die von Studenten des Instituts für Kommunikationswissenschaft und Medienforschung an der Ludwig-Maximilians-Universität München im Rahmen eines Hauptseminars des Masters Journalismus im Sommersemester 2009 zum Verhältnis von PR und Journalismus geführt worden waren,

---

[23] Die 2011 an der Universität Münster eingereichte Dissertation von Sarah Schulte weist einen expliziten Bezug zum Konzept der Wissensgesellschaft auf – jedoch handelt es sich dabei im Gegensatz zur vorliegenden Untersuchung um eine quantitative Studie (vgl. Schulte 2011; Kapitel II, 3.2 dieser Arbeit). Die qualitative Studie von Hoffjann/Röttger (2009) wiederum bezieht sich zwar eingangs auf die Wissensgesellschaft, beschäftigt sich jedoch im Gegensatz zu dieser Arbeit nur mit PR-Agenturen und nicht auch mit PR in anderen Organisationsformen (siehe Kapitel II, 3.3).

basiert. Die Ergebnisse der Interviewauswertung (Kapitel V, 1, 2 und 3), welche mithilfe einer Typologisierung erfolgte, werden am Ende der vorliegenden Studie sowohl vor dem Hintergrund des theoretischen Modells (Kapitel V, 3.2.1) als auch in Bezug auf die Relevanz der KW für den *wissens*gesellschaftlichen Teilbereich der PR kritisch diskutiert (Kapitel V, 3.2.2). Dabei sind gleich zu Beginn zwei Hinweise für das analytische Vorgehen in dieser Arbeit wichtig:

Erstens, dass es sich bei der KW um eine hochgradig interdisziplinäre Wissenschaft handelt.[24] Außerdem trägt sie an unterschiedlichen Universitäten unterschiedliche Bezeichnungen und hat sich an einigen Standorten sukzessive thematisch ausdifferenziert – teilweise bis hin zu einer Art eigener ‚PR-Wissenschaft', welche (zumindest was die Lehre in einigen Masterstudiengängen anbelangt) immer weniger mit den traditionellen Inhalten des Fachs gemein hat.[25] Hier werden auch, wie beispielsweise in Leipzig, Bezeichnungen wie ‚Kommunikationsmanagement' mittlerweile dem Terminus ‚PR' vorgezogen. Hinzu kommt die Tatsache, dass sich auch andere Disziplinen (wie etwa die Betriebswirtschaft, BWL – insbesondere der Fachbereich Marketing) mit dem Thema PR wissenschaftlich auseinandersetzen und dabei wiederum in Austausch mit den spezialisierten PR-Forschern anderer Disziplinen treten. Verkürzt könnte man daher sagen, dass im Fall der PR-Forschung ausgewählte Fachvertreter der interdisziplinären KW Beiträge zu einem ebenfalls interdisziplinären Forschungsfeld liefern.

Daher musste bei der Sichtung der wissenschaftlichen Debatte und von Vorgängerstudien über den Tellerrand der klassischen KW geschaut werden. Der Fixpunkt der empirischen Untersuchung blieb jedoch die Suche nach KW-spezifischen Elementen mit Relevanz für die PR-Praxis

---

[24] Donsbach et al. (2005) listen einige Fragen, die sich in diesem Kontext zur Natur der KW stellen ließen, auf: „Handelt es sich bei der [KW] um einen eigenen Wissenschaftsbereich oder um einen Themenkatalog [...]? Ist das Fach durch Eigenständigkeit oder Transdisziplinarität gekennzeichnet [...]? Handelt es sich um ein Integrations- oder um ein Einheitsfach [...]?" (ebd.: 46).

[25] Die Frage, ob es sich bei der universitären Auseinandersetzung mit PR um einen Fachbereich der KW oder um eine eigenständige PR-Wissenschaft handelt, wird in Kapitel II, 1.2 diskutiert werden. Der Autor der vorliegenden Studie folgt – bei gleichzeitiger Anerkennung der wissenschaftlichen Auseinandersetzung mit dem Thema PR in anderen Fachkontexten – dem Verständnis von Ulrike Röttger, dem zufolge „heute weitgehende Einigkeit" dahingehend besteht, „PR als eigenständiges Forschungsfeld innerhalb der Kommunikationswissenschaft zu verorten" (Röttger 2010: 6).

– auch wenn es aufgrund des interdisziplinären Charakters der KW nicht ohne weiteres möglich ist, dem Fach Theorien und Begrifflichkeiten wie etwa den Gatekeeper oder das Agenda Setting (siehe Kapitel II, 1.1.3) exklusiv zuzuschreiben (bei der Schweigespirale der Mainzer Fachikone Elisabeth Noelle-Neumann wäre das schon einfacher; vgl. ebd.). Dies ist auch in Bezug auf die spezifischen theoretischen Ansätze zur PR von großer Wichtigkeit, denn hier existieren Theorien, die beispielsweise an der Schnittstelle zwischen KW und BWL angesiedelt sind – jedoch vor allem in der KW große Rezeption erfahren haben (wie etwa das Symmetrie-Paradigma nach Grunig/Hunt; vgl. Kapitel II, 1.2.3). Selbiges gilt für Forscher wie Ansgar Zerfaß, die Elemente beider Disziplinen in ihre Ansätze integriert haben (vgl. ebd.). Wenn ein in dieser Studie interviewter PR-Praktiker die Arbeit von Zerfaß als relevant für die eigene Tätigkeit erachtetet hat, so konnte zwar in der Analyse eine positive Einschätzung zur Relevanz der KW ‚verbucht' werden – gleichzeitig musste aber stets im Hinterkopf behalten werden, dass Ansgar Zerfaß nicht ausschließlich der KW zuzurechnen ist.

Und zweitens zielt diese Dissertation mit ihrer Frage nach der *Relevanz* der KW nicht darauf ab, psychologische Prozesse in den Köpfen der PR-Praktiker dahingehend zu durchleuchten, ob oder wie nun genau wissenschaftliches Wissen Teil ihres ‚professionellen Wissens' geworden ist. Wolfgang Bonß weist zum Beispiel darauf hin, dass die Verwendung wissenschaftlichen Wissens in der Praxis „grundsätzlich keine schlichte *Anwendung* bedeutet" (Bonß 2003: 43; kursive Hervorhebung im Original; Anm. d. Verf.). Stattdessen werde wissenschaftliches Wissen „genau dann praktisch, wenn es als wissenschaftliches unsichtbar wird und im Zuge der Transformation eine andere Identität erhält" (ebd.). Dem Qualifikationsprofil der *Deutschen Public Relations Gesellschaft* (*DPRG*) kann entnommen werden, dass das für PR benötigte Fachwissen etwa zu „Grundbegriffe[n] und Modelle[n] der Kommunikation" oder zu „Funktionen und Wirkungen der Massenkommunikation" in ein Zusammenspiel mit weiterem Wissen sowie mit Fähigkeiten und Fertigkeiten eingebunden ist (DPRG 2005: 12ff.; siehe Kapitel III, 2.2.3 – auch in Auseinandersetzung mit Röttger 2009/2011). Beidem soll an dieser Stelle nicht widersprochen werden. Auch wird hier nicht unterschwellig postuliert, dass die Wissenschaft spezifische Probleme der Praxis einfach und unmittelbar lösen kann. Stattdessen fragt die vorliegende Studie danach, ob die Feststellung des Soziologen und Politologen Volker Ronge, dass wissenschaftliche

„Argumente und Theorien" in der Praxis „zu aufklärenden, fachlichen, legitimatorischen, dilatorischen, interessenvermittelnden und mancherlei anderen Zwecken eingesetzt werden" können, auch für das Verhältnis von KW und PR gilt (Ronge 1989: 345). Konkret wird danach gefragt,

* *welche* PR-Praktiker sich unter *welchen* Umständen für *welche* Elemente der KW interessieren (oder, in der Sprache des in dieser Arbeit verwendeten Marktmodells: ‚nachfragen'; siehe Kapitel III, 3),
* *wofür* sie diese gegebenenfalls verwenden,
* *welche* Theorien, Begriffe und Fachvertreter/Lehrstühle sie generell kennen,
* *wie* sie die ihnen bekannten Inhalte der KW mit Blick auf die PR-Arbeit bewerten
* und *welche* PR-Praktiker ein eher KW-affines Verständnis von ihrem Handeln haben.[26]

Die Summe all dieser genannten Aspekte ist schließlich das, was in der vorliegenden Arbeit als *Relevanz* der KW für die PR verstanden wird. Dabei förderte die Analyse der insgesamt 40 Interviewtranskripte ein ganzes Spektrum an unterschiedlichen Bewertungen und Nachfragen zutage. Dieses reicht von dem Fach kritisch gesonnenen PRlern, die in der KW eines „der Laberfächer" ohne Praxisrelevanz sehen (Sprecher kulturelle Einrichtung), über Kommunikationsprofis, die das Fach mit anderen Disziplinen wie etwa der Germanistik in Verbindung bringen (Sprecherin Versicherungskonzern), bis hin zum Managing Partner einer großen PR-Agentur, der regelmäßig den *Transfer*-Newsletter der *DGPuK* nach interessanten Abschlussarbeiten durchsieht und der die Arbeit von Günter Bentele und Ansgar Zerfaß in Leipzig als „Highlight und eine göttliche Segnung" bezeichnet. Es reicht von der Assistentin einer Agentur, die in der PR „klassische Marketing-Geschichten" mit Vertriebselementen sieht, bis hin zum Sprecher eines Pharmaverbands, der PR mit Blick auf Habermas als Mittel zum gesamtgesellschaftlichen Ausgleich betrachtet und der die Hälfte seiner Zeit damit verbringt, Debatten aus der Öffentlichkeit in seine Organisation zu tragen. Es reicht von der

---

[26] Für die Definition dieses ‚KW-affinen' Verständnisses: siehe Kapitel II, 1.2.1.

Landtagssprecherin, die sagt, dass die KW „überhaupt nichts mit der Realität zu tun" habe, bis hin zu einer anderen Landtagssprecherin, auf deren Schreibtisch Bücher von Claudia Mast und weiteren Fachvertretern liegen – und mit deren Hilfe sie unter anderem Fragen der Fraktionsmitglieder zum Thema Wählergewinnung beantwortet. Sie schaue sich „die Inhaltsverzeichnisse" gezielt daraufhin an, was „für meine Arbeit momentan interessant [ist]. Wenn ich da jetzt nehme: Wie verarbeiten Bürger politische Information? Das ist doch eigentlich das A und O".[27] Angesichts dieser Ergebnisse ist es aus Sicht des Autors gerechtfertigt zu behaupten, dass wissenschaftliches Wissen nicht immer „unsichtbar" (Bonß 2003: 43) sein muss, um in der Praxis anwendbar zu sein.

Bei der Analyse der Einflussfaktoren und der Diskussion der Ergebnisse gab es mehrere Hinweise darauf, dass insbesondere in *Beraterfunktionen* gefragte PR-Praktiker in Managerpositionen mit einem gewissen Hang zu theoretischem Denken der KW gegenüber aufgeschlossen zu sein scheinen. Zumindest sind unter ihnen einige PRler, die zwar nie KW studiert haben, die jedoch gekonnt mit Fachvokabular jonglieren und Erkenntnisse der KW für ihren Alltag nutzbar machen. Die in der Praxis bekanntesten Fachvertreter sind die Forscher aus Leipzig mit ihrer klaren Fokussierung auf das Thema Kommunikationsmanagement. Dass es sich dabei jedoch nicht mehr um die allgemeine KW, sondern um einen spezialisierten Forschungszweig handelt, ist offensichtlich.

---

[27] Siehe Kapitel V für die detaillierten Ergebnisse inklusive eindeutiger Quellenangabe.

II. Grundlagen

1. Kommunikationswissenschaft und der Forschungsbereich PR

Um im empirischen Teil dieser Arbeit herausfinden zu können, welche Elemente der KW von den PR-Praktikern als relevant erachtet werden, müssen das Fach im Allgemeinen (Kapitel II, 1.1) und der Forschungsbereich PR im Besonderen (Kapitel II, 1.2) zunächst einmal definiert und ausgewählte Inhalte im Überblick dargestellt werden. Dabei soll auch ein kurzer Blick auf die Grundzüge der Geschichte von Fach und Forschungsbereich geworfen werden.

1.1 Kommunikationswissenschaft

1.1.1 Eckpfeiler einer Definition

Dem Versuch, die in weiten Teilen des deutschsprachigen Raums anzutreffende KW mit ihren Absichten und Inhalten zu definieren, stehen vor allem zwei Phänomene im Weg: das bereits in der Einleitung dieser Arbeit erwähnte „Legitimationsdilemma" des Fachs (Meyen/Löblich 2006) sowie ein vom österreichischen Fachvertreter Roland Burkart diagnostiziertes „Defizit" der KW (Burkart 2002: 413).[28]

---

[28] An dieser Stelle darf nicht unerwähnt bleiben, dass es sich bei diesem Minderwertigkeitskomplex des Fachs nicht um eine exklusive Besonderheit der KW handelt: So ist auch bei der Soziologie zuweilen die Rede davon, dass es einen „permanenten Minderwertigkeitskomplex" gebe und dass sie „heute immer noch – gut 100 Jahre nach ihrer Gründung – um die akademische Reputation ringt" (Simon et al. 2003: 352; vgl. auch Weingart 2012). Mit Blick auf die Praxisrelevanz der Soziologie hielten Ulrich Beck und Wolfgang Bonß einmal fest, „dass die Gesellschaft die Nützlichkeit soziologisch generierten Wissens geringer einschätzt als dasjenige anderer Disziplinen" (Kühl 2003: 71).

Was das Legitimationsdilemma betrifft, so kann verkürzt festgehalten werden, dass das Fach seit der Gründung des Instituts für Zeitungskunde in Leipzig im Jahr 1916 mit dem Spagat zwischen dem wissenschaftlichen Auftrag einer Universitätsdisziplin auf der einen und dem Ausbildungsauftrag für Medienberufe auf der anderen Seite zu kämpfen hatte (vgl. Meyen/Löblich 2006). Die Nachbardisziplinen standen dem Versuch der damaligen Zeitungskunde, sich universitär zu etablieren, nicht wohlgesonnen gegenüber. Bekannt ist beispielsweise der Brief des Soziologen Ferdinand Tönnies an Emil Dovifat, einen der Mitbegründer der Publizistikwissenschaft, in dem es heißt, dass es nicht nötig sei, dass „jede Sache, über die man sehr nützliche Studien macht, gleich den Namen einer besonderen Wissenschaft trage", da sonst beispielsweise „in der Zoologie eine Hühnerwissenschaft, eine Entenwissenschaft, eine Wissenschaft der Schwäne" existieren würde (ebd.: 56f.; vgl. auch Rademacher 2011).

Um den „Platz am Katzentisch der Universität" (ebd.) zu verlassen, betonte das junge Fach seine Eigenständigkeit und seinen wissenschaftlichen Anspruch. Dies sorgte jedoch „bei den Mäzenen des Faches, den Berufsverbänden der Verleger und der Journalisten", nicht für Freude, da es weder dabei half, „das Prestige der Presse zu heben", noch „in erkennbarem Zusammenhang mit der Ausbildungsleistung" stand (ebd.: 59). Diese politischen Unwägbarkeiten trugen dazu bei, dass Sinn und Zweck des Fachs – und damit seine Definition – lange Zeit unscharf war(en).

Darüber hinaus sieht Roland Burkart das Problem eines „Defizit[s]" (Burkart 2002: 413): Aus seiner Sicht fehlt dem Fach „eine Perspektive, aus der heraus der eigentliche kommunikationswissenschaftliche Objektbereich erst Konturen gewinnt und in den man die Einsichten und Ergebnisse gleichsam ‚einordnen' kann, damit ihr Stellenwert, vielleicht besser: ihr Problemzusammenhang erkennbar wird" (ebd.). Dabei greift er den Vorwurf des vor allem durch sein *Feldschema der Massenkommunikation* bekannt gewordenen (und dennoch ohne dauerhafte Professur 2010 verstorbenen) Kommunikationswissenschaftlers Gerhard Maletzke auf, der beklagte, dass „die Kommunikationswissenschaft aus einer großen Zahl von Einzelsätzen, Hypothese [sic!] und Konzepten" bestehe, die „unverbunden und oft untereinander unstimmig auf sehr verschiedenen Abstraktionsebenen im Raum" stünden (in: ebd.: 414).[29] Doch trotz die-

---

[29] Für Meyen/Löblich (2011) war Maletzke „stets zur falschen Zeit am falschen Ort. In der Psychologie fehlte ihm der Stallgeruch und in der Kommunikationswissenschaft ent-

ser Schwierigkeiten gibt es heute, fast 100 Jahre nach Gründung des ersten Instituts in Leipzig, eine weithin akzeptierte Definition des Fachs. Die *DGPuK* beschrieb den Fachkern auf ihrer Mitgliederversammlung am 1. Mai 2008 in Lugano wie folgt:

> „Die Kommunikations- und Medienwissenschaft beschäftigt sich mit den sozialen Bedingungen, Folgen und Bedeutungen von medialer, öffentlicher und interpersonaler Kommunikation. Der herausragende Stellenwert, den Kommunikation und Medien in der Gesellschaft haben, begründet die Relevanz des Fachs. Die Kommunikations- und Medienwissenschaft versteht sich als theoretisch und empirisch arbeitende Sozialwissenschaft mit interdisziplinären Bezügen. Sie leistet Grundlagenforschung zur Aufklärung der Gesellschaft, trägt zur Lösung von Problemen der Kommunikationspraxis durch angewandte Forschung bei und erbringt Ausbildungsleistungen für eine seit Jahren dynamisch wachsende Medien- und Kommunikationsbranche. Geschichte, Gegenwart und Zukunft der gesellschaftlichen Medien- und Kommunikationsverhältnisse stehen im Mittelpunkt von Forschung und Lehre."

(DGPuK 2008)[30]

Aus dieser Definition lässt sich also unter anderem ableiten, dass die KW eine Sozialwissenschaft ist, dass sie Bezugspunkte zu anderen Fächern aufweist, dass sie sowohl Grundlagen- als auch angewandte Forschung leistet und dass sie wissenschaftlichen Nachwuchs ausbildet.[31, 32, 33]

---

weder ein starker Mentor oder das richtige Parteibuch. Ohne Professor hatte er keine Chance, sein Werk mithilfe von Schülern auszubauen" (ebd.: 563).
[30] Online-Quelle ohne Seitenangabe
[31] Wie in dieser Definition der *DGPuK* wird die KW auch von der Mehrheit der Fachvertreter als Sozialwissenschaft betrachtet (vgl. exemplarisch Kunczik/Zipfel 2005; Löblich 2008; Pürer 2003; Ronneberger/Rühl 1992). Kritik gab es dennoch: Beispielsweise hat Roger Blum die Selbstverständniserklärung dafür kritisiert, dass ihr eine „Idee" und ein „Tatbeweis" fehlen würden (Blum 2011), wodurch, so Klaus-Dieter Altmeppen, „die (fehlende) Sichtbarkeit des Faches zum Thema (und Problem) der Fachgesellschaft" werde (Altmeppen 2012: 36).
[32] Wenn auf die Interdisziplinarität des Fachs hingewiesen wird, so geht es dabei meist um Berührungspunkte mit Fächern von ebenfalls sozialwissenschaftlicher Prägung wie etwa Soziologie, (Sozial-)Psychologie, Politikwissenschaft, Pädagogik, Wirtschaftswissenschaften (vgl. Pürer 2003). Andere Autoren weisen auch auf Überschneidungen mit der Philosophie sowie vereinzelt mit weiteren Fächern hin (vgl. Kocks 2001; Ronneberger/Rühl 1992; Theis-Berglmair 2003).

In dem Selbstverständnispapier wird weiterhin festgehalten, dass das Fach zunächst als „Zeitungskunde" bzw. „Zeitungswissenschaft" und „nach 1945 als ‚Publizistikwissenschaft' und später als ‚Publizistik- und Kommunikationswissenschaft' bezeichnet wurde" (ebd.). Der *DGPuK* zufolge können diese Fachbezeichnungen somit als Synonyme verstanden werden. Die vorliegende Arbeit folgt diesem Verständnis. Interessant ist dabei jedoch, dass die *DGPuK* auch die „Medienwissenschaft" in einem Atemzug mit der KW nennt, die jedoch auf eine andere Geschichte zurückblickt. So hält beispielsweise der mittlerweile emeritierte Münchner KW-Professor Heinz Pürer in seinem Handbuch *Publizistik und Kommunikationswissenschaft* fest, dass die Vertreter der Medienwissenschaft „weitgehend aus der Sprach- und Literaturwissenschaft sowie aus der Germanistik" kämen und das Fach seinen Gegenstand „vor allem in den formalen Angebotsweisen der Massenmedien (insbesondere des Mediums Fernsehen), in deren kulturellen Leistungen sowie in der Ästhetik der Medien" verorte (Pürer 2003: 17).

Hier kann man also nicht von einer Sozialwissenschaft sprechen. Darauf weist auch die *DGPuK* explizit hin, die jedoch „im Sinne der Erhöhung von Transparenz" die „sozialwissenschaftlich orientierte Fachrichtung [...] durchgängig als ‚Kommunikations- und Medienwissenschaft' bezeichnet. Damit ist keine Integration der bestehenden geisteswissenschaftlichen Medienwissenschaft vorweggenommen; vielmehr soll betont werden, dass die geisteswissenschaftliche Perspektive als wichtige Ergänzung der sozialwissenschaftlichen Theorien, Methoden und Befunde angesehen werden kann" (DGPuK 2008). Darüber hinaus nennt die *DGPuK* noch eine „technisch und ästhetisch-gestalterisch ausgerichtete" (ebd.) Variante des Fachs. Auch der Wissenschaftsrat listet in seinen 2007 ausgesprochenen Empfehlungen explizit die „Medientechnologie" und eine „kulturwissenschaftliche Medialitätsforschung" neben der sozialwissenschaftlichen KW auf (Wissenschaftsrat 2007: 7). Doch, so die *DGPuK*, ihr Selbstverständnispapier beziehe sich „auf die sozialwissenschaftliche Orientierung, für die sich in den letzten Jahren sowohl national als auch international die Bezeichnung ‚Kommunikationswissenschaft' etabliert hat" (DGPuK 2008). Auch diesem Verständnis folgt die vorliegende Dissertation – unter ‚KW' wird stets die Sozialwissenschaft verstanden. Theorien und Begriff-

---

[33] Bei den „Ausbildungsleistungen" taucht im Selbstverständnispapier der *DGPuK* auch die PR auf. Nach Ansicht der Gesellschaft hat sich die Ausbildungsleistung der KW „bei sehr guten Berufschancen massiv erhöht" (DGPuK 2008).

lichkeiten der anderen Orientierungen werden in dieser Arbeit nicht behandelt und die interviewten PR-Praktiker wurden auch nicht nach ihnen befragt.

Somit sind mit dem Hinweis der *DGPuK* auf die Beschäftigung mit den „sozialen Bedingungen, Folgen und Bedeutungen von medialer, öffentlicher und interpersonaler Kommunikation" (ebd.) zumindest Eckpfeiler für eine Definition des Fachs im Rahmen dieser Studie gegeben. Trotz der genannten Schwierigkeiten und der teilweise etwas unscharfen Grenzen zu verwandten ‚Medienfächern' scheint es nach Ansicht vieler Fachvertreter einen gefestigten Fachkern zu geben. So halten etwa Michael Kunczik und Astrid Zipfel in ihrem Standardwerk *Publizistik* fest: „Auch wenn es innerhalb der Disziplin immer wieder Namensdiskussionen und Abgrenzungsbemühungen gibt, wird hier davon ausgegangen, dass sich hinter allen genannten Bezeichnungen ein Fach verbirgt, das sich in erster Linie mit dem Kommunikationsprozess befasst, der sich in der Öffentlichkeit vollzieht" (Kunczik/Zipfel 2005: 17).

Und auch ihre Mainzer Kollegen Elisabeth Noelle-Neumann (2010 verstorben), Winfried Schulz und Jürgen Wilke sehen in den unterschiedlichen Bezeichnungen des Fachs an unterschiedlichen Universitäten keinen Hinweis auf einen möglichen Dissens zum Fachkern: Sie argumentieren im *Fischer Lexikon Publizistik Massenkommunikation* (laut Wilke die „Bibel" der „Mainzer Schule"; Meyen/Löblich 2006: 258), dass „sich die Kommunikationsforschung mit ihrem Gegenstand in unterschiedlichen wissenschaftlichen Kontexten unter entsprechend vielfältigen Bezeichnungen" befasst und dabei „die Etiketten Publizistik-, Kommunikations- und Medienwissenschaft" am „gebräuchlichsten" seien (Noelle-Neumann et al. 2009: 8).

Edith Wienand (deren Dissertationsergebnisse zum Thema *Public Relations als Beruf* aus dem Jahr 2002 unter anderem in Kapitel II, 3.2 aufgegriffen werden) hielt jedoch 2004 fest, dass „jeder" der damals existierenden rund 60 „journalistischen, kommunikations- und medienwissenschaftlichen Hochschulstudiengänge […] eigene Schwerpunktbildungen, Traditionen und Ausrichtungen [habe], so dass sich bisher keine klare Kernidentität herausgebildet hat" (Wienand 2004: 38). Auch die Bamberger Fachvertreterin Anna-Maria Theis-Berglmair hatte ein Jahr vor Wienand beklagt: „Wenn sich die Reife einer wissenschaftlichen Disziplin daran bemisst, inwiefern Vorstellungen von der Wirklichkeit in Form von Axiomen und Theorien wiedergegeben werden können und inwiefern diese Vorstellungen in einer Forschergemeinschaft intersubjektiv verfestigt sind [...], dann verfügt die Kommunikationswissenschaft gegenwärtig allenfalls über Fragmente" (Theis-Berglmair 2003: 24).

Selbst der Versuch, sich auf einen verhältnismäßig kleinen Nenner zu einigen – und den Fachkern in der Tradition der ‚Mainzer Schule' mit der „empirische[n] Erforschung der Massenkommunikation" (Noelle-Neumann et al. 2009: 7) zusammenzufassen, wird von manchen Autoren kritisiert. Roland Burkart etwa beklagt, dass die KW die Massenkommunikation zu Ungunsten von anderen Forschungsfeldern zu ihrem wichtigsten Fachbereich erkoren habe (vgl. Burkart 2002). Und sein österreichischer Landsmann, der Salzburger Kommunikationswissenschaftler Hans Heinz Fabris, teilt diese Sorge in einer Auflistung von mehreren Dilemmata des Fachs (Fabris 2002b), von denen eines lautet: „Die Konzentration auf die Beschäftigung mit Phänomenen der Massenmedien, genährt vom ‚Mythos der Massenkommunikation', ging und geht in der herrschenden Praxis wie der Theorie der Zeitungs-, Publizistik- und Kommunikationswissenschaft auf Kosten und zu Lasten der Befassung mit nicht-massenmedial vermittelter Information und Kommunikation" (ebd.: 247).

Trotz dieser kritischen Stimmen, die im Fall von Burkart und Fabris aus Österreich kommen, hat die vorliegende Dissertation den Anspruch, die Relevanz des Fachs in seiner Ausgestaltung im deutsch*sprachigen* Raum zu untersuchen. Unter ‚der KW' wird also nicht nur die bundesdeutsche Universitätslandschaft, sondern beispielsweise auch die Forschung an den Universitäten Wien oder Zürich verstanden. Der Schwerpunkt liegt jedoch auf dem Fachverständnis in Deutschland – nicht zuletzt aufgrund der Übernahme der Definition der *Deutschen* Gesellschaft für Publizistik und Kommunikationswissenschaft. Gleichzeitig darf dabei jedoch nicht vergessen werden, dass die deutsch(sprachig)e KW in ihrer heutigen Ausprägung auf eine Vielzahl ausländischer Einflüsse zurückgeht und dass sich Kommunikationsforschung im 21. Jahrhundert (gerade vor dem Hintergrund eines globalen Untersuchungsgegenstandes) stets in einem internationalen Kontext vollzieht – beispielsweise mit Blick auf Fachtagungen und Publikationsorgane.[34]

---

[34] Selbiges gilt auch für die deutschsprachige PR-Forschung, deren Entstehung ohne eine Berücksichtigung insbesondere des US-amerikanischen Einflusses nicht nachvollzogen werden kann (siehe Kapitel II, 1.2.2).

1.1.2 Grundzüge der Fachgeschichte

Die Entstehung der oben erläuterten Fachidentität (als wie gefestigt man sie nun auch immer betrachten mag) erfolgte keineswegs geordnet. Vielmehr ist die Geschichte der immer noch verhältnismäßig jungen KW voll von Brüchen. So stellen etwa Franz Ronneberger und Manfred Rühl in ihrer 1992 erschienen *Theorie der Public Relations* fest, dass „[d]as Verständnis von Kommunikationswissenschaft [...] mehrere Entwicklungssequenzen erlebt" habe (Ronneberger/Rühl 1992: 60). Auch diese wechselvolle Geschichte machte es unwahrscheinlich, dass die im Rahmen der vorliegenden Studie interviewten PR-Praktiker ein klares Bild von *der* KW haben würden – sofern sie das Fach nicht selbst studiert hatten.

Die Anfänge der Disziplin reichen dabei deutlich bis hinter die bereits erwähnte erste Institutsgründung in Leipzig im Jahr 1916 zurück. Bereits seit dem 17. Jahrhundert beschäftigten sich „Kanzlisten, Poeten, Pädagogen, Theologen und Juristen" mit dem Phänomen der Massenpresse (ebd.). Die universitäre Auseinandersetzung mit der Massenkommunikation hat ihre Wurzeln jedoch in dem erst Ende des 19. Jahrhunderts aufkeimenden Interesse der Verlags- und Medienindustrie an einer „Institutionalisierung einer Wissenschaft von der Zeitung" (Meyen/Löblich 2006: 49). Der Grund dafür lag unter anderem darin, dass sich der Beruf des Journalisten zu dieser Zeit zu professionalisieren begann und eine entsprechende Berufsvorbereitung sowie ein Prestigegewinn durch einen Universitätsabschluss gewünscht waren (vgl. ebd.). Dass das junge Fach jedoch von Anfang an keinen leichten Stand hatte und von anderen Wissenschaften keineswegs mit offenen Armen empfangen wurde, ist bereits weiter oben erläutert worden.

Das Etikett der ‚Zeitungswissenschaft' (oder der ‚Zeitungskunde', wie das erste Institut in Leipzig 1916 noch hieß) wurde schließlich schrittweise vom Begriff ‚Publizistikwissenschaft' abgelöst – und zwar zu einer Zeit, in der Rundfunk und Film an Bedeutung gewannen und das Forschungsfeld des Fachs sich somit natürlich verbreiterte (vgl. Ronneberger/Rühl 1992).[35] Die spätere (weitgehende) Umbenennung in ‚Kommunikationswissenschaft' erfolgte in einem nachfolgenden Schritt und in Folge der Einsicht, dass sich das Erkenntnisinteresse des Faches nicht auf bestimmte

---

[35] An der Universität München hielt sich jedoch die Bezeichnung ‚Zeitungswissenschaft' noch länger.

Mediengattungen oder nur auf das Konzept der „Öffentlichkeit" reduzieren ließ. Stattdessen trat die Kommunikation als elementarer Bestandteil gesellschaftlicher Prozesse in den Vordergrund (vgl. ebd.).

Den größten Bruch in dieser Entwicklung stellt dabei die unrühmliche Rolle des Fachs im Dritten Reich dar, in dem es für die Propagandamaschinerie der Nationalsozialisten nutzbar gemacht wurde: „Das Fach, das gemessen am Grad der Institutionalisierung gerade dabei war, erfolgreich zu werden, diskreditierte sich in dieser Zeit und verlor die (bereits latent vorhandene) sozialwissenschaftliche Orientierung – zwei schwere Hypotheken für den Neuanfang nach 1945" (Meyen/Löblich 2006: 42). Bereits in der Einleitung wurde auf die Empfehlung des Wissenschaftsrats aus dem Jahr 1960 hingewiesen, „dieses Sondergebiet" nur noch in Berlin und München zu behandeln (Kutsch/Pöttker 1997: 7f.). Doch selbst in der bayerischen Landeshauptstadt gab es „[s]owohl im Kultusministerium als auch in der Fakultät [...] Überlegungen, das Kapitel Zeitungswissenschaft [...] zuzuschlagen, und auch die Presse zweifelte am Sinn des Faches" (Meyen/Löblich 2006: 67). Mehr als drei Viertel der damals existierenden Institute wurden mehr oder weniger zu Schließkandidaten (vgl. Schäfer 2012).

Die Rettung kam schließlich in Gestalt einer inhaltlich-methodischen Neuausrichtung bei gleichzeitiger Neubesetzung zahlreicher Lehrstühle: der „empirisch-sozialwissenschaftlichen Wende zur Kommunikationswissenschaft" (Meyen/Löblich 2006: 34; vgl. auch Löblich 2010, 2008). Dabei wandelte sich die Disziplin von einem oftmals historisch und hermeneutisch orientierten Fach hin zu einer Sozialwissenschaft „nach US-Vorbild" (ebd.: 68). Der nun einsetzende Aufschwung wurde auch durch den Siegeszug des Fernsehens begünstigt. Die Bundesregierung initiierte ein „kommunikationspolitische[s] Forschungsprogramm" (Löblich 2008: 298), für das eine „quantitativ-sozialwissenschaftlich arbeitende Publizistikwissenschaft" gefragt war, welche „die aktuelle[n] Medienentwicklungen in repräsentative Zahlen fassen und Zusammenhänge werturteilsfrei darstellen wollte" (ebd.).

Zwei der bedeutendsten Vertreter dieser fachlichen Wende waren Elisabeth Noelle-Neumann und ihr austro-amerikanisches Idol Paul F. Lazarsfeld, dessen Begrifflichkeiten und Studienergebnisse nun aus den USA in die deutsche Fachidentität integriert wurden (siehe auch Kapitel II, 1.1.3). Autoren wie der bereits erwähnte Gerhard Maletzke machten die

US-Literatur in Deutschland zugänglich (vgl. Meyen/Löblich 2006). Im Zuge dieser ‚empirisch-sozialwissenschaftlichen Wende' wurde die im deutschen Sprachraum bis dahin dominierende „geisteswissenschaftliche Zeitungs- und Publizistikwissenschaft" ersetzt (Löblich 2008: 297), was sich zu Beginn der 1960er Jahre auch in der Personalpolitik der Universitäten niederschlug: Mit dem „Soziologe[n] Horst Reimann", dem „Verleger Henk Prakke", dem „Pädagoge[n] Erich Feldmann", dem „Theologe[n] und Mediziner Otto B. Roegele", den „Sozialwissenschaftler[n] Fritz Eberhard und Franz Ronneberger" sowie dem „PR-Fachmann Albert Oeckl" wurden Vertreter aus (oft) benachbarten Fächern bzw. Medienpraktiker in die „Publizistik- und Zeitungswissenschaft" berufen (Hachmeister 2008: 481; vgl. auch Löblich 2010: 548).

Dabei war interessanterweise die Frage nach der *Anwendbarkeit* von Forschungsergebnissen für viele einflussreiche Fachvertreter ein zentrales Thema (vgl. Vowe et al. 2012). Das prominenteste Beispiel ist Paul F. Lazarsfeld, der nicht nur Grundlagenforschung betrieb, sondern auch kommerzielle Marktforschung für die Wirtschaft bereitstellte und bei dem daher „Theorie und Praxis, Forschung und Anwendung [eng] miteinander verknüpft waren" (ebd.: 275). Für ihn bestand die Aufgabe der Forschung darin, „das ‚Funktionieren' dieses Werkzeugs [der Medien; Anm. d. Verf.] durchsichtiger zu machen und damit ‚seinen Gebrauch' zu erleichtern, völlig unabhängig davon, wer das Medium ‚benutzt'" (Meyen/Löblich 2006: 193). Unter ‚administrativer Forschung' verstand er dabei hauptsächlich quantitative Auftragsforschung ohne Werturteil und unter ‚kritischer Forschung' eine bewusst „Stellung" beziehende Forschung zur Beanstandung „gesellschaftliche[r] Machtverhältnisse" (Just/Puppis 2012: 48). Beide Forschungsrichtungen fußen jedoch auf empirischen Methoden und weisen einen klaren *Anwendungs*bezug auf (vgl. ebd.).

Auch Elisabeth Noelle-Neumann war keine „Theoretikerin im üblichen Sinn" (Vowe et al. 2012: 282), sondern eine Wissenschaftlerin, die auch Forschung im politischen Umfeld betrieb und dabei über beste Beziehungen zur CDU verfügte (vgl. Meyen/Löblich 2006).[36] Sie hatte 1947 mit ihrem ersten Ehemann das *Institut für Demoskopie* in Allensbach gegründet, der *Spiegel* beschäftigte sich 1953 und 1957 in Titelgeschichten mit ihr,

---

[36] Der Beitrag von Vowe et al. (2012) geht auch noch auf die Beispiele von Emil Dovifat, Jürgen Habermas und Niklas Luhmann ein.

bezeichnete sie gar als „Herrin der öffentlichen Meinung" (ebd.: 256). 1961 wurde Noelle-Neumann zunächst Lehrbeauftragte an der Freien Universität in Berlin, rund vier Jahre darauf folgte der Ruf nach Mainz, wo sie in der Folge als Professorin die bereits erwähnte empirische ‚Mainzer Schule' aufbaute (vgl. ebd. sowie Kapitel II, 1.1.1).

Während sich die KW in Folge der ‚empirisch-sozialwissenschaftlichen Wende' zunehmend etablierte (zwischen 1971 und 1994 gab das Bundespresseamt insgesamt 2,2 Mio. DM für 186 KW-Forschungsprojekte aus, die DFG zwischen 1981 und 1992 6 Mio. DM für zwölf Projekte; vgl. Schäfer 2012) kam es parallel auch zur Einrichtung von Diplomstudiengängen für Journalistik sowie zu der erwähnten Gründung von eher kulturwissenschaftlich orientierten Instituten für Medienwissenschaft. Die KW breitete sich nach der Wende schließlich auch in den neuen Bundesländern aus und heute wächst das Fach, das „auch wegen der zunehmenden Medialisierung der Gesellschaft" mehr Studenten anzieht als es Lehrpersonal rekrutieren kann, mit hoher Geschwindigkeit (ebd.: 307). Den Angaben des Wissenschaftsrats zufolge hat sich die Zahl der KW-Studenten zwischen 1997 und 2007 verdoppelt (vgl. Wissenschaftsrat 2007). Das Fach erfreut sich „seit Jahren bei Studierenden ungebrochener Beliebtheit" und es existieren mittlerweile über 500 Studienangebote in Deutschland (Rademacher 2011: 3).

Christian Schäfer von der Universität Mainz hat in seinem Beitrag für die *DGPuK*-Tagung 2011 den Versuch unternommen, die Geschichte der KW in Deutschland nach 1945 dahingehend zu analysieren, welche Relevanz die „vier ‚Währungen' Reputation, Öffentlichkeit, Mittelausstattung und Evaluationsergebnisse" im Zeitverlauf für den Erfolg der Wissenschaft besaßen (Schäfer 2012: 302).[37] Dabei hält er fest, dass es im beobachteten Zeitraum immer wieder zu „Abwertungen der personellen Reputation" kam und lediglich einige wenige Repräsentanten des Fachs breite Aufmerksamkeit in der Öffentlichkeit genossen (ebd.: 312). Mittelausstattung und Evaluationsergebnisse hätten jedoch gerade in den letzten beiden Entwicklungsphasen des Fachs („Etablierte Wissenschaft" ab den 1960er Jahren, „Big Science" seit dem Ende der 1990er Jahre) zugenommen. Mit Blick auf die Praxisrelevanz der KW zieht er dabei zwei

---

[37] Unter den Begriff „Evaluationsergebnisse" werden „Effizienzmessung, Funktionalitätsanalyse sowie Erfolgskontrolle zur Optimierung und Rationalisierung" gefasst (z.B.: Peer-Review-Verfahren in wissenschaftlichen Magazinen) (Schäfer 2012: 304).

mögliche Schlüsse: Erstens könnte es in Zukunft zu einer „Zweiteilung" des Faches dahingehend kommen, dass sich ein Teil der ‚scientific community' von praktischen Themen abwendet, da sie unter anderem aufgrund der „ständigen Evaluationsschleifen" keine Zeit dafür hätten (ebd.: 313). Der andere Teil der Wissenschaftler hingegen könnte genau jene praxisaffinen „modische[n] Themen" auswählen, um verstärkt in der Öffentlichkeit zu stehen und um Drittmittel akquirieren zu können (ebd.). Zweitens, so Schäfer, könnten beide Gruppen „die Zahl ihrer Forschungsthemen erhöhen und auf beide Bereiche aufteilen", um sowohl die eigene Reputation als auch die anderen „Erfolgswährungen" weiter zu steigern (ebd.).

Welche dieser möglichen Entwicklungen in Zukunft auch immer eintreten: Fest steht zumindest, dass sich Fachgemeinschaft und -debatte weiter internationalisieren werden. Schon der Wandel hin zu einer empirischen Sozialwissenschaft ging wie bereits oben erwähnt auf „[w]ichtige Impulse […] von Repräsentanten der US-amerikanischen Kommunikationsforschung" zurück, die „sich bereits seit Ende der zwanziger Jahre vornehmlich Fragen der Medienwirkung zu[gewandt]" hatte (Pürer 2003: 42) und die sich dadurch, so Daya Kishan Thussu (University of Westminster), zumindest in der Vergangenheit von teilweise eher kulturwissenschaftlichen Strömungen der europäischen Forschungstradition unterschied (vgl. Thussu 2009). Somit ist die Entwicklung der deutschsprachigen KW bereits seit langem Teil eines transnationalen Austauschprozesses – und wird dies in Zukunft noch deutlich stärker sein: „The globalization of media together with the globalization of higher education provide excellent opportunities for researchers to broaden their intellectual horizons. Media and their study are in the process of transformation, necessitated by new global infrastructures […]. The notions of place, space and time have been challenged, making it imperative to invest in new research angles, approaches and methodologies. Already calls for the 'de-Westernization' of media studies have been made" (ebd.: 3).

Gesellschaften wie die *International Communication Association (ICA)* oder die *International Association for Media and Communication Research (IAMCR)* würden den internationalen Austausch intensivieren (vgl. ebd.). Jedoch, so Jan Ekecrantz (ehemals Universität Stockholm, 2007 verstorben), komme es bei einer wirklichen Internationalisierung der Forschungsaktivitäten nicht darauf an, lediglich die Liste der in Bezug auf Kommunikationsprozesse zu untersuchenden Länder zu erweitern. Stattdessen gehe es um die

Berücksichtigung „of other kinds of media users, cultural producers and political animals than those typified or implicated in much research – those who happen to live in rich countries" (Ekecrantz 2009: 85). Auch die *DGPuK* weist in ihrem Selbstverständnispapier auf den zunehmend internationalen Kontext der Kommunikationsforschung hin, während sie gleichzeitig vor einer Gleichsetzung von Internationalität und westlicher bzw. angelsächsischer Perspektive warnt: „Lehre und Forschung der Kommunikations- und Medienwissenschaft orientieren sich in steigendem Maße an globalen Notwendigkeiten und Möglichkeiten. [...] Dabei gilt es sowohl, eine internationale Fachidentität zu konstituieren als auch die Sichtbarkeit deutscher Kommunikations- und Medienwissenschaftlerinnen und -wissenschaftler im internationalen Bereich zu erhöhen. [...] Im Rahmen der weiteren Internationalisierung des Faches ist darauf zu achten, dass es sich nicht nur zum angelsächsischen Sprachraum hin öffnet, sondern auch zu anderen Sprachräumen hin – in Europa und darüber hinaus" (DGPuK 2008).

Abschließend sei an dieser Stelle noch darauf hingewiesen, dass sich im Lauf der Zeit neben den klassischen KW-Einrichtungen auch eine Reihe von ‚An-Instituten' für Medien und Kommunikation im deutschsprachigen Raum etabliert hat. Ralf Spiller und Stefan Weinacht haben in ihrer 2012 erschienenen qualitativen Studie zwölf solcher Institute an Universitäten und acht an Fachhochschulen gezählt, deren Ziel darin besteht, „den Austausch zwischen Forschung und Praxis [zu] gewährleisten", und die daher „zwischen der hochschulinternen Grundlagenforschung und der unternehmensbezogenen Forschung und Entwicklung (FuE) stehen" (Spiller/Weinacht 2012: 577).

1.1.3 Ausgewählte Theorien und Begriffe

Will man einige der bekanntesten Theorien und Begrifflichkeiten der KW exemplarisch herausgreifen und in aller Kürze vorstellen, so muss zunächst ein kurzer Überblick zur Grundgesamtheit für diese Auswahl gegeben werden – sprich: zum gesamten Kanon des Fachs. Orientiert man sich abermals an der *DGPuK*, so lassen sich die Forschungsfelder der KW auf drei unterschiedliche Arten sortieren:

1. „hinsichtlich der Elemente des Kommunikationsprozesses (z.B. Kommunikator, Medium, Aussage, Rezeption, Aneignung, Wirkung);
2. hinsichtlich der Typen von Kommunikation, die sich im Hinblick auf ihren Öffentlichkeitsgrad unterscheiden (z.B. interpersonale Kommunikation, organisationsbezogene Kommunikation, öffentliche Kommunikation);
3. hinsichtlich der Analyseebenen (Mikro-, Meso- und Makroebene)."

(DGPuK 2008)[38, 39]

Vor allem die erstgenannte Ordnungslogik ist weit verbreitet, da sie sich vereinfacht in dem bekannten Merksatz des US-amerikanischen Kommunikationsforschers Harold D. Lasswell, der sog. „Lasswell-Formel", zusammenfassen lässt: „Who [Kommunikator] says what [Aussage] in which channel [Medium] to whom [Rezeption] with what effect [Aneignung/Wirkung]"? (Kunczik/Zipfel 2005: 17; Klammern Anm. d. Verf.; vgl. auch Pürer 2003). Die nachfolgende Auswahl von besonders prominenten KW-Theorien und -Begriffen beschränkt sich dabei auf zehn Ansätze, die vor allem aus der Kommunikator- und der Wirkungsforschung kommen. Für dieses Vorgehen gibt es drei Gründe:

Erstens soll dadurch die Auflistung bewusst knapp gehalten werden; an dieser Stelle kann und soll kein Lexikon der KW entstehen. Durch das Herausgreifen von zehn Fachelementen ist die Aufzählung zweifellos angreifbar – jedoch überwiegt aus Sicht des Autors der Nutzen eines solchen kurzen Schlaglichts auf ausgewählte Fachinhalte für die spätere Analyse dessen Nachteile.

---

[38] Online-Quelle ohne Seitenangabe
[39] Ronneberger/Rühl (1992) teilen die Fachinhalte wie folgt ein: *„Allgemeine Kommunikationslehre* und *Kommunikationstheorie", „Kommunikationsformen und Kommunikationsmodi", „Medienkommunikation als organisationsabhängige Kommunikation", „Überzeugungs- und Überredungskommunikation (Persuasion)", „Wirkungen (psychische Effekte) und Auswirkungen (soziale Impakte)", „Unterhaltung", „Kommunikationspolitik", „Medientechnik"* und *„Journalismus und Journalistik"* (ebd.: 61ff.; kursive Hervorhebungen im Original; Anm. d. Verf.). Roland Burkart wiederum systematisiert nach „Allgemeine[n] Theorieperspektiven von Kommunikation", „Ziele[n] von Kommunikation" sowie „Modelltheoretische[n] Ansätze[n] zur Massenkommunikation" (Burkart 2002: 426ff.).

Zweitens beinhaltet diese Auswahl viele der bekanntesten Begriffe, die in den einschlägigen Lehrbüchern des Fachs auftauchen. Vor allem die Wirkungsforschung hat Vokabeln hervorgebracht, die das Gesicht der KW prägen. So stellen beispielsweise Meyen/Löblich (2006) fest, dass die 1944 erschienene Wahlforschungsstudie *The People's Choice* von Paul F. Lazarsfeld (gemeinsam mit Bernard Berelson und Hazel Gaudet) „der Kommunikationswissenschaft die Ideen ‚opinion leader' und ‚two step flow of communication' sowie das Paradigma der ‚limited effects'" gebracht habe (ebd.: 184). Begrifflichkeiten wie diese gelten als Bestandteil der terminologischen ‚DNA' der heutigen KW.

Und drittens finden sich hier diejenigen Theorien und Begrifflichkeiten, von denen vermutet werden darf, dass sie im PR-Kontext (abgesehen von PR-spezifischen Ansätzen; siehe Kapitel II, 1.2.3) am relevantesten sind: Einerseits müssten PR-Praktiker – sollte es überhaupt eine Nachfrage nach wissenschaftlichen Inhalten geben – ein besonderes Interesse dafür haben, wie Journalismus und PR funktionieren und interagieren (Kommunikatorforschung).[40] Andererseits stellt sich für sie die Frage, wie medial vermittelte PR-Botschaften letztlich bei den Rezipienten ankommen und welchen Effekt sie dort haben (Wirkungsforschung). So argumentiert etwa Karin Kirchner in ihrem Buch *Integrierte Unternehmenskommunikation* (2003), dass „die Auseinandersetzung mit den Kommunikationswirkungen zu einer Einschätzung davon" verhelfen könne, „in welchen Situationen welche Ziele für die Integrierte Unternehmenskommunikation realistisch sind" (Kirchner 2003: 101). Auch Winfried Schulz zufolge zeigen Konzepte wie die „*Theorie der Schweigespirale*" oder „das Konzept des *Agenda-Settings* und andere Modelle der Medienwirkung" mit Blick auf die PR, dass „Massenkommunikation über den Öffentlichkeitseffekt indirekt oder unterstützend auch für die persuasive Beeinflussung der Individuen – also für Überzeugungsarbeit – geeignet sein" kann (Schulz 2009: 585; kursive Hervorhebungen im Original; Anm. d. Verf.). Gleichzeitig wäre es naiv davon auszugehen, dass die hier vorgestellten Theorien in der PR-Praxis unverändert angewandt werden können. Auch stellt sich die Frage, ob den Praktikern nicht vielmehr die konkreten Studienergebnisse zu bestimmten Themen bekannt sind, denn „Theorien und Methoden gehören

---

[40] Ulrike Röttger zufolge hat „[d]ie PR-Forschung [...] ihren Ausgangspunkt in der klassischen Kommunikatorforschung, in deren Mittelpunkt traditionell die Journalismusforschung steht" (Röttger 2009: 14).

im allgemeinen zu den Bereichen der Wissenschaft, die eher im Verborgenen bleiben" (Weßler 2002: 24; siehe auch Kapitel III, 2.2.1, 2.2.2).

Die Kriterien für die Auswahl der im Folgenden präsentierten Fachinhalte waren somit deren Prominenz sowie ihre inhaltliche Relevanz für den Themenkomplex PR. Basierend auf diesen Kriterien fiel die exemplarische Auswahl daher auf je fünf Themengebiete der Kommunikatorforschung (*Einflusssphären im Journalismus, Gatekeeper, Nachrichtenwerte, News-Bias* und *Framing*) und der Wirkungsforschung (*Zwei-Stufen-Fluss der Kommunikation/Meinungsführer, Persuasion, Agenda Setting, Uses and Gratifications, Theorie der öffentlichen Meinung/Schweigespirale*). Sie floss als Anhaltspunkt in die Erstellung des Leitfadens (Kapitel IV, 6) und in die Analyse der Interviews (Kapitel V) mit ein und basiert größtenteils auf Kunczik/Zipfel (2005). Dabei ist der Hinweis wichtig, dass einige der genannten Theorien und Begriffe nicht originär bzw. explizit der KW zugeschrieben werden können, sondern Nachbardisziplinen (wie etwa der Sozialpsychologie oder Journalistik) entspringen. Sie wurden jedoch von der KW über viele Jahre hinweg in zahlreichen Forschungszusammenhängen verwendet und sind dadurch zu einem festen Bestandteil des Fachkanons geworden.

1. Einflusssphären im Journalismus

Es gibt unterschiedliche Modelle, die versuchen, die auf Journalisten wirkenden Einflussfaktoren zu systematisieren. Dabei hat der heute an der Universität Zürich lehrende Journalismusforscher Frank Esser ein ursprünglich von Siegfried Weischenberg (Lehrstuhl für Journalistik und Kommunikationswissenschaft an der Universität Hamburg, seit September 2013 im Ruhestand) und davor von Wolfgang Donsbach (heute TU Dresden) entwickeltes Modell weiter ausgearbeitet (vgl. Kunczik/Zipfel 2005). Bei Donsbach erfolgte eine Unterteilung der Einflussfaktoren in „Subjekt-Sphäre", „Professions-Sphäre", „Institutions-Sphäre" und „Gesellschafts-Sphäre" (ebd.: 159), bei Weischenberg in als Zwiebelschichten angeordnete Kreise mit den Bezeichnungen „Medienakteure", „Medienaussagen", „Medieninstitutionen" und „Mediensysteme" (Scholl/Weischenberg 1998: 21). Esser wiederum unterscheidet zwischen der „*Subjekt-Sphäre*", der „*Institutions-Sphäre*", der „*Medienstruktur-Sphäre*" und der „*Gesellschafts-Sphäre*" (Kunczik/Zipfel 2005: 160; kursive Hervorhebung im Original; Anm. d. Verf.). Durch all diese Sphären, so die Vorstellung, wird der Journalist beeinflusst – und in Essers Modell üben sie wiederum selbst Effekte aufeinander aus. In der Subjekt-Sphäre geht es dabei um Faktoren wie die Berufsmotive des Journalisten, in der Institutions-Sphäre beispielsweise um redaktionelle Arbeitsabläufe, in der Medienstruktur-Sphäre um die wirtschaftlichen Rahmenbedingungen und in der Gesellschafts-Sphäre etwa um die politischen Rahmenbedingungen des jeweiligen Landes (vgl. ebd.).

2. *Gatekeeper*

Auch die Gatekeeper-Forschung beschäftigt sich mit der Frage, welche Persönlichkeits- bzw. Umfeldfaktoren des jeweiligen Journalisten einen Einfluss darauf haben, welche Nachrichten er für seine Berichterstattung auswählt. Der Begriff Gatekeeper stammt dabei ursprünglich aus der Sozialpsychologie und wurde von Kurt Lewin für die Person in einem Haushalt verwendet, die darüber entscheidet, welches Essen eingekauft wird („Food does not move by its own impetus. Entering or not entering a channel and moving from one section [...] to another is effected by a ‚gatekeeper'"; Lewin 1963: 176). In der Medienforschung werden darunter Individuen verstanden, „die innerhalb eines Massenmediums Positionen innehaben, in denen sie über die Aufnahme bzw. Ablehnung einer potenziellen Kommunikationseinheit (z.B. einer Nachricht) entscheiden können" (Kunczik/Zipfel 2005: 242). Diese Individuen werden bei ihrer Nachrichtenselektion von „subjektiven [...] Einstellungen und Erwartungen" ebenso beeinflusst wie von „organisatorische[n] und technische[n] Zwänge[n]", „Kollegen und Vorgesetzten", der „redaktionelle[n] Linie" des Mediums sowie von vorhergehenden Selektionsstufen (beispielsweise durch Nachrichtenagenturen) (Schulz 1990: 11f.).

3. *Nachrichtenwerte*

Im Gegensatz zur Gatekeeper-Forschung behandelt die Nachrichtenwert-Theorie nicht die Einflussfaktoren, die auf den einzelnen Journalisten bei seiner Nachrichtenauswahl einwirken, sondern vielmehr die spezifischen inhaltlichen Merkmale, nach denen Informationen in Redaktionen ausgewählt bzw. ignoriert zu werden scheinen. Die norwegischen Friedensforscher Johan Galtung und Marie Holmboe Ruge präsentierten 1965 im *Journal of Peace Research* eine Analyse der Berichterstattung über die Kongo-, die Kuba- und die Zypernkrise in vier norwegischen Zeitungen (Galtung/Ruge 1965). Sie erstellten eine Liste mit zwölf ‚Nachrichtenfaktoren', welche als Kriterien dafür betrachtet werden können, wonach Journalisten Nachrichten auswählen („Events become news to the extent that they satisfy the conditions of"; ebd.: 70): „Frequenz" (zeitlicher Ablauf des Ereignisses entspricht der periodischen Erscheinungsweise der Medien), „Schwellenfaktor" (Überwinden einer bestimmten Aufmerksamkeitsschwelle), „Eindeutigkeit", „Bedeutsamkeit", „Konsonanz" (entspricht den Wünschen des Publikums), „Überraschung", „Kontinuität", „Variation", „Bezug zu Elite-Nationen", „Bezug zu Elite-Personen", „Personalisierung" und „Negativismus" (Kunczik/Zipfel 2005: 247f.; vgl. auch Schulz 1990: 15ff.). Dabei handelt es sich um die bekannteste Auflistung von Nachrichtenfaktoren – jedoch bei weitem nicht um die einzige (vgl. exemplarisch Schulz 1990; Uhlemann 2012).

4. News-Bias

Unter den Begriff der „*instrumentelle[n] Aktualisierung*" fasste eine Forschergruppe um Hans Mathias Kepplinger (Universität Mainz) die Vermutung, „daß allgemeine Werte die Beurteilung von Konflikten beeinflussen und daß die Beurteilung von Konflikten – neben formalen Nachrichtenfaktoren – die Auswahl von Nachrichten steuert" (Kepplinger et al. 1984: 94; kursive Hervorhebung im Original; Anm. d. Verf.). Die News-Bias-Forschung beschäftigt sich somit generell mit den „Ursachen für die Unausgewogenheiten in der Medienberichterstattung" (Kunczik/Zipfel 2005: 266). Dabei wird ein möglicher Zusammenhang zwischen den politischen Ansichten des jeweiligen Journalisten und seiner Nachrichtenauswahl vermutet. In der experimentellen Studie von Kepplinger et al. mit über 200 Journalisten stellten die Forscher zwei Fragen: „1. Welche Zusammenhänge bestehen zwischen den allgemeinen Werten von Journalisten und ihrer Beurteilung aktueller Themen sowie zwischen ihrer Beurteilung aktueller Themen und der Selektion von Nachrichten für die Veröffentlichung? 2. Welche Zusammenhänge bestehen zwischen den allgemeinen Werten der Rezipienten, der Rezeption von Nachrichten und der Legitimation von Normen, Zielen, Personen und Handlungen?" (Kepplinger et al. 1984: 94). Am Ende wurde schließlich festgehalten, „dass 45% der Journalisten ein bewusstes Hochspielen von Informationen, die den eigenen Ansichten entsprachen, billigten. Demgegenüber hielten nur 17% das bewusste Herunterspielen von Informationen für vertretbar. [...] Außerdem zeigte sich, dass die Journalisten denjenigen

Meldungen den höchsten Nachrichtenwert zusprachen, die ihre [Sicht] stützten" (Kunczik/Zipfel 2005: 267).

5. Framing

Bertram Scheufele (heute Universität Hohenheim) und Hans-Bernd Brosius (Universität München) haben sich mit der journalistischen Berichterstattung über Fremdenfeindlichkeit beschäftigt (vgl. Scheufele/Brosius 1999). In der Studie konnte gezeigt werden, dass sich infolge der Brandanschläge in Mölln und Solingen „die Vorstellungen von Journalisten entsprechend der Qualitäten der Schlüsselereignisse nachhaltig auf Brandanschläge verlagerten. Dabei war der reale Anteil von Brandanschlägen an allen Taten nicht nur von Beginn an gering, sondern ging sogar noch deutlich zurück" (Scheufele 2003: 54). Brosius/Eps (1993/1995) zufolge bestimmen ‚Frames' nicht nur darüber, welche Themen Journalisten überhaupt aufgreifen, sondern auch darüber, über welche „Aspekte" des Themas berichtet wird, „in [...] welchen Kontext" das Ereignis gesetzt wird und „wie der Nachrichtenwert eines Ereignisses bestimmt wird" (Kunczik/Zipfel 2005: 273; vgl. auch Brosius/Eps 1995: 169). Ein Frame ist somit ein „Interpretationsrahmen" von Journalisten, welcher ihnen – bewusst oder unbewusst – „die Selektion und Verarbeitung von Informationen erleichter[t]" (ebd.: 272). ‚Framing' bedeutet, dass „bestimmte Teile der Realität hervorgehoben" werden, während andere „heruntergespielt oder ignoriert" werden (ebd.).[41]

6. Zwei-Stufen-Fluss der Kommunikation/Meinungsführer

In der bereits erwähnten Studie *The People's Choice* von Lazarsfeld et al. identifizierten die Forscher bei ihrer Untersuchung des Abstimmungsverhaltens bei der US-Präsidentschaftswahl im Jahr 1940 Personen, die sie als „more articulate people" beschrieben – diese gaben beispielsweise Zeitungsartikel an andere Rezipienten in ihrem Umfeld weiter oder wiesen auf die Wichtigkeit einer Radioansprache hin (Lazarsfeld et al. 1960:

---

[41] Allerdings bezieht sich der Framing-Ansatz nicht ausschließlich auf das Thema Nachrichtenauswahl, „sondern fungiert auch als Bindeglied zu Theorien der Nachrichtenauswahl und -wirkung beim Publikum, da auch die Rezipienten existierende Interpretationsrahmen verwenden bzw. aufgrund der Berichterstattung neue Rahmen entwickeln" (Kunczik/Zipfel 2005: 272).

151). Diesen Prozess des Weitergebens von Informationen bezeichneten die Forscher als den „Two-Step-Flow" der Kommunikation (ebd.). Dabei wurden jene „more articulate people" (ebd.) als „*‚Meinungsführer' (‚Opinion Leader')* bezeichnet" (Kunczik/Zipfel 2005: 322; kursive Hervorhebung im Original; Anm. d. Verf.) – sie wiesen „einen häufigeren Medienkonsum und ein größeres Interesse an der Wahl" auf, „unterschieden sich aber im Hinblick auf ihren sozioökonomischen Status nicht wesentlich von ihren Gefolgsleuten" (ebd.: 323). Später wurde der „Two-Step-Flow" zu einem komplexeren „Multi-Step-Flow" weiterentwickelt (ebd.: 326).

7. Persuasion

Die Persuasionsforschung wurzelt, wie auch die Gatekeeper-Forschung, ursprünglich in der (Sozial-)Psychologie. Besondere Berühmtheit erlangten dabei die Studien von Carl. I. Hovland, der mithilfe experimenteller Forschung untersuchte, durch welche kommunikativen Aktionen eine Überredung der Probanden erreicht werden konnte (vgl. Hovland et al. 1961). Dabei wurden unter anderem Ergebnisse der folgenden Art festgehalten: „Opinion change in the direction advocated by the communication occurred significantly more often when it originated from a high credibility source than when from a low one" (ebd.: 29). Auch theoretische Annahmen wie: „we should expect strong arguments followed by weak to be less effective than weak arguments followed by strong", wurden aufgestellt (ebd.: 119). Es wäre abwegig zu behaupten, dass solche Laborerkenntnisse eine Anwendungsrelevanz für moderne Öffentlichkeitsarbeit besitzen. Dennoch waren diese Bemühungen Ausgangspunkt für Anschlussforschung zu der Frage, ob „die zahlreichen Versuche, via Massenmedien Persuasion zu erreichen, tatsächlich wirksam" sind (Schenk 2009: 443). Dabei geht es nicht nur um die Änderung, sondern auch um die Verfestigung von bereits bestehenden Einstellungen (vgl. Kirchner 2003).

8. Agenda Setting

Zusammen mit den Begriffen Gatekeeper und Opinion Leader zählt das Agenda Setting sicherlich zu den einprägsamsten Begriffen aus dem Fachkosmos der KW. Dieses theoretische Konzept geht davon aus, „dass die Massenmedien vorgeben, welche Themen die Bevölkerung als besonders wichtig ansieht, d.h. die Medien bestimmen die ‚Tagesordnung' bzw.

üben eine Thematisierungsfunktion aus" (Kunczik/Zipfel 2005: 355). Sie setzen die Themen, je nachdem wie intensiv und wie häufig sie über bestimmte Dinge berichten. In Studien zum Agenda Setting konnte unter anderem gezeigt werden, dass es einen klaren Zusammenhang zwischen den „Themenprioritäten der Medien und der Problemwahrnehmung der Bevölkerung" gibt (ebd.: 358). Aus der Sicht von Benno Signitzer (Universität Salzburg) bietet die Theorie des Agenda Settings für „Public Relations-Forschung und -Praxis" die Möglichkeit, „realistische PR-Ziele zu formulieren: etwa den Bewußtseinsstand über eine Idee, eine Organisation oder ein Produkt zu erhöhen und nicht gleich auf Verhaltensänderung zuzusteuern, was in vielen Fällen ein unrealistisches Unterfangen bleiben wird" (Signitzer 1988: 103).

9. Uses and Gratifications

Elihu Katz, ein US-amerikanisch-israelischer Medienforscher und Soziologe, hielt 1974 gemeinsam mit seinen Fachkollegen Jay G. Blumler und Michael Gurevitch fest, dass die Medien Entspannung („easement") bei sozialen Konflikten, Information bei auftretenden Problemen, Ersatzleistungen („complementary, supplementary, or substitute servicing") bei eingeschränkten Lebensmöglichkeiten, die Bekräftigung von bestimmten Werten und Einstellungen sowie notwendige Anknüpfungspunkte für Kommunikation im sozialen Umfeld der Rezipienten („expectations of familiarity with certain media materials") bieten könnten (Katz et al. 1974: 27).[42] Mit dieser Vorstellung einer aktiven und gezielten Stillung von unterschiedlichen Rezipientenbedürfnissen mithilfe der Massenmedien wichen die Forscher von früheren Modellen der Medienwirkungsforschung ab, die auf verhältnismäßig einfachen Überlegungen basierten – so etwa auf dem Gedanken eines mehr oder weniger unmittelbaren Reiz-Reaktions-Schemas („Stimulus-Response"; Kunczik/Zipfel 2005: 287). Im Gegensatz dazu fragt die Forschung in der Tradition des ‚Uses-and-Gratifications'-Ansatzes nicht, „was die Medien mit den Rezipienten machen, sondern wie und aufgrund welcher Motive bzw. Bedürfnisse die Medien durch die Rezipienten genutzt werden", sprich: welche „Gratifi-

---

[42] Auch mit Blick auf diesen theoretischen Ansatz bemerkte Signitzer, dass man „Publikationen der internen Public Relations (z.B. Mitarbeiterzeitschriften) nicht wie üblich nur aus der Sichtweise des Managements, sondern aus jener der Leser [...] analysieren" könne (Signitzer 1988: 103).

kationen" von den Rezipienten beim Medienkonsum abgefragt werden (ebd.: 344).[43]

10. Öffentliche Meinung/Schweigespirale

Abschließend soll noch auf einen Themenkomplex eingegangen werden, der für die PR von ganz besonderer Bedeutung sein müsste: die öffentliche Meinung. Darunter versteht Elisabeth Noelle-Neumann „[w]ertgeladene, insbesondere moralisch aufgeladene Meinungen und Verhaltensweisen (,gut' gegenüber ,schlecht', ,geschmackvoll' gegenüber ,geschmacklos', im Französischen auch ,klug' gegenüber ,dumm'), die man – wo es sich um fest gewordene Übereinstimmung handelt, zum Beispiel Sitte, Dogma – öffentlich zeigen *muss*, wenn man sich nicht isolieren will; oder bei im Wandel begriffenem ,flüssigem' [...] Zustand zeigen *kann*, ohne sich zu isolieren" (Noelle-Neumann 2009: 437; kursive Hervorhebungen im Original; Anm. d. Verf.). Basierend auf dieser Vorstellung von öffentlicher Meinung entwarf Noelle-Neumann ihre Theorie der Schweigespirale, der zufolge Menschen, die sich mit ihrer Meinung in der Minderheit fühlen (ohne dies notwendigerweise tatsächlich zu sein), dazu neigen, ihre Meinung zu verschweigen. Damit verstärken sie den Eindruck bei Gleichgesinnten, dass die eigene Meinung tatsächlich in der Minderheit sei, und, so Noelle-Neumann, es komme ein Prozess in Gang, der so lange laufe, bis „die einen öffentlich ganz dominierten und die anderen aus dem öffentlichen Bild völlig verschwunden und ,mundtot' waren" (Noelle-Neumann 1991: 18). Die Theorie der Schweigespirale gilt als eine der einflussreichsten der KW insgesamt und wurde 1996 als einzige nicht-US-amerikanische Theorie von der *American Association of Public Opinion Research* „in die Liste der 50 wichtigsten Bücher zur öffentlichen Meinung aufgenommen" (Vowe et al. 2012: 282).

---

[43] An dieser Stelle wird aus Platzgründen nicht auf die unterschiedlichen Phasen der Medienforschung im 20. Jahrhundert eingegangen, in deren Verlauf abwechslungsweise von einer eher starken und einer eher schwachen Wirkung der Medien auf die Gesellschaft ausgegangen wurde (vgl. exemplarisch Kunczik/Zipfel 287ff.).

1.2 Forschungsbereich PR

1.2.1 Eckpfeiler einer Definition

In diesem Kapitel werden nicht nur – analog zur KW (siehe Kapitel II, 1.1.1) – Eckpfeiler für eine Definition des Begriffs ‚PR' aus wissenschaftlicher Perspektive herausgearbeitet und dieser gegenüber anderen Termini abgegrenzt. Es wird darüber hinaus die Frage diskutiert, ob man überhaupt von einem ‚Forschungsbereich PR' *innerhalb* der KW sprechen kann. Zudem werden die Besonderheiten der kommunikationswissenschaftlichen Betrachtung von PR herausgearbeitet – was aus Sicht des Autors auch mit Implikationen für die Vorstellung von idealer PR in der Praxis verbunden ist. Der Begriff selbst wurde dabei vom amerikanischen Pionier dieser Disziplin, Edward L. Bernays (1891-1995), „wesentlich verbreitet und ‚gesellschaftsfähig' gemacht" (Fröhlich 2008a: 95), auch wenn ihn „vermutlich der Rechtsanwalt Dorman Eaton 1882 [...] erstmals in einem Seminar an der Yale Law School verwendet" hat (Röttger et al. 2011: 49).[44] Bei dem Versuch, diesen Begriff zu definieren, und bei der Frage, ob er noch zeitgemäß ist, stößt man auf ein „babylonische[s] Sprachgewirr" (Nothhaft 2011: 19) zwischen ‚Öffentlichkeitsarbeit', ‚Organisationskommunikation', ‚Unternehmenskommunikation' und ‚Kommunikationsmanagement' – um nur einige der prominentesten Termini zu nennen.[45]

Bei der Suche nach einer belastbaren Definition stößt man auf eine Vielzahl von „(1) *Alltags-* oder *Laien*-Definitionen, (2) *Praxis-/Berufsfeld*-Definitionen [...], (2a) *Praktiker*-Definitionen und (2b) *standespolitischen* Definitionen – sowie (3) *wissenschaftlichen* Definitionen" (Fröhlich 2008c: 615; kursive Hervorhebung im Original; Anm. d. Verf.; vgl. auch Hoffjann 2007). Eine der bekanntesten wissenschaftlichen Definitionen stammt von

---

[44] Michael Kunczik zufolge war es wiederum Thomas Jefferson, der den Begriff im Jahr 1807 das erste Mal verwendete (Kunczik 2010: 20).
[45] Die Fachgruppe ‚PR und Organisationskommunikation' der *DGPuK* veranstaltete im Jahr 2010 in Leipzig eine Tagung zum Thema *Organisationskommunikation und Kommunikationsmanagement – zur Aktualität und Neubestimmung einer Konstellation* (http://www.dgpuk.de/fachgruppenad-hoc-gruppen/pr-und-organisationskommunikation/tagungen/organisationskommunikation-und-kommunikationsmanagement/). Einzelne Beiträge aus dem Kontext der Tagung sind in diese Dissertation eingeflossen.

den amerikanischen PR-Forschern James E. Grunig und Todd Hunt: „Public Relations is the management of communication between an organization and its publics" (Grunig/Hunt 1984: 6; vgl. auch: Fröhlich 2008a: 99). Diese Definition soll auch im Rahmen der vorliegenden Arbeit verwendet werden, denn sie erfüllt Romy Fröhlich zufolge – im Gegensatz zu Alltags- oder Praxisdefinitionen – nicht nur die Kriterien einer wissenschaftlichen Definition, sondern erfreut sich auch der Anlehnung durch die *DPRG* (Fröhlich 2008a: 99; vgl. auch DPRG 2005). Auch die Definition von PR „als gemanagte Kommunikation nach innen und außen [...], die das Ziel verfolgt, organisationale Interessen zu vertreten und Organisationen gesellschaftlich zu legitimieren" nach Röttger et al. (2011: 27) wird hier als Eckpfeiler zur Klärung des Terminus PR verwendet.

‚Öffentlichkeitsarbeit' wird dabei als deutsches Synonym für PR verstanden (vgl. Fröhlich 2008a) – nicht jedoch der Begriff ‚Organisationskommunikation'. Sowohl Theis-Berglmeier (2013) als auch Weihmeier et al. (2013) haben kritisch auf das „Nebeneinander von PR und Organisationskommunikation" (ebd.: 8) hingewiesen, zu dem in dieser Arbeit nicht auch noch beigetragen werden soll. Mit Röttger et al. (2011) wird hier der Auffassung gefolgt, dass „Organisationskommunikation als weitreichendster und übergeordneter Begriff im Kontext von PR und Unternehmenskommunikation anzusehen ist [...]. PR wird hierbei als Teilbereich der Organisationskommunikation bzw. der Unternehmenskommunikation angesehen" (Röttger et al. 2011: 25ff.).

Insgesamt scheint jedoch der Begriff PR auf dem Rückzug zu sein. Zugespitzt ließe sich mit Rainer Zimmermann sagen: „Die Gattung PR gibt es nicht mehr. Also die gibt es [...] noch, weil es [...] in den Organigrammen von einzelnen Unternehmen eben noch Leute gibt, [die] [...] Pressesprecher [...] oder PR-Manager heißen [...]. Aber alle wissen ja, dass das Gattungsdenken [...] überwunden worden ist und dass wir integriert [...] kommunizieren, und ein spezifisches PR-Know-how ist eigentlich nicht gefragt. Was gefragt ist, ist eine Multikanal-Kompetenz" (Zimmermann).[46] Günter Bentele argumentiert dafür, im Fall einer „strategisch geplante[n] und umgesetzte[n] PR" von „Kommunikationsmanagement" (analog zur Bezeichnung des Leipziger Masterstudiengangs) zu sprechen

---

[46] Methodische Anmerkungen zu den beiden Experteninterviews finden sich in Kapitel IV, 6.2 – jedoch werden manche Aussagen aus diesen Gesprächen bereits im Literatur- und Theorieteil der vorliegenden Dissertation verwendet.

(Bentele 2008a: 150).[47] Röttger et al. (2011) stellen in letzter Zeit eine Tendenz dahingehend fest, „dass der Begriff des Kommunikationsmanagements den PR-Begriff ablöst" (ebd.: 27), während Howard Nothhaft argumentiert, dass sich „der professionelle Jargon nach und nach" verschiebe – und zwar „weg von PR, hin nicht nur zu Kommunikationsmanagement, sondern zu generischen Komposita, die das Wort Kommunikation in sich tragen" (Nothhaft 2011: 18f.). Diese Verschiebung gelte nicht nur für die PR-Praxis, sondern auch für die Wissenschaft, in der sich „Kommunikationsmanagement" Schritt für Schritt durchsetze (ebd.: 19). Auch einzelne Interviewpartner in dieser Studie äußerten sich in diese Richtung: „Das kann man jetzt PR nennen oder, wir nennen's natürlich gerne Kommunikationsmanagement" (Managing Partner PR-Agentur; siehe auch: selbstständige PR-Beraterin). Die vorliegende Arbeit verwendet jedoch unter Bezug auf Röttger et al. (2011) weiterhin den Begriff PR – nicht zuletzt deswegen, weil die Nutzung des Begriffs Kommunikationsmanagement teilweise „[u]neinheitlich und diffus" (ebd.: 27) erfolgt und mit ihm eine „sehr eng[e] und oftmals einseitig[e] Orientierung auf betriebswirtschaftliche Fragestellungen" sowie „ein stark instrumentelles Verständnis der Kommunikationsarbeit" verbunden ist (ebd.: 28).

Doch kann man wirklich von einem ‚Forschungsbereich' PR innerhalb der KW sprechen? Albert Oeckl, einer der PR-Pioniere in der Bundesrepublik (siehe Kapitel II, 1.2.2 und 1.2.3), argumentierte vor fast vierzig Jahren, dass „die *Öffentlichkeitsarbeit* keine eigenständige wissenschaftliche Hauptdisziplin" darstelle, sondern vielmehr „als *Teildisziplin der Kommunikationswissenschaft*" anzusehen sei (Oeckl 1976: 92; kursive Hervorhebungen im Original; Anm. d. Verf.) – aber ist das noch aktuell? Benno Signitzer sprach bereits acht Jahre später von einem „umfangreiche[n] Feld für PR-Forschung im Rahmen der Kommunikationswissenschaft" – jedoch eben auch „anderer Disziplinen" (Signitzer 1984: 156), der PR-Berater und -Forscher Klaus Kocks 2001 von „PR-Wissenschaftler[n]" (Kocks 2001: 21). Günter Bentele sah wieder zwei Jahre später in der „PR-Wissenschaft" ein Forschungsfeld, das sich „nicht auf kommunikationswissenschaftliche Methoden und Erkenntnisse beschränken lässt, sondern theoretische und methodische Perspektiven beispielsweise aus der

---

[47] Für Peter Szyszka ist PR „ein Typus von Kommunikationsmanagement", der „immer im Verbund mit anderen organisationalen Funktionen" agiert (Szyszka 2009: 148f.).

Wirtschaftswissenschaft, der Organisations- und Sozialpsychologie (z.B. Persuasionsforschung), der Soziologie, Politikwissenschaft, Linguistik und anderen Disziplinen integriert" (Bentele 2003: 56). Und auch Bernd Schuppener argumentiert, dass die PR-Wissenschaft keine Subkategorie der KW darstelle: „Das ist keine Kommunikationswissenschaft mehr" (Schuppener). Mit Blick auf den von der Universität Leipzig angebotenen Master in Kommunikationsmanagement fügt er hinzu: „Das ist Management-Wissenschaft" (ebd.).[48]

In dieser Dissertation wird jedoch die Auffassung vertreten, dass es, trotz der starken inhaltlichen Ausdifferenzierung (vgl. exemplarisch Nothhaft/Wehmeier 2013) und des interdisziplinären Charakters des Forschungsfeldes PR (vgl. Bentele et al. 2008a; Fröhlich 2008a; Raupp 2006; Röttger 2010), gerechtfertigt ist, *auch* von einem Forschungsbereich innerhalb der KW zu sprechen. Dabei stammt der Terminus „Forschungsbereich" aus dem 2013 in der *Publizistik* erschienenen Vorschlag zur Systematisierung der KW von Altmeppen et al. (2013), in welchem „Journalismus und Public Relations (PR)" als „Themen kommunikationswissenschaftlicher Forschung" definiert werden und PR als „Forschungsbereich" aufgelistet wird (ebd.: 57ff.). Sogar in Leipzig – wo 1994 mit Günther Bentele der erste Lehrstuhl für PR im deutschsprachigen Raum besetzt wurde, Ansgar Zerfaß 2006 eine Universitätsprofessur für Kommunikationsmanagement antrat und im Jahr 2007 der erste deutsche Master für Kommunikationsmanagement eingerichtet wurde[49] – ist der Forschungsbereich ‚Kommunikationsmanagement und Public Relations' im Institut für Kommunikations- und Medienwissenschaft der Universität Leipzig beheimatet. Darüber hinaus gehört Bentele zu den Autoren der bereits zitierten Selbstverständniserklärung der *DGPuK*, die „PR und Organisationskommunikation" in Form der dazugehörigen Fachgruppe als Teil der „Binnenstruktur" der KW definiert (DGPuK 2008). Im Positionspapier dieser Fachgruppe (Stand: 1. Mai 2009) heißt es: „Akademische PR-Ausbildung basiert auf wissenschaftlichen Grundlagen.

---

[48] Ulrike Röttger vertritt in ihrem *aviso*-Beitrag zur Masterausbildung in Deutschland aus dem Jahr 2012 die Auffassung, dass „[w]er in Deutschland einen kommunikations- und medienwissenschaftlichen Master studiert, [...] mit hoher Wahrscheinlichkeit ein spezialisiertes und kein inhaltlich breit angelegtes Studienprogramm [absolviert]" (Röttger 2012: 4).
[49] Quellen: http://www.kmw.uni-leipzig.de/bereiche/komm-mgtpr.html, http://www.communicationmanagement.de/index.php?id=1217

Dies betrifft vornehmlich die auf PR fokussierte *kommunikationswissenschaftliche* Forschung und Lehre" (DGPuK 2009: 6; kursive Hervorhebung durch den Verf.).

Bentele et al. bezeichnen in ihrem *Handbuch der Public Relations* die KW als die „Mutterdisziplin" der interdisziplinären PR-Forschung (Bentele et al. 2008c: 17). Barbara Baerns machte 1981 „den Vorschlag, einerseits Öffentlichkeitsarbeit als angewandte Publizistik- und Kommunikationswissenschaft zu optimieren und andererseits die Grundlagenforschung der Publizistik- und Kommunikationswissenschaft am Thema Öffentlichkeitsarbeit weiter voranzutreiben" (Baerns/Fuhrberg 1995: 77f.). Michael Kunczik definiert die PR-Forschung „als Teilbereich der Publizistikwissenschaft" (Kunczik 2010: 20; vgl. auch Kunczik/Zipfel 2005). Auch Ansgar Zerfaß spricht noch in der dritten Ausgabe seiner *Unternehmensführung und Öffentlichkeitsarbeit* von der PR-Forschung als einem „Teilgebiet der Kommunikationswissenschaft" (Zerfaß 2010: 13) – selbst wenn er ebenso darauf hinweist, dass es „gleich mehrere Arenen" gebe, „in denen über die konzeptionellen Grundlagen der Öffentlichkeitsarbeit gestritten wird" (ebd.). Auch heute betrachtet er (gemeinsam mit Stefan Wehmeier und Lars Rademacher) „die PR-Forschung [in Deutschland] [...] traditionell" als „ein Derivat der Massenkommunikations- und Journalismusforschung", welches „primär in den Kommunikationswissenschaften verankert [ist]" (Wehmeier et al. 2013: 8f.).[50, 51]

Auch manche Vertreter der BWL, wie etwa Lars Rolke, Professor an der Fachhochschule Mainz, sprechen explizit von „Kommunikationswissenschaften (einschließlich der PR-Disziplin)" (Rolke 2009: 182). Darüber hinaus kann man auch auf die Argumentation des Wissenschaftsrats verweisen, der unter anderem dazu rät, auch „berufsfeldbezogen[e] Master-Programme" anzubieten, „vom Master in Medienmanagement bis zum Master in Journalismus" (Wissenschaftsrat 2007: 89). Ein Master in PR

---

[50] Die Bremer Journalistikprofessorin Beatrice Dernbach argumentiert, dass reine PR-Studiengänge immer auch Elemente der KW beinhalten sollten. Ihre Empfehlung für ein PR-Curriculum aus dem Jahr 2004 enthält (neben anderen Bestandteilen): „Öffentlichkeit und öffentliche Meinung, Entstehung und Entwicklung der publizistischen Teilsysteme und deren (Organisations-)Strukturen, [...] Methoden und Erkenntnisse der empirischen (Rezipienten-)Forschung, Kommunikationspsychologie und -techniken"
(Dernbach 2004: 233).
[51] Günter Bentele argumentierte noch 1997, dass die KW zwar keine „PR-Wissenschaft" werden solle, dem Forschungsbereich jedoch ein größerer „Stellenwert" eingeräumt werden müsse (Bentele 1997: 79ff.).

dürfte eindeutig auch in diese Kategorie gehören.[52] Und aus der Sicht von Ulrike Röttger ist PR-Forschung zwar interdisziplinär, gleichzeitig bestehe jedoch „weitgehende Einigkeit" dahingehend, „PR als Forschungsfeld innerhalb der Kommunikationswissenschaft" zu begreifen (Röttger et al. 2011: 34f.). Sie spricht sowohl in ihrer PR-Berufsfeldstudie (Röttger 2010: 5) als auch gemeinsam mit Joachim Preusse und Jana Schmitt in *Grundlagen der Public Relations* (2011) (eine „kommunikationswissenschaftliche" Einführung; ebd.) von einer Verortung in der „(kommunikations-)wissenschaftlichen" Forschung (ebd.: 14). PR stellt für sie „keine eigenständige Wissenschaft dar" (ebd.: 17).

Es geht in dieser Arbeit also vor allem darum, nach der Relevanz des KW-Forschungsbereichs PR (neben den in Kapitel II, 1.1.3 dargestellten allgemeinen Inhalten des Fachs) für die Praktiker zu fragen – auch wenn dieser Forschungsbereich immer in einen interdisziplinären Kontext eingebunden ist und sich stetig ausdifferenziert. Und diese kommunikationswissenschaftlich geprägte PR-Forschung weist teilweise starke Divergenzen zum PR-Verständnis in der BWL (bzw. dem Marketing) auf. So konstatiert etwa Peter Szyszka (PR-Professor an der Hochschule Hannover), dass in der BWL „eine *meist reflexionslose Einordnung* von PR-Arbeit als *Instrument des Marketing*" stattfinde (Szyszka 2008c: 241, kursive Hervorhebung im Original; Anm. d. Verf.; vgl. auch Bentele 2003; Jarren/Röttger 2008; Herger 2008, 2004; Kirchner 2003; Zerfaß 2010).[53] Erst in neueren wirtschaftswissenschaftlichen Ansätzen wird die PR nicht mehr dem Marketing untergeordnet und auf Konzepte der KW verwiesen (vgl. Jarren/Röttger 2008).[54] Röttger et al. (2011) fassen die Unterschiede in der

---

[52] In ihrer „Bestandsaufnahme zur Ausbildungssituation auf Master-Niveau" zählt Ulrike Röttger insgesamt „48 kommunikations- und medienwissenschaftliche Studiengänge", wovon sechs auf PR spezialisiert sind (Röttger 2012: 4).
[53] Das hier beschriebene Konkurrenzverhältnis zwischen dem PR-Verständnis von Marketing und KW findet sich auch in der Praxis wieder. So wird unter anderem beklagt, „dass Public Relations nicht in gleicher Weise wie Marketing als Managementfunktion im Unternehmen anerkannt sei. Während es heute kaum Unternehmen gibt, bei denen Marketing nicht auf hoher, wenn nicht gar höchster Unternehmensebene vertreten sei, so ist dies bei Public Relations selten der Fall" (Kitchen/Papasolomou 1997 in: Bruhn/Ahlers 2009: 300). Einen Überblick zu der Debatte über das Verhältnis von Marketing und PR aus akademischer und praktischer Perspektive bietet Kunczik (2010).
[54] Beispielsweise argumentiert der in St. Gallen lehrende Wirtschaftswissenschaftler Markus Will, dass sich „die Managementlehre [...] mit Kommunikationsmanagement als Managementfunktion befassen müsste" und „die Bedeutung der Kommunikation für das Management von Unternehmungen offensichtlich" sei (Will 2008: 76).

wissenschaftlichen PR-Betrachtung von KW und BWL wie folgt zusammen:

> „PR [aus Sicht der Betriebswirtschaftslehre; Anm. d. Verf.] wird der Charakter einer Sozialtechnologie, eines Instruments der Kommunikationspolitik zum Aufbau positiver Produkt- und Unternehmensimages zugewiesen. Demgegenüber wird Public Relations und ihr Zuständigkeitsbereich in der Kommunikationswissenschaft breiter definiert: Sie wird hier zum einen im Hinblick auf ihren gesellschaftlichen Stellenwert und ihre Funktionen für die Gesellschaft definiert. [...] Zum anderen wird PR in kommunikationswissenschaftlichen Ansätzen als Kommunikationsfunktion von Organisationen betrachtet [...], deren zentrale Funktion in der Legitimation der Organisationsinteressen und des Organisationshandelns gegenüber allen – also auch nicht-marktverbundenen – Bezugsgruppen liegt. [...] Dabei ist sie als Auftragskommunikation primär den Werten, Normen und der Logik ihrer Organisation verpflichtet [...]. Um langfristig stabile Beziehungen zu relevanten Bezugsgruppen aufbauen zu können, muss sie sich aber zudem an den Werten, Normen und Logiken der Bezugsgruppen orientieren und Anpassungsleistungen sowohl auf Seiten der Organisation als auch der Bezugsgruppen in der Umwelt initiieren. [...] Aber nicht nur mit Blick auf die jeweiligen primären Referenzpunkte – Markt versus Öffentlichkeit – unterscheiden sich die Perspektiven von BWL und Kommunikationswissenschaft auf Public Relations: Hervorzuheben ist zudem der komplexere und differenziertere Kommunikationsbegriff der Kommunikationswissenschaft. In zahlreichen betriebswirtschaftlichen Ansätzen findet sich bis heute ein unterkomplexes Verständnis von Kommunikation im Sinne eines Input-Output-Modells [...]. Kommunikation wird hier in erster Linie unter der Perspektive der intendierten Wirkungen thematisiert. Fragen des gegenseitigen Verstehens und des gleichen Meinens, der Akzeptanz oder der nicht-intendierten Wirkung von Kommunikation werden in betriebswirtschaftlichen Überlegungen in der Regel nicht oder nur am Rande berücksichtigt."
>
> (Röttger et al. 2011: 22ff.)

Ähnlich äußert sich Ansgar Zerfaß im Hinblick auf das „verkürzte Kommunikationsverständnis der Betriebswirtschaftslehre, demzufolge objektive Informationen an die Adressaten übertragen werden und dort Verhaltensänderungen bewirken", was aus seiner Sicht „eine umfassende Berücksichtigung kommunikativer Prozesse der Wirklichkeitskonstruktion (Framing, Agenda-Building) [verhindert]" und „die Möglichkeiten rationaler Planung bei genuin zweiseitigen Prozessen der Bedeutungsvermittlung und Beeinflussung [überschätzt]" (Zerfaß 2010: 9).

Könnte man angesichts dieser „genuin zweiseitigen Prozess[e] der Bedeutungsvermittlung" (ebd.), welche die KW mit ihrer im Vergleich zur BWL stärker ausprägten Konzentration auf „Fragen des gegenseitigen Verstehens" (Röttger et al. 2011: 24) eher zu erfassen scheint, davon sprechen, dass PR in der Forschungstradition der KW im Idealfall als ein Instrument des *Dialogs* betrachtet wird? In dem von Bentele et al. (1996) herausgegebenen Sammelband *Dialogorientierte Unternehmenskommunikation*[55] schreibt Peter Szyszka, dass „[i]n der Literatur der noch jungen kommunikationswissenschaftlichen Teildisziplin Public Relations/Organisationskommunikation [...] der Dialogbegriff gerne mit den vier *PR-Modellen von Grunig/Hunt* und hier insbesondere mit dem vierten Modelltyp ‚symmetrische Kommunikation' in Verbindung gebracht" werde (Szyszka 1996: 89; kursive Hervorhebung im Original; Anm. d. Verf.).[56] Bei der symmetrischen Kommunikation gehe es um den „Idealtyp eines nicht nur formal [...], sondern auch inhaltlich argumentativ aufeinander bezogenen Austauschprozesses gleichberechtigter und gleichgewichtiger Prozeßbeteiligter" (ebd.). Roland Burkart habe mit seinem PR-Konzept ebenfalls an dieses PR-Modell angeknüpft (vgl. ebd; siehe auch Kapitel II, 1.2.3). Burkart spricht denn auch explizit von der KW, die herausgefordert sei, auf „in der Kommunikationspraxis immer häufiger [auftretende] Dialognotstände" konzeptuell zu reagieren (Burkart 1996: 245). Während, so Szyszka, „Berufspraxis und Wirtschaftswissenschaft eher zweckrationales, gesellschaftliche Gruppen und Sozialwissenschaften eher wertrationales Verhalten" „goutieren" würden, müsse die „kommunikationswissenschaftliche Bewertung des [...] Dialogbegriffs [...] sich [...] um eine Synthese der Wertvorstellungen beider Wissenschaftsfelder bemühen" (Szyszka 1996: 102).

Auch wenn die Prominenz des Dialoggedankens in der PR-Forschung der deutschsprachigen KW auffällt: Eine Subsumierung ihrer Perspektive unter diesem Begriff wäre aus mehreren Gründen problematisch – um

---

[55] Der Sammelband erschien im Nachgang einer Tagung in Leipzig im Jahr 1995 mit dem gleichen Titel. Dabei sollten bewusst interdisziplinäre Perspektiven eingebracht werden, auch aus der BWL (vgl. Bentele et al. 1996a).

[56] Das Modell von Grunig/Hunt (1984) wird daher in Kapitel II, 1.2.3 als einziges theoretisches Konzept vorgestellt, das nicht aus der deutschsprachigen PR-Forschung stammt. Szyszka hält auch fest, dass sich die KW dem Terminus ‚Dialog' selbst gegenüber wie eine „Stiefmutter" verhalten und sich eher mit der „Massenkommunikation" beschäftigt habe (Szyszka 1996: 82f.).

nicht zu sagen: falsch. Erstens, weil „der Dialoggedanke insbesondere von Vertretern der Betriebswirtschaftslehre auf organisationspolitischer Ebene verortet und hier als Ausprägung eines gewandelten Selbstverständnisses von Organisationen [...] beschrieben" wird (Röttger et al. 2011: 168). Auch die Managementforschung hat sich dem Begriff im Kommunikationskontext gewidmet, er kann nicht von der KW alleine beansprucht werden (vgl. exemplarisch Szyszka 1996). Zerfaß weist darauf hin, dass gerade „Marketingexperten" zur „Konjunktur" des Begriffs beigetragen hätten (Zerfaß 1996: 23).[57] Er diagnostiziert sogar eine „anhaltende Dialogbegeisterung im Marketing", wobei auf eine Erhöhung der *„Effizienz der Unternehmenstätigkeit"* gehofft werde (ebd.: 47; kursive Hervorhebung im Original; Anm. d. Verf.). Zweitens, weil sich der Begriff des Dialogs aus der Sicht von Peter Szyszka „seit Ende der achtziger Jahre [...] in zeitweise inflationärer Weise im Branchenvokabular der Öffentlichkeitsarbeit eingenistet" hat (Szyszka 1996: 82; vgl. auch Kunczik 2010). Drittens, weil es auch in der KW Stimmen gibt, die den Gedanken des Dialogs im Kontext der PR hinterfragen – prominentestes Beispiel ist hier der mittlerweile emeritierte Münsteraner KW-Professor Klaus Merten, der in *Die Lüge vom Dialog. Ein verständigungsorientierter Versuch über semantische Hazards* argumentiert, dass die Massenkommunikation andere Strukturmerkmale aufweise als ein persönliches (und somit dialogisches) Gespräch (vgl. Merten 2000).[58] Und viertens, weil der Begriff an sich problematisch ist, denn seine Verwendung „in der PR-praktischen, aber auch in der wissenschaftlichen Literatur erfolgt [...] oftmals unscharf" (Röttger et al. 2011: 168). Bentele et al. (1996a) weisen darauf hin, dass sich Dialog „gelegentlich als inhaltsleerer und missverständlicher, fast immer aber als ein mehrdeutiger, ein schillernder Begriff" erweise, „dessen Bedeutung je nach Benutzung und Perspektive sehr stark variieren kann" (ebd.: 12).[59]

---

[57] Auch wenn er gleichzeitig argumentiert, dass der Begriff des Dialogs in der Werbung oftmals nur zur „optimale[n] Durchsetzung marktstrategischer Ziele" genutzt werde (Zerfaß 1996: 24).
[58] Auf die konstruktivistische Sichtweise von Klaus Merten und ihre im Widerspruch zu anderen PR-Theorien der KW stehenden Implikationen wird in Kapitel II, 1.2.3 eingegangen und im Rahmen der Sekundäranalyse zurückgegriffen. Eine grundsätzliche Diskussion der Schwachstellen von sowohl realistischer als auch konstruktivistischer Sichtweise findet sich bei Hoffjann (2013).
[59] Eine aktuelle und kritische Auseinandersetzung mit dem Konzept des Dialogs liefern Theunissen/Noordin (2012), die argumentieren, dass dieses oft mit Zwei-Wege-Kommunikation gleichgesetzt worden und nicht als höherwertiger als das Konzept der

Ohne die bedeutende Rolle des Dialogbegriffs in mehreren theoretischen PR-Ansätzen aus dem Kosmos der KW bestreiten zu wollen – er taugt aus den genannten Gründen nicht als Überschrift für die spezifische Perspektive des Fachs. Auf Grundlage der von Röttger et al. (2011) genannten Unterschiede zwischen KW- und BWL-Sichtweise wird stattdessen die folgende Gegenüberstellung formuliert: Während in der klassischen BWL (bzw. dem Marketing) eine tendenziell *fokussierte* (da vor allem auf den Markt konzentrierte) sowie tendenziell *unidirektionale* (da vor allem an den durch PR hervorgerufenen Wirkungen interessierte) Perspektive auf die PR vorherrscht, ist in der KW ein tendenziell *diversifiziertes* (da auch auf jenseits des Marktes liegende gesellschaftliche Teilbereiche abzielendes) und tendenziell *reziprokes* (da nicht nur auf die Wirkungen, sondern auch auf wechselseitiges Verständnis und gegenseitige Anpassungsleistungen von sowohl Umwelt als auch Organisation abstellendes) Verständnis von PR vorherrschend. PR wird in der KW nicht als „absatzförderndes Instrument neben anderen" (Röttger 2009: 10) verstanden. *Tabelle 1* fasst die genannten Gegensätze noch einmal zusammen:

KW-Perspektive	Klassische BWL-/ Marketing-Perspektive
diversifiziert = PR als Kommunikationsform, durch die eine Organisation mit der Gesellschaft insgesamt und somit mit *diversen* Teilöffentlichkeiten in Interaktion tritt	*fokussiert* = PR als eine Kommunikationsform, durch die eine Organisation vor allem mit marktrelevanten und somit bestimmten (im *Fokus* stehenden) Teilöffentlichkeiten in Interaktion tritt (z.B. Kunden, Aktionären)
reziprok = PR als eine Kommunikationsform, welche nicht nur auf die Persuasion von relevanten Teilöffentlichkeiten abzielt, sondern die Fragen des wechselseitigen (*reziproken*) Verständnisses und beidseitiger Anpassungsleistungen berührt	*unidirektional* = PR als eine Kommunikationsform, welche vor allem auf die Persuasion relevanter Teilöffentlichkeiten abzielt und die mit der Schaffung positiver Images insbesondere an externen Wirkungen interessiert ist

Tabelle 1: *Unterschiede zwischen der wissenschaftlichen Betrachtung von PR in der KW und in der klassischen BWL bzw. dem Marketing. Quelle: eigene Darstellung, basierend auf Röttger et al. 2011.*

Persuasion anzusehen sei (ebd.: 5). Auch Piezcka (2011) vertritt die Auffassung, dass der Begriff des Dialogs eine große Bedeutung für PR-Theorie und -Praxis besitzt, jedoch kaum kritisch durchdacht wurde.

An dieser Stelle wird davon ausgegangen, dass aus beiden wissenschaftlichen Perspektiven auch fachspezifische *Praxis*ideale für PR abgeleitet werden können. Diese Sichtweise kann man sicherlich kritisieren – jedoch vertritt der Autor der vorliegenden Arbeit die Auffassung, dass bereits die Zusammenfassung der KW-Perspektive auf die PR durch Röttger et al. (2011) („an den Werten, Normen und Logiken der Bezugsgruppen orientieren"; „Anpassungsleistungen sowohl auf Seiten der Organisation als auch der Bezugsgruppen in der Umwelt initiieren") normative Praxisempfehlungen beinhaltet, die sich nicht auf die wissenschaftliche Betrachtung des Untersuchungsobjekts allein beschränken. Auch argumentieren beispielsweise Grunig et al. (2002), dass die klassische (nicht die neuere) Marketingtheorie bei Anwendung in der PR-Praxis zu einer eher ‚asymmetrischen' Form von Öffentlichkeitsarbeit beitrage.[60] Bei Bentele et al. (1996b) heißt es mit Blick auf den Dialoggedanken, dass „sprachphilosophisch und kommunikationswissenschaftlich begründete Begriffe als *Leitbilder* verstanden werden, deren praktische Umsetzung" zwar „gesondert zu thematisieren" sei – jedoch handele es sich dabei eben „nicht um utopische Ideale", sondern um „theoretische Leitbilder, die unser Handeln in konkreten Situationen orientieren, aber weder determinieren noch abschließend beschreiben sollen" (ebd.: 449; kursive Hervorhebung im Original; Anm. d. Verf.).

Wenn in der Einleitung davon gesprochen wurde, dass auf der Suche nach der Relevanz der KW für die PR-Praxis unter anderem darauf eingegangen werden soll, „welche PR-Praktiker ein eher KW-affines Verständnis von ihrem PR-Handeln haben" (siehe Kapitel I bzw. Kapitel IV, 8 für die Methoden der Interviewauswertung), dann geht es dabei um die Suche nach einem tendenziell *reziprok-diversifizierten* Verständnis von PR. Es geht um die Frage, *welche* PR-Praktiker ein solches Verständnis zum Leitbild ihres Handelns gemacht haben und *warum* sie das damit verbundene PR-Handeln möglicherweise an den Tag legen.

Damit ist keine Wertung zugunsten einer bestimmten fachlichen Perspektive verbunden. KW- und BWL-Perspektive haben beide ihre Stärken und Schwächen – sowohl in Bezug auf die wissenschaftliche Betrachtung als auch auf die daraus ableitbaren Praxisideale für PR. So könnte man

---

[60] Auch sie sprechen in diesem Zusammenhang von einer Konzentration des Marketing auf „customers, messages, and symbols" (Grunig et al. 2002: 24; für Details zu ihrem Ansatz siehe Kapitel II, 1.2.3).

den gesamtgesellschaftlich orientierten Ansatz der KW zwar als ganzheitlicher als den der (klassischen) BWL betrachten, gleichzeitig könnte man ihn jedoch auch für seine unzureichende Beleuchtung wirtschaftlicher Gegebenheiten kritisieren. Analog zur Diskussion über den Dialoggedanken bei Bentele et al. (1996b) kann festgehalten werden, dass auch eine *reziprok-diversifzierte* PR „keinen Königsweg" darstellt und dass in der Praxis sicherlich stets im Rahmen einer *„situativen Kommunikationspolitik"* abgewogen werden wird, wann welche Form der PR zum Einsatz kommt (ebd.: 457; kursive Hervorhebung im Original; Anm. d. Verf.). Vor dem Hintergrund der Forschungsfrage geht es in dieser Studie lediglich darum, „die *Denkhaltung* oder die *Kommunikationsphilosophie*, die hinter der praktischen PR steht" (Bentele 1994: 154; kursive Hervorhebungen im Original; Anm. d. Verf.), zu analysieren – und dabei zu diskutieren, ob diese Gemeinsamkeiten mit dem PR-Verständnis in der KW aufweist.

Abschließend sei darauf hingewiesen, dass die hier vorgestellte Systematisierung (wie jede andere auch) Anlass zur Kritik gibt. Beispielsweise ist offensichtlich, dass eine zu starke Betonung fachlicher Gegensätze im Fall eines so interdisziplinären Forschungsfeldes wie der PR nicht allzu weit führt. Darüber hinaus sind im Marketing mittlerweile auch neuere Ansätze zur PR erschienen, die von der hier skizzierten klassischen BWL-Sichtweise abweichen.[61] Und schließlich ist es kaum möglich, alle Ansätze einer Disziplin mit je zwei Begriffen zusammenzufassen. Dennoch wird hier die Auffassung vertreten, dass die Gegensatzpaare *diversifziert* vs. *fokussiert* und *reziprok* vs. *unidirektional* eine brauchbare (wenn auch sicher vereinfachende) Operationalisierung beider Fachperspektiven darstellen. Auch bei näherer Betrachtung einflussreicher PR-Theoriekonzepte aus dem Umfeld der KW werden die genannten Schwerpunkte in der Betrachtung von PR deutlich (siehe Kapitel II, 1.2.3).

---

[61] Röttger argumentiert jedoch, dass auch diese „kaum etwas" an der in der BWL vorherrschenden Fokussierung auf die Schaffung positiver Images durch PR ändern würden (Röttger 2009: 10).

1.2.2 Grundzüge der Entstehungsgeschichte

Erst Ende der 1980er, Anfang der 1990er Jahre hielt die PR als Forschungsgegenstand Einzug in die deutschsprachige KW (vgl. Avenarius 2000; Jarren/Röttger 2008; Röttger 2009, 2004). Horst Avenarius (der unter anderem Kommunikationschef von *BMW* und Vizepräsident der *DPRG* war) sieht dabei die Anfänge der PR-Forschung im Amerika der 1920er Jahre. Er bezieht sich insbesondere auf den bereits erwähnten Edward L. Bernays und dessen 1923 erschienenes Buch *Crystallizing Public Opinion*, in dem dieser seine eigenen berufspraktischen Erfahrungen festhielt (vgl. Avenarius 2000; Kunczik 2009). Für Michael Kunczik ist *Crystallizing Public Opinion* „das erfolgreichste Buch zur PR" überhaupt (Kunczik 2009: 225).

Bernays vertritt die Auffassung, dass „[d]ie Manipulation der öffentlichen Meinung" ein „wichtiges Element einer Massendemokratie" sei (Kunczik 2010: 235). Er steht damit der zur damaligen Zeit populären Denkrichtung der „Sozialingenieure" nahe, „die glauben, es sei möglich, die Gesellschaft durch Experten bzw. Expertengremien zum Wohle aller zu steuern" (ebd.; vgl. auch Hoffjann 2007; Kunczik 1994). Dabei kommt es zu einer „Anwendung wissenschaftlicher Prinzipien zur Manipulation bzw. Steuerung der Gesellschaft", dem „*engineering of consent*" (ebd.; kursive Hervorhebung im Original; Anm. d. Verf.). Auch wenn dieser explizite Anwendungsauftrag für die Wissenschaft im Licht der Forschungsfrage interessant ist: Die Vorstellung, die Gesellschaft unter Zuhilfenahme von sozialwissenschaftlichem Know-how steuern zu können, erscheint aus heutiger Sicht äußerst fragwürdig und verlor in der Zeit nach Bernays an Bedeutung. Nichtsdestotrotz stellt sein Werk den Ausgangspunkt für die Erforschung der PR dar – und beeinflusste auch die Auseinandersetzung mit dem Thema in Deutschland.

Wie bereits in Kapitel II, 1.1.2 erwähnt, stand die deutschsprachige Kommunikationsforschung im Dritten Reich unter dem Einfluss des nationalsozialistischen Propagandaapparates. Auch einige der bekanntesten Autoren deutscher PR-Publikationen nach dem Zweiten Weltkrieg hatten bereits Karrieren im Dritten Reich hinter sich.[62] Diese wurden jedoch, typisch für die damalige Zeit, im Nachhinein weitgehend ausgeblendet – die PR-Branche unternahm „nach 1945 intensive Abgrenzungsbemü-

---

[62] Zur Rolle der deutschen „PR-Päpste" Carl Hundhausen, Albert Oeckl und Franz Ronneberger im Dritten Reich siehe Heinelt (2003) (vgl. auch Kunczik 2010).

hungen gegenüber der NS-Propaganda" und vermied „eine kritische und selbstreflektierende Auseinandersetzung mit personalen, inhaltlichen und strukturellen Kontinuitäten weitgehend [...]. Im Sinne eines unbelasteten Neuanfangs wurde Öffentlichkeitsarbeit daher vor allem als amerikanisches Phänomen und als US-Import beschrieben" (Röttger et al. 2011: 57). Aus der Sicht Michael Kuncziks wurde dabei der PR-Praktiker und spätere *DPRG*-Ehrenpräsident Albert Oeckl, der im Sinne Bernays' an die Existenz einer Massengesellschaft glaubte, zum bedeutendsten Vertreter der in den Kinderschuhen steckenden deutschen PR-Wissenschaft (vgl. Kunczik 2010). „Die Aufgabe der PR" bestand für Oeckl darin, „die Informationslage der Gesellschaft zu verbessern" und „durch ständigen Dialog das für ein friedliches Miteinanderleben erforderliche Minimum an Übereinstimmung" zu erreichen (ebd.: 266; siehe auch Kapitel II, 1.2.3).

Allerdings konnte die wissenschaftliche Auseinandersetzung mit der Öffentlichkeitsarbeit in Deutschland lange Zeit nicht an die Forschungsintensität und die Verankerung an den Hochschulen in den USA, dem „führende[n] Land der PR-Wissenschaft", heranreichen (Bentele 2003: 60; vgl. auch Avenarius 2000). Bentele zufolge entwickelte sich in den USA im 20. Jahrhundert ein „body of knowledge" mit Theorien, Methoden und wissenschaftlicher Infrastruktur (ebd.: 59). Im Vergleich dazu fällt Klaus Kocks ein hartes Urteil zu den deutschen Forschungsbemühungen nach 1945: „Public Relations-Theorien waren in Deutschland zunächst Applikationen US-amerikanischer Entwicklungen auf die hiesige großbürgerliche Philanthropie, dann mehr Handreichungsliteraturen, deren wissenschaftliche Konsistenz nicht größer war als die von Kochbüchern" (Kocks 2001: 20). Olaf Hoffjann, Professor für Medien und Marketing an der Ostfalia Hochschule für angewandte Wissenschaften, attestiert Oeckls Werk nicht das Niveau einer PR-Wissenschaft, sondern das einer „PR-Kunde", die zum Teil „esoterische Züge" angenommen habe (Hoffjann 2007: 73).

Und auch Horst Avenarius argumentiert, dass die von deutschsprachigen PR-Praktikern zusammengetragenen Erkenntnisse lange Zeit „ein breites Potpourri von Konzepten bzw. theoretischen Ansätzen" gewesen seien, die nicht in systematisierter Form vorgelegen hätten (Avenarius 2000: 210). Erst durch eine Initiative der *Herbert-Quandt-Stiftung* (deren Vorstandsvorsitzender er zwischen 1989 und 1991 war) sei mithilfe von Tagungen das wissenschaftliche Interesse und die Kooperation zwischen

Wissenschaft und Praxis im Bereich PR erheblich gestärkt worden (ebd.; vgl. auch Jarren/Röttger 2008). Dabei ging es vor allem um die internationale Veranstaltung mit dem Titel *Ist Public Relations eine Wissenschaft?* im Jahr 1990 (Merten 1999: 277). Hier konnte ein inhaltlicher „Anschluss an die amerikanische PR-Forschung entwickelt werden" (Bentele 2003: 59).

Egal ob man mit Avenarius in Bezug auf die prominente Rolle der *Herbert-Quandt-Stiftung* übereinstimmt oder nicht: Fest steht, dass sich ab Mitte der 1980er Jahre einiges in der PR-Forschung im deutschsprachigen Raum tat. 1985 formulierte die Berliner KW-Professorin Barbara Baerns (mittlerweile im Ruhestand) ihre später als Determinationshypothese oder auch Determinationsthese bekannt gewordene Theorie zur Beschreibung des Verhältnisses von Journalismus und PR (Baerns 1985; siehe Kapitel II, 1.2.3). Im selben Jahr wurde die PR im KW-Institut der Universität Salzburg erstmals langfristig institutionalisiert (vgl. Bentele et al. 2008b). Der für diese Abteilung verantwortliche Benno Signitzer stellte drei Jahre später in einem Beitrag für die *Publizistik* den Stand der US-Forschung vor (Signitzer 1988). Und 1992 schrieben Franz Ronneberger und Manfred Rühl ihre *Theorie der Public Relations* (Ronneberger/Rühl 1992; vgl. auch Bentele et al. 2008a). Spätestens mit dieser Publikation hat die wissenschaftliche Auseinandersetzung mit PR in Deutschland laut Olaf Hoffjann „einen wahren Boom erlebt" (Hoffjann 2007: 73). 1996 schließlich folgte die *„Theorie der Unternehmenskommunikation und Public Relations"* von Ansgar Zerfaß, „diesmal auf der Schnittstelle zwischen Wirtschafts- und Kommunikationswissenschaft" (Bentele et al. 2008a: 13; kursive Hervorhebung im Original; Anm. d. Verf.; vgl. auch Zerfaß 2010).

Diese Belebung der Forschung ging jedoch nicht gleich mit einer unmittelbaren Verstärkung der Lehre einher. Noch 2004 hielt Beatrice Dernbach fest, dass es „an deutschen Universitäten und Fachhochschulen nur wenige grundständige PR-Studiengänge (in Hannover, Leipzig, Osnabrück-Lingen) und einzelne Professuren" gebe (Dernbach 2004: 230). Seitdem kam es jedoch zu einem kontinuierlichen Ausbau dieses Lehrangebots (insbesondere im Masterbereich) – auch wenn Otfried Jarren und Ulrike Röttger noch vier Jahre nach Dernbach darauf hingewiesen haben, dass die fachliche Präsenz an den Universitäten mit Barbara Baerns in Berlin, Günter Bentele in Leipzig, Klaus Merten und Ulrike Röttger in Münster und Romy Fröhlich in München „zumindest im Vergleich zu den USA [...] noch sehr gering" ausfalle (Jarren/Röttger 2008: 23). Dabei hat die Universität Leipzig mit zwei prominenten Professoren und ihrer

Pionierarbeit bei der Institutionalisierung der akademischen Auseinandersetzung mit PR bzw. Kommunikationsmanagement definitiv eine Sonderrolle inne (siehe Kapitel II, 1.2.1). Günter Bentele zog bereits im Jahr 2009 eine positive Bilanz: PR sei „auch als akademische Disziplin etabliert" (Bentele 2009: 63).[63, 64] Und genau wie bei der KW insgesamt, so handelt es sich auch bei der PR-Forschung (ob nun eigenständige Disziplin oder nicht) um ein Vorhaben, das schon in der Vergangenheit nicht ohne externe (auch hier vor allem US-amerikanische) Einflüsse denkbar war und das in Zukunft noch stärker auf internationaler Ebene stattfinden wird. Exemplarisch sei an dieser Stelle auf den zum Wintersemester 2013/14 an der Universität München eingerichteten Masterstudiengang *Internationale Public Relations* hingewiesen, in dem „Besonderheiten strategischer Kommunikation im internationalen Umfeld" ebenso diskutiert werden sollen „wie die Übertragbarkeit PR-theoretischen und berufspraktischen Wissens über nationale und kulturelle Kontexte hinaus".[65]

1.2.3 Ausgewählte theoretische Perspektiven

Ließ sich der Kosmos der KW-Theorie entlang der ‚Lasswell-Formel' strukturieren, so stellt sich die Situation im Forschungsbereich PR schwieriger dar. Noch 2009 stellte Ulrike Röttger fest, dass die im deutschsprachigen Raum bekannte PR-Forschung hauptsächlich Ansätze hervorgebracht habe, die „meist unverbunden nebeneinander [stehen]" und die jeweils „keine Forschungstradition im eigentlichen Sinne" begründen würden (Röttger 2009: 13).[66] Olaf Hoffjann beklagt eine Reihe von „theoretischen Inkonsistenzen", eine „fehlend[e] Differenzierfähigkeit zum Journalismus" sowie eine „losgelöst[e] Betrachtung des Phänomens PR „von der übrigen Organisationskommunikation" (Hoffjann 2007: 83). Klaus Kocks wiederum befürchtet eine Verschiebung des tra-

---

[63] Wobei die Formulierung ‚akademische Disziplin' einmal mehr vor Augen führt, dass das Verhältnis von KW – als eigener akademischer Disziplin – und PR umstritten ist.
[64] Mit Blick auf die internationale Forschungslandschaft argumentiert Zerfaß im Jahr 2010, dass zumindest die „Forschung zur Unternehmenskommunikation auf internationaler Ebene weiterhin stark fragmentiert" sei (Zerfaß 2010: 9).
[65] Quelle: http://www.ifkw.uni-muenchen.de/studium/studiengaenge/master_pr/
[66] Ein Jahr später weist sie jedoch darauf hin, dass die ersten „theoretischen Forschungsprogramme" erkennbar seien, bei denen sich „Theorien und Modelle [...] auf den gleichen Gegenstand bzw. Aussagenkomplex" beziehen würden (Röttger 2010: 6).

ditionellen europäischen Wissenschaftsverständnisses in Richtung „pragmatisch determinierte[r] ‚how to do in ten days'-Rezepte der ‚news to use'-Kultur" (Kocks 2009: 214).

Ansgar Zerfaß hingegen argumentiert, dass die PR-Forschung inzwischen „dem status nascendi" entwachsen sei und damit beginne, „sich als ernstzunehmendes Teilgebiet der Kommunikationswissenschaft zu etablieren" (Zerfaß 2010: 13). Das Spektrum reiche „von systemtheoretischen Ansätzen, wie sie z.B. von Ronneberger/Rühl" entwickelt wurden, bis hin „zum handlungstheoretischen Konzept der ‚verständigungsorientierten Öffentlichkeitsarbeit' von Burkart" (ebd.). Hinzu kämen die Arbeiten von Grunig et al., die den Versuch unternommen hätten, einen allgemeinen Theorieansatz zu entwerfen (vgl. ebd.). Susanne Femers von der Hochschule für Technik und Wirtschaft in Berlin unterscheidet nach „Alltags- und Anwendungstheorien", „Systemtheorie", „Konstruktivismus", „Verständigungsorientierte[r] Öffentlichkeitsarbeit" und „Organisationstheoretische[n] Ansätze[n]" (Femers 2009: 209). Signitzers (2004) Auflistung umfasst unter anderem den systemtheoretisch inspirierten Entwurf nach Ronneberger/Rühl, Konzepte in der Tradition des Konstruktivismus, „*[v]erständigungsorientierte Ansätze*" wie etwa den von Roland Burkart, „*Public Relations als Kommunikationsmanagement*" in der Tradition von Grunig und Hunt, „*Public Relations im System der Unternehmenskommunikation*" bei Ansgar Zerfaß sowie weitere Konzepte wie etwa seinen eigenen Theorieansatz und den von Ulrich Saxer (ebd.; kursive Hervorhebungen im Original; Anm. d. Verf.). Bentele et al. (2008a) gliedern schließlich unter anderem nach „*Praktikertheorien*" sowie „*gesellschaftsbezogenen, konstruktivistischen, rekonstruktivistischen, organisationsbezogenen* und *kritischen*" Ansätzen (Bentele et al. 2008a: 15; kursive Hervorhebungen im Original; Anm. d. Verf.).[67]

Genau wie die Auflistung klassischer KW-Theorien und Begrifflichkeiten (Kapitel II, 1.1.3) erhebt auch die nachfolgende Zusammenstellung besonders bekannter PR-Theorien/-Konzepte keinen Anspruch auf Vollständigkeit und selbstverständlich ist auch diese Auswahl angreifbar.[68, 69]

---

[67] Manfred Rühl, der nach „Laientheorien", „Expertentheorien" und wissenschaftlichen Theorien unterscheidet, argumentiert dabei, dass „Praktikerfragen von der Wissenschaft nicht unmittelbar zu beantworten sind" (Rühl 2009: 72f.).
[68] Für eine umfassendere und spezifisch gegliederte Auflistung siehe Bentele et al. 2008a.
[69] Die Freundlichkeitsfalle nach Romy Fröhlich gilt als geflügeltes Wort der PR-Forschung – taucht jedoch als These aus der Berufsfeldforschung nicht in diesem Kapitel,

Zudem können auch einige von ihnen der KW nicht exklusiv zugeschrieben werden (beispielsweise die frühen und eher für sich stehenden Praktikeransätze von Oeckl und Hundhausen sowie das integrative Konzept von Zerfaß) oder stammen, im Fall des Ansatzes von Grunig et al., nicht aus dem deutschsprachigen Raum – was jedoch angesichts des enormen Einflusses US-amerikanischer Forschung auf die deutschsprachige (KW und) PR-Forschung sowie der weiter zunehmenden Internationalisierung der Forschung in diesem Bereich zweitrangig sein sollte. In Kapitel II, 1.2.1 ist bereits auf den interdisziplinären Charakter der PR-Forschung hingewiesen worden, der eine fachspezifische Zuschreibung von Inhalten erschwert.[70] Jedoch sind alle der folgenden Ansätze eng mit dem kommunikationswissenschaftlichen Fachdiskurs verwoben und die meisten Autoren sind bzw. waren Mitglieder der deutschen KW-Fachgemeinschaft. Die Auswahlkriterien für die im Nachhinein präsentierten Ansätze sind deren Prominenz (analog zu Kapitel II, 1.1.3; man könnte auch fragen: möglicherweise prominent genug, um auch außerhalb der Universität – in der PR-Praxis – Bekanntheit zu erlangen?) sowie deren starke Verflechtung mit dem deutschen Fachdiskurs.

Die Ausführungen zu diesen Theorien sind teilweise etwas länger gehalten als diejenigen zur KW im Allgemeinen – schließlich weisen sie einen größeren Bezug zum untersuchten Berufsfeld auf. Dabei soll insbesondere dem Ansatz von James E. Grunig (dem „weltweit angesehenste[n] PR-Wissenschaftler"; Avenarius 2000: 38) und seinen Koautoren aufgrund seines großen Einflusses (auch) auf die deutsche PR-Forschung verhältnismäßig viel Platz eingeräumt werden.

1. Dialog und Vertrauen: Albert Oeckl und Carl Hundhausen

In seiner *PR-Praxis* bezeichnet Albert Oeckl – auf dessen historische Bedeutung für die deutsche PR-Forschung sowie dessen Nähe zu den Vorstellungen Bernays' bereits in Kapitel II, 1.2.2 kurz eingegangen wurde – die Öffentlichkeitsarbeit als einen „ständige[n] Dialog mit der Öffentlichkeit", dessen Gegenteil in „Geheimdiplomatie und Schleichwerbung" bestehe (Oeckl 1976: 19). Es gehe darum, Informationen „transparent"

---

sondern bei der Beschreibung der grundlegenden Eigenschaften des deutschen PR-Berufsfeldes in Kapitel II, 2 auf.
[70] Im Vergleich zur Systematisierung von Jarren/Röttger (2008) werden in der nachfolgenden Aufzählung mehr Theorien und Ansätze der PR zum Kosmos der KW gezählt.

zu übermitteln, gleichzeitig jedoch auch im Rahmen einer „Anpassung" eine „two-way-communication" zu etablieren (ebd.). Am Ende dieses Prozesses könne schließlich die „Integration" stehen, sprich: die „Einfügung des Eigeninteresses in das Gemeinschaftsinteresse" (ebd.: 19f.). Bereits seine zwölf Jahre zuvor formulierte Definition von PR stand im Einklang mit diesen Zielen von Öffentlichkeitsarbeit: Im Kern, so Oeckl, gehe es um das „bewußte, geplante und dauernde Bemühen, gegenseitiges Verständnis und Vertrauen in der Öffentlichkeit aufzubauen und zu pflegen" (Oeckl 1964: 42). Als die drei Leitgedanken für PR nennt er *„Wahrheit"*, *„Klarheit"* und die *„Einheit von Wort und Tat"* und spricht sieben Handlungsempfehlungen wie etwa *„Offenheit"* und *„Integrität"* aus (ebd.: 48; kursive Hervorhebungen im Original; Anm. d. Verf.).

Auch Carl Hundhausen, ebenfalls einer der Mitbegründer der deutschen PR-Forschung nach dem Zweiten Weltkrieg und zwischenzeitig Vorsitzender der *DPRG*, war Peter Szyszka zufolge „[i]n seinen späteren Arbeiten" von der US-Literatur und vor allem von Bernays beeinflusst (Szyszka 2008b: 163). In seiner ersten Schrift nach dem Krieg hingegen definierte er PR in Anlehnung an den Soziologen Leopold von Wiese „als Netzwerk der ‚zwischenmenschlichen Beziehungen einer Unternehmung und die Beziehungen dieser Unternehmung zur Öffentlichkeit'" (ebd.: 162). Claudia Mast von der Universität Hohenheim sieht Hundhausen dabei als einen der Begründer eines PR-Verständnisses, das nicht auf „*[Ü]berreden"*, sondern auf die „Gewinnung von Vertrauen und Verständnis der Öffentlichkeit als Ganzes" ausgerichtet sei (Mast et al. 2005: 109; kursive Hervorhebung im Original; Anm. d. Verf.). In *Werbung um öffentliches Vertrauen* definiert Hundhausen PR als „die Gestaltung guter, positiver und fruchtbarer Beziehungen einer Unternehmung zur Öffentlichkeit" durch die „Verbreitung objektiver und positiver, sachlicher und wahrer Äußerungen" (Hundhausen 1951: 23) sowie als *„die Unterrichtung der Öffentlichkeit (oder ihrer Teile) über sich selbst, mit dem Ziel, um Vertrauen zu werben"* (ebd.: 53; kursive Hervorhebungen im Original; Anm. d. Verf.).

2. Systemtheorie: Franz Ronneberger und Manfred Rühl

Während Carl Hundhausen in den Augen von Peter Szyszka „ein theoretisierender Praktiker" gewesen ist, bezeichnet er Franz Ronneberger als den „erste[n] deutschsprachige[n] Sozialwissenschaftler, der sich dezidiert mit Public Relations auseinander setzte" (Szyszka 2008b: 163). Ronneberger habe dabei betont, dass PR Partikularinteressen verfolge, und damit das Interesse der jeweiligen Organisation in den Mittelpunkt gestellt. Seine *Theorie der Public Relations* veröffentlichte Ronneberger 1992 gemeinsam mit Manfred Rühl. Letzterer beschreibt die gemeinsame Publikation als die erste „begrifflich und theoretisch durchstrukturierte PR-Theorie", die, „eingebettet in den sozialwissenschaftlichen Theoriepluralismus der Zeit, mit einer kybernetisch-autopoietischen System/Mitwelt-Theorie als Erkenntnishilfe, gesteuert von der funktional vergleichenden Methode", gearbeitet habe (Rühl 2009: 75).

Aus dieser systemtheoretischen Perspektive könne PR als „alltagspublizistisches Persuasionssystem" definiert werden, das „auf Überreden und Überzeugen weltgesellschaftlicher Öffentlichkeiten ausgerichtet" sei (ebd.: 76). Die PR sei daran interessiert, Handlungen bei den adressierten Öffentlichkeiten auszulösen (vgl. Ronneberger/Rühl 1992).[71] PR habe dabei als Informationsquelle der Medien auch einen öffentlichen Auftrag. Es sei sogar „*[d]ie besondere gesellschaftliche Wirkungsabsicht von Public Relations [...], durch Anschlußkommunikation und Anschlußinteraktion öffentliche Interessen (Gemeinwohl) und das soziale Vertrauen der Öffentlichkeit zu stärken – zumindest das Auseinanderdriften von Partikularinteressen zu steuern und das Entstehen von Mißtrauen zu verhindern*" (ebd.: 252; kursive Hervorhebung im Original; Anm. d. Verf.). Für diese im Grunde normative Aussage wurden die Autoren durchaus kritisiert (vgl. Hoffjann 2007) – gleichzeitig kann man sie als Beleg für die in der KW oftmals anzutreffende Betonung eines *diversifizierten* (da auf die Gesellschaft insgesamt abstellenden) Verständnisses von Öffentlichkeit betrachten.

Ansgar Zerfaß zufolge definiert systemtheoretische PR-Theorie Öffentlichkeit „als ein virtuelles Kommunikationssystem", das „von anderen Teilsystemen gespeist und angezapft" werde. Dabei bilde das System der Massenmedien eine „Schleuse", die bei dem Versuch überwunden werden müsse, „am Prozeß der öffentlichen Meinungsbildung" sowie an der Konstruktion von Images teilzuhaben. Die Öffentlichkeitsarbeit setze der systemtheoretischen Betrachtung von PR zufolge genau an diesem Punkt an (Zerfaß 2010: 50f.). Handlungsrelevante Empfehlungen könnten aus dieser systemtheoretischen Perspektive jedoch nicht abgeleitet werden.

---

[71] Als Beispiel nennen die Autoren hier „eine PR-Kampagne zur Schluckimpfung" (Ronneberger/Rühl 1992: 269). Diese sei nicht schon dann erfolgreich, wenn es zu einer „zustimmende[n] Aufnahme von Broschüren und Fernsehspots" komme, sondern erst bei einer „Steigerung der Impfrate" (ebd.).

Aus der Sicht Günter Benteles besteht der interessanteste Aspekt der *Theorie der Public Relations* darin, die Frage gestellt zu haben, „ob und inwieweit wir es bei dem Phänomen Public Relations nur mit einem organisatorischen oder auch mit einem gesellschaftlichen Subsystem zu tun haben" (Bentele 2003: 62).

3. Determination: Barbara Baerns

Barbara Baerns vertritt mit ihrer 1985 vorgelegten (jedoch erst „später so benannten"; Bentele et al. 2008a: 13) Determinations(hypo)these die Auffassung, dass PR sowohl die Themen als auch den Berichterstattungsrhythmus der Medien zu weiten Teilen dominiere und dass die Öffentlichkeitsarbeit dazu fähig sei, „journalistische Recherchekraft zu lähmen und publizistischen Leistungswillen zuzuschütten" (Baerns 1985: 99). Aus ihrer Sicht gleicht das „Verhältnis von PR und Journalismus" dabei „einem Nullsummenspiel: Je mehr Einfluss Öffentlichkeitsarbeit ausübe, desto weniger Einfluss komme dem Journalismus zu und umgekehrt" (Kunczik/Zipfel 2005: 191). Problematisch sei dabei aus ihrer Sicht, „dass Journalisten bei dem überwiegenden Teil der auf PR-Material beruhenden Meldungen *keine weitere Quelle* heranziehen" würden (ebd.; kursive Hervorhebung im Original; Anm. d. Verf.).

Günter Bentele zufolge ist die Determinationshypothese die „einzige PR-Theorie mittlerer Reichweite, die in Deutschland bislang eine wirkliche Forschungstradition hervorgebracht hat" (Bentele 2003: 65). Studien dieser Tradition hätten gezeigt, „dass es einen starken PR-Einfluss auf die journalistische Berichterstattung gibt" (ebd.). Jedoch stellten Einflüsse auf Themenauswahl und Timing „nur *eine* Einflussrichtung in der Beziehung zwischen PR und Journalismus dar" (ebd.; kursive Hervorhebung im Original; Anm. d. Verf.). Jarren/Röttger (2008) wiederum argumentieren, dass die Determinationshypothese „aufgrund zahlreicher empirischer Einzelstudien [...] nicht aufrechterhalten werden" könne – auch wenn es einen nicht bestreitbaren „strukturellen Einfluss" der PR auf den Journalismus gebe (ebd.: 30).

4. Symmetrische PR: James E. Grunig und Todd Hunt

Der „bekannteste PR-Theorieimport aus den USA" (Wehmeier 2008: 289) stammt von James E. Grunig und Todd Hunt (1984). In *Managing*

Public Relations unterscheiden sie vier Modelle der PR, von denen die ‚symmetrische Kommunikation' („*Two-Way Symmetric*") die höchste Entwicklungsstufe darstellt, während bei einer als „*Publicity*" bzw. als „*Public Information*" oder „*Two-Way-Asymmetric*" verstandenen Öffentlichkeitsarbeit kein wirklicher Dialog zwischen einer Organisation und den für sie relevanten Teilöffentlichkeiten stattfindet (Kreileder 2008: 6; kursive Hervorhebungen im Original; Anm. d. Verf.; vgl. auch: Kunczik 2010): „In the two-way symmetric model, finally, practitioners serve as mediators between organizations and their publics. Their goal is mutual understanding between organizations and their publics" (Grunig/Hunt 1984: 22). Dabei muss PR aus der Sicht von Grunig und Hunt aber nicht immer symmetrisch angelegt sein: Sie nehme stattdessen „im Einzelfall durchaus unterschiedliche Formen an, orientiert sich aber insgesamt an einem symmetrischen Leitbild, mit dem die Interessen beider Seiten befördert werden sollen" (Bentele 1996a: 16).

Dabei verorten die Autoren PR als ein „organisationales Subsystem, das sie ausdrücklich als Teil des Management Subsystems [sic!] einordn[en]" (Szyszka 2008b: 164). Das Ziel der Öffentlichkeitsarbeit besteht für sie darin, die Grenzen der jeweiligen Organisation zu überwinden und die durch „organisationspolitisch[e] Führungsentscheidungen" sowie durch das darauf bezogene „Bezugsgruppenverhalten" entstandenen Probleme zu „ermitteln, zu bewerten und gegenüber Organisationsführung wie gegenüber Bezugsgruppen zu lösen" (ebd.: 165). Eine am Ideal des symmetrischen Informationsaustausches zwischen Organisation und Umwelt ausgerichtete PR stehe für „negotiation, compromise, and understanding" (Grunig/Hunt 1984: v). Aus ihrer Sicht sollte die jeweilige Organisation in Anbetracht der Argumente der für sie relevanten Anspruchsgruppen ebenfalls zu einer Meinungsänderung bereit sein: „Ideally, both management and public will change somewhat after a public relations effort" (ebd.: 23). Hier ist der Grundgedanke einer *reziproken* PR eindeutig zu erkennen.

In den Jahren nach der Veröffentlichung von *Managing Public Relations* versuchte die wachsende Forschergruppe um James E. Grunig (man könnte auch von einer Schule sprechen) die Überlegenheit des symmetrischen Ansatzes mit Daten zu untermauern. „1991/92 wurde eine auf einer vorangegangenen Literaturstudie basierende empirische Untersuchung durchgeführt, deren Resultate 2002 in *Excellent Public Relations and Effective Organizations. A Study of Communication Management in Three Countries*

[...] veröffentlicht wurden" (Kunczik 2010: 336; kursive Hervorhebung im Original; Anm. d. Verf.; vgl. Grunig et al. 2002; Grunig 1992a, b). Dabei wurden über 300 Organisationen in den USA, Kanada und Großbritannien befragt (vgl. ebd.). Nach eigenen Angaben stießen die Forscher auf „strong and consistent support for the theory" (Grunig et al. 2002: 7).

Oberstes Ziel jeder Organisation sei die Autonomie – und diese könne mithilfe von guter Öffentlichkeitsarbeit sichergestellt werden: „building relationships – managing independence – is the essence of public relations. Good relationships make organizations more effective because they allow organizations more freedom to achieve their missions. Ironically, however, organizations maximize their autonomy by giving up some of it to build relationships with publics" (ebd.: 10). Kriterien für ‚exzellente' PR sind aus der Sicht von Grunig et al. eine getrennte Rolle der PR vom Marketing, die Anwendung des symmetrischen Modells nach Grunig/Hunt, die Wahrnehmung der PR-Funktion als ‚Management'-Funktion, eine akademische Grundausbildung im Bereich PR der mit Öffentlichkeitsarbeit betrauten Personen sowie Professionalität im Allgemeinen (vgl. ebd.).[72]

Marketingtheorien könnten den Studienergebnissen zufolge hingegen keine Grundlage für ‚exzellente PR' sein: „A few of the excellent departments seem to have adopted marketing theory as the foundation of their communication programs – with its emphasis on customers, messages, and symbols. On the positive side, however, they also have adopted the strategic, two-way approach of contemporary marketing – although marketing theory has steered them toward an asymmetrical rather than a symmetrical approach of communication" (ebd.: 24). Am Ende der Studie steht schließlich ein überarbeitetes Modell von ‚exzellenter PR', das die Interessen zwischen Organisation und Öffentlichkeit innerhalb einer symmetrischen „win-win zone" ausbalanciert – teils durch Verhandlung, teils durch Überredung („persuasion") (ebd.: 358).

Es ist jedoch auffällig, wie sehr die Forschergruppe um James E. Grunig darauf bedacht war, die eigene Theorie von der dialogorientierten, ‚exzel-

---

[72] Vorstandsvorsitzende (CEOs), die PR besonders schätzten, so Grunig et al. (2002), würden die Auffassung vertreten, dass PR am strategischen Management der Firma teilhaben sollte, dass symmetrische Kommunikation auf ‚vernünftige Art und Weise' mit Formen von zweiseitig geprägter asymmetrischer Kommunikation kombiniert werden sollte und dass die PR-Leitung von strategischen ‚Kommunikationsmanagern' übernommen werden sollte (vgl. ebd.: 21).

lenten' PR zu verteidigen (vgl., neben Grunig et al. 2002, exemplarisch Toth 2007). Dies sorgte für Misstrauen und Kritik in Teilen der wissenschaftlichen PR-Gemeinschaft. Michael Kunczik stellt fest, dass „die Autoren bei ihrer Untersuchung nicht davon ausgegangen sind, Hypothesen zu falsifizieren. Ihr Ziel war, Belege für ihre vorgefassten Annahmen (Hypothesen) zu sammeln" (Kunczik 2010: 343). Auch Ansgar Zerfaß kritisiert, dass für Grunig et al. „PR-Exzellenz nur dann vorliegt, wenn eine Organisation die theoretisch abgeleitete Soll-Vorstellung realisier[t]" (in: ebd.: 344). Dennoch gehört das Konzept der symmetrischen bzw. dialogorientierten Öffentlichkeitsarbeit zu den einflussreichsten Theorieansätzen in der PR-Forschung und wurde in der deutschsprachigen KW-Fachgemeinschaft intensiv rezipiert. Beispiele dafür sind Benno Signitzer (siehe Punkt 5 dieser Liste) oder auch Roland Burkart mit seiner ‚verständigungsorientierten Öffentlichkeitsarbeit' (Punkt 6).

5. Anregungen für die Public Diplomacy: Benno Signitzer

Benno Signitzer hat sich unter anderem mit der Frage beschäftigt, was das Feld der ‚Public Diplomacy' („internationale staatliche Öffentlichkeitsarbeit"; Signitzer 2004: 162) von der PR lernen könnte (vgl. Signitzer 1995). Dabei listet er auch die vier Arten der PR nach Grunig/Hunt auf und vertritt die Auffassung, dass das damit verbundene „situative Denken" die öffentliche Diplomatie davor bewahren könne, „beispielsweise einseitig nur auf das Informationsmodell zu setzen oder das Verständigungsmodell (Dialog) in Situationen zu verwenden, wo es gar nicht notwendig ist" (ebd.: 77). Auch das auf Grunig/Hunt zurückgehende ‚Zielgruppen-Denken' in der PR, bei dem im Gegensatz zum Marketing nicht bei den „Merkmalen" der Zielgruppen, sondern bei der „*Art der Beziehung zur Organisation*" (wieder ein Hinweis auf ein eher *reziprokes* Verständnis; Anm. d. Verf.) angesetzt werde, könne für die Public Diplomacy nützlich sein (ebd.: 78; kursive Hervorhebung im Original; Anm. d. Verf.). Signitzer stellt in seinem Ansatz Verbindungen „zwischen Public-Relations-Modellen" auf der einen und den „vier Grundstrukturen von Auslandskulturpolitik" auf der anderen Seite her, namentlich „Selbstdarstellung", „Information", „Einseitige Übertragung der eigenen Kultur" und „Austausch und Zusammenarbeit" (Signitzer 2004: 162).

6. Verständigungsorientierte Öffentlichkeitsarbeit: Roland Burkart

Auch Roland Burkart greift das Dialogparadigma von Grunig et al. auf (vgl. Burkart 1995, 1993; siehe auch: Kunczik 1994; Szyszka 1996). Susanne Femers zufolge erinnert sein Konzept der *„verständigungsorientierten Öffentlichkeitsarbeit"* auf „wunderbare Weise an die Dialog- und Verständigungseuphorie der 1980er Jahre" (Femers 2009: 208; kursive Hervorhebung im Original; Anm. d. Verf.). Gemeinsam mit Sabine Probst beschäftigte sich Burkart Anfang der 1990er Jahre mit der „Evaluation der PR bei der Standortplanung zweier Sondermülldeponien" (Kunczik 2010: 363). Das Credo von Burkart et al. lautet, dass sich moderne PR „nicht länger auf die Ebene der Information beschränken" dürfe und sich dem Thema „Glaubwürdigkeit" widmen müsse (Burkart 1993: 7): „Gefragt sind in der PR-Theorie wie Praxis neue Modelle, die symmetrische Zweiwegkommunikation ermöglichen, die Feedback-Schleifen und Formen der Beteiligung beinhalten" (ebd.).[73] An dieser Stelle wird einmal mehr deutlich, dass die PR-Theorie auch praxisrelevante Implikationen beinhalten und nicht nur zur Beschreibung des Untersuchungsobjekts Öffentlichkeitsarbeit dienen kann (siehe Argumentation in Kapitel II, 1.2.1). Ihr Ansatz basiert auf Habermas' Theorie der kommunikativen Kompetenz und postuliert, dass eine erfolgreiche Verständigung zwischen zwei Kommunikationsparteien die Erwartung *„verständlich[er]"*, *„wahre[r]"*, *„vertrauenswürdig[er]"* und *„legitim[er]"* Aussagen der anderen Partei voraussetzt (Burkart 2008: 225; kursive Hervorhebungen im Original; Anm. d. Verf.). Burkart zufolge geht es in der PR vor allem darum, Einverständnis zwischen der jeweiligen Organisation und den „relevanten Teilöffentlichkeiten" herzustellen (Burkart 1993: 26). Olaf Hoffjann merkt jedoch an, dass die dafür benötigte „Idealvorstellung von gelungener Kommunikation [...] kaum zu verwirklichen" sei (Hoffjann 2007: 73).

7. Intereffikation und Vertrauen: Günter Bentele

Günter Bentele hat in Anbetracht der Determinationshypothese von Barbara Baerns angemerkt, dass die Beeinflussung des Journalismus durch die PR „nur *eine* Einflussrichtung" in der Beziehung beider Systeme dar-

---

[73] Burkart bezieht sich explizit auf Grunig/Hunt: „Das hier präsentierte Konzept von Verständigung soll für jene Formen von Öffentlichkeitsarbeit eine Grundlage darstellen, die nach dem Modell der ‚symmetrischen Kommunikation' von Grunig/Hunt einen wechselseitigen Verständigungsprozess etablieren wollen" (Burkart 1993: 26).

stelle (Bentele 2003: 65; kursive Hervorhebung im Original; Anm. d. Verf.; siehe Punkt 3 dieser Liste). Zusammen mit Tobias Liebert und Stefan Seeling hat Bentele mit dem Intereffikationsmodell ebenfalls ein prominentes Konzept entwickelt, welches das Wechselspiel zwischen PR und Journalismus zu beschreiben versucht. Dieses wird als „komplexes Verhältnis eines *gegenseitig vorhandenen Einflusses*" definiert, in dem es sowohl gegenseitige „*Orientierung*" als auch „*Abhängigkeit*" gebe (Bentele et al. 1997: 240; kursive Hervorhebungen im Original; Anm. d. Verf.). Der Begriff der „*Intereffikation*" soll dabei zum Ausdruck bringen, dass sich PR und Mediensystem ihre Leistungen erst wechselseitig ermöglichen (ebd.). Im Rahmen dieser wechselseitigen Beziehung komme es zu „*Induktionen*" und „*Adaptionen*" (ebd.: 241; kursive Hervorhebungen im Original; Anm. d. Verf.; Bentele 2003: 65). Mit Blick auf die Determinationshypothese argumentieren Bentele et al., dass das Intereffikationsmodell den „Anspruch" habe, eine „differenziertere theoretische Grundlage für empirische Studien zur Verfügung zu stellen" (ebd.: 247).[74] Ebenfalls Mitte der 1990er Jahre hält Bentele zudem in Bezug auf dialogorientierte PR fest, dass diese zwar nicht überall zu verwirklichen sei und der Begriff noch konkretisiert werden müsse – jedoch gehe es um „die *Denkhaltung* oder die *Kommunikationsphilosophie*, die hinter der praktischen PR steht: sind Organisationen offen genug und bereit, nicht nur nach Krisen, sondern auch innerhalb der ‚normalen' PR-Arbeit dialogisch zu handeln und zu kommunizieren?" (Bentele 1994: 154; kursive Hervorhebungen im Original; Anm. d. Verf.). In diesem Kontext erwähnt Bentele explizit die PR-Konzepte von Grunig/Hunt und von Roland Burkart (ebd.; vgl. auch Herger 2006; Kirchner 2003).

Abseits des konkreten Modells der Intereffikation stehen vor allem die Begriffe der „*Glaubwürdigkeit*" und des „*Vertrauens*" im Zentrum von Beiträgen Benteles (Bentele 2008a: 147; kursive Hervorhebung im Original; Anm. d. Verf.). Seine „Theorie öffentlichen Vertrauens" basiert dabei auf dem Gedanken, dass öffentliches Vertrauen ein medial vermittelter Prozess ist, der komplexitätsreduzierend wirkt (Bentele 1994: 155; vgl. auch Kirchner 2003; Hoffjann 2011). Der Aufbau dieses Vertrauens sowie sein Erhalt oder auch Abbau erfolge „dabei unter wesentlicher Beteiligung von Public Relations" (ebd.). Oeckl und Hundhausen hätten (neben anderen frühen PR-Theoretikern in Deutschland) „Vertrauen als

---

[74] Für aktuelle Anmerkungen zum Intereffikationsmodell siehe Bentele 2008b.

wichtigen *Zielwert* praktischer Public Relations" definiert (ebd. 151; kursive Hervorhebung im Original; Anm. d. Verf.) – jedoch sei dies nicht ausreichend. Stattdessen könne „Vertrauen [...] nur auf Basis eines konsistenten und wahrhaftigen tatsächlichen Kommunikationsverhalten[s]" erlangt werden (ebd.: 155). Sein Ansatz steht dabei im Gegensatz zur Theorie von Klaus Merten, der im nächsten Punkt (Nr. 8) dieser Auflistung vorgestellt wird: „Nicht die Konstruierbarkeit von Images, sondern die Rekonstruierbarkeit von Wirklichkeitsbezügen [ist] das maßgebliche Element" (Szyszka 2008b: 168).[75] Dies betont er auch in seinem 2008 erschienenen *Rekonstruktiven Ansatz der Public Relations*: Bentele zufolge ist die „adäquate Wirklichkeitsrekonstruktion der PR und der Medien [...] eine sozial begründete Notwendigkeit, die mit Vertrauensverlusten sanktioniert wird, wenn sie durchbrochen wird" (Bentele 2008a: 158).

8. PR mithilfe von Täuschung? Klaus Merten

Klaus Merten geht „[i]n systemtheoretisch-konstruktivistischer Sicht" davon aus, dass „alle sozialen Systeme durch Kommunikation gesteuert [werden] und Wirklichkeit niemals objektiv, sondern subjektiv in den Köpfen der Menschen konstruiert" ist (Szyszka 2008b: 167; vgl. auch Merten 2008a). Aus seiner Sicht ist dabei „Authentizität nicht verpflichtend" und „[f]aktische und fiktionale Elemente" seien „prinzipiell gleichwertig" (ebd.: 168). Bei der Konstruktion von „Images" seien PR-Praktiker „nicht der Wahrheit oder Wahrhaftigkeit, sondern ausschließlich dem Erfolg verpflichtet" (Jarren/Röttger 2008: 27). Bentele kritisiert, dass unklar bleibe, was genau eine von Merten in diesem Zusammenhang erwähnte „wünschenswerte Wirklichkeit" sei, und fragt, ob es auch „Grenzen [...] für das ‚Wünschenswerte' gibt und wie sich diese wünschenswerten Wirklichkeiten zu den empirisch feststellbaren, organisatorischen Wirklichkeiten verhalten" (Bentele 2008a: 151).

Für große Diskussionen in der Fachgemeinschaft sorgte Mertens Beitrag in der *Medien & Kommunikationswissenschaft* 1/2008, in dem er unter anderem argumentierte, dass PR „darauf geeicht" sei, „die Wahrnehmung der

---

[75] In seinem 2011 in der *Publizistik* erschienenen Beitrag kritisiert Olaf Hoffjann dabei, dass in der PR-Forschung meist die Vorstellung dominiere, „dass PR Vertrauen in Organisationen vermittelt. Für eine erfolgreiche Vertrauensvermittlung durch PR" scheine jedoch „Vertrauen in PR eine zentrale Voraussetzung zu sein" – und dieser Aspekt ist Hoffjann zufolge bislang nicht genügend beleuchtet worden (Hoffjann 2011: 65).

Öffentlichkeit in ihrem Sinne zu manipulieren" (Merten 2008b: 54) und in dem er „die heikle Frage nach dem erlaubten Grad von Täuschung" aufwarf (ebd.).[76] Dabei definiert er PR als *„das Differenzmanagement zwischen Fakt und Fiktion durch Kommunikation über Kommunikation in zeitlicher, sachlicher und sozialer Perspektive"* (ebd.: 55; kursive Hervorhebung im Original; Anm. d. Verf.). Und in Bezug auf die Ethik der PR attestiert Merten eine „Technik bedingt geduldeter öffentlicher Täuschung" (ebd.: 56f.). Aufgrund ihrer Diskrepanz zum Glaubwürdigkeitsparadigma in der gängigen PR-Theorie wurde Merten für diese Ausführungen stark kritisiert (vgl. exemplarisch Pfeffer 2008).

9. Integrativer Ansatz: Ansgar Zerfaß

Ansgar Zerfaß kombiniert Perspektiven der KW und der BWL (vgl. Bentele 2003; Herger 2004) und präsentiert 1996 einen „sozial- und kommunikationstheoretischen sowie betriebswirtschaftlich begründeten Ansatz der Unternehmenskommunikation" (Herger 2008: 260). Dabei stellt er sowohl einen Bezug zum Markt als auch zur Gesellschaft her (vgl. Jarren/Röttger 2008; Szyszka 2008b). Auch „[i]n Anlehnung [...] an Grunigs Überlegungen zur Relevanz der Bezugsgruppen für Organisationen" entwickelt er ein „Arenen-Modell, das vier Handlungsfelder – das organisationsinterne, gesellschaftspolitische, soziokulturelle und politisch-administrative Handlungsfeld – der Unternehmenskommunikation systematisiert. [...] PR besteht für Zerfaß aus Argumentation, Information und Persuasion" (Jarren/Röttger 2008: 26).

Für ihn mündet die „Verknüpfung von Unternehmensführung, Kommunikation und sozialer Integration [...] in den Begriff der Unternehmenskommunikation" (Zerfaß 2010: 287). Dabei müssten die Aktivitäten von „Organisationskommunikation" (zuständig für „verfassungskonstituierend[e] Beziehungen" und den „Leistungsproze[ss]" der Organisation), „Marktkommunikation" (zuständig für die „Koordination über das Preissystem" und daher von „persuasiv[em]" Charakter) und PR (zuständig für die Sicherung „prinzipielle[r] Handlungsspielräume" und die Legitimation „konkrete[r] Strategien") abgestimmt werden (ebd.: 316f.). „Über die Bündelung sämtlicher Kommunikationsaktivitäten soll bei diesem

---

[76] Bereits zwei Jahre zuvor hatte Klaus Merten im Magazin *pressesprecher* mit seinem Essay *Nur wer lügen darf, kann kommunizieren* für Aufsehen gesorgt (Merten 2006a).

Ansatz eine Einheit erreicht werden, die bei den Zielgruppen als konsistentes Erscheinungsbild wahrgenommen wird" (Herger 2006: 56). Ein solch konsistentes Erscheinungsbild sei „hochgradig vertrauensbildend" (ebd.). Ziel der Unternehmenskommunikation ist dabei die „Formulierung, Realisierung und Durchsetzung" der jeweiligen Strategie des Unternehmens (Herger 2008: 261). Im Vorwort zur dritten Ausgabe von *Unternehmensführung und Öffentlichkeitsarbeit* argumentiert Zerfaß, dass die darin „entwickelte Theorie der Unternehmenskommunikation [...] heute ebenso aktuell [ist] wie bei ihrer Entstehung vor fünfzehn Jahren" (Zerfaß 2010: 7). Sie vermittle „das kommunikationswissenschaftliche, betriebswirtschaftliche und soziologische Rüstzeug zur kritischen Auseinandersetzung mit der aktuellen Fachdiskussion" (ebd.).

10. Weitere Fachbeiträge: Röttger, Saxer, Szyszka

Abschließend soll an dieser Stelle noch kursorisch auf ausgewählte Fachbeiträge von Ulrike Röttger, Ulrich Saxer und Peter Szyszka eingegangen werden. Erstere argumentiert, dass PR „die zentrale Kontaktstelle von Organisationen zur gesellschaftspolitischen Umwelt und zu den für die Organisation relevanten gesellschaftspolitischen Akteuren" sei (Röttger 2010: 164; Beleg für ein *diversifiziertes* PR-Verständnis; Anm. d. Verf.). Unter Bezug auf Anna M. Theis-Berglmair sieht sie die Aufgabe von PR in der Kontrolle und Gestaltung von „Austauschprozesse[n] und Beziehungen zwischen Organisation und [...] gesellschaftspolitischen Akteuren" (Beleg für ein *reziprokes* PR-Verständnis; Anm. d. Verf.), was die Kontrolle „eine[r] wesentliche[n] Ungewissheitszone" ermögliche (ebd.). Dadurch ergebe sich für die PR ein „grundsätzliches und zentrales Machtpotential" (ebd. 164f.). Jedoch sei die Frage, ob es in diesem Kontext auch tatsächlich zu einer Entfaltung von „Macht und Autonomie" komme, von zahlreichen Faktoren abhängig, die es zu erforschen gelte (ebd.: 165; vgl. auch Szyszka 2008b).

Ulrich Saxer hat darauf hingewiesen, dass *„[d]ie systematische Übertragung kommunikationswissenschaftlicher Ansätze und Befunde auf die Organisationskommunikation [...] deren Optimierung dienlich und überdies bei der Evaluation ihrer Leistungsfähigkeit eine Hilfe"* sein könnte (Saxer 1999: 33; kursive Hervorhebung im Original; Anm. d. Verf.). In seinem 1991 erschienenen Beitrag mit dem Titel *Public Relations als Innovation* nähert sich Saxer der PR „über die *Innovationstheorie* von Everett M. Rogers"[77] (Signitzer 2004: 162; kursive Hervorhebung im Original; Anm. d. Verf.). PR ist für Saxer ein „gesellschaftsbezogenes Phänomen", welches sich im Lauf der Zeit in Reaktion auf einen „erhöhten Repräsentations- und Kommunikationsbedarf auf Seiten von Organisationen" entwickelt hat (Jarren/Röttger 2008: 24). In modernen Gesellschaften sei es für diese Organisationen wichtig, „kommunikativ gesellschaftliche Akzeptanz sicherzustellen" (ebd.). Dabei geht er von einem „symbiotischen Verhältnis von PR und Journalismus" aus (ebd.).

Peter Szyszka schließlich fasst PR als „das *Netzwerk öffentlicher Beziehungen* einer Organisation zu ihrer Umwelt" auf (Szyszka 2009: 135) und fragt „nach Einfluss und Funktion von Public Relations auf *Organisation-Umwelt-Beziehungen*; [...]. Im Mittelpunkt stehen die Begriffe des *sozialen Vertrauens* und der *funktionalen Transparenz*" (Szyszka 2008b: 171), wobei „[s]oziales Vertrauen als Nicht-Beobachtung [...], als Win-Win-Situation und *angestrebte Qualität von Public Relations* aufgefasst" werden könne (Szyszka 2009: 141; kursive Hervorhebungen im Original; Anm. d. Verf.). Gleichzeitig geht er davon aus, „dass alle Teile von Gesellschaft explizit oder implizit *nutzenorientiert* operieren. [...] Da Bezugsgruppen als Teile der Organisationsumwelt ganz bestimmte Erwartungen an Organisationen und deren Entscheidungshandeln knüpfen (Bindung an die Art des Meinungsmarktes), wird der Organisation-Umwelt-Differenz immer dann Aufmerksamkeit und Beobachtung (Aktualisierung) zuteil, wenn als relevant eingestufte Erwartungsdifferenzen drohen oder auftreten" (ebd.: 172; kursive Hervorhebung im Original; Anm. d. Verf.). Für ihn agiert „Kommunikationsmanagement [...] mit dem Ziel, eine Organisation an ihre Umwelt anzupassen bzw. auf Umwelt verändernd oder stabilisierend einzuwirken" (ebd.: 173). Auch hier wird die Betonung einer *reziproken* Vorstellung von Öffentlichkeitsarbeit deutlich.

---

[77] Everett M. Rogers (1931-2004) war ein US-amerikanischer Soziologe.

1.3 Exkurs: Kommunikations-Controlling und Kommunikationsmanagement

Neben den genannten theoretischen Konzepten (sowie neben allen in dieser Arbeit *nicht* aufgeführten Ansätzen) existiert mit dem ‚strategischen Kommunikations-Controlling' (vgl. exemplarisch Zerfaß/Pfannenberg 2009) ein spezieller Teilbereich der PR-Forschung. Dieser soll nicht zuletzt deswegen noch abschließend aufgeführt werden, weil er aufgrund seiner hohen Praxisorientierung[78] größere Chancen haben dürfte, von PR-Praktikern aufgegriffen zu werden – geht es dabei doch um Fragen wie: „Was leistet Kommunikation für das Unternehmen?" bzw.: „[W]ie kann ihr Wertbeitrag gemessen werden?" (ebd.: 7).[79] Gleichzeitig handelt es sich hierbei um ein inhaltlich sehr stark ausdifferenziertes Thema, welches relativ weit vom Fachinhalt der klassischen KW entfernt ist und das daher einen ‚Exkurs' in diesem Kapitel darstellt. Nichtsdestotrotz sind es die „Verfahren der Sozialforschung und speziell der empirischen Kommunikationsforschung", so Winfried Schulz, „die teils speziell für die PR-Evaluation adaptiert werden" (Schulz 2009: 587).[80]

„Kommunikations-Controlling" wird dabei auf der gemeinsam von *DPRG* und Universität Leipzig ins Leben gerufenen Website *communicationcontrolling.de*[81] als „eine Unterstützungs- und Steuerungsfunktion, die Strategie-, Prozess-, Ergebnis- und Finanz-Transparenz für den arbeitsteiligen Prozess des Kommunikationsmanagements schafft sowie geeignete Methoden, Strukturen und Kennzahlen für die Planung, Umsetzung

---

[78] Tom Watson (Bournemouth University) in seinem Beitrag für die *Public Relations Review*: „In the final 25 years of the century, the academic voice began to become more prominent in the discussion and development of methodologies and in nationally-based education programmes aimed at practitioners" (Watson 2012: 390).

[79] Konkrete Vorschläge zur Nutzung von Forschungsmethoden für die PR-Evaluation finden sich beispielsweise bei Woelke et al. (2010) (vgl. auch Hastall 2011).

[80] Auch international wird eine starke Verbindung zwischen professionellem Kommunikationsmanagement und der Wissenschaft gesehen: In der Ergebnisdiskussion ihrer Umfrage unter 360 PR-Profis argumentieren beispielsweise Jeffrey/Brunton (2012): „Established professions require a body of research-based knowledge to provide legitimacy beyond 'taking my word for it' […]. Communication management is no different" (Jeffrey/Brunton 2012: 158). Dass es sich dabei jedoch nicht unbedingt um klassische KW-Inhalte handeln muss, ist offensichtlich.

[81] Exemplarische Online-Meldung zum Launch der Website: http://www.cpmonitor.de/techniklogistik/detail.php?rubric=Technik%2FLogistik&nr=2753

und Kontrolle der Unternehmenskommunikation bzw. Public Relations bereitstellt", definiert (communicationcontrolling.de, unter Verweis auf Zerfaß 2006). Unter „Kommunikationsmanagement" wird wiederum die „Planung, Organisation und Kontrolle aller Kommunikationsaktivitäten" verstanden, sprich: „von symbolischen Handlungen, mit denen das Unternehmen bzw. seine Repräsentanten versuchen, anderen etwas mitzuteilen oder sich bemühen, entsprechende Ausdrucksformen zu verstehen" (ebd.). Die Unternehmenskommunikation ist an das Kommunikationsmanagement angedockt (siehe *Abbildung 1*).

Abbildung 1: *Unternehmenskommunikation in Beziehung zu Kommunikations-Controlling und -management. Quelle: communicationcontrolling.de, unter Bezug auf Zerfaß (2007).*

Das Verhältnis der beiden Ebenen Kommunikationsmanagement und Kommunikations-Controlling beschreibt Zerfaß (2010) dahingehend, dass „die Professionalisierung des Kommunikationsmanagements zwangsläufig dazu" führe, „dass – wie in anderen Unternehmensbereichen auch – diese proaktive und umsetzungsorientierte Funktion durch einen auf Transparenz, Prozessoptimierung und Rationalitätssicherung spezialisierten Gegenpol ergänzt werden muss: das Kommunikations-Controlling" (ebd.: 10).

Aus der Sicht von Zerfaß/Pfannenberg (2009) waren KW und PR-Forschung in Deutschland „lange durch empirisch motivierte Untersuchungen auf der Mikroebene [...] sowie durch Makroanalysen mit Hilfe soziologischer Ansätze" geprägt (ebd.: 8), während Fragen des Managements lange Zeit ausgeblendet wurden. Durch die Überprüfung kommunikativer Aktivitäten hinsichtlich ihrer „Unterstützung von Wertschöpfungsprozessen des Unternehmens" (ebd.: 10) könne die „Kommunikation ihr Problemlösungspotential für die strategische Unternehmensführung entfalten" – sofern ein interdisziplinäres und gleichzeitig praxisorientiertes Management und Controlling von Kommunikation betrieben werde (ebd.). Dadurch rücke „Kommunikation in die Position einer Führungsaufgabe auf" (Piwinger/Porák 2005: 17). Die zentrale Funktion des Controllings von Kommunikation bestehe in seiner Rolle als „Führungs- und Entscheidungsinstrument" (ebd.: 19). Seit der Jahrtausendwende wurde die Entwicklung von in der Praxis anwendbaren Konzepten von Wissenschaftlern und Praktikern gleichermaßen forciert – auch unter Einbindung bzw. „unter dem Dach" der *DPRG* (Zerfaß/Pfannenberg 2009: 11). Dabei wurden unter anderem „Konzepte für das Controlling und die Steuerung von Unternehmenskommunikation auf Basis der Balanced Scorecard entwickelt und getestet" – wobei es nicht mehr nur um „Evaluation und Wirkungsmessung", sondern besonders um „Steuerung und Wertschöpfung" durch Kommunikation geht.[82]

Ulrike Röttger hält jedoch kritisch fest, dass sich „die bislang sehr euphorisch geführte Fachdiskussion insbesondere [auf] die Potenziale eines an betriebswirtschaftlichen Parametern orientierten Kommunikations-Controllings" konzentriert, „dessen Grenzen und Restriktionen aber nicht ausreichend mit in den Blick genommen" habe (Röttger 2009: 11). Und weiter zeigten „sich auch die Grenzen einer stark anwendungsorientierten PR-Forschung: Die Mehrzahl der Beiträge zum Kommunikations-Controlling beschränkt sich auf eine praxisorientierte Weiterentwicklung einzelner Ansätze auf der technischen Ebene und vernachlässigt dabei, die grundlegenden Annahmen über die Wirkung und Messbarkeit von

---

[82] Bezüglich der internationalen Debatte zur Praxisrelevanz der ‚Balanced Scorecard' sei hier exemplarisch auf den Beitrag von Kim/Hatcher (2009) im *Journal of Communication Management* hingewiesen, die sich an einer „theoretical and practical fusion of disciplinary knowledge around corporate identities" versucht haben und dabei konstatieren, dass die Scorecard das Potenzial dazu habe, eine Vielzahl an Rollen bei der Überwachung und Regulierung („monitoring and regulating") von zentralen Dimensionen für „corporate identities" zu spielen (ebd.: 116).

PR-Leistungen kritisch zu hinterfragen" (Röttger et al. 2011: 39; vgl. auch Röttger 2010).

1.4 Zusammenfassung

Zusammenfassend lässt sich am Ende dieses Kapitels festhalten, dass die KW im Rahmen der vorliegenden Studie in der Form behandelt wird, wie sie sich im Zuge der empirisch-sozialwissenschaftlichen Wende in den 1960er Jahren herausgebildet hat. Einige der bekanntesten KW-Theorien und -Begriffe, die in dieser Forschungstradition stehen, wurden dabei aufgeführt. Darüber hinaus kann davon ausgegangen werden, dass die wissenschaftliche Auseinandersetzung mit PR *auch* ein Forschungsbereich der KW ist – auch wenn gleichzeitig der interdisziplinäre Charakter und die stetige Ausdifferenzierung dieses Feldes berücksichtig werden müssen. Der Forschungsbereich PR steht, wie die deutschsprachige KW im Allgemeinen, nicht zuletzt angesichts des prägenden Einflusses von Grunig et al. (1984/2002) unter dem Einfluss US-amerikanischer Forschung. Darüber hinaus wurden die Grundzüge des anwendungsorientierten Bereichs des Kommunikationsmanagements/-Controllings genannt.

Es ist an dieser Stelle nicht möglich, die genannten PR-Theorien auf eine einzige ‚KW-Perspektive' zu verengen – schließlich bestehen beispielsweise zwischen den Ansätzen Benteles und Mertens klare Divergenzen. *Tendenziell* werden jedoch die gesamtgesellschaftlichen (und nicht nur die marktrelevanten) Implikationen von Öffentlichkeitsarbeit beleuchtet, Begriffe wie ‚Vertrauen' (z.B. bei Bentele) oder ‚Verständigung' (z.B. bei Burkart) in den Mittelpunkt gestellt und wechselseitige Anpassungsprozesse von Organisation und Umwelt (und nicht nur die Persuasion relevanter Teilöffentlichkeiten) thematisiert. Das PR-Verständnis der KW basiert daher eher auf einem *diversifizierten* (Stichwort: Gesamtgesellschaft) und *reziproken* (Stichwort: wechselseitiger Austausch) – und nicht auf einem *fokussierten* (Stichwort: Markt) und *unidirektionalen* (Stichwort: Überredung) – Verständnis von Kommunikation. Es geht um „Fragen des gegenseitigen Verstehens und des gleichen Meinens, der Akzeptanz oder der nicht-intendierten Wirkung von Kommunikation" (Röttger et al. 2011: 24).

Im empirischen Teil dieser Dissertation wird somit nicht nur nach der Bekanntheit bzw. Praxisrelevanz von theoretischen Konzepten der KW im Allgemeinen und des Forschungsbereichs PR im Besonderen gefragt, sondern auch nach dem Grad der Verbreitung des in der KW dominierenden *diversifiziert-reziproken* Verständnisses von PR. Dabei geht es, um Benteles Formulierung aus dem Jahr 1994 noch einmal aufzugreifen, um „die *Denkhaltung* oder die *Kommunikationsphilosophie*, die hinter der praktischen PR steht" (Bentele 1994: 154; kursive Hervorhebungen im Original; Anm. d. Verf.).

2. BERUFSFELD PR

Nachdem die KW und ihr Fachbereich PR definiert und erläutert worden sind, soll nun auch das Berufsfeld der PR in Deutschland in Grundzügen beschrieben werden. Erfasst werden in diesem Kapitel, auf Basis zweier Studien, die grundlegende Struktur dieses Berufsfeldes (Kapitel II, 2.1), Alter, Geschlecht, Karriereweg und Einkommen der PR-Praktiker (Kapitel II, 2.2), ihre Tätigkeitsschwerpunkte und ihr Selbstverständnis (Kapitel II, 2.3) sowie ihre Ausbildung, ihr Wissen und ihr Professionalisierungsgrad (Kapitel II, 2.4). Besonders der letztgenannte Aspekt beinhaltet dabei wichtige Erkenntnisse für die Forschungsfrage dieser Studie.[83]

Vorab lassen sich einige fundamentale Eigenschaften des Berufsfeldes festhalten, so etwa die unterschiedlichen Organisationstypen, in denen PR-Praktiker tätig sind. Sarah Zielmann (an der Universität Münster promoviert, u.a. wissenschaftliche Mitarbeiterin am Forschungsbereich Öffentlichkeit und Gesellschaft, Universität Zürich) unterscheidet nach Wirtschaftsunternehmen, Behörden, Non-Profit-Organisationen und PR-Agenturen (vgl. Zielmann 2006), hinzu kommen selbstständige und in der Politik tätige PRler. Ein *strategisch* aufgesetzter PR-Prozess (was nicht jeder PR-Prozess in der Praxis sein muss) beinhaltet dabei „Situationsanalyse", „Strategie", „Umsetzung", „Summative Evaluation" (sprich: „Resonanz- und Wirkungsanalyse") und „Formative Evaluation" (sprich: „Bewertung

---

[83] Für eine historische Betrachtung der PR-Praxis in Deutschland siehe Szyszka 2008a.

des gesamten PR-Prozesses") (Röttger et al. 2011: 185).[84] Jedoch kann im Berufsfeld PR nicht davon ausgegangen werden, dass die dafür benötigten Kenntnisse im Rahmen einer einheitlichen Ausbildung erworben wurden – es existiert „kein spezifisch vorgeschriebenes, berufsständisch oder gar staatlich geregeltes Ausbildungs- und Qualifikationssystem" (Fröhlich 2008e).[85]

Nichtsdestotrotz ist Fröhlich zufolge mittlerweile ein „recht komplex[er] Grad an Ausdifferenzierung von Fähigkeiten, Fertigkeiten, Kompetenzen, Handlungsmustern und Tätigkeiten im Berufsfeld PR" zu beobachten (Fröhlich 2008b: 438). Dabei distanziert sie sich jedoch von der auf Grunig/Hunt zurückgehenden „vermeintliche[n] ‚Spezialisierung' in *Techniker*tätigkeiten und *Manager*tätigkeiten", da es sich hierbei um eine „bloße Unterscheidung zwischen unterschiedlichen Hierarchie- und Machtstufen" handele, „auf denen sich natürlich auch PR-Praktiker im Laufe ihrer Karriere befinden (können)" (ebd.: 438f.; kursive Hervorhebungen im Original; Anm. d. Verf.). Röttger et al. (2011) zufolge bestätigen zwar „eine Vielzahl von Studien prinzipiell die Existenz einer Manager- und einer Techniker-Rolle", jedoch sei davon auszugehen, „dass in der Praxis häufig Mischformen anzutreffen sind" (ebd.: 270).[86] Im Rahmen der vorliegenden Untersuchung wird es dennoch als legitim erachtet, im Fall von hauptsächlich mit operativen Tätigkeiten befassten PR-Praktikern weiterhin von ‚Technikern' und im Fall von strategisch planenden PR-Praktikern von ‚Managern' zu sprechen – jedoch eben eingedenk der Tatsache, dass es sich dabei schlicht um unterschiedliche Hierarchieebenen handeln könnte, die von einem PR-Praktiker im Verlauf

---

[84] Für unterschiedliche Systematisierungen von in der PR-Praxis ausgeübten Tätigkeiten, auch unter Einbeziehung der sog. *AKTION*-Formel, siehe Kapitel III, 2.2.2.
[85] Online-Quelle ohne Seitenangabe. Gleichzeitig argumentiert Fröhlich, dass der Berufszugang zur PR heute „weit weniger ‚offen' ist" als noch Ende der 1990er Jahre. Grund sei das von der *DPRG* gemeinsam mit Wissenschaftlern entwickelte „Berufsbild" (vgl. Fröhlich 2008e), auf welches in Kapitel III, 2.2.2 näher eingegangen wird.
[86] Röttger (2010) plädiert zudem für eine Einteilung in „*PR-Experten*, die PR als Beruf ausüben und bei denen PR zu den zentralen Inhalten ihrer Berufstätigkeit gehört", und „*PR-Beauftragte*, die Öffentlichkeitsarbeit nicht als ihren Beruf ausüben, jedoch PR-Funktionen für ihre Organisation erfüllen" (ebd.: 199; kursive Hervorhebungen im Original; Anm. d. Verf.). Die zuerst Genannten hätten dabei „ein höheres PR-Ausbildungsniveau" (ebd.: 202).

seiner Karriere eingenommen werden und die auch als ‚Mischform' anzutreffen sein könnten.[87]

Darüber hinaus ist neben einer „zunehmende[n] Akademisierung" (Fröhlich 2008b: 436) festzustellen, dass insbesondere Frauen am „Entwicklungsboom" der PR-Branche in den letzten Jahrzehnten teilhatten und damit begonnen haben, (nicht nur in Deutschland) „die einstige Männerdomäne PR zu erobern" (ebd.: 432). Der Anteil von Frauen unter den *DPRG*-Mitgliedern verdoppelte sich allein zwischen 1983 und 1990 beinahe, in den drei Jahren darauf „stieg er [...] weiter auf 41 Prozent" (ebd.: 435).[88] Gleichzeitig werden die meisten Führungspositionen nach wie vor von Männern eingenommen (vgl. ebd.). In diesem Kontext hat Romy Fröhlich eine „Freundlichkeitsfalle" im Berufsfeld PR diagnostiziert, welche für Frauen nach wie vor ein Problem darstelle: Ihnen werde oftmals unterstellt, in der PR vor allem deswegen stark vertreten und erfolgreich zu sein, weil Kommunikation „eine spezifische, sozialisations- und/oder biologisch bedingte Stärke von Frauen" sei (ebd.: 440f.; vgl. auch Fröhlich 2008d). Jedoch verstelle diese Interpretation des Feminisierungstrends die Tatsache, „dass bei näherem Betrachten die PR trotz anders lautenden Behauptungen kein Berufsfeld sind, in dem Frauen gleichberechtigt Karriere machen können", und dass eben jene vermeintlich weibliche Stärke in der Kommunikation „mit mangelnder Durchsetzungs- und Konfliktfähigkeit oder schwach ausgebildeten Führungsqualitäten gleichgesetzt" werde (ebd.).

Nach der Nennung dieser Grundlagen soll das Berufsfeld der PR in Deutschland nun anhand der Studien von Szyszka et al. (2009) und Bentele et al. (2012) skizziert werden. Die Studie von Szyszka et al. basiert auf drei „Teilstudien", für die „368 PR-Verantwortliche aus *Unternehmen*, 157 PR-Verantwortliche aus *Wirtschaftsverbänden* und 231 Leiter von *PR-Agenturen* aus Deutschland" befragt wurden (Szyszka et al. 2009: 300; kursive Hervorhebungen im Original; Anm. d. Verf.), wobei die Daten „im Juni 2003 zunächst bei den externen PR-Dienstleistern, dann im Novem-

---

[87] Röttger et al. (2011) nennen unter Bezug auf Broom/Smith (1979) „vier zentrale Rollenkonzepte": „PR-Experte", „Kommunikationstechniker", „PR-Animateur/Kommunikationsvermittler" und „PR-Problemlöser" (ebd.: 268).
[88] Bentele et al. (2012) konstatieren in ihrer Befragung von knapp 2.400 PR-Profis, dass „[d]ie Feminisierung des Berufsfelds [...] mittlerweile alle Altersgruppen unter 50 erfasst" habe und dass der „‚Gender Switch' [...] nunmehr auch in Deutschland hinter uns" liege (ebd.: 230).

ber 2003 bei den Unternehmen und im November 2004 bei den Wirtschaftsverbänden" erhoben worden waren (ebd.: 86).[89] Bentele et al. (2012) wiederum befragten zwischen 30. Mai und 30. Juni 2012 insgesamt 2.386 PRler für den *Bundesverband deutscher Pressesprecher (BdP)*.

2.1 Grundlegende Struktur

Der Forschergruppe um Günter Bentele zufolge arbeiten 52 Prozent der befragten PR-Praktiker in Unternehmen, 31 Prozent in „öffentliche[n] bzw. staatliche[n] Institution[en]" und „17 Prozent in Verbänden und Vereinen" (Bentele et al. 2012: 27). Rund die Hälfte der Befragten sei in einer Organisation mit weniger als 500 Mitarbeitern tätig (vgl. ebd.: 31). Bei den von Szyszka et al. (2009) erfassten Unternehmen verfügt die Mehrheit über eine PR-Abteilung mit weniger als drei Mitarbeitern. Knapp 20 Prozent hätten jedoch zwischen drei und fünf Mitarbeiter, während rund 13 Prozent über eine Abteilung „mit sechs oder mehr Mitarbeitern" verfügten (ebd.: 301). Knapp 16 Prozent der Unternehmen seien dabei in einem Geschäftsfeld tätig, „das nicht unumstritten ist und daher nicht überall Akzeptanz findet" (ebd.: 302). Im Zentrum der PR-Arbeit der Unternehmen stehe vor allem externe Kommunikation (vgl. ebd.).

Bei den Wirtschaftsverbänden verfügen laut Szyszka et al. nur knapp 51 Prozent aller Dachverbände und noch nicht einmal ein Drittel der Fachverbände über ein „‚PR-Referat' oder eine ähnliche Abteilung" (ebd.: 303). Dabei seien die Dachverbände in größerem Ausmaß auf „Interessenvertretung" ausgerichtet – Fachverbände hingegen mehr auf „Interessenbündelung und Unterstützung ihrer Mitglieder" (ebd.). Die Mehrheit der PR-Referate bilde eine eigenständige Einheit, sei es in Form einer Stabsstelle, einer Abteilung oder als (Teil-)ressort eines Vorstands" (ebd.: 304). In Bezug auf die PR-Agenturen (externe Dienstleister) halten die

---

[89] Wichtig ist hier festzuhalten, dass sich diese Studie nicht auf alle in Deutschland auftretenden Formen von PR bezieht: „Die Entscheidung fiel dahingehend, den Fokus auf die *Wirtschaftskommunikation* zu richten, weil diese aufgrund ihrer Bedeutung für das PR-Berufsfeld in vielerlei Hinsicht als zentrale Größe gelten kann: wegen der Ausprägung der Regelungsinteressen, der Verfügbarkeit von Ressourcen, des Trendsettings von Entwicklungen usw." (Szyszka et al. 2009: 30).

Autoren fest, dass diese zum Zeitpunkt der Befragung meistens etwa zehn Jahre alt gewesen seien (gegründet im „PR-Boom Mitte der 1990er Jahre"), in städtischen Gebieten angesiedelt seien und durchschnittlich „6,6 Fachkräfte in Voll- und eine Fachkraft in Teilzeit" beschäftigten (ebd.: 314). Gleichzeitig betonen sie bei der Angabe dieser Durchschnittswerte, dass die Branche insgesamt als *„deutlich ausdifferenziert"* (kursive Hervorhebung im Original; Anm. d. Verf.) charakterisiert werden könne, da es sich bei rund 30 Prozent der Agenturen um „Einzelberatungen und kleine Bürogemeinschaften" mit ein bis drei Mitarbeitern handle, während „bei weiteren gut 40 Prozent" vier bis zehn Mitarbeiter und bei „sieben Prozent der befragten Agenturen" bereits „21 oder mehr Mitarbeiter" arbeiten würden (ebd.).

2.2 Alter, Geschlecht, Karriereweg und Einkommen

Was Alter und Geschlecht betrifft, so halten Bentele et al. (2012) fest, dass „offenbar zunehmend mehr Frauen in das Berufsfeld drängen" – diese seien bei den PR-Praktikern unter 40 Jahren bereits klar in der Mehrheit (ebd.: 25). Lediglich bei den über 50-Jährigen seien die Männer in der Überzahl. Insgesamt liege das Verhältnis weiblich/männlich bei 54 zu 46 Prozent. Das Durchschnittsalter der Frauen geben die Autoren mit rund 40 Jahren, das der Männer mit rund 45 Jahren an (vgl. ebd.).[90] In der Untersuchung von Szyszka et al. (2009) ist der Frauenanteil bei Unternehmen mit knapp 40 Prozent am höchsten. Laut Bentele et al. (2012) gibt es „nach wie vor" viele *„Quereinsteiger"*, jedoch nehme „der Anteil an *Direkteinsteigern* im Berufsfeld" zu – 2012 liege der Wert bei 29 Prozent, 2009 habe er noch 25 Prozent betragen (ebd.: 42; kursive Hervorhebungen im Original; Anm. d. Verf.). Dies, so die Autoren, hänge mit der zunehmenden Etablierung von PR-Studiengängen an den Universitäten zusammen. Der Anteil ehemaliger Journalisten sei auf 26 Prozent gesunken, was sich die Forscher auch damit erklären, dass die Notwendigkeit

---

[90] Die Forscher weisen gleichzeitig darauf hin, dass sich ihre Online-Studie vor allem an Führungskräfte gerichtet habe und das Durchschnittsalter daher naturgemäß etwas höher liege (vgl. Bentele et al. 2012).

eines „strategische[n] Know-How[s]" zugenommen habe, und dieses würden Journalisten oftmals nicht in den Beruf mitbringen (ebd.: 43).

Der durchschnittliche PR-Praktiker verdient Bentele et al. (2012) zufolge rund 64.000 Euro, ein Rückgang im Vergleich zu den knapp 68.500 Euro aus der Studie 2007. Als möglicher Grund für diese Entwicklung wird die „Wirtschaftskrise" angeführt (ebd.: 59). Dabei würden die Führungskräfte gut verdienen, gleichzeitig nehme der Anteil von Beschäftigten mit „weniger als 50.000 Euro" zu (ebd.). Eine „unverändert[e] Brisanz" gebe es hinsichtlich der Gehaltsunterschiede zwischen Männern und Frauen: Das Durchschnittsgehalt eines männlichen PR-Praktikers liegt Bentele et al. (2012) zufolge bei über 74.500 Euro, bei den Frauen sind es nur etwas mehr als 55.000 Euro. Besonders im Zeitverlauf sind diese Zahlen bemerkenswert: Während das Gehalt der männlichen Befragten im Vergleich zu 2007 (75.636 Euro) nahezu konstant blieb, reduzierte sich das der Frauen um über 5.000 Euro (2007: 60.165 Euro) (ebd.: 82). Frauen würden häufiger in „kleineren Unternehmen" und in „Branchen mit geringeren Einkommen" arbeiten (ebd.: 84). Zudem seien Teilzeitmodelle unter ihnen weiter verbreitet (vgl. ebd.). Jedoch, so Bentele et al.: „Frauen verdienen *nicht* weniger allein deshalb, weil sie Frauen sind [...]. Frauen verdienen vor allem deshalb weniger, weil sie – zumindest bislang – noch nicht in gleichem Maße wie die Männer in Top-Positionen arbeiten" (ebd.: 85; kursive Hervorhebung im Original; Anm. d. Verf.). Nachdem Frauen jedoch vor allem in den jüngeren Jahrgängen in der Mehrheit seien, könne sich an diesem Bild „noch einiges tun" (ebd.). Der Trend scheine zudem dahin zu gehen, dass Frauen seltener nach der Geburt der Kinder nicht mehr zurückkehrten (vgl. ebd.).

Szyszka et al. halten zum Thema Einkommen fest, dass sich bei Verbänden und Unternehmen „jeweils knapp zwei Drittel aller Befragten in für Leitungspositionen unteren oder mittleren Einkommensgruppen" befänden, während bei den PR-Agenturen „etwa die Hälfte der Befragten mittlere Einkommen" erziele – gleichzeitig in diesem Sektor jedoch auch der höchste Prozentsatz (30 Prozent) an Mitarbeitern mit Top-Einkommen erreicht werde: 8.000 Euro brutto oder mehr pro Monat (Szyszka et al. 2009: 320).

2.3 Tätigkeitsschwerpunkte und Selbstverständnis

Bei der Untersuchung der Tätigkeitsschwerpunkte der PR-Praktiker kann mit Szyszka et al. festgehalten werden, dass in den befragten Unternehmen die klassische Medienarbeit die zentrale Beschäftigung darstellt, gefolgt von interner Kommunikation und Produkt-PR. Bei den Verbänden „dominierte die nur dort abgefragte ‚Verbandsdarstellung nach außen' [...], gemeinsam mit ‚Medienarbeit'" (ebd.: 309). Auch bei den Agenturen sei die Medienarbeit das dominante Beschäftigungsfeld, gefolgt von Beratung, Produkt-PR, PR-Events und sonstigen Aktivitäten. Dadurch, so Szyszka et al., sei das aus der Theorie abgeleitete Bild bestätigt worden, dem zufolge der „*Umgang mit öffentlicher Kommunikation*" im Mittelpunkt der PR-Arbeit steht (ebd.: 313; kursive Hervorhebung im Original; Anm. d. Verf.). Wie bereits mehrfach erwähnt, scheint dabei der Begriff ‚PR' auf dem Rückzug zu sein: „[K]napp 40 Prozent" der befragten Öffentlichkeitsarbeiter in der Studie von Szyszka et al. verwendeten Termini aus dem Bereich des „Kommunikationsmanagements" – beispielsweise „Unternehmenskommunikation", „Konzernkommunikation" oder „Corporate Communication" (ebd.: 305). Nicht einmal ein Drittel der Befragten stand unter dem Etikett der „Öffentlichkeitsarbeit" oder PR (ebd.).

Was das Berufsverständnis der PR-Praktiker betrifft, so konstatieren Bentele et al. (2012), dass sich die „deutliche Mehrheit [...] als *kommunikativer Mittler* (82 Prozent)" sehe. Dahinter stehe „im klassischen Sinne von Grunig und Hunt ein dialogorientiertes symmetrisches Berufsverständnis" (ebd.: 75; kursive Hervorhebung im Original; Anm. d. Verf.).[91] Es folgen die Selbstverständnisdefinitionen als „Sprecher" (57 Prozent), „Berater vom Vorstand, CEO" (55 Prozent) und weitere Ausprägungen (Mehrfachnennungen waren möglich). Mit Blick auf die Vorgängererhebung im Jahr 2009 präsentierte sich den Forschern ein „*zeitlich stabiles Konstrukt*" (ebd.: 77; kursive Hervorhebung im Original; Anm. d. Verf.), die Rangfolge der genannten Selbstverständnisangaben sei unverändert geblieben (vgl. ebd.).

---

[91] Aus Sicht des Autors dieser Arbeit bleibt jedoch unklar, ob all diese ‚kommunikativen Mittler' wirklich von einem symmetrisch-dialogischen PR-Verständnis geprägt sind und ob darin ein Beleg für eine weite Verbreitung des *reziproken* PR-Verständnisses der KW gesehen werden kann.

2.4 Ausbildung, Wissen und Professionalisierungsgrad

Nachdem das Wissen der PR-Praktiker die Forschungsfrage dieser Arbeit besonders berührt, werden in Kapitel II, 3.2 noch eine Reihe von weiteren Studien aus der Berufsfeldforschung genannt, die Ausbildung, Wissen und Professionalisierungsgrad in der Branche untersucht haben. Sie sollen hier noch nicht präsentiert werden, da es Ziel dieses Unterkapitels ist, zunächst ein Schlaglicht auf das Berufsfeld der PR insgesamt zu werfen und einen Überblick über dessen zentrale Merkmale zu verschaffen. Gleichzeitig dürfen selbstverständlich auch die Ergebnisse von Szyszka et al. (2009) und Bentele et al. (2012) in der Liste der relevanten Studien und Fachbeiträge mit Bezug zur Forschungsfrage nicht fehlen (siehe besagtes Kapitel II, 3.2). Diese Doppelung ist somit beabsichtigt und soll auch selektiven (über das Inhaltsverzeichnis suchenden) Lesern dieser Studie die Chance geben, diese für die Untersuchung zentralen Inhalte mit Sicherheit zu finden.

An dieser Stelle bleibt zunächst mit Szyszka et al. (2009) festzuhalten, dass die Ergebnisse ihrer Umfrage im Hinblick auf eine mögliche Professionalisierung der PR „ernüchternd" ausgefallen sind: „Defizite bestehen vor allem auf der Ebene eines wissenschaftlich fundierten, exklusiven und spezialisierten Expertenwissens, das auch innerhalb des Berufsfeldes als professionskonstituierend anerkannt ist und zumindest bei der Rekrutierung von Leitungsfunktionen Einfluss hat" (ebd.: 321). Auch wenn es einen Trend zur Akademisierung der PR gebe, so handele es sich dabei um eine „*allgemeine und nicht fachliche Akademisierung*" (ebd.: 319; kursive Hervorhebung im Original; Anm. d. Verf.). Zwar hätten drei Viertel der Befragten einen Hochschulabschluss vorzuweisen, doch gebe es kein Fach, das eine Vorrangstellung für sich beanspruchen könne: „Mit Volks- und Betriebswirtschaft – bei Unternehmen jeder Vierte und bei Verbänden jeder Fünfte – und Geistes- oder Sozialwissenschaften – bei Unternehmen und Agenturen jeder Fünfte – waren zwei Grundausrichtungen am häufigsten vertreten" (ebd.).

Bentele et al. (2012) zufolge können 84 Prozent der Befragten ein Studium vorweisen, wobei vor allem bei den jüngeren PR-Praktikern „nichtakademische Karrieren die absolute Ausnahme" seien (ebd.: 35). Aus ihrer Sicht stellt ein Studium mittlerweile eine „*mehr oder weniger obligatorische Voraussetzung*" für das Amt des PR-Praktikers dar (ebd.: 36; kursive

Hervorhebung im Original; Anm. d. Verf.). Unter den gewählten Studienrichtungen führten dabei die Geistes- und Sozialwissenschaften mit 43 Prozent, gefolgt von einem „Studium der Kommunikations- oder Medienwissenschaft, Publizistik, Journalistik" mit 23 Prozent und einem wirtschaftswissenschaftlichen Studium mit 16 Prozent (ebd.: 36; siehe *Abbildung 2*). 2005 habe der Anteil der KW-/Medien-/Publizistik-/Journalistikabsolventen noch bei 14 Prozent, 2007 bei 19 und 2009 bei 21 Prozent gelegen. Das Fazit von Bentele et al.: „*Seit 2005 sind verstärkt Kommunikations-, Geistes- und Sozialwissenschaftler im Berufsfeld tätig und haben einen Teil der BWLer, Techniker und Juristen verdrängt*" (ebd.: 37; kursive Hervorhebung im Original; Anm. d. Verf.). Gerade in den Unternehmen seien sowohl Wirtschafts- als auch Kommunikationswissenschaftler vertreten (vgl. ebd.).[92]

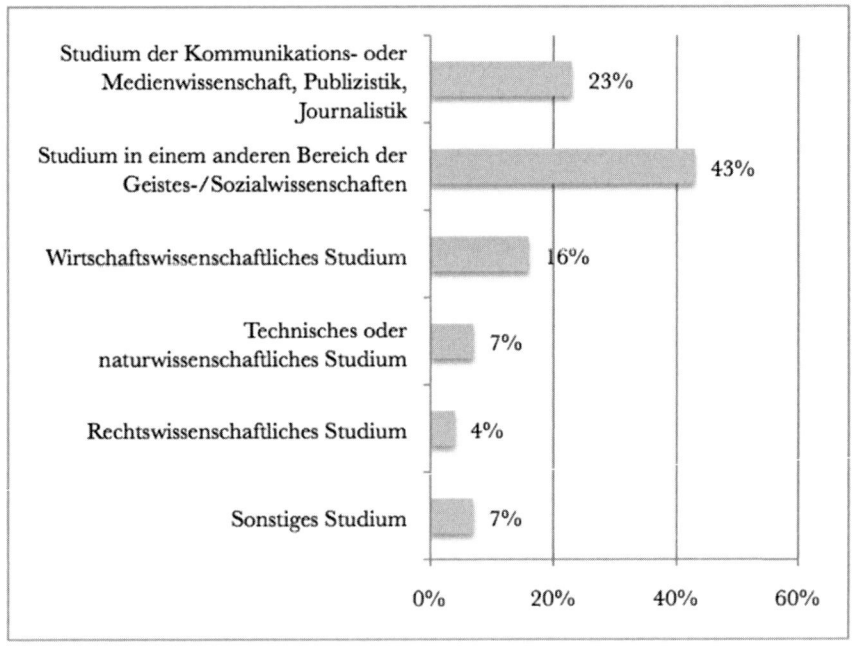

Abbildung 2: *Studienfächer der von Bentele et al. (2012) befragten PR-Praktiker (n=2.203). Quelle: ebd.: 36.*

---

[92] Bentele et al. (2012) haben die PRler in ihrer Studie auch danach befragt, welche akademischen Ausbildungsmöglichkeiten ihnen für PR bekannt sind (vgl. ebd.: 219ff.). Auf diese Ergebnisse wird in Kapitel II, 3.2 eingegangen.

2.5 Zusammenfassung

Zusammenfassend lässt sich festhalten, dass es in der PR-Branche eine Reihe an Organisationstypen, verschiedene individuelle Rollenausprägungen, generelle Trends in Richtung Feminisierung und Akademisierung sowie nach wie vor große Gehaltsunterschiede zwischen Männern und Frauen gibt. Mit Blick auf die Forschungsfrage dieser Studie sind vor allem zwei Aspekte von besonderer Relevanz: Einerseits definiert sich die Mehrheit der PR-Praktiker als Vermittler zwischen Organisation und Gesellschaft. Das PR-Paradigma von Grunig et al. oder auch das von Roland Burkart scheinen demnach nicht fernab des Berufsalltags zu sein. Andererseits gibt es zumindest der Studie von Bentele et al. (2012) zufolge einen gewissen Trend zur KW als einem klassischen Studienfach für den PR-Beruf.

3. Relevante Fachbeiträge und Studien mit Bezug zur Forschungsfrage

In der Einleitung zu ihrem *Handbuch der Public Relations* schreiben Günter Bentele, Romy Fröhlich und Peter Szyszka: „Die Qualität des Verständnisses von Public Relations/Öffentlichkeitsarbeit und damit auch für praktischen Handlungsbedarf wie für Handlungspotenziale in der Praxis wird wesentlich durch die Qualität des Wissens zu den theoretischen Grundlagen mitbestimmt" (Bentele et al. 2008a: 13). Doch wie ist es um das Wissen zu eben jenen ‚theoretischen Grundlagen' in der PR-Praxis bestellt? In diesem Kapitel werden wichtige Studien mit Bezug zur Forschungsfrage sowie ausgewählte Beiträge aus der Fachdebatte der vergangenen Jahre zum Verhältnis von Wissenschaft und PR-Praxis in größtenteils chronologischer Reihenfolge vorgestellt.

Dabei kann vorweggenommen werden, dass sich die Diagnose eines „Theorie-Praxis-Defizits" (Kunczik et al. 1995: 141) wie ein roter Faden durch Studien und Anmerkungen zur Wissenschaftsaffinität des Berufsstandes PR zieht.⁹³ In diesem Zusammenhang wird häufig die Aussage des ehemaligen *DPRG*-Präsidenten Jürgen Pitzer zitiert, dass Praktika wichtiger als „ein Kommunikationsstudium seien", denn „PR sei letztlich ein Kunsthandwerk und nicht wissenschaftlich zu erlernen" (Interview mit *Spiegel Online* vom 27. Januar 2003).⁹⁴ Diese Sichtweise sorgte für große Diskussionen in der PR-Fachgemeinschaft. Klaus Merten etwa sagte am *Careers Day* der Universität Münster im Jahr 2006: „Oi weh! Während die DPRG gerade ihr Herz für die PR-Ausbildung entdeckt hatte wird [der] Präsident der DPRG sozusagen rückfällig und denunziert PR als einen Begabungsberuf" (Merten 2006b: 2).⁹⁵ Aus seiner Sicht zeigt jedoch die fortschreitende Etablierung von PR-Lehrstühlen an deutschen Universitäten, dass die Entwicklung in eine andere Richtung geht (vgl. ebd.).⁹⁶ Bentele et al. werfen Pitzer ebenfalls vor, „einer empirisch als überholt geltenden Begabungsideologie" zu frönen, „die im Widerspruch zum nachweisbaren Professionalisierungsbedarf und -prozess" der PR stehe (Bentele et al. 2008a: 14).

Einen sinnvollen Ausgangspunkt für die Auflistung bisheriger Anmerkungen und Studien zur Forschungsfrage dieser Arbeit bietet das *Fischer Lexikon Publizistik Massenkommunikation*. In diesem hält Winfried Schulz fest, dass „Theorien und Methoden verschiedener relevanter Wissenschaften in die PR-Forschung und -Praxis" einfließen würden (Schulz 2009: 573) – ein weiterer Hinweis auf den interdisziplinären Charakter dieses Forschungsfelds. Weil PR jedoch „nichts anderes [...] als eine Variante – überwiegend öffentlicher – Kommunikation" sei, „ist das theoretische Instrumentarium der Kommunikationswissenschaft auf PR direkt an-

---

⁹³ Damit bezeichnen Kunczik et al. (1995) die Beobachtung, dass in ihrer Studie zwar die Mehrheit der Befragten methodisch betriebene Krisen-PR positiv bewertet, in ihrer täglichen Arbeit jedoch ein solches Vorgehen meist nicht umsetzt. Oftmals ist es jedoch auch so, dass PR-Praktikern weder theoretische noch methodische Grundlagen *bekannt* sind.
⁹⁴ URL: http://www.spiegel.de/unispiegel/jobundberuf/pr-branche-krise-welche-krise-a-232328.html
⁹⁵ Zudem hatte Pitzer auf eben jenem *Careers Day* zwei Jahre zuvor gesagt, dass „eine krumme Biographie einen wichtigen Schlüssel zu einer erfolgreichen PR-Karriere darstelle". Ein Studium der KW sei hingegen „überflüssig" (Scheidt/Wienand 2005: 269).
⁹⁶ Klaus Kocks plädiert für die Zusammenstellung eines „Kanon[s]", welcher gewissermaßen als „Eintrittskarte" für die PR dienen könnte: „Die der akademischen Lehre ernsthaft verpflichteten Publizisten sollten [...] ein Kompendium planen, in dem im Sinne der kommunikativen Kompetenz für PR jene Studientexte versammelt werden, die man idealtypisch als Bildungsstrecke verstehen möchte, die rezipiert und diskutiert sein sollte" (Kocks 2009: 220).

wendbar oder adaptierbar" (ebd.). Zwar ließe sich dieses in der Praxis „nicht rezeptbuchartig [...] anwenden" und könne „immer nur Ausgangspunkt [...] für Schlussfolgerungen unter Berücksichtigung der jeweiligen Rahmenbedingungen" sein – doch es gelte Lewins Satz von der guten Theorie, die am Ende doch auch praktisch sei (ebd.: 574). Die KW wird also von Schulz als in der PR potenziell praxisrelevant erachtet.

Diese Auffassung vertritt auch Michael Kunczik. Seiner Meinung nach besteht eine „Tendenz", die „Ergebnisse der Wirkungsforschung [...] eher zum Vorteil der Mächtigen (z.B. Erarbeiten von Werbestrategien oder PR-Kampagnen) zu nutzen, als sie zu Aktionen gegen die Mächtigen (z.B. zum Konsumentenschutz, zur Aufklärung über Manipulationen) heranzuziehen" (Kunczik 2010: 96). Über diese konkrete These lässt sich sicherlich streiten – unabhängig davon wird jedoch auch hier Praxispotenzial von KW-Elementen für die PR gesehen. Und auch Hans Heinz Fabris arbeitete stets an einer „handlungsorientierten Theorie der Kommunikationswissenschaft" (Renger 2002: 5), er wurde 1987 auf einen Lehrstuhl für „angewandte Kommunikationswissenschaft" berufen (ebd.: 6). Für ihn „sollten bewährte theoretische Annahmen, die die Grundlagen bzw. Ursachen von beobachtbaren Zusammenhängen erklären, nicht als Produkt aus einem wie auch immer gestalteten universitären Elfenbeinturm definiert, sondern die Arbeit an der Theorie als eigenständige ‚Praxis' stets (auch) für gewisse Zwecke nutzbar gemacht werden" (ebd.: 8). In *Angewandte Kommunikationswissenschaft. Zwischen Transfer, Intervention und Transformation* kommt Fabris dabei zu dem Schluss, dass es weniger zu einem „Transfer" von wissenschaftlichem Wissen in die Praxis komme, sondern dass dieses als verändertes (sprich: transformiertes) Konstrukt dorthin gelange (Fabris 2002a: 23). Diese Aussagen von Schulz, Kunczik und Fabris sind nur drei von vielen Beispielen dafür, dass die KW oft grundsätzlich als ‚anwendbar' betrachtet wird – was genau das auch immer im Einzelnen bedeutet. In den vergangenen Jahrzehnten sind zahlreiche Untersuchungen zu diesem Thema entstanden, die sich keinesfalls nur auf den Bereich PR beschränken.[97]

---

[97] Exemplarisch sei an dieser Stelle der Aufsatz mit dem Titel *Verwendung sozialwissenschaftlicher Ergebnisse in institutionellen Kontexten* von Volker Ronge aus dem Jahr 1989 genannt, der sich unter anderem mit der Relevanz der KW für „die *Medienforschungsreferate* der Rundfunkanstalten" beschäftigte (Ronge 1989: 336). Studien dieser Art gibt es für eine Vielzahl von Institutionen. Im Rahmen dieser Arbeit soll jedoch nur auf solche eingegangen werden, die sich mit der Relevanz der KW für die PR beschäftigen.

Eine der wohl aktuellsten und umfassendsten Auseinandersetzungen mit der Praxisrelevanz der KW im Allgemeinen stammt aus dem Jahr 2011, als die bereits erwähnte Jahrestagung der *DGPuK* in Dortmund mit dem Titel *Theoretisch praktisch!? Anwendungsoptionen und gesellschaftliche Relevanz der Kommunikations- und Medienforschung* stattfand (siehe auch Kapitel I). Im dazu erschienenen Sammelband halten Fengler/Eberwein (2012) einleitend fest, dass „über das Verhältnis von Kommunikations- und Medienforschung und gesellschaftlicher Praxis – insbesondere der Medienpraxis – [...] in unserem Fach in den vergangenen Jahren immer wieder diskutiert und oft gestritten worden" sei (ebd.: 12). Auch verweisen sie auf die Aufforderung des Wissenschaftsrats, der einen intensiveren Dialog mit den „Stakeholdern" der KW angemahnt und empfohlen habe, „das Fach solle künftig stärker als bisher die notwendigen ‚Voraussetzungen für eine profunde kommunikations- und medienwissenschaftliche Beratung von Politik, Wirtschaft und Öffentlichkeit' schaffen" (ebd.; vgl. auch: Wissenschaftsrat 2007).

In seinem Beitrag für die Tagung bezeichnet Peter Weingart die KW als „Schlüsseldisziplin innerhalb der Sozialwissenschaften", da sich das Fach mit dem Mediensystem einen Untersuchungsgegenstand ausgesucht habe, der enormen Einfluss auf andere gesellschaftliche Teilbereiche ausübe (vgl. Weingart 2012). Vor dem Hintergrund der fortschreitenden Medialisierung der Gesellschaft ist es aus Weingarts Sicht „nicht unangemessen, das Fach als eine besondere (derzeit vielleicht die wichtigste?) *Anwendungs*perspektive der Soziologie und der Politikwissenschaft zu verstehen" (ebd.: 28; kursive Hervorhebung durch den Verf.). Gleichzeitig, so Weingart, könne keine Geistes- oder Sozialwissenschaft – auch nicht die KW – ein „unmittelbares instrumentelles Rezept- bzw. Problemlösungswissen anbieten" (ebd.: 33). Stattdessen argumentiert er für eine Zusammenführung der Fähigkeiten der KW „mit denen der Soziologie und der Politikwissenschaft" zur Etablierung einer „integrative[n] Forschungsstrategie" (ebd.). Klaus-Dieter Altmeppen (Professor an der Universität Eichstätt-Ingolstadt) attestiert der *DGPuK* als Repräsentantin der KW „bislang [noch keine] strukturell [...] hinreichende Öffentlichkeitsarbeit" (Altmeppen 2012: 37). Er stützt damit den Vorwurf von Miriam Meckel, die dem Fach „ein verklemmtes Verhältnis zur Öffentlichkeit" vorgeworfen hatte (in: ebd.; vgl. auch epd 2011 und Kapitel I dieser Arbeit).

Tabelle 2 gibt einen Überblick zu den im Nachfolgenden vorgestellten Studien. Dabei handelt es sich um eine Auswahl der relevantesten Vorgängeruntersuchungen. Diese lassen sich drei zentralen Perspektiven zuordnen: 1) Allgemeine Studien zur Relevanz der KW bzw. der PR-Forschung für die PR (Kapitel II, 3.1), 2) Erkenntnisse aus der PR-Berufsfeld- und Professionalisierungsforschung (Kapitel II, 3.2) sowie 3) Erkenntnisse aus der Perspektive des Wissensmanagements (Kapitel II, 3.3).[98, 99]

---

[98] Die 2010 erschienene zweite Ausgabe der PR-Berufsfeldstudie von Ulrike Röttger wird an dieser Stelle nicht aufgeführt, da sich die Daten der Studie nach wie vor auf das Jahr 1996 beziehen (vgl. Röttger 2010). Ebenfalls nicht berücksichtigt wurde die Studie von Röttger et al. aus dem Jahr 2003, welche sich mit der Schweiz beschäftigt. Auf die Online-Befragung von *güttler + klewes communications management* aus dem Jahr 2004 wird zwar unten im Text eingegangen – als nichtwissenschaftliche Studie stellt sie jedoch keinen Vorgänger der vorliegenden Arbeit dar. Darüber hinaus existieren noch weitere Untersuchungen, die aus Platzgründen nicht aufgeführt werden (vgl. exemplarisch die Bachelor-Arbeit von Mair 2012).

[99] Für das Kommunikations-Controlling halten Zerfaß/Pfannenberg (2009) fest, dass trotz der intensivierten Bemühungen von Wissenschaft, Berufsverbänden und Praktikern die Mehrheit der Unternehmen „bisher kaum Schritt" halte (ebd.: 13). Den damaligen Ergebnissen des *European Communication Monitor (ECM)* zufolge hielten zwar „47,3 Prozent aller Kommunikationsverantwortlichen in Europa [...] die Verbindung zwischen Unternehmensstrategie und Kommunikation" für eine „zentrale Herausforderung" (ebd.: 13). Jedoch sei die Umsetzung nicht zufriedenstellend – in der PR-Evaluation dominiere „bislang noch die Ermittlung des Outputs wie zum Beispiel die Dokumentation der Medienresonanz" (ebd.). Erst bei etwa einem Drittel aller Unternehmen würden „[a]nspruchsvollere Verfahren wie die Reputationsmessung oder gar die Verbindung von Unternehmens- und Kommunikationszielen mit der Scorecard" stattfinden (ebd.; vgl. auch Röttger et al. 2011). 2011 hält Zerfaß zwar gemeinsam mit seinen Co-Autoren im *International Journal of Strategic Communication* und mit Blick auf die *ECM*-Ergebnisse im Jahr 2010 fest, „that there is a considerable strategic orientation of communication professionals in Europe" (Verhoeven et al. 2011: 95). Gleichzeitig bestünden aber weiterhin ungenutzte Evaluierungspotenziale: „With more concern for evaluation and research the profession of communication management would gain more legitimacy for the profession itself [...] and avoid marginalization" (ebd.: 114). Siehe auch: Holtzhausen/Zerfaß (2011): *The status of Strategic Communication Practice in 48 Countries* oder Zerfaß (2009): *Institutionalizing Strategic Communication: Theoretical Analysis and Empirical Evidence*.

Autor(en)	Jahr	Thema bzw. für die vorliegende Arbeit relevante Elemente der jeweiligen Studie	Methode
Allgemeine Studien			
Terry	1989	Praxisrelevanz theoretischer Konzepte für PR-Praktiker (USA)	Befragung
Pracht	1990	Praxisrelevanz unterschiedlicher Wissenschaften für die PR	Befragung
Baerns	1995	Verständnis und Umsetzung von PR, Management und Planung, Erfolgskontrolle, Werte, PR-Prozesse	Leitfadeninterviews
Kunczik et al.	1995	Ausbildung der befragten PR-Praktiker, Zustimmung zu bestimmten theoretischen PR-Konzepten (‚symmetrische PR'), Frage nach der Erlernbarkeit von (Krisen-)PR	Befragung
Baerns	2005	Wissenschaftliche Fundierung von PR-Konzepten	Auswertung von PR-Konzepten
Raupp	2006	Fachliche Herkunft von Dissertationen zu PR und die in ihnen verwendeten Theorien	Auswertung von PR-Dissertationen
Hazleton	2006	Zusammenhang zwischen PR-Kompetenz und wissenschaftlichem Wissen (USA)	Befragung
Hon	2007	Praxisrelevanz der PR-Theorie nach Grunig et al. (USA)	Befragung
Cheng/ de Gregorio	2008	Ansichten von PR-Forschern zum Verhältnis von Wissenschaft und Praxis (USA)	Befragung
Sha	2011	Kompetenzen und Tätigkeitsfelder von PR-Praktikern (USA)	Befragung
Auer/ Schleicher	2012	Anwendungsorientierte Relevanz von KW-Forschung für die Medienbeziehungen des Militärs	Dokumentenanalyse und Leitfadeninterviews[100]

---

[100] „[A]nhand des von Martin Löffelholz geleiteten DFG-Projekts ‚Militärische Media Relations' (2009-2012)" (Auer/Schleicher 2012: 236)

PR-Berufsfeld- und Professionalisierungsforschung[101]			
Wienand	2003	Relevanzzuschreibung für unterschiedliche Wissensgebiete durch PR-Praktiker sowie deren Ausbildung	Synopse mehrerer Untersuchungen; Befragung
Fröhlich/ Peters/ Simmelbauer	2005	Ausbildung der befragten PR-Praktiker	Befragung
Merten	2007	Relevante Bestandteile der Allgemeinbildung aus der Sicht von PR-Praktikern	Befragung
Szyszka et al.	2009	Ausbildung der befragten PR-Praktiker, möglicherweise vorhandenes professionskonstituierendes Wissen	Befragung
Schulte	2011	Relevanzzuschreibung für unterschiedliche Wissensgebiete durch PR-Praktiker	Synopse mehrerer Untersuchungen; Befragung
Bentele et al.	2012	Ausbildung der befragten PR-Praktiker, Bekanntheit *von* und Relevanzzuschreibungen *für* einzelne(n) KW/PR-Institute(n)	Befragung
Wissensmanagement			
Hoffjann/ Röttger	2009	Wissensmanagement in PR-Agenturen	Leitfadeninterviews

Tabelle 2: *Auswahl von Studien mit Bezug zur Forschungsfrage. Hinweis: Die Tabelle enthält ausschließlich empirische Studien. Abhandlungen zur Relevanz wissenschaftlicher Erkenntnisse für die PR-Praxis ohne Datenerhebung wurden nicht in die Tabelle aufgenommen, finden sich jedoch in Kapitel II, 3.1 bis 3.3 als Ergänzungen im Text. Quelle: eigene Darstellung.*

---

[101] Auch vor Wienands Studie aus dem Jahr 2003 gab es Berufsfelduntersuchungen; diese wurden jedoch, da sie teilweise in Wienands Synopse einflossen und (Stand 2013) auf über zehn Jahre alten Daten basieren, nicht aufgenommen. Dazu zählt etwa die Untersuchung von Merten aus dem Jahr 1996, welche auch von Schulte (2011) wieder aufgegriffen wurde (siehe *Tabellen 3* und *4*). Die Analysen von PR-Stellenanzeigen durch Huber aus dem Jahr 2006 und Laska aus dem Jahr 2009 wurden nicht aufgenommen (vgl. Schulte 2011: 186ff. und 191ff.).

3.1 Allgemeine Anmerkungen und Studien

Keith E. Terry, Masterstudent an der Universität Pittsburgh, testete 1989 die Bekanntheit und die Praxisrelevanz von 20 klassischen PR- und KW-Theorien (wobei hier mit ‚KW' natürlich nicht die deutschsprachige Medienforschung gemeint ist) mithilfe eines standardisierten Fragebogens und anschließender quantitativer Auswertung (vgl. Terry 1989). Dabei befragte er sowohl Praktiker als auch Wissenschaftler in amerikanischen PR-Verbänden. Das Fazit der Studie: „The highest rated theories/models in terms of practical utility were systems theory [...], agenda setting [...], hierarchy of needs [...], multi-step/two-step flow [...], and dissonance [...]" (ebd.: 290). Diese Ergebnisse sind zwar auf der einen Seite sehr ‚greifbar' und die direkte Abfrage von Kenntnis von bzw. Relevanzzuschreibung für einzelne(n) Theorien erscheint naheliegend. Auf der anderen Seite stellt sich aber die Frage, ob die befragten Personen wirklich wussten, was sich hinter den einzelnen Theorien auf dem Fragebogen verbarg. Auch bleibt unklar, was es genau heißen soll, wenn die PR-Praktiker bestimmte theoretische Konzepte als praxisrelevant (‚practical utility') erachteten.

Eine nicht ganz unähnliche Untersuchung im deutschen Sprachraum stammt von Petra Pracht. Sie analysierte kurze Zeit nach Terry im Rahmen ihrer Magisterarbeit an der Universität Bochum mithilfe einer schriftlichen Befragung unter 216 leitenden *DPRG*-Mitgliedern die „Systematik und Fundierung praktischer Öffentlichkeitsarbeit" (Pracht 1991: 39).[102] Neben der Struktur des Berufsfeldes wurde dabei auch die „Rolle von wissenschaftlichen Erkenntnissen" in der PR untersucht (ebd.: 42). Prachts Ergebnisse deuten dabei auf eine – zumindest zum damaligen Zeitpunkt – geringe Relevanz der KW für die PR hin: „Wissenschaftliche Erkenntnisse spielen laut der mehrheitlichen Meinung der Befragten in der PR-Praxis eine untergeordnete Rolle: Mehr als drei Fünftel [...] der PR-Fachleute äußerten diese Ansicht" (ebd.).[103] Zwar zeigte die Verortung verschiedener Wissenschaften auf einer fünfstufigen Skala, dass „den Kenntnissen der Publizistik- und Kommunikationswissenschaft die größte

---

[102] Agenturen blieben in dieser Erhebung zwischen Oktober und November 1989 unberücksichtigt, die Rücklaufquote lag bei 69 Prozent (vgl. Baerns 1995).
[103] Die genaue Zahl lag bei 63 Prozent (vgl. Baerns 1995).

Bedeutung beigemessen" wurde (ebd. 42).[104] Doch, so Pracht, „ein ausgefeiltes sozialwissenschaftliches Instrumentarium" komme in der PR nicht in dem Maße zum Einsatz, „wie es zumindest teilweise [...] in der Praktikerliteratur postuliert wird" (ebd.: 45). Barbara Baerns konstatiert mit Blick auf Prachts Untersuchung, dass nur wenige PR-Praktiker „in wissenschaftlichen Erkenntnissen [...] eine Grundlage" sehen und dass sie diese als „in der Praxis nicht bestimmend" erachten würden, auch wenn „PR-Leiter mit längerer PR-Praxis" der Wissenschaft etwas mehr Relevanz einräumten (Baerns 1995: 13). Zwar würde sich „die Mehrzahl der Befragten von Erkenntnissen der [KW] etwas erwarte[n] und sich dafür interessier[en]" – jedoch sei unklar, „wozu und warum" (Baerns 1997: 51).

Baerns selbst führte Interviews mit PR-Praktikern (vgl. Baerns 1995). In Anbetracht der Ergebnisse von Prachts quantitativer Untersuchung und der „erheblichen Diskrepanzen zwischen Ansprüchen des Selbstverständnisses und alltäglichem Handeln" sollte dieses mal ein qualitatives Vorgehen offen gebliebene Fragen beantworten (Baerns 1997: 51). Dazu wurden „in verschiedenen Bundesländern rund siebzig Leitfadengespräche geführt, die Verständnis und Umsetzung der Öffentlichkeitsarbeit, Verständnis und Umsetzung von Management und Planung, von qualitativen und quantitativen (Erfolgs-)Kontrollen, von Werten, ferner Vorteile der Transparenz von PR-Prozessen thematisierten und ein tiefergehendes Verständnis des Alltagshandelns anstrebten" (Baerns 1995: 17). Dabei stellt Baerns fest, dass PRler den „Erfolg" von Öffentlichkeitsarbeit sehr unterschiedlich definieren würden, dass sie diesen Erfolg als schwer messbar erachten und dass sie „[m]it dem Gedanken der Offenlegung von Verfahren [...] offensichtlich wenig anfangen können", schließlich laufe es „auch *so!*" (ebd.: 17ff.; kursive Hervorhebung im Original; Anm. d. Verf.).[105] Diese Ergebnisse beinhalten zwar keine direkten Einschätzungen zur Relevanz der KW für die PR-Praxis, erlauben aber dennoch Rückschlüsse. Schließlich, so Baerns, liege das Erkenntnisinteresse der KW in der „*Entfaltung und Kontrolle*" von Kommunikationsprozessen sowie

---

[104] Jedoch, so Baerns, gab es bei dieser Frage „überdurchschnittlich viele Ausfälle durch Verweigerung" seitens der Befragten (Baerns 1995: 13).
[105] Ähnlich fiel das Ergebnis einer Befragung von Walter K. Lindemann im Jahr 1988 in den USA unter 253 PR-Praktikern und PR-Wissenschaftlern aus, der zufolge „42 Prozent der Befragten der Ansicht waren, es sei nahezu unmöglich, PR-Ergebnisse zu messen, Wirkung und Effektivität präzise zu bestimmen" (Fuhrberg 1995: 51).

in der Identifikation von „*Regelmäßigkeiten oder Besonderheiten* dieser Prozesse" (ebd.: 20; kursive Hervorhebungen im Original; Anm. d. Verf.). Die (damalige) Abneigung der Praktiker gegenüber systematischer Erfolgskontrolle könnte somit eine Erklärung für das von Pracht diagnostizierte geringe Interesse an wissenschaftlichen Erkenntnissen gewesen sein. Mehrere Beiträge in der von Baerns (1995) herausgegebenen *PR-Erfolgskontrolle* beschäftigen sich mit der Frage, wie es zu einer besseren Verzahnung von Wissenschaft und Praxis kommen könnte (vgl. exemplarisch Ahrens/ Behrent 1995; Burkart 1995; Fuhrberg 1995).

In ihrer bereits erwähnten Studie zu Krisen-PR mit 196 befragten Unternehmen wandten sich Kunczik et al. (1995) unter anderem auch der Frage zu, inwieweit PR-Praktiker ihren Beruf als eine ‚Begabungstätigkeit' begreifen: „Der Aussage, das richtige Vorgehen als Öffentlichkeitsarbeiter könne man nicht aus wissenschaftlichen Lehrbüchern erlernen, entweder man könne es oder nicht, stimmten knapp zwei Drittel der Befragten zu" (ebd.: 134). Krisen-PR hielten jedoch rund 72 Prozent der Befragten für eine „wissenschaftlich erlernbare Methode" (ebd.: 135). Dabei fragten die Forscher auch nach der Relevanz des Konzepts der symmetrischen PR nach Grunig und Hunt. Der Studie zufolge signalisierten „knapp 80% der Befragten ihre Zustimmung zu diesem Konzept der Öffentlichkeitsarbeit" (ebd.: 139). Gleichzeitig habe sich jedoch auch gezeigt, dass viele der Befragten das Konzept gar nicht wirklich kannten (vgl. ebd.). In Bezug auf die Ausbildung der befragten PR-Praktiker hielten Kunczik et al. fest, dass es einen „deutliche[n] Überhang an PR-Schaffenden ohne sozial- oder kommunikationswissenschaftliche Vorbildung" bei gleichzeitiger „Überrepräsentierung [...] einer wirtschaftswissenschaftlichen [...] bzw. kaufmännischen Ausbildung" gebe (ebd.: 117).

Fünf Jahre später beklagte Horst Avenarius, dass die PR-Praktiker in den USA und Europa „nur wenig Interesse für die wissenschaftliche Seite ihrer Tätigkeit" zeigen würden (Avenarius 2000: 37). Wenn Theorien doch einmal Einzug in die Praxis hielten, dann, so Ulrike Röttger weitere vier Jahre darauf, kämen diese „fast ausnahmslos aus der Betriebswirtschaftslehre" (Röttger 2004: 16). Aus ihrer Sicht könnten „die Diskrepanzen zwischen Theorie und Praxis [...] größer nicht sein" (ebd.: 16). Auch existiere kein unmittelbarer Zusammenhang zwischen dem Entwicklungsstand der PR-Theorie und der Professionalität des Berufsstandes PR. Dies liege auch daran, dass „[w]issenschaftliche PR-Theorien [...] keine unmittelbaren Lösungen für Praxisprobleme liefern" könnten (ebd.: 18; vgl.

auch Röttger 2009). Sowohl Avenarius als auch Röttger nahmen kurz vor der Jahrtausendwende an den *Offenburger Gesprächen* teil, die sich mit der Interaktion zwischen Theorie und Praxis in der PR beschäftigten. Unter den Teilnehmern waren auch Peter Szyszka, Manfred Rühl, Romy Fröhlich, Otfried Jarren und Ansgar Zerfaß (vgl. Dernbach 1998). Die Tagung endete jedoch nicht „mit einem Konsens hinsichtlich eines gemeinsamen tragfähigen theoretischen Ansatzes" (ebd.: 198).[106]

2005 erschien eine weitere Studie von Barbara Baerns, diesmal handelte es sich um „ausgewählte Ergebnisse einer Langzeituntersuchung zur Konzeption und Evaluation in der Öffentlichkeitsarbeit" (Baerns 2005: 51). Dabei wurde auch der Frage nachgegangen, wie realitätsnah ein theoretischer Ansatz sei, „der Öffentlichkeitsarbeit als angewandte Publizistik- und Kommunikationswissenschaft betrachtet" (ebd.).[107] Dazu wertete Baerns 493 PR-Kampagnen und Maßnahmen aus, die zwischen 1970 und 2001 für die *Goldene Brücke* eingereicht worden waren.[108] Ein Ergebnis der Untersuchung war, dass „[w]eit weniger als die Hälfte aller Strategien, 198 Fälle (40 Prozent), [...] akzeptablen Ansätzen [folgen] [...]. Als sinnvolle Wirkungsmodelle wurden beispielsweise der Agenda-Setting-Ansatz (112 Fälle), der Nutzen- und Belohnungsansatz [...] (20 Fälle), Modelle gegenseitiger Verständigung (14 Fälle), das Meinungsführermodell (12 Fälle) und Modelle zur Herstellung von Kommunikationsbeziehungen und zum Beziehungsmanagement (40 Fälle) vorgefunden"

---

[106] Außerhalb der wissenschaftlichen Gemeinschaft erschienen im Jahr 2004 die Ergebnisse einer Online-Befragung von *güttler + klewes communications management*, die im Kontext „einer gemeinsamen Initiative der *Bertelsmann Stiftung*, der *Heinz Nixdorf Stiftung*, des *DaimlerChrysler-Fonds* und der Technischen Universität München" (kursive Hervorhebungen durch den Verf.) die Antworten von 500 PR-Praktikern zum Thema Ausbildung und Öffentlichkeitsarbeit ausgewertet haben. Dabei wurde festgehalten, dass „handwerklich[e] Skills" für die befragten PRler am relevantesten seien, „deutlich vor betriebswirtschaftlichen und kommunikationswissenschaftlichen Kenntnissen" (Hinsch 2004: 42). Im Vergleich zur Betriebswirtschaft ziehe die KW den Kürzeren: 28 Prozent der Befragten betrachteten Kenntnisse im Bereich BWL als „sehr wichtig" (KW: 24 Prozent) und 53 Prozent als „eher wichtig" (KW: 48 Prozent) (ebd.). Als die wichtigsten drei Bestandteile der KW werden „Theorien der PR/Unternehmenskommunikation", „Kenntnisse des Mediensystems" und die „Medienwirkungsforschung" genannt (ebd.: 43).
[107] In ihrem Beitrag mit dem Titel *Öffentlichkeitsarbeit als anwendungsorientierte Publizistik- und Kommunikationswissenschaft* beschäftigte sich Baerns (1997) ebenfalls mit dem möglichen Nutzen einer wissenschaftlich fundierten PR.
[108] Die *Goldene Brücke* firmiert heute unter dem Namen *Der Internationale Deutsche PR-Preis* und ist eine Auszeichnung der *DPRG* und des *F.A.Z.-Instituts*.

(ebd.: 55). Im Hinblick auf das Modell von Grunig/Hunt stellt Baerns fest, dass es sich bei den von ihr untersuchten Konzepten „de facto überwiegend um Einwegkommunikation" gehandelt habe und „20 Prozent der Kampagnen und Maßnahmen [...] einen asymmetrischen Kommunikationsprozess" verfolgt hätten (Baerns 2005: 53).

Katja Scheidt und Edith Wienand hielten etwa zur selben Zeit wie Baerns fest, dass die PR-Forschung „bisher und in Zukunft wahrscheinlich nur bedingt" praxisrelevante Erkenntnisse liefern könne (Scheidt/Wienand 2005: 265). Dafür nennen sie drei Gründe: Zum einen sei Wissenschaft nicht per se zur Belieferung der Praxis ausgelegt. Zum anderen sei die Sprache der Wissenschaft oft nicht mit der Arbeitswelt in der PR kompatibel. Und schließlich seien die spezifischen Anforderungen der Praxis so stark fallabhängig, dass allgemeine wissenschaftliche Erkenntnisse kaum passgenau sein könnten (vgl. ebd.). Theorien ließen sich nur dann wirklich in die Praxis transferieren, „wenn sie sich auf den Einzelfall herunterbrechen" ließen und „den Anspruch herunterschraub[en]" würden, „allgemeine Theoriefunktionen zu erfüllen und [sie somit; Anm. d. Verf.] zu einer ‚PR-Alltagstheorie' werden" könnten (ebd.: 267). Dabei werfen die Autorinnen auch die Frage auf, wie PR-Praktiker überhaupt in Kontakt mit der Wissenschaft kommen könnten. Neue Bücher und wissenschaftliche Zeitschriften würden kaum gelesen werden (vgl. ebd.).

Juliana Raupp, Professorin an der Freien Universität Berlin, argumentiert, dass sich die PR-Wissenschaft mehr und mehr von einzelnen universitären Disziplinen abkopple und sich somit nicht auf die KW als Grundlage beschränken lasse (vgl. Raupp 2006). Dennoch kommt sie in einer Untersuchung von 65 Dissertationen, die zwischen 1995 und 2000 an deutschen Hochschulen zum Thema PR eingereicht wurden, zu dem Schluss, dass die KW „eindeutig das wichtigste Fach darstellt" (ebd.: 30). Dabei wirft sie auch einen Blick auf die verwendeten PR-Theorien in diesen Dissertationen und stellt fest, dass „Systemtheorie und Konstruktivismus in ihren verschiedenen Spielarten" von den deutschsprachigen Theorien am meisten verwendet würden, bei den englischsprachigen seien es Grunig und Hunt (ebd.: 31). Insgesamt sei die deutsche PR-Forschung weniger anwendungsorientiert und kritischer als die US-Forschung. Zudem gebe es beim Thema Theorie-Praxis-Transfer zwei Missverständnisse: „Erstens, es bestehe in der Berufspraxis ein Interesse an Theorien, und zweitens, es sei Aufgabe der Wissenschaftler, ihre theoretischen Erkenntnisse geradewegs in die Praxis zu transportieren" (ebd.:

39). Stattdessen, so Raupp, müsse die PR-Forschung daran interessiert sein, „ein ernst zu nehmendes Forschungsfeld, und die PR-Praxis daran, ein Berufsfeld zu etablieren" (ebd.: 40).

Ebenfalls im Jahr 2006 beschäftigte sich Ulrich Saxer in seinem Beitrag für das Sonderheft *50 Jahre Publizistik* mit „Angewandte[r] Kommunikationswissenschaft als Dienstleistung" (Saxer 2006: 339). Darin hält er fest, dass „die problembezogene Kooperation zwischen Repräsentanten des Systems Wissenschaft und solchen anderer Funktionssysteme [...] nur erfolgreich [verläuft], wenn dabei neben den kognitiven Prozeduren korrekter Übertragung theoretischer Erkenntnisse auf praktische Probleme auch soziale Regeln zur Optimierung der Interaktion zwischen Wissenschaftlern und ihren Klienten betrachtet werden" (ebd.: 339f.). Dazu, so Saxer, zähle die „Festlegung der Kompetenzen", „die Etablierung eines gemeinsamen Problemverständnisses" sowie „die Einigung auf die Problemlösungsstrategie" (ebd.: 340). Neben anderen Akteuren in der Medienbranche zählen Saxer zufolge auch „PR-Spezialisten" zu den „Klienten" einer „angewandte[n] Kommunikationswissenschaft als Dienstleistung" (ebd.: 341). Diese würden von der KW „instrumentellen Nutzen für die Gestaltung effizienter interessendienlicher Kommunikation" erwarten (ebd.: 342). Das Fach sei von ihnen „nicht nur als Mittel der Kompetenz-, sondern auch der Prestigemehrung gefragt und wird von ihnen außer mit den üblichen praktizistischen Vorbehalten vergleichsweise vorurteilsfrei akzeptiert" (ebd.). Als Beispiel für den direkten Nutzen der KW für die PR führt Saxer die „Wissenskluftforschung" an: Würde diese, inklusive ihrer „soziale[n] und politische[n] Sprengkraft bei der Gestaltung [von] [...] Kampagnen" von PR-Praktikern, „beherzig[t]" werden, so könnte „dank kommunikationswissenschaftlich induzierter Empathiesteigerung die Qualität von PR und damit auch von gesamtgesellschaftlicher Kommunikation verbessert werden" (ebd.: 342).

Während der Fokus dieser Arbeit eindeutig auf dem deutschsprachigen Raum liegt, darf doch nicht unerwähnt bleiben, dass gerade auch die US-amerikanische PR-Forschung sehr an der Interaktion zwischen Wissenschaft und Praxis interessiert ist. Klar erkennbar ist hier das Interesse einiger Forscher der ‚Grunig-Schule', den eigenen theoretischen Ansatz (siehe Kapitel II, 1.2.3) zu verteidigen: „The [...] Excellence Study has provided us with a set of theoretical benchmarks by which to help solve the practice problems of public relations" (Toth 2007: xvii). Bei diesem Vorhaben spielen methodische Standards nicht immer eine große Rolle.

So führte etwa Linda Hon im Jahr 2007 eine Umfrage durch, an der „[f]ifteen former students" (Hon 2007: 4) von James E. Grunig und Larissa A. Grunig teilnahmen und deren Bewertung von Grunigs PR-Theorie sich Hon zufolge wie folgt darstellt: „I recognize that the professionals who chose to respond to this study's survey no doubt share my belief that Excellence Theory is the field's most well-researched and efficacious positive theory and normative model" (ebd.: 5). Das Fazit der Studie fällt dementsprechend aus: „Overall, these respondents believe that Excellence Theory provides a conceptually rich framework for understanding public relations. Excellence is also powerful at the operational level. Participants provided real-life testimony about their success with enacting Excellence Theory" (ebd.: 20).

Andere Forscher, wie etwa Wright/Turk (2007), weisen jedoch darauf hin, dass es nach wie vor eine Lücke zwischen Wissenschaft und Praxis im Bereich PR gebe: „[T]he fact remains that a large percentage of public relations practitioners never studied the field at a university. Consequently, there is a huge disconnect between the goals and ideals of public relations education and the education that most people are receiving before entering public relations in practice" (ebd.: 582). Die beiden Autoren führen mehrere Gründe für diesen ‚disconnect' an, darunter das Desinteresse der PR-Praktiker, die vermeintliche Abgehobenheit der PR-Wissenschaft, die unzureichende Vernetzung zwischen den Personen beider ‚Systeme', die schwache Position des Fachs (sprich: der PR-Wissenschaft) in den US-Journalismus-Schulen, die Uneinigkeit über eine Forschungsagenda sowie die Tatsache, dass es sich bei der Exzellenzstudie von Grunig et al. für die gestressten Praktiker um ein nur schwer verdauliches, 700-seitiges Buch handele (vgl. ebd.).

Bereits ein Jahr zuvor hatte jedoch Vincent Hazleton von der Radford University eine Befragung unter 242 PR-Praktikern in den USA durchgeführt, die unter anderem ergab, dass wissenschaftliches Wissen Relevanz bei der Entwicklung von PR-Kompetenz besitzt: „Knowledge of communication and management theories, knowledge and skills related to research, and skills and knowledge related to the budgeting and allocation of resources are clearly valuable to managers" (Hazleton 2006: 218f.). Eine Umfrage von Cheng/de Gregorio (2008) unter 966 US-amerikanischen PR-Wissenschaftlern erbrachte hingegen wieder Belege für die Lücke zwischen Theorie und Praxis: „The key conclusion from the survey findings is that the public relations academy is, overall, industry-oriented, perceives a clear gap between the two parties, and believes that forging closer relationships to close that gap will better the academic endeavor" (ebd.: 395). Zwar würden es die befragten Wissenschaftler begrüßen, wenn sie mit PR-Praktikern in Forschungsprojekten zusammenarbeiten könnten – jedoch hätten sie den Eindruck, dass sich die Praktiker kaum für die Wissenschaft interessieren würden (vgl. ebd.).[109] Dem widersprechen die auf eine Online-Befragung mit 1.500 US-PR-Praktikern gestützten Ergebnisse der *2010 Practice Analysis* des *Universal Accreditation Board*.[110] Bey-Ling Sha von der San Diego State University (School of Journalism & Media Studies) hält hier für alle vier Gruppierungen der Studie („public relations management", „issues management", „corporate communications", „media relations") fest: „each of these work category groupings reflected clear areas of extant public relations scholarship, suggesting that the theory and practice of public relations may be closer to each other than is commonly decried" (Sha 2011: 187).

Doch zurück nach Deutschland: Hier argumentiert Lothar Rolke, dass die Wissenschaft gut beraten sei, „die Praxis als Kunden mit seinen spezifischen Nutzen-Erwartungen zu akzeptieren, wenn sie ihre gesellschaftliche Relevanz behaupten will" (Rolke 2009: 174). Gleichzeitig dürfe nicht davon ausgegangen werden, dass es sich bei Theorie und Praxis per se um Gegenpole handele. Stattdessen müsse von einer gewissen Kompatibilität ausgegangen werden (vgl. ebd.). Wichtig sei für die Wissenschaft auch, mit den Entwicklungen in der Praxis Schritt zu halten: „Im Rennen um die Zukunft gehört die PR-Wissenschaft häufiger auf den Beifahrersitz der Praxis, um [...] den Fahrer auf die nächsten Streckenabschnitte vorzubereiten [...]. Auf diesem Weg lassen sich zweifelsohne auch neuartige Erkenntnisse gewinnen" (ebd.: 183). Die Wissenschaft müsse „fit für die Praxis" werden (ebd.). Susanne Femers zufolge ist die PR-Forschung durch „konkrete Praxiserfordernisse" entstanden, die nach „Spezialwissen" verlangt haben (Femers 2009: 202). Für sie ist die PR-Forschung

---

[109] Auf die schriftliche Befragung von 113 PR-Praktikern in den USA durch Danny Paskin (California State University) wird an dieser Stelle nicht weiter eingegangen, da sie sich vor allem mit den in der Praxis gefragten *Fähigkeiten* und *Fertigkeiten* beschäftigte (vgl. Paskin 2013).
[110] Akkreditierung für Public Relations, APR: „APR is a mark of distinction for public relations professionals who demonstrate their commitment to the profession and to its ethical practice, and who are selected based on broad knowledge, strategic perspective, and sound professional judgment". Quelle: http://www.praccreditation.org/

also, genau wie für Rolke, eine selbstständige, „angewandte Wissenschaft" („Ja, sie ist es. Eine Wissenschaft! Schluss – aus! Keine Diskussion mehr"; ebd.: 201). Dies bedeute jedoch keine blinde Praxisunterordnung. Stattdessen komme es auf eine „sukzessiv[e] Theorie-Praxis-Integration" an (ebd.: 202). Mithilfe „eines Inventars an Grund- und Spezialbegriffen der Public Relations" sei eine bessere Verständigung möglich und „Modellbildung" könne dabei behilflich sein, „kommunikative Ereignisse bzw. Prozesse abbilden zu können, verstehbar, erklärbar und bestenfalls vorhersagbar zu machen" (ebd. 203). Auch Röttger et al. (2011) argumentieren, dass „analytische[s] Hintergrundwissen und abstrakte, auf unterschiedliche Phänomene anwendbare Begriffe [...] der Praxis helfen [können], z.B. neue Problemlagen schneller oder besser analysieren zu können und darauf aufbauend Lösungen zu entwickeln" (ebd.: 37).

Eine der jüngsten Studien mit thematischem Bezug zu dieser Arbeit ist die Analyse von Auer/Schleicher (2012) im Kontext militärischer Medienarbeit. „[A]nhand des von Martin Löffelholz geleiteten DFG-Projekts ‚Militärische Media Relations' (2009-2012)" mit mehreren hundert analysierten Dokumenten und 100 Leitfadeninterviews arbeiten die Autorinnen heraus, „welche anwendungsorientierte Relevanz die kommunikationswissenschaftliche Forschung für die Aufgaben, Strukturen, Bedingungen und Leistungen der Medienbeziehungen der auf Geheimhaltung basierenden Großorganisation Militär besitzt" (ebd.: 236). Im Rahmen der Untersuchung habe gezeigt werden können, „wie eine theoriegeleitete Studie einer Großorganisation nützen kann" (ebd.: 250). Konkret hätten die Leitfadengespräche „die Kommunikationsverantwortlichen der Bundeswehr und des US Militärs [...] zur Reflexion und erstmaligen Artikulierung konkreter Defizite und Optimierungspotenziale" angeregt.[111]

---

[111] URL: http://www.tu-ilmenau.de/cn/mw/nachrichtenarchiv/einzelnachricht/newsbeitrag/7626/

3.2 PR-Berufsfeld- und Professionalisierungsforschung

In Kapitel II, 2 wurde eine Momentaufnahme der PR-Branche in Deutschland anhand von zwei Studien präsentiert.[112] Doch die darin am Rande berührte Frage nach der Relevanz der KW für die PR-Ausbildung war in der Vergangenheit Teil einer ganzen Reihe von Berufsfeldstudien – und der sogenannten ‚Professionalisierungsforschung'. Dabei handelt es sich Jarren/Röttger (2008) zufolge „[z]weifellos" um ein „wesentliche[s] Forschungsfeld der kommunikationswissenschaftlichen PR-Forschung" (ebd.: 29). Pfadenhauer/Kunz (2010) ordnen die allgemeine Professionalisierungsdebatte jenseits der PR dabei in den größeren Rahmen der Wissensgesellschaft ein und argumentieren, dass es im Licht dieses theoretischen Konzepts „von existenzieller Bedeutung" sei, „sein Wissen nicht nur irgendwie anzuwenden, sondern dies möglichst professionell zu tun, womit wir in der Regel verbinden, eine anerkennenswerte Leistung zu erbringen" (ebd.: 235). Die Frage ist nun: Hilft die KW dabei, in der PR eine ‚anerkennenswerte Leistung' zu erbringen? Dient sie der Professionalisierung der PR?

Was genau eine Profession ausmacht, ist dabei von vielen Autoren unterschiedlich definiert worden. Mit Zielmann (2006) ließe sich festhalten, dass eine Profession unter anderem auf einer „theoretisch fundierte[n] Ausbildung" fußt (ebd.: 104).[113, 114] Im Rahmen der Professionalisierungsforschung der PR ist daher auch der Frage nachgegangen worden, ob es einen Trend zu einer einheitlichen Ausbildung für den Beruf gibt – und welche Rolle die KW hierbei spielt. Christoph Neuberger, heute KW-

---

[112] Dass im Folgenden die Ergebnisse von Szyszka et al. (2009) und Bentele et al. (2012) zur Relevanz der Wissenschaft für die PR-Praxis nochmals aufgegriffen werden, ist – wie in Kapitel II, 2.4 ausgeführt – mit Blick auf den selektiv vorgehenden Leser beabsichtigt.
[113] Wright/Turk (2007): 1. „A profession is intellectual and has great personal responsibility for the proper exercise of choice and judgment", 2. „Professions are learned and based on a substantial body of knowledge", 3. „A profession is practical, because its knowledge can be applied to real-life situations", 4. „Professions have techniques, or skills, that can be taught and applied to problem solving", 5. „Professions are organized into associations or groups of practitioners", 6. „A profession is guided by altruism [...]. Its purpose is to benefit society" (ebd.: 572).
[114] L'Etang/Pieczka (2006): „The familiar troika – body of knowledge, ethics, and certification – is understood as the defining characteristics of a profession [...], and there has been a consistent effort expounded by public relations professional associations and educators to develop these characteristics" (ebd.: 270).

Professor in München, konstatierte 2005, dass die Absolventen der KW vor allem in die Bereiche Journalismus, PR und Werbung streben würden. Die PR befinde sich, genau wie die anderen beiden Berufsfelder, „im Prozess der Professionalisierung, in dem das Hochschulstudium mit anderen Ausbildungsformen konkurriert" (Neuberger 2005: 85). Dabei stelle die KW kein Eintrittszeugnis für die Medienberufe dar, das „alles überragende Kriterium" sei vielmehr die Berufserfahrung (ebd.: 87).[115] Doch nur ein Jahr zuvor hatten die PR-Praktiker Joachim Klewes und Arne Westermann festgehalten, dass es in ihrer Branche einen Trend zu akademischer Ausbildung, zu „instrumenten-übergreifendem Denken", „zur empirischen Erfolgsmessung" und „zur ‚Emanzipation' vom Marketing" gebe (Klewes/Westermann 2004: 18f.). Diese Trends müssten der KW in der Praktikerausbildung eigentlich einen Aufwind verschaffen.

Edith Wienand kommt in ihrer 2003 veröffentlichten und von der *DPRG* ausgezeichneten Dissertation *Public Relations als Beruf* (einer Synopse verschiedener Studien) zu dem Schluss, dass „[e]in *kommunikationswissenschaftliches* Studium, das die größte Affinität zur PR aufweist, [...] sowohl in den Befragungen wie in den Analysen der Stellenanzeigen *nicht* zu den zentralen Studienfächern" zähle (Wienand 2003: 374; kursive Hervorhebungen im Original; Anm. d. Verf.). Zudem stellt sie fest, dass etwa ein Viertel der PR-Praktiker „ohne jegliche theoretische Kommunikationsbildung" arbeiten würde (ebd.: 376). Im Rahmen der Studie vergleicht Wienand die Ergebnisse ihrer eigenen schriftlichen Befragung von 275 PR-Praktikern mit denjenigen von Merten aus dem Jahr 1996 mit 440 Befragten. Dabei wurde unter anderem auf einer zehnstufigen Skala nach der Relevanz unterschiedlicher Wissensgebiete gefragt, auf der auch das Item „Grundlagen der [KW]" aufgelistet war (ebd.: 245). Die Ergebnisse dieser Abfrage können *Tabelle 3* entnommen werden, in welche auch die Ergebnisse einer Nachfolgestudie aus dem Jahr 2011 eingeflossen sind (vgl. Schulte 2011; siehe weiter unten). Wienand konstatiert zum damaligen Zeitpunkt, dass die KW mit einem Wert von 7,4 zwar nicht an manch anderen Wissensbereich heranreiche, dass jedoch im Vergleich zu dem von Merten ermittelten Wert von 7,0 „eine leichte Tendenz nach oben" erkennbar sei (ebd.: 244f.). Der These, dass es sich bei PR um ei-

---

[115] Der Tabellenband für die bundesweite KW-Absolventenbefragung 2008/2009 der *DGPuK* und des *Centrums für Hochschul-Entwicklung* (*CHE*) kann online unter folgendem Link abgerufen werden: http://napex.net:8600/napex/upload/dgpuk/DGPuK/DGPuK_Absolventenbefragung_2011_Tabellenband.pdf

nen „Begabungsberuf" handele, stimmten bei Merten noch 42 Prozent mit einem Wert zwischen acht und zehn zu, bei Wienands Erhebung waren es immer noch 38 Prozent (ebd.: 381; siehe auch *Tabelle 4* mit entsprechenden Mittelwertsangaben).

Im Fazit ihrer Studie hält sie fest, dass sich die PR „[z]u einer Profession im klassischen Sinne [...] nicht entwickeln" könne (ebd.: 407). Zwar seien einzelne Schritte hin zu diesem Status erkennbar, jedoch handele es sich dabei „allenfalls um sich langsam entwickelnde *berufliche* Strukturen, die weit davon entfernt sind, von der Berufssoziologie als *Professionalisierung* akzeptiert zu werden" (ebd.; kursive Hervorhebungen im Original; Anm. d. Verf.). Unter anderem gebe es eine „unzureichend erforschte Wissensbasis" und einen „unkontrollierte[n] Berufszugang" (ebd.). Abschließend konstatiert Wienand, dass es dem Berufsstand zwar möglicherweise gelingen werde, „einen grundlegenden *Body of Knowledge* zu begründen". Dieser werde jedoch „*niemals* abgeschlossen sein", da PR-Praktiker mit dem Problem konfrontiert seien, „dass ihr primäres Ziel, Wirkungen von Kommunikation in gewünschter Weise zu erzeugen, mangels ausreichender Kenntnisse in der Wirkungsforschung sie nur begrenzt in die Lage versetzt, ein kodifiziertes Wissen auszubilden" (ebd.: 408; kursive Hervorhebungen im Original; Anm. d. Verf.). Auch in ihrem Aufsatz *Zur Unprofessionalität von Public Relations* aus dem Jahr 2004 argumentiert Wienand, dass die PR-Praxis unter anderem „aufgrund des hohen Drucks des Berufsalltages und fehlender Berufskonzepte aus der Wissenschaft oft die Komplexität" ignoriere, während die Wissenschaft versuche, „die beruflichen Prozesse der PR mit gängigen Konzepten der Berufssoziologie zu erfassen", und „den Bezug vor allem zu den klassischen Professionen" suche (Wienand 2004: 34). Dabei, so Wienand, sei die deutschsprachige KW kein ausreichender Treiber einer möglichen Professionalisierung der PR: „In den letzten 30 bis 40 Jahren hat es die PR nicht geschafft, grundlegende berufliche Strukturen auszubilden – das Ausbildungsproblem ist nur ein erkennbarer Indikator hierfür" (ebd.: 42).

Elke Neujahr, sowohl PR-Praktikerin als auch an verschiedenen Universitäten lehrende Dozentin, beschäftigte sich im Jahr 2005 mit dem Feld der PR-Beratung und argumentiert, dass für PR-*Berater* theoretisches Wissen zu Kommunikation relevant sei. Drei Formen des Wissens seien für PR-Berater entscheidend: „Theoretisches Wissen", „Spezialwissen" und „Praxiswissen" (Neujahr 2005: 234). Unter theoretischem Wissen versteht sie die Ausbildung, und dabei hält sie „Kenntnisse in Kommunikationstheorie" für essenziell (ebd.). Auch der Bereich des Spezialwissens enthalte Theorien für den Bereich Kommunikation – denn nur wenn man wisse, wie man PR „effizient" und „nachhaltig" gestalte, sei Erfolg in der Beratung möglich (ebd.). Sarah Zielmann hingegen konstatiert ein Jahr später, dass PR-Praktiker offenbar nur „in beschränktem Maße" auf ein Wissen zurückgreifen würden, das man als „professionelles Wissen" bezeichnen könnte (Zielmann 2006: 103).[116] Vielmehr würde das Berufsfeld nach wie vor von Laien dominiert werden. Viele der in der Branche tätigen Personen hätten keine auf die PR zugeschnittene Ausbildung absolviert und auch nicht an entsprechenden Weiterbildungen teilgenommen (vgl. ebd.).[117]

Diese Sichtweise wird auch von Romy Fröhlich (2008b) gestützt, die feststellt, dass es in Deutschland nach wie vor keinen „spezifischen Ausbildungs- und Qualifikationsweg" oder „*geschlossen[e] Ausbildungsgänge* – weder akademische noch nicht akademische" gebe (ebd.: 437; kursive Hervorhebung im Original; Anm. d. Verf.). Bereits drei Jahre vorher hielt sie in einer schriftlichen Befragung, bei der insgesamt 297 Fragebögen in die Auswertung einflossen, gemeinsam mit ihren Co-Autoren fest, dass die KW als Studienfach bei den befragten PR-Praktikern hinter den Wirtschaftswissenschaften, der Germanistik und der Politikwissenschaft liege (Fröhlich et al 2005: 76, 88). Die Studie stützte einmal mehr den Befund, dass es sich bei der PR um ein „typisches Seiteneinsteigerfeld" handelt (ebd.: 98).

Auch die in Kapitel II, 2 zitierte Studie von Szyszka et al. (2009) beschäftigte sich mit der Professionalisierungsfrage. Dabei argumentieren die Forscher, dass die Anwendung des „klassischen Professionalisierungsansatz[es]" im Fall der PR wenig Sinn mache (ebd.: 321): „Defizite bestehen vor allem auf der Ebene eines wissenschaftlich fundierten, exklusiven und spezialisierten Expertenwissens, das auch innerhalb des Berufsfeldes als

---

[116] Siehe Kapitel III, 2.2.1 sowie 2.2.2 für die Definition der unterschiedlichen Arten von Wissen.
[117] Im Rahmen von Klaus Mertens „Kurzbefragung zur Professionalisierung von PR" (Schulte 2011: 195) unter 331 PRlern im Jahr 2007 wurde unter anderem erhoben, „was genau PR-Praktiker unter einer guten Allgemeinbildung verstehen" (ebd.: 196). Die drei Spitzenplätze belegten die Wissensbereiche „Geschultes Denken", „Wissen um Politik/Gesellschaft" sowie „Kommunizieren können, mitreden können" (ebd.). Auf den unteren Plätzen fanden sich Wissensbestandteile wie etwa „Literatur/Musik" oder „Technisches Wissen" (ebd.). Theoretisches Wissen zu Kommunikation, wie es die KW anbietet, findet sich hier nicht.

professionskonstituierend anerkannt ist und zumindest bei der Rekrutierung von Leitungsfunktionen Einfluss hat" (ebd.). Darüber hinaus bestünden „*Forschungsdefizite*" sowie „*Defizite im Transfer* dieses Wissens in nutzbares Praxiswissen" (ebd.: 325; kursive Hervorhebungen im Original; Anm. d. Verf.). Es sei jedoch gleichzeitig unklar, wie es zu einer geringen Wertschätzung des existierenden Fachwissens zu PR in der Praxis kommen könne, wenn doch „in Deutschland heute eine ganze Reihe hochwertiger fachlicher Bildungsangebote bestehen, die eine deutlich höhere Nachfrage erfahren könnten" (ebd.).

Im selben Jahr wie Szyszka et al. hält Juliana Raupp (2009) unter Berufung auf die Analyse von Stellenanzeigen für das Feld der PR-Beratung fest, dass vor allem „journalistische Qualifikationen" gefragt seien (ebd.: 178). Auch Befragungen von PR-Praktikern hätten diese Einschätzung gestützt, der zufolge es vor allem auf „operative Fähigkeiten" und nicht auf theoretisches Fachwissen ankomme. „Man kann zwar von einer Akademisierung des Berufs sprechen, von einer Verwissenschaftlichung in dem Sinne, dass eine wissenschaftliche Leitdisziplin unverzichtbare Wissensbestände bereitstellt, kann jedoch keine Rede sein" (ebd.: 179).

Auf die Ergebnisse der Studie von Bentele et al. (2012) wurde ebenfalls in Kapitel II, 2 eingegangen. Schon in der 2009er Ausgabe ihrer Befragung *Profession Pressesprecher* diagnostizieren die Forscher einen „*Trend*" zum KW-Studium in der PR, während der Anteil der Wirtschaftswissenschaftler abnehme (Bentele et al. 2009: 61; kursive Hervorhebung im Original; Anm. d. Verf.). Auch 2012 hielten sie fest, dass der Anteil der KW-Absolventen im Berufsfeld PR zunehme, derjenige der Wirtschaftswissenschaftler hingegen sinke (vgl. Bentele et al. 2012). Darüber hinaus fragten Bentele et al. die PR-Praktiker danach, wie geläufig ihnen die unterschiedlichen akademischen Einrichtungen für eine PR-Ausbildung in Deutschland sind. Die mit Abstand bekanntesten Hochschulen seien dabei die Quadriga Hochschule Berlin (63 Prozent) und die Universität Leipzig (41 Prozent). Danach folgten die Freie Universität Berlin, die Universität Münster sowie die Universität Mainz (ebd.: 220; siehe *Abbildung 3*). Was die Empfehlungen in Bezug auf diese Ausbildungsstätten anbelangt, so liegen Leipzig und Quadriga ebenfalls an der Spitze (vgl. ebd.: 221; siehe *Abbildung 4*). Dass Leipzig dabei mit einer Empfehlungsquote von lediglich elf Prozent den ersten Rang einnimmt, begründen Bentele et al. damit, dass „nur eine Minderheit der befragten PR-

Praktiker überhaupt eine einschlägige PR-Ausbildung genossen" habe (ebd.: 222).

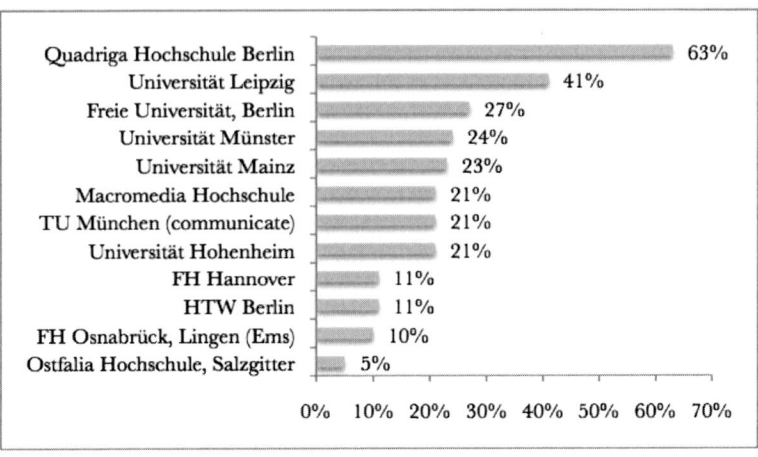

Abbildung 3: *Bekanntheit von Hochschulen mit PR-Ausbildungsprogrammen unter den Befragten der Studie von Bentele et al. (2012) (n=2.386). Quelle: ebd.: 220.*[118]

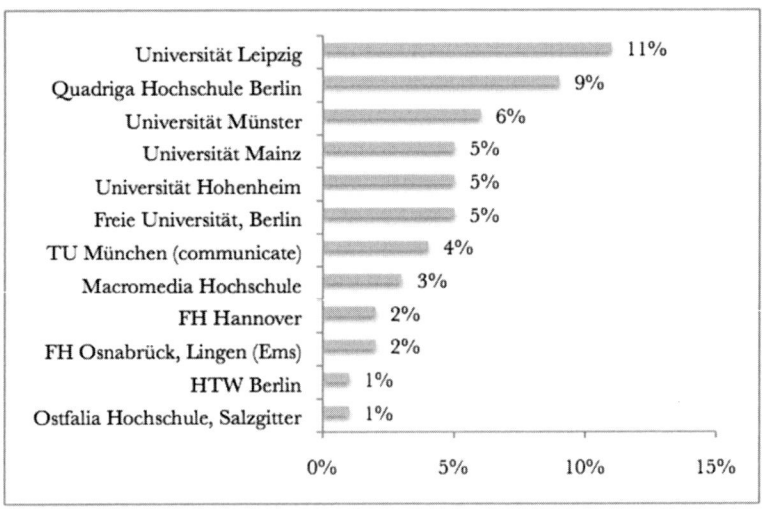

Abbildung 4: *Empfehlung von PR-Ausbildungsprogrammen durch die Befragten der Studie von Bentele et al. (2012) (n=2.386). Quelle: ebd.: 221.*

---

[118] Im Original unter zusätzlicher Angabe der Empfehlungen für die einzelnen Institutionen.

Röttger et al. (2011) weisen – ähnlich wie Szyzska et al. (2009) und Wienand (2004, 2003) – auf die Grenzen klassischer Professionalisierungskonzepte im Fall der PR hin. Der „Merkmalsansatz" der Berufssoziologie stelle möglicherweise keine adäquate Methode zur Beantwortung der Frage dar, ob die PR eine Profession sei oder nicht: „Aus dieser Perspektive sind vor allem die beiden Aspekte der spezifischen Problemlösungskompetenzen auf Basis wissenschaftlichen Wissens und die gemeinwohlbezogene Orientierung von Professionen bedeutsam" (ebd.: 251; vgl. auch ebd.: 251ff.). Von dieser Warte betrachtet, so Röttger et al., „muss der Stand der PR-Professionalisierung zwangsläufig defizitär bewertet werden", da die PR im Gegensatz zu juristischen oder medizinischen Berufen (Professionen) beispielsweise „nicht über die typische professionelle Autonomie gegenüber ihren Klienten" (ebd.: 252) verfüge. Darüber hinaus erscheine es fraglich, „ob PR die Voraussetzung einer exklusiven akademischen Wissensbasis erfüllt" (ebd.: 252f.). Jedoch zeige sich „[i]n der Tendenz [...] eine allgemeine Akademisierung des Berufsfeldes und damit auch eine deutliche Abkehr von der Annahme, dass PR ein Begabungsberuf sei. Parallel dazu hat sich seit Mitte der 1990er Jahre die Zahl der akademischen Ausbildungsangebote stark vergrößert" (ebd.: 280).

Die 2011 von Sarah Schulte an der Universität Münster eingereichte Dissertation mit dem Thema *Qualifikation für Public Relations* (Schulte 2011) kommt nach Sichtung des Forschungsstandes und einer als Wiederholungsstudie angelegten Praktikerbefragung mit einem Rücklauf von 201 Fragebögen zu dem Schluss, „dass für Public Relations konstant Qualifikationen gefordert werden, die (zunächst) nicht PR-spezifisch erscheinen" (ebd.: 335). Bei genauerer Betrachtung kristallisierten sich jedoch neben „eindeutig fachbezogenen Qualifikationen" (ebd.) (z.B. Texte verfassen) auch „allgemein[e] Basisqualifikationen" heraus, bei denen es im Wesentlichen um die Bereiche „Denken", „Kommunizieren" und „Wissen" gehe (ebd.; im Original in Versalien; Anm. d. Verf.). Auf einer analog zu den Untersuchungen von Wienand aus dem Jahr 2000 und Merten aus dem Jahr 1996 verwendeten zehnstufigen Skala erhielt „Gute Allgemeinbildung" von den befragten PR-Praktikern einen Zustimmungswert von 8,5 (Platz 1), technische Kenntnisse sowie „Grundlagen der PR" einen von je 8,2 (Platz 2 und 3). Das Item „Grundlagen der [KW]" hingegen erreichte nur einen Wert von 6,5 und landete damit noch hinter Wissensbereichen wie „Grundlagen der Journalistik" oder „Grundlagen Marketing" auf Rang 12 (ebd.: 139). Im Vergleich zu den Vorgängerstudien von Wienand und Merten hatte sich der Skalenwert des Fachs verschlechtert (siehe *Tabelle 3*). Daraus schließt Schulte, dass „„die wissenschaftliche Beschäftigung mit Strukturen des basalen Elements Kommunikation' [...] aus der Perspektive der PR-Tätigen eine geringe praktische Relevanz für den PR-Beruf hat" (Schulte 2011: 140). Jedoch vertritt sie die Auffassung, dass eben diese Grundlagen der KW „für ein fundiertes PR-spezifisches Wissen unerlässlich" seien (ebd.: 141). Zudem hält sie fest, dass zwar „der Großteil der PR-Tätigen immer noch die Ansicht vertritt, der PR-Beruf sei ohne eine spezifische Ausbildung zu erlernen", jedoch werde dieser Ansicht deutlich weniger zugestimmt als noch bei Merten und Wienand (ebd.: 162f.; siehe *Tabelle 4*).

Wissensgebiet	1996	2000	2007
Gute Allgemeinbildung	9,0	8,9	8,5
Kenntnis gängiger PC-Programme/ Internet/Neue Medien	7,1	8,9	8,2
Grundlagen der PR	8,6	9,0	8,2
Kenntnis nationales/internationales Mediensystem	6,8	7,2	7,8
Wissen über berufliche Rolle und damit verbundene Aufgaben bzw. Funktionen	-	-	7,7
Ethik von PR	7,0	7,1	7,6
Grundlagen der Journalistik	8,4	8,2	7,6
Fachwissen über den Kommunikationsgegenstand/Branchenkenntnisse	-	-	7,5
Grundlagen Management	7,5	7,1	7,0
Fremdsprachen	7,8	7,9	7,0
Grundlagen Marketing	7,6	7,5	6,9
Grundlagen der Kommunikationswissenschaft	7,0	7,4	6,5
Evaluation/Wirkungsforschung/-messung	6,9	6,6	6,4
Grundlagen der BWL	6,8	6,3	5,8

Methoden/Statistik EDV für Datenauswertung	5,1	4,9	5,6
Fallzahl	**440**	**275**	**201**

Tabelle 3: *Mittelwerte von zehnstufigen Skalen zur Gesamtbewertung von Wissensgebieten in den Befragungen von Merten aus dem Jahr 1996, Wienand aus dem Jahr 2000 und Schulte aus dem Jahr 2007. Quelle: Schulte 2011: 139 (graue Hervorhebung durch den Verf.).*

Ausbildungstyp	**1996**	**2000**	**2007**
‚on the job'	8,1	8,2	8,5
Praxisorientierte, berufsbegleitende Weiterbildung (Fernstudium/Abendstudium)	–	–	7,2
Weiterbildung in Einzel-/Kompaktseminaren	6,3	6,3	7,0
Hochschulstudium mit PR-Schwerpunkt	6,4	6,5	6,6
Einschlägiges Hochschulstudium	6,4	6,5	6,1
„Den PR-Beruf kann man nicht erlernen. Begabung und Persönlichkeit sind entscheidend."	6,6	6,4	4,4
Fallzahl	**440**	**275**	**201**

Tabelle 4: *Mittelwerte von zehnstufigen Skalen zur Bewertung verschiedener Ausbildungstypen in den Befragungen von Merten aus dem Jahr 1996, Wienand aus dem Jahr 2000 und Schulte aus dem Jahr 2007. Quelle: Schulte 2011: 162.*

In ihrer Untersuchung verweist Schulte explizit auf das Konzept der Wissensgesellschaft und argumentiert, dass in dieser Gesellschaftsform – angesichts der Zunahme von Geschwindigkeit und Komplexität – „der Umgang mit Wissen [...] wiederum Wissen" erfordere (ebd.: 287). Das in diesem Kontext relevant werdende „Meta-Wissen" sei in der PR „noch wichtiger als in anderen Bereichen", da „die Informations- und Wissensbestände, auf die PR-Fachleute in der Berufspraxis stoßen, sehr breit gefächert sind" (ebd.: 288).[119] In diesem Zusammenhang sei es entscheidend, ein entsprechendes „Wissensmanagement" zu beherrschen (ebd.).

3.3 Wissensmanagement

‚Wissensmanagement' berührt die „systemische Intelligenz bzw. Lernfähigkeit nicht nur von Organisationen, sondern auch von Netzwerken, Governance-Arrangements und Funktionssystemen" (Strulik 2010: 70, unter Bezug auf Helmut Willke, Professor an der *Zeppelin-Universität*). Clases (2003) definiert es als „ein Phänomen [...], in dem sich eine zunehmende Verwissenschaftlichung von (nicht nur betrieblicher) Praxis spiegelt" (ebd.: 311). Gerade für Unternehmen besitzt der professionelle Umgang mit Wissen eine besondere Relevanz: Auf der einen Seite sind sie „der wissensgetriebenen Intensivierung des globalen Wettbewerbs und dem zunehmenden Marktdruck auf den internen Arbeitsprozess ausgesetzt" (Dörhöfer 2010: 107). Auf der anderen Seite kann Wissen nicht so leicht wie andere Produktionsfaktoren gehandhabt werden und entzieht sich, nicht zuletzt „aufgrund des sozialen Charakters der Wissensproduktion", der „reinen Marktlogik" (ebd.).

In ihrer Studie mit dem Titel *Wissensmanagement in PR-Agenturen* halten Hoffjann/Röttger (2009) fest, dass „Berater ganz allgemein und in der Folge auch PR-Agenturen [...] als Prototypen des Wissensarbeiters bzw. der wissensintensiven Organisation angesehen werden" könnten (ebd.: 125). Dabei führten sie 20 Leitfadeninterviews mit solchen Beratern bzw. mit Mitarbeitern von PR-Agenturen. Diese schätzten die Relevanz von Wissen „als extrem hoch" ein (ebd.: 133). Es sei häufig darauf hingewiesen worden, dass „insbesondere für eine erfolgreiche Akquise die ‚Inszenierung von Kompetenz' [...] wichtiger seien [sic!] als eine fundierte Erst-Beratung" (ebd.: 134). Vor dem Hintergrund der Forschungsfrage dieser Arbeit könnte man fragen: Eignet sich das Wissen der KW als ein In-

---

[119] Gemeinsam mit Klaus Merten hält Schulte bereits 2007 fest, dass „das Erwerben von Wissen einen Typ von Metawissen" voraussetze, „wie Wissen (am effizientesten, am effektivsten) zu erwerben und zu nutzen ist" (Merten/Schulte 2007: 58f.). Aus ihrer Sicht „reichen nicht intelligentes Denken oder schnelles Entscheiden oder empathische Kommunikation je für sich, sondern es ist die Kombination dieser Eigenschaften, die die für PR geforderte Leistung ausmacht" (ebd.: 59).

strument für eben diese Inszenierung? Hoffjann/Röttger halten fest, dass Agenturen „lernende Organisationen" seien (ebd.: 136). Allerdings gebe es nur wenige Routinen, um das Wissen der Mitarbeiter untereinander auszutauschen. Dieses könnte sich der Einzelne „beispielsweise durch die Lektüre von Branchenzeitschriften oder durch den Besuch von externen Seminaren angeeignet haben" (ebd.). Auch hier stellt sich die Frage: Kommen die Praktiker hierbei auch in Kontakt mit Vertretern und Inhalten der KW?

Das Fazit der Autoren im Hinblick auf die PR-Forschung fällt jedoch vergleichsweise ernüchternd aus. Sie konstatieren, dass die Wissenschaft „von den befragten Agentur-Vertretern als relativ unwichtig eingeschätzt" werde und dass „insbesondere die deutsche PR-Forschung als praxisfern" gelte (ebd.: 137). Aus der Sicht der interviewten Praktiker würde sich diese mit „Scheinproblemen" auseinandersetzen, die keine Relevanz für die Tätigkeit der PR-Berater aufwiesen (ebd.). In einzelnen Fällen wurde die US-amerikanische Forschung lobend erwähnt; generell kritisierten die befragten PR-Praktiker jedoch, dass neue und wichtige Themen wie etwa „Web 2.0" (Stand: 2009) von der Wissenschaft nicht ausreichend behandelt würden und dass die Forschung generell „immer zu spät komme" (ebd.).

3.4 Zusammenfassung

Die Forschungsfrage der vorliegenden Dissertation ist in den vergangenen Jahrzehnten aus unterschiedlichen Perspektiven unterschiedlich intensiv behandelt oder zumindest gestreift worden. Gerade die *DGPuK*-Tagung im Jahr 2011 hat das Thema kürzlich noch einmal prominent auf die Forschungsagenda gesetzt. In allgemeinen Studien wurde danach gefragt, welche Kommunikations- bzw. PR-Theorien den PR-Praktikern bekannt waren und nützlich erschienen. Auch wurden PR-Strategien daraufhin untersucht, ob sie Bezüge zu bestimmten Theorien aufwiesen. Darüber hinaus setzt sich die Professionalisierungsforschung bereits seit vielen Jahren unter anderem mit der Frage auseinander, welche Rolle bestimmten Studienfächern und Hochschulen in der Ausbildung des PR-Nachwuchses zukommt. Auch die Perspektive des Wissensmanagements wurde für vereinzelte Untersuchungen genutzt.

Viele dieser Studien haben sich dem Thema quantitativ genähert und waren daher nicht in der Lage, eine Antwort auf die Frage zu geben, *warum* bestimmte Elemente der KW im Allgemeinen bzw. der PR-Forschung im Besonderen für die PR-Praxis relevant oder, in den meisten Fällen, irrelevant erscheinen. Das konstatierte ‚Theorie-Praxis-Defizit' wurde zwar von vielen Autoren wiederholt (in unterschiedlichen Spielarten und Intensitätsgraden) diagnostiziert – oftmals jedoch, ohne darauf einzugehen, *auf welche Art und Weise* Bestandteile von wissenschaftlicher Kommunikationsforschung von PR-Praktikern im Alltag überhaupt eingesetzt werden könnten. Die vorliegende Untersuchung geht daher qualitativ vor und knüpft damit in gewisser Weise an die Studien von Hoffjann/Röttger (2009) und Baerns (1995) an. Allerdings beschränkt sich diese Dissertation nicht auf das Feld der Berater bzw. Agenturen (wie die Studie von Hoffjann/Röttger) und fragt (anders als Baerns) direkt nach dem benötigten Wissen der PR-Praktiker und weniger nach dem Stellenwert oder der Machbarkeit von Evaluation. Und schließlich basiert sie auf einem eigens entwickelten theoretischen Marktmodell zur Modellierung der Austauschbeziehungen zwischen Wissenschaft und Praxis (siehe Kapitel III, 3), welches wiederum auf dem theoretischen Metakonzept der Wissensgesellschaft fußt.[120]

---

[120] Hoffjann/Röttger (2009) sprechen davon, dass „die vermehrte Wissensbasierung von Arbeit und eine steigende Zahl wissensintensiver Organisationen als Tatsache anzuerkennen" seien – jedoch „[u]nabhängig von der strittigen Frage, ob das Label der ‚Wissensgesellschaft' moderne Gegenwartsgesellschaften angemessen und zutreffender beschreibt als andere Klassifizierungen" (ebd.: 125). Nichtsdestotrotz beziehen sie sich gleich zu Beginn ihrer Studie auf dieses Konzept (ebd.: 127). Als konkretes theoretisches Modell für die „Bausteine des Wissensmanagements" wird auf einen Ansatz von Probst et al. verwiesen (ebd.: 131).

III. Theorie

1. Hintergrund: Die Wissensgesellschaft

Bereits in der Einleitung wurde darauf hingewiesen, dass es sich aus der Sicht zahlreicher Autoren bei der ‚Wissensgesellschaft' um ein Phänomen handelt, das für moderne Gesellschaften in den vergangenen Jahrzehnten immer mehr an Relevanz gewonnen hat.[121] Von Vertretern der Wissensgesellschaftshypothese wird dabei „ein grundlegender Wandel von der Industriegesellschaft hin zu einer Gesellschaftsform gezeichnet, in der abstrakt-objektiviertes Wissen im Hinblick auf gesellschaftliche (Re)produktion eine immer wichtigere Rolle einnimmt" (Bosch/Renn 2003: 53; siehe auch Kapitel I).[122] Wissen, so der Leitgedanke, wird dabei zu einem „Produktionsfaktor" (Drucker 1969: 332; Hömberg 2008: 35) moderner und informationsbasierter Ökonomien, während „wirtschaftliche Faktoren wie Arbeit, Betriebsmittel und Werkstoffe" tendenziell „an Bedeutung verlieren würden" (Pfadenhauer/Kunz 2010: 239). Die „organisational[e] und gesellschaftlich[e] Aneignung des Wissens des Einzelnen" entwickelt sich somit „zum entscheidenden (Miss-)Erfolgsfaktor für Unternehmen und Institutionen" (Clases 2003: 334).

Dabei kommt gerade auch wissenschaftlichem Wissen eine besondere Bedeutung zu. Dieses dringt in eine Vielzahl von „Gesellschafts- und Lebensbereiche[n]" ein und wird „zum gestaltenden Faktor in zahlreichen Praxiskontexten" (Bosch/Renn 2003: 53). Die vorliegende Dissertation stellt die Frage, ob dies auch auf das von der KW generierte Wissen zutrifft: Könnte man – nicht zuletzt vor dem Hintergrund der fortschreitenden (wenn auch wohl nie abgeschlossenen) Professionalisierung des Berufsfeldes Öffentlichkeitsarbeit (siehe Kapitel II, 3.2) – behaupten, dass

---

[121] Clases (2003) zufolge fand das Konzept der Wissensgesellschaft gerade „[i]n den Betriebs- und Sozialwissenschaften [...] im Laufe der 90er Jahre des letzten Jahrhunderts eine breite Resonanz" (ebd.: 304).
[122] Bosch/Renn (2003) selbst stehen dem theoretischen Konstrukt der Wissensgesellschaft kritisch gegenüber (siehe Kapitel III, 1.2).

die KW im Bereich PR einen wettbewerbsrelevanten ‚Produktionsfaktor' oder eine ‚strategische Ressource' für die von PR-Praktikern angebotenen Dienstleistungen darstellt? In diesem Abschnitt soll dabei auf die elementaren Grundlagen des Konstrukts der Wissengesellschaft (Kapitel III, 1.1), die Kritik an diesem Konzept (Kapitel III, 1.2) und die Implikationen für den gesellschaftlichen Teilbereich von Medien und Kommunikation sowie die Wechselwirkungen mit dem Konzept der Mediengesellschaft (Kapitel III, 1.3) eingegangen werden.[123]

1.1 Grundlagen

Das *Handbuch Wissensgesellschaft*, herausgegeben von den Marburger Soziologinnen Anina Engelhardt und Laura Kajetzke, nennt vor allem vier einflussreiche Autoren, die den Begriff der Wissensgesellschaft geprägt haben: den Management-Theoretiker Peter F. Drucker, den US-amerikanischen Soziologen Daniel Bell, den deutschen Soziologen Ulrich Beck und den spanischen Soziologen Manuel Castells (vgl. Engelhardt/Kajetzke 2010). Während jedoch die beiden Letztgenannten noch stärker mit anderen theoretischen Gesellschaftskonzepten assoziiert werden (Beck: ‚Risikogesellschaft', Castells: ‚Netzwerkgesellschaft'), gelten Drucker und Bell als die eigentlichen Urväter der Wissensgesellschaft.

Drucker zufolge ist Wissen mindestens „zum ‚Produktionsfaktor' in der fortgeschrittenen, entwickelten Wirtschaft geworden", wenn nicht sogar „zur ‚primären' Industrie [...], [...] die der Wirtschaft das wesentliche und zentrale Potential für die Produktion liefert" (Drucker 1969: 332). In diesem Zusammenhang hätten die Wissenschaften und ihre Vertreter folgerichtig auch außerhalb der Universität an Relevanz gewonnen. Dieser Prozess träfe nicht nur auf Naturwissenschaftler, sondern vielmehr auf „alle Gebildeten" zu – so beispielsweise „Geographen und Mathematiker, Volkswirtschaftler und Philologen, Psychologen, Anthropologen und

---

[123] Viele der Beiträge in Kapitel III stammen aus dem von Franz et al. zusammengestellten Sammelband zur Tagung der Sozialforschungsstelle Dortmund im Juni 2002 mit dem Thema *Neue Formen sozialwissenschaftlicher Wissensproduktion in der Wissensgesellschaft* (Franz et al. 2003: 10). Weitere Beiträge stammen aus dem *Handbuch Wissensgesellschaft* (Kajetzke/Engelhardt 2010).

Marktforscher" (ebd.: 334). Diese Feststellung ist für die vorliegende Arbeit wichtig – schließlich geht es auch hier um eine Sozialwissenschaft und nicht um eine Naturwissenschaft. Nichtsdestotrotz ist der Grad der Anwendung von wissenschaftlichem Wissen außerhalb der Universität bei den Ingenieurs- und Naturwissenschaften am höchsten. Auch Kahlert (2010) zufolge gelten besonders „die so genannten MINT-Fächer, also Mathematik, Informatik, Naturwissenschaften und Technik", als zentral, denn „diesen Fächern wird in der entstehenden ‚Wissensgesellschaft' eine hohe Bedeutung für die gesellschaftliche und vor allem ökonomische und technologische Entwicklung beigemessen" (ebd.: 147). Auch aus der Sicht von Fricke (2003) bildet „die gegenseitige Durchdringung von Industrie und Wissenschaft" im Bereich der Naturwissenschaften „de[n] eigentliche[n] Kern der Rede von der Wissensgesellschaft" (ebd.: 152).

Drucker (1969) spricht jedoch eben nicht ausschließlich von Naturwissenschaftlern, wenn er bei seinen Ausführungen zu den „Grundlagen der Bildungswirtschaft" die aus seiner Sicht im Aufstieg befindliche „Kopfarbeit" näher definiert: Diese führe „nicht zum ‚Verschwinden der Arbeit'. [...] Die Tendenzen weisen in Wirklichkeit in die Gegenrichtung. Der typische ‚Arbeiter' der fortgeschrittenen Wirtschaft, der Kopfarbeiter, arbeitet immer mehr und ist immer mehr gefragt. [...] Der junge Ingenieur, der Buchprüfer, der medizinische Techniker oder der Lehrer nehmen von ihrem Arbeitsplatz Arbeit mit nach Hause. Kopfarbeit schafft, wie alle produktive Arbeit, ihre Nachfrage selbst. Und die Nachfrage ist, wie es scheint, unersättlich" (ebd.: 336). Zudem sieht er in der modernen Gesellschaft „ganz wesentlich eine Gesellschaft der großen Organisationen" (Steinbicker 2010a: 21). Drucker argumentiert, dass „Wissen zur eigentlichen Grundlage der modernen Wirtschaft und Gesellschaft und zum eigentlichen Prinzip des gesellschaftlichen Wirkens geworden" sei (ebd.: 22), und macht dies vor allem an vier zentralen Entwicklungen fest:

1. Zum einen weist er auf die *„Entstehung neuer Technologien, neuer Produkte und neuer Industriezweige* auf der Grundlage wissenschaftlichen und technologischen Fortschritts" hin.

2. Darüber hinaus attestiert er eine „Veränderung im gesellschaftlichen Charakter des Wissens" (ebd.: 23). Dabei geht es Drucker zufolge vor allem um „die Anwendung von Wissen auf Wissen", also den „Einsatz von Wissen, um relevantes Wissen auszumachen, zu generieren und um die mit der Bildungsrevolution massenhaft auftretenden ‚Wissensarbeiter' produktiv einzusetzen".

3. Außerdem, so Drucker, sei ein grundlegender Wandel „der gesellschaftlichen und politischen Grundstrukturen" zu beobachten, in dem Aufgaben, die früher traditionell von Kirche oder Familie übernommen wurden, „in zunehmendem Maße von spezialisierten Organisationen übernommen" würden.

4. Und schließlich gebe es eine zunehmende „Internationalisierungs- und Transnationalisierungsdynamik", es komme zur „Herausbildung der Wissensgesellschaft im Kontext der zunehmenden globalen Integration der Wirtschaft".

(Steinbicker 2010a: 22ff.; kursive Hervorhebung im Original; Anm. d. Verf.)

Dabei zeige sich auch eine Veränderung der Definition dessen, was der Zweck von Wissen ist. Dieses existiere in zunehmendem Maße nicht mehr um seiner selbst willen, sondern sei dazu da, für die Wirtschaft nutzbar gemacht zu werden (vgl. ebd.). Im Zuge dieses Prozesses komme es auch zu einer „Umstrukturierung von fachorientierten Disziplinen zu anwendungsorientierten Leistungsgebieten" sowie zu einer „Umkehrung des Verhältnisses von reiner und angewandter Forschung" und zu einer zunehmenden „Verflechtung der Universitäten mit anderen Organisationen, vor allem Wirtschaftsunternehmen" (ebd.: 25).

Daniel Bell geht über die stark organisationstheoretische und managementorientierte Sichtweise Druckers hinaus. Er attestiert einen „grundlegenden Wandel in der sozio-ökonomischen Sphäre hin zu einer postindustriellen Wissensgesellschaft", die sich besonders in der „Expansion des Dienstleistungssektors und in der zunehmenden Bedeutung theoretischen Wissens in Wirtschaft, Technologie und Politik" manifestiere (Steinbicker 2010b: 27f.). Für Bell sind moderne Gesellschaften gleich in doppelter Hinsicht Wissensgesellschaften: „[E]inmal, weil Neuerungen mehr und mehr von Forschung und Entwicklung getragen werden [...]; und zum anderen, weil die Gesellschaft [...] immer mehr Gewicht auf das Gebiet des Wissens legt" (Bell 1975: 219). Dies sei nicht zuletzt deswegen der Fall, weil westliche Gesellschaften in zunehmendem Maße Dienstleistungsökonomien seien.

Gerade dem theoretischen Wissen komme dabei eine wichtige Rolle zu. Aus Bells Sicht sind „wissenschaftlich[e] Fachkräfte" die „wichtigste Ressource der postindustriellen Gesellschaft" (ebd.: 227). Aufbauend auf dieser These skizziert er Mitte der 1970er Jahre folgende Zukunftsvision: „Im letzten Drittel des 20. Jahrhunderts [...] wird die Gesellschaft, ob man sie als nachindustrielle, als Wissens- oder aktive Gesellschaft, als technetronisches [sic!] Zeitalter [...] bezeichnen mag, einer entschiedenen Führung und größerer Fachkenntnisse bedürfen [...]. Da Wissen und Technologie zum unentbehrlichen Hilfsmittel der Gesellschaft aufgerückt sind, lassen sich gewisse politische Entscheidungen nicht mehr umgehen, und da die wissenschaftlichen Institutionen Anspruch auf öffentliche Unterstützung erheben, stellt auch die Öffentlichkeit berechtigterweise gewisse Anforderungen an diese Institutionen" (ebd.: 241). Wissenschaftliches Wissen entwickle sich zunehmend zu einer Grundlage für unterschiedliche Anwendungsfelder, die weit über die technische Industrie hinausgingen und sich beispielsweise auch in der „Politikberatung" finden ließen (Steinbicker 2010b: 28). Aus der Sicht von Gerhard Vowe, KW-Professor und Lehrstuhlinhaber an der Universität Düsseldorf, ist das theoretische Wissen in Bells Konzept der Wissensgesellschaft „die zentrale Achse [...], um die sich die Gesellschaft" dreht (Vowe 2008: 49). So wie Drucker konstatiert Bell daher ebenfalls eine steigende Relevanz wissenschaftlichen Wissens außerhalb seines klassischen Verwendungskontextes in den ‚scientific communities'. Aus seiner Sicht ist *„wissenschaftliches* Wissen in den betreffenden Gesellschaften *die* Quelle für Innovation und kulturelle Entwicklung, bilde[t] die Basis der Ökonomie und steh[t] im Focus der Politik" (ebd.; kursive Hervorhebungen im Original; Anm. d. Verf.). Dieses Wissen wird für ihn „zur wichtigsten Quelle neuen, zusätzlichen Wissens" (Adolf/Stehr 2008: 66).

Der Gedanke, dass auch andere gesellschaftliche Teilbereiche neben der Wissenschaft selbst von deren Ergebnissen profitieren sollten (oder zumindest: könnten), ist dabei keineswegs neu. Bereits in der Einleitung wurde exemplarisch auf Sir Francis Bacon, Immanuel Kant und andere Autoren hingewiesen. Schon Platon hatte den Gedanken in die Welt gesetzt, „dass eine Elite aus Wissenschaftlern und Technokraten die Geschicke der Gesellschaft lenken sollte" (Vowe 2008: 50). Neu ist jedoch an Bells Sichtweise die „primär ökonomisch orientierte" Argumentation (Adolf/Stehr 2008: 63), die vor allem zwei zentrale Elemente impliziert: Zum einen ist für Bell die moderne Gesellschaft eine Wissensgesellschaft, weil „Forschung und Entwicklung zu den hauptsächlichen Quellen von Innovation werden" und das theoretische Wissen „zu einer engeren Verknüpfung von Wissenschaft [...] und ökonomischer Entwicklung" führe (ebd.: 66). Zum anderen verlagere sich das „Gewicht einer Gesellschaft, gemessen am Bruttosozialprodukt und den Beschäftigungsanteilen nach Sektoren, zusehends ins Wissensfeld" (ebd.).

Damit sind die elementaren Grundlagen des Konzepts der Wissensgesellschaft nach Drucker und Bell benannt.[124] Mit Daniela Rohrbach (2008) ließen sich noch drei darüber hinausgehende Trends benennen, denen im Kontext der Wissensgesellschaft ebenfalls steigende Bedeutung zukommt:

1. „die Diffusion der Informations- und Kommunikationstechnologien (IuKT)",

2. „die durchschnittliche Erhöhung der Bildungsbeteiligung und -dauer",

3. „die Entstehung einer Wissensökonomie".

(Rohrbach 2008: 88)

Pfadenhauer/Kunz (2010) weisen darauf hin, dass bei den älteren Ausführungen zur Wissensgesellschaft „ein eher hoffnungsvolles, teils positivistisches Bild von der Rolle des Wissens" diagnostiziert werden könne, welches sich „in der Überzeugung spiegelt, politische Entscheidungsfindungsprozesse könnten in der ‚knowledgeable society' durch den gesteigerten Einfluss wissenschaftlichen Wissens entideologisiert und dadurch zum Wohle aller Gesellschaftsmitglieder gestaltet werden" (ebd.: 240). Demgegenüber würden spätere Konzepte (z.B. von Stehr oder Castells) „stärker auf den Aspekt der ökonomischen Verwertbarkeit von (wissenschaftlichem) ‚Wissen als Ware' und die Möglichkeiten des Wissenstrans-

---

[124] Diese beiden theoretischen Ansätze zur Definition der Wissensgesellschaft stellen keinesfalls die einzigen dar. Neben Ulrich Beck und Manuel Castells argumentiert etwa der deutsche Kulturwissenschaftler Nico Stehr (siehe Adolf 2010): „Wissensgesellschaften zeichnen sich [...] nicht nur durch das Vorhandensein von Wissen aus [...]. Wichtig ist, wie Wissen gewonnen wird und von welcher Beschaffenheit es ist [...]. Neben dem ‚Wissen, dass' (*know that*) wird das ‚Wissen, wie' (*know how*) immer wichtiger [...]. Wissenschaft wird zur wichtigsten Quelle neuen, zusätzlichen, stark ausdifferenzierten Wissens und ermöglicht immer neue Handlungsoptionen" (ebd.: 58; kursive Hervorhebungen im Original; Anm. d. Verf.). Dabei scheint Stehr jedoch an Bell anzuknüpfen, wenn er beispielsweise feststellt, dass „Forschung und Entwicklung [...] zusehends ins Zentrum der Wertschöpfung" rücken würden (ebd.).

fers über die neuen Informations- und Kommunikationstechnologien" abstellen (ebd.).

Dieser Fokus auf die ökonomische Verwertbarkeit spielt auch im Konzept der ‚Wissensökonomie' eine Rolle. Genau wie der Begriff der ‚Informationsgesellschaft', so wird auch dieser Terminus teilweise synonym mit dem der Wissensgesellschaft verwendet. Unter der Wissensökonomie kann man jedoch eher eine inhaltliche Zuspitzung des Konzepts der Wissensgesellschaft verstehen, die sich Dörhöfer (2010) zufolge gerade kurz vor der Jahrtausendwende „als hegemoniales Deutungsmuster für die Restrukturierung einer globalisierten Wirtschaft etabliert" hatte (ebd.: 102). Der Begriff der ‚Wissensökonomie' geht dabei nicht zuletzt auch auf politische Leitkonzepte der *OECD*, der *EU* und der Bundesregierung zurück und manifestiert sich unter anderem in Indikatoren wie „der Änderung der Zusammensetzung von Forschungs- und Entwicklungsausgaben, der Zunahme an Patentanmeldungen, der expandierenden und zunehmend mobilen ‚Humankapitalbasis' sowie der Verbreitung und effizienteren Nutzung der Informations- und Kommunikationstechnologien" (ebd.).[125]

Der Unterschied zwischen dem Konzept der Wissensgesellschaft und dem der Wissensökonomie liegt dabei vor allem darin begründet, dass bei Letzterem ein weniger starker Fokus auf theoretisches Wissen gelegt wird. Vielmehr wird hier unterstellt, dass „Innovations- und Wissensprozesse [...] die Versammlung einer Heterogenität von Wissensformen" implizieren und es dadurch zu einer „veränderten Kopplung von Wissenschaft und Ökonomie" komme (ebd.: 105). Diese ‚Heterogenität von Wissensformen' soll auch im Rahmen der vorliegenden Untersuchung keinesfalls unterschlagen werden. Vielmehr kann (im Einklang mit dem *DPRG*-Qualifikationsprofil; siehe Kapitel III, 2.2.2) davon ausgegangen werden, dass in der PR-Praxis unterschiedliche Formen des Wissens von Relevanz für die tägliche Arbeit der Praktiker sind. Dennoch ist die Rolle des wissenschaftlichen Wissens – in diesem Fall: des von der KW hervorgebrachten Wissens – von besonderer Relevanz für diese Studie. Aus der Perspektive des theoretischen Konzepts der Wissensgesellschaft stellt sich dabei die Frage: Ist auch die PR ein Beruf von „Kopfarbeiter[n]" (Drucker

---

[125] Siehe auch: *OECD*: „*knowledge-based economy*", Lissabon-Strategie: „[W]issensbasierte Wirtschaft", Bundesministerium für Wirtschaft und Technologie: „Informationsgesellschaft Deutschland" (Dörhöfer 2010: 103; kursive Hervorhebung im Original; Anm. d. Verf.).

1969: 336) bzw. „Wissensarbeiter[n]" (Steinbicker 2010a: 23), in dem Wissen zu einem Produktionsfaktor, zu einer strategischen Ressource in einem sich verschärfenden Wettbewerb um Aufmerksamkeit wird, welches wiederum aus der KW gewonnen werden kann?[126] Dabei darf freilich nicht eine zu simplifizierte ‚Anwendung' wissenschaftlichen Wissens unterstellt werden. Ein Wissensarbeiter nutzt das einmal aufgenommene Wissen nicht einfach unverändert, sondern passt es an und betrachtet es „prinzipiell nicht als Wahrheit, sondern als Ressource" (Kurtz 2002: 65). Welcher Umgang mit den von der KW hervorgebrachten Erkenntnissen erwartet werden kann, wird in Kapitel III, 2 und 3 genauer erörtert, wo allgemeine Theorien für Transferprozesse zwischen Wissenschaft und Praxis präsentiert werden und schließlich das eigene theoretische Modell entwickelt wird.

1.2 Kritik

Das Konzept der Wissensgesellschaft wird aus unterschiedlichen Gründen kritisiert. Seine offensichtlichste Schwachstelle liegt darin, dass jeder Versuch, *die* Gesellschaft mit einem einzelnen Begriff zu erfassen, zum Scheitern verurteilt ist. Gleichzeitig gibt es mittlerweile eine ganze Reihe solcher Termini, die genau das zu leisten versuchen. Renate Martinsen, Politikwissenschaftlerin an der Universität Duisburg-Essen, hält fest, dass beispielsweise die Begriffe Wissensgesellschaft und Mediengesellschaft in einer Art Konkurrenzverhältnis stehen (Martinsen 2010; siehe auch Kapitel III, 1.3). Und Raabe et al. (2008) zählen ein „Nebeneinander von unterschiedlichen ‚Bindestrichgesellschaften'" auf, das an die Stelle der scheinbar linearen Abfolge von „Ständegesellschaft, bürgerlicher Gesellschaft, Industriegesellschaft etc." getreten sei (ebd.: 10). Die Wissensgesellschaft fällt hier lediglich als ein Begriff unter vielen, die alle versuchen würden, „das Typische der Gesellschaft zu benennen" – so etwa „Dienstleistungsgesellschaft, Risikogesellschaft, postindustrielle Gesellschaft, Multioptionsgesellschaft, postmoderne Gesellschaft, Erlebnis-, Medien-, In-

---

[126] Hoffjann/Röttger (2009) zufolge könnte man zumindest Mitarbeiter von PR-Beratungen als „Prototypen des Wissensarbeiters" betrachten (ebd.: 125; siehe Kapitel II, 3.3).

formations- und Kommunikationsgesellschaft, Wissenschaftsgesellschaft, Gesellschaft des digitalen Zeitalters" oder eben auch „*Wissensgesellschaft*" (ebd.; kursive Hervorhebung im Original; Anm. d. Verf.).

Neben diesem generellen Problem stellt sich die Frage, ob die These, dass Wissen zu einem Produktionsfaktor geworden ist, wirklich eine neue Entwicklung beschreibt. Man könnte argumentieren, dass es bereits in der Steinzeit ein entscheidender Vorteil gewesen sein muss, zu *wissen*, wie man Feuer entfacht: „Es ist nahezu trivial zu sagen, Wissen sei bedeutend für soziale Strukturen – es liegt auf der Hand" (Kajetzke/Engelhardt 2010: 7). Auch Peter Weingart fragt, ob nicht „im Prinzip alle menschlichen Gesellschaften letztlich auf dem Erfahrungswissen aufbauen", und argumentiert, dass unsere Gesellschaft zwar nicht als „Wissen*schafts*gesellschaft" [kursive Hervorhebung durch den Verf.], jedoch „wohl besser als eine ‚verwissenschaftlichte'" Gesellschaft bezeichnet werden könne (Weingart 2003: 8).

Doch selbst wenn es tatsächlich so sein sollte, dass Wissen heutzutage eine noch größere gesellschaftliche Relevanz als in der Vergangenheit besitzt, muss dies noch lange nicht bedeuten, dass es sich dabei auch um die wichtigste Ressource handelt. Daniela Rohrbach hält in ihrer Untersuchung der Entwicklung der vermeintlichen Wissensgesellschaft in 19 *OECD*-Ländern zwischen 1970 und 2002 – bei der die Autorin gemäß der „Wachstumshypothese" erwartete, dass „sich der Trend in Richtung Wissensgesellschaft auf der Ebene der wirtschaftlichen Aktivitäten als kontinuierliches Wachstum des Sektors abbildet" (Rohrbach 2008: 98) – fest, dass die Wachstumshypothese zwar nicht habe widerlegt werden können, jedoch sei „nach der hier getroffenen Operationalisierung der Wissenssektor bislang in keiner der untersuchten 19 reichen Volkswirtschaften der für Beschäftigung und Wertschöpfung bedeutendste Sektor" (ebd.: 99). Man könne im engeren Sinne nicht von „entwickelten Wissensgesellschaften" sprechen, sondern vielmehr von einer „*Wissensverbreitungs*gesellschaft" (ebd.; kursive Hervorhebung im Original; Anm. d. Verf.).

Für Ulrich Beck, der argumentiert, dass wissenschaftliches Wissen einen Risikofaktor darstelle und dass moderne Gesellschaften „zugleich wissenschaftshörig *und* wissenschaftskritisch" geworden seien (Beck/Bonß 1989: 20; kursive Hervorhebung im Original; Anm. d. Verf.), gehen die klassischen „Missionarskonzepte" eines Peter Drucker oder eines Daniel Bell „an der Wirklichkeit vorbei" (ebd.). Andere Autoren vermuten, dass der

Begriff der Wissensgesellschaft bei genauerem Hinsehen lediglich eine Art Euphemismus für den zunehmenden Ökonomisierungsdruck in der Gesellschaft im Allgemeinen und in der Wissenschaft im Besonderen darstelle. Bosch/Renn (2003) kritisieren, dass er „theoretisch und historisch" nicht zu halten sei – von seinen Anhängern aber dennoch energisch vertreten werde (ebd.: 66). Für sie stellt das Konzept der Wissensgesellschaft ein normatives Konzept dar, mit dem die Unterordnung „gesellschaftliche[r] Prozesse und individuelle[r] Lebensläufe" zugunsten der Wirtschaft legitimiert werde (ebd.). Innovation mutiere dadurch zu einem „(ökonomisch begründeten) Selbstzweck" (ebd.: 67). Dies führe dazu, dass die „ökonomische Befristung der neuen Produktion des Wissens" auf lange Sicht deren eigene Grundlagen gefährde (ebd.). Darüber hinaus argumentiert Maria Funder (2010), dass in einer wirklich wissensorientierten Gesellschaft Geschlechterdifferenzen und -hierarchien eigentlich keine Rolle mehr spielen dürften. Es zeige sich jedoch, dass „moderne, wissensbasierte Organisationen" immer noch weit davon entfernt seien, „als Vorboten für einen tief greifenden Wandel der Geschlechterverhältnisse zu gelten" (ebd.: 321). Die „post-patriarchale (Wissens-)Gesellschaft" sei keinesfalls Realität (ebd.).

Abschließend muss daher festgehalten werden, dass das Konzept der Wissensgesellschaft keineswegs über alle Zweifel erhaben ist. Vor allem die zahlreichen anderen „Bindestrichgesellschaften" (Raabe et al. 2008: 10), mit denen der Terminus in einem Konkurrenzverhältnis steht, lassen die Frage aufkommen, warum es nun gerade der Begriff der Wissensgesellschaft sein sollte, der unsere Gesellschaft am treffendsten beschreibt. Gleichzeitig, so Walter Hömberg (2008) unter Bezug auf den Wissenschaftstheoretiker Thomas S. Kuhn, sei es in den Sozialwissenschaften keinesfalls außergewöhnlich, dass „mehrere Paradigmen nebeneinander" zur Beschreibung gesellschaftlicher Prozesse existierten (ebd.: 29). Und trotz der genannten Kritikpunkte ist die Wissensgesellschaft ein äußerst einflussreiches theoretisches Konzept – laut Kajetzke/Engelhardt (2010) die „aktuell populärst[e] Zeitdiagnose" (ebd: 11).

1.3 Wissensgesellschaft und Medien/Kommunikation

Doch wie steht die KW-Fachgemeinschaft zum Konstrukt der Wissensgesellschaft? Und: Wäre es für eine Dissertation in diesem Fach nicht zielführender, vom Konzept der ‚Mediengesellschaft' auszugehen? Die *DGPuK* hat sich auf ihrer Jahrestagung 2007 in Bamberg mit dem Thema *Medien und Kommunikation in der Wissensgesellschaft* auseinandergesetzt (Raabe et al. 2008: 9). In diesem Zusammenhang stellt Gerhard Vowe fest, dass sich die KW im deutschsprachigen Raum „unter allen Optionen für die ‚Mediengesellschaft' entschieden und in den letzten Jahren erhebliche Anstrengungen unternommen [habe], um ein theoretisch fundiertes und empirisch geprüftes Konzept vorzulegen, das sachliche, soziale und zeitliche Vorteile ins Feld führen kann" (Vowe 2008: 57). Dabei sei eine fortschreitende Medialisierung moderner Gesellschaften zu beobachten (vgl. ebd.). Für Michael Meyen stellt eben diese Medialisierung ein „Lieblingsthema" der KW dar, wobei er auch auf die bereits mehrfach zitierten Empfehlungen des Wissenschaftsrats aus dem Jahr 2007 verweist, die sich ebenfalls auf das Phänomen der Medialisierung beziehen (Meyen 2009: 23; Wissenschaftsrat 2007). Zwar herrsche „sowohl in der englischsprachigen als auch in der deutschen Literatur" Uneinigkeit darüber, „welches Phänomen eigentlich genau untersucht werden soll und wie dieses Phänomen heißt" – jedoch könne man die Medialisierung „als eine Reaktion in anderen gesellschaftlichen Teilbereichen versteh[en], die sich entweder auf den Strukturwandel des Mediensystems bezieht oder auf den generellen Bedeutungsgewinn von Massenmedienkommunikation" (ebd.: 24ff.).

Der damit assoziierte zunehmende Einfluss der Medien auf die unterschiedlichsten Gesellschaftsbereiche hat laut Mark Eisenegger und Kurt Imhof (2008) (beide Universität Zürich) zur Folge, „dass wissenschaftliches Wissen [...] den Nimbus des Unhinterfragbaren verliert und die Wissenschaft in jüngster Zeit mit *akzentuierten Reputationsrisiken* konfrontiert wird" (ebd.: 75; kursive Hervorhebung im Original; Anm. d. Verf.). Einerseits stünde die Nutzbarmachung wissenschaftlichen Wissens in technischen Kontexten seit einigen Jahrzehnten generell unter einer Art „Risikoverdacht" (ebd.). Andererseits hätten sich die Medien kontinuierlich aus dem Kontext der Politik befreit und würden deren „fortschrittsoptimistisch[e] Weltanschauungen" nicht mehr so sehr teilen wie früher (ebd.: 76). Stattdessen würden sie nun vor allem auf mögliche „Probleme und Bedrohungen" der Wissenschaft hinweisen (ebd.). Als Fazit ihrer Untersuchung zur Langzeitentwicklung der Wissenschaftsberichterstattung zwischen 1945 und 2006 halten die beiden Autoren fest, dass die Wissenschaft infolge der Medialisierung zunehmend kritisch gesehen werde, ihre Erkenntnisse „als vorläufiges, ungesichertes Wissen erachtet" würden und ihre Produzenten „verstärkt um ihre Reputation bangen" müssten (ebd.: 85).

Von dieser Warte betrachtet könnte man argumentieren, dass die Medialisierung dem Grundgedanken der Wissensgesellschaft entgegenwirkt: Statt (wissenschaftliches) Wissen zu einer immer wichtigeren Ressource werden zu lassen, wird hier von einer Schwächung bzw. einem Reputationsverlust der Wissenschaft ausgegangen. Küblers (2010) Feststellung, dass „[k]ein anderes gesellschaftliches (Sub-)System [...] so eng verzahnt mit der Entwicklung und kollektiven Wahrnehmung der Wissensgesellschaft wie die Medien" sei (ebd.: 171), wird durch die Untersuchung von Eisenegger/Imhof somit bestätigt – wenn auch im negativen Sinne. Teilweise scheinen die Medien bereits „das Wahrheitsmonopol der Wissenschaft zu verdrängen" (Böschen 2010: 165). Peter Weingart geht in seinem Beitrag für die *DGPuK*-Tagung im Jahr 2011 über das Phänomen der fortschreitenden Medialisierung der Gesellschaft hinaus und thematisiert den „reflexive turn" der Massenmedien – ein Begriff, welcher der zunehmenden Beschäftigung der Medien mit sich selbst einen Namen geben soll (Weingart 2012: 28). Dabei stellt er die Frage, ob die KW in der Mediengesellschaft nicht vielleicht sogar eine „Schlüsselwissenschaft" darstelle, da sie sich per se als „Reflexionswissenschaft" der Medien verstehe, die wiederum stetig an Einfluss auf andere gesellschaftliche Teilbereiche gewinnen würden (konkret nennt Weingart dabei die „Medialisierung von Politik, Recht, Wissenschaft; übrigens ganz besonders auch der Wirtschaft"; ebd.).

Das Verhältnis von Medien- und Wissensgesellschaft (oder: das Verhältnis von Medialisierung und Wissensgesellschaft) ist somit nicht frei von Konflikten. Erstere erfährt aufgrund ihrer größeren inhaltlichen Anschlussfähigkeit zum Fachkern eine stärkere Rezeption in der KW und man könnte daher argumentieren, dass sie auch in dieser Arbeit der Wissensgesellschaft als theoretische Hintergrundfolie hätte vorgezogen werden sollen. Allerdings vertritt der Autor der vorliegenden Studie die Auffassung, dass die Medialisierung moderner Gesellschaften kein ausreichendes Fundament für die Entwicklung eines eigenen theoretischen Modells darstellen kann, das sich mit der Relevanz wissenschaftlichen Wissens in einem bestimmten Berufsfeld auseinandersetzt (siehe Kapitel III, 3).

1.4 Zusammenfassung

Das Konzept der Wissensgesellschaft geht davon aus, dass Wissen in den vergangenen Jahrzehnten zu einem immer wichtigeren Produktionsfaktor in modernen Gesellschaften geworden ist. Als strategische Ressource kann (wissenschaftliches und nicht-wissenschaftliches) Wissen einen zentralen Wettbewerbsvorteil für unterschiedliche gesellschaftliche Akteure darstellen. Trotz der genannten Kritikpunkte am Konstrukt der Wissensgesellschaft sowie seiner teilweise konflikthaltigen Beziehung zum Konzept der Mediengesellschaft bilden diese postulierten Metaprozesse den theoretischen Rahmen dieser Studie. In ihr soll die Frage gestellt werden, ob auch das von der KW generierte und in Umlauf gebrachte Wissen als ein Produktions- bzw. Wettbewerbsfaktor für Akteure in der PR gelten kann. Diese Frage ist umso interessanter, als die Wissenschaft heute von einigen Autoren „zumeist in ihrer Monopolstellung des ‚Wissensproduzenten' als bedroht eingeschätzt wird" (Pfadenhauer/Kunz 2010: 240). Auf diese Beobachtung soll im folgenden Kapitel genauer eingegangen werden – genau wie auf die Frage, auf welchen Wegen wissenschaftliches Wissen überhaupt in die Praxis gelangen kann.

2. Transfer zwischen Wissenschaft und Praxis

In diesem Kapitel wird zunächst im Rahmen eines kurzen normativen Exkurses auf die Frage eingegangen, ob Wissenschaft überhaupt anwendbar sein ‚muss' bzw. ‚sollte' (Kapitel III, 2.1). Anschließend werden unterschiedliche Formen von Wissen definiert (Kapitel III, 2.2) und ausgewählte Theorien und Erkenntnisse zum Transfer zwischen Wissenschaft und Praxis aufgeführt (Kapitel III, 2.3). Auf dieser Grundlage wird dann in Kapitel III, 3 das für diese Studie entwickelte theoretische Modell präsentiert, welches jedoch – der Logik qualitativer Forschung folgend – nicht lediglich deduktiv aus der Literatur abgeleitet und überprüft, sondern im Zuge des Forschungsprozesses immer weiter angepasst wurde (siehe auch Kapitel IV).

2.1 Normativer Exkurs: ‚Muss' Wissenschaft anwendbar sein?

Bei der Erforschung der Frage, welche Relevanz die Erkenntnisse einer Wissenschaft für bestimmte Praxisbereiche haben könnten, wird nicht selten der Vorwurf laut, dass eine solche nichtwissenschaftliche ‚Verwertung' nicht von Bedeutung für die Forschung sein dürfe. Ansonsten, so die Kritiker, stelle sich die Wissenschaft nur mehr in den Dienst ökonomischer und politischer Interessen und verfehle ihren eigentlichen Auftrag – die Erforschung der Welt allein um der Erkenntnis willen (siehe auch Vorwort). Befürchtet wird eine „zu schnelle Verwertung noch ungesicherter wissenschaftlicher Befunde aufgrund eines Bedürfnisses nach simplen Handlungsanweisungen bzw. die zu schnelle Akzeptanz von pseudowissenschaftlichen Thesen" (Kunczik 2010: 95; vgl. auch Kunczik 1994). Diese Kritik klang bereits weiter oben im Kontext von KW- bzw. PR-Forschung (siehe Kapitel II, 1) und dem Konzept der Wissensgesellschaft (Kapitel III, 1.2) an. Jedoch, so Jürgen Howaldt, hätten die Sozialwissenschaften bis vor zehn Jahren insgesamt auf die „veränderten Anforderungen von Akteuren aus Wirtschaft, Politik etc. zurückhaltend bis abwehrend" reagiert (Howaldt 2003: 241). Angesichts der Forderung nach wissenschaftlicher Öffnung, Anwendbarkeit und Interaktion mit der Praxis werde von ihnen „ein Verlust der spezifischen Leistungsfähigkeit [...] durch eine Indienstnahme durch die Praxis befürchtet" (ebd.). Allerdings, so Howaldt, bewahrheiteten sich diese Befürchtungen zumeist nicht. Aus seiner Sicht kommt es stattdessen zu „koevolutionäre[n] Entwicklungs- und Lernprozesse[n] zwischen Wissenschaft und anderen gesellschaftlichen Teilsystemen" (ebd.: 253).

Auch Fengler/Eberwein (2012) weisen auf „zwei miteinander konkurrierende [...] Paradigmen" in Bezug auf das erstrebenswerte Verhältnis zwischen Wissenschaft und Praxis hin. Auf der einen Seite stünden die Verfechter der „reinen Wissenschaft", welche die Aufgabe der Sozialwissenschaft darin sähen, die Gesellschaft zu analysieren und Nachwuchs auszubilden (ebd.: 11). Die Kritiker dieser Sichtweise forderten hingegen einen „Abbau der gewachsenen Kommunikationsbarrieren" sowie eine „Neubestimmung des Verhältnisses von sozialer Distanz und Anschlussfähigkeit an die gesellschaftliche Praxis" (ebd.: 12). Eine stark an der externen Verwertung orientierte Forschung hätte dabei für den einzelnen Wissenschaftler mehrere Implikationen: Auf der einen Seite wäre es für ihn leichter, Drittmittel einzuwerben und öffentliche Aufmerksamkeit zu erhalten (vgl. Schäfer 2012). Auf der anderen Seite droht jedoch gleichzeitig „ein sinkendes Ansehen, ja ein *Reputationsverlust* in der Forscherkommunität, woraus sich *schlechtere Evaluations- und Reviewergebnisse* ergeben können" (ebd.: 301f.; kursive Hervorhebungen im Original; Anm. d. Verf.).

Die sich in diesem Kontext anbietende klassische Unterscheidung zwischen Grundlagen- und Anwendungsforschung (die parallel zueinander und somit im Idealfall konfliktfrei ausgeübt werden könnten) existiert dabei Michael Kunczik zufolge in der PR-Forschung nicht – sie werde als „anwendungsorientiert" verstanden (Kunczik 2010: 97). Olaf Hoffjann (2007) argumentiert, „dass sich Kommunikationswissenschaftler nicht selten [dem] Druck beugen" würden, der in der PR-Branche durch Klagen über die Praxisferne des Faches erzeugt werde (ebd.: 72). Zwar könne ein Wissenstransfer zwischen beiden Seiten sowohl für Wissenschaft als auch Praxis von Vorteil sein – aber, so Hoffjann, „[d]arüber sollte [...] nicht die originäre gesellschaftliche Funktion des Wissenschaftssystems vergessen werden, die in der Wissensentwicklung zu finden ist [...]. Eine PR-Forschung, die zu einem Annex der PR-Praxis degeneriert, dürfte langfristig selbst für die Öffentlichkeitsarbeiter ‚sinnlos' sein" (ebd.). Diese Auffassung wird auch vom Autor der vorliegenden Dissertation vertreten.

2.2 Definitionen von Wissen

Michel Foucault zufolge wird „[d]as Wort *Wissen* [...] gebraucht, um alle Erkenntnisverfahren und -wirkungen zu bezeichnen, die in einem bestimmten Moment und in einem bestimmten Gebiet akzeptabel sind" (in: Maier 2008: 129; kursive Hervorhebung im Original; Anm. d. Verf.). Dadurch kommt zum Ausdruck, dass Wissen „immer kontextabhängig und prozessual verstanden werden muss. Es bildet nicht einfach Wirklichkeit ab, sondern ist an der Konstruktion von Wirklichkeit beteiligt" (ebd.). Darüber hinaus existieren unzählige Unterformen von Wissen, wie etwa Erfahrungswissen, vermitteltes Wissen, praktisches/populäres sowie theoretisches und wissenschaftliches Wissen, Faktenwissen und Strukturwissen, Objektwissen und Prozesswissen, sowie wahres und falsches Wissen (vgl. Kübler 2010: 175f.).

Im Folgenden soll nun sowohl auf das wissenschaftliche Wissen eingegangen werden als auch auf die Formen von Wissen, die in der PR benötigt werden. In der empirischen Untersuchung wird dann der Frage nachgegangen, wann das von der KW zur Verfügung gestellte Wissen zu einem für die PR-Praxis nützlichen Wissen werden kann. Im Gegensatz zu Ulrike Röttger, die mehrere Autoren dahingehend zitiert, dass aus konstruktivistischer Sicht „Wissenschaft weder neues, gegenstandsbezogenes Wissen in die Praxis einführen" könne, noch die Praxis sich „selektiv aus der Wissenschaft" bediene (in: Röttger 2009: 20; siehe auch Röttger 2011: 279), wird in dieser Arbeit die Auffassung vertreten, dass es durchaus zu einem aktiven und selektiven Nachfragen nach wissenschaftlichem Wissen durch die PR-Praxis kommen kann.

Das heißt nicht, dass die „Differenzen zwischen Wissenschaft und Praxis" als „Problem" betrachtet werden (Röttger 2009: 20). Stattdessen wird anerkannt, dass die „unterschiedlichen Regeln und Logiken von Wissenschaft und Praxis [...] Voraussetzung für eine wechselseitige produktive Anregung beider Wissensbereiche" sind (ebd.; siehe auch Kapitel III, 2.1). Keinesfalls wird in dieser Arbeit von einem „einfachen Wissenstransfer von der Wissenschaft in die Praxis" ausgegangen, der dann impliziert, „dass dieser Transfer zu einer Optimierung der Praxis führt" (Röttger et al. 2011: 279). Die These, dass „[p]rofessionelles Wissen [...] nicht nur um wissenschaftliches Wissen angereichertes und optimiertes Wissen" darstelle und dass es „als spezifischer Wissenstyp mit eigenständiger

Strukturlogik anzusehen" sei, der „sowohl Bezüge zur Wissenschaft als auch zur Praxis aufweist" (ebd.), soll an dieser Stelle nicht bestritten werden – sie steht nicht im Mittelpunkt dieser Arbeit. Stattdessen wird ganz einfach die Frage gestellt, ob und in welchen Zusammenhängen PR-Praktiker den Kontakt zu wissenschaftlichen Inhalten und Fachvertretern suchen, unter welchen Umständen sie selektiv auf den (möglicherweise im Studium kennengelernten, möglicherweise bis dato für sie unbekannten) Wissensfundus des Fachs zurückgreifen und wofür sie diesen Input nutzen.[127] In welcher Form dieses Wissen dann in den Köpfen der PR-Praktiker vorliegt – ob als immer noch getrennt existierendes wissenschaftliches Wissen, als eine eigene Form des professionellen Wissens oder als eine Art transformierte Mischform, steht auf einem anderen Blatt und wird in dieser Arbeit nur am Rande behandelt (siehe Kapitel III, 2.2.2).

2.2.1 Wissenschaftliches Wissen

Die vielleicht elementarste Eigenschaft wissenschaftlichen Wissens besteht Burkart (2002) zufolge darin, dass es aus „möglichst allgemeingültige[n] Aussagen" besteht (ebd.: 422). Ziel sei es, mithilfe dieser Aussagen und den darauf basierenden theoretischen Modellen „einen Realitätsausschnitt (=bestimmte Erfahrungszusammenhänge) verstehbar, interpretierbar zu machen" (ebd.). Dies erlaube dann auch die Formulierung von Prognosen (vgl. ebd.). Dabei lassen sich mit dem Soziologen Bernhard Badura sechs Arten von wissenschaftlichem Wissen unterscheiden:

> „[1] *[B]egriffliches Wissen*, die Grundbegriffe einer Wissenschaft, das technische Vokabular und seine Bedeutungen [...]. Als zweites könnte ein [2] *theoretisches Wissen* unterschieden werden, Annahmen, Theorien, Behauptungen zu bestimmten Problembereichen einer Wissenschaft [...]. Als drittes unterscheiden könnte man ein [3] *wissenschaftstheoretisches Grundlagenwissen*, ein methodisches Wissen darüber, wie Begriffe eingeführt, terminologisch festgelegt, miteinander verbunden, darüber wie Behauptungen begründet, verteidigt und angegriffen werden können, ein Wissen darüber, was ,Wahrheit', was ,Erklärung' in dieser Wissenschaft bedeutet, was akzeptable und nicht akzeptable Regeln wissenschaftlichen Arbeitens und Kommunizierens sind. [...] Als viertes unterschieden werden könnte ein gewisses [4] *Faktenwissen* über die eigene oder fremde Gesellschaft, beispielsweise über den Altersaufbau, die Anzahl der Erwerbs-

---

[127] Dass darüber hinaus auch nach Hinweisen für ein KW-affines PR-Verständnis gesucht wird, wurde bereits mehrfach erläutert (siehe Kapitel I sowie II, 1.2.1).

tätigen [...]. Als fünftes unterschieden werden könnte ein [5] *technisch-formales Wissen*, etwa im Bereich der Techniken und Methoden der empirischen Sozialforschung, der Grundlagen und Anwendungsweisen der Statistik und Logik [...]. Sechstens schließlich könnte noch ein [6] direkt anwendungsbezogener Teil einer Disziplin, ihr *Rezeptwissen*, unterschieden werden."

(Badura 1976: 10; kursive Hervorhebungen im Original;
Anm. d. Verf.; Nummerierung durch Verf. eingefügt)

In der vorliegenden Arbeit soll keine Einschränkung dahingehend vorgenommen werden, welche dieser Subformen von wissenschaftlichem Wissen aus der KW für die PR-Praxis relevant sein könnten. Allerdings liegt die Vermutung nahe, dass ein eventuell vorhandenes „Rezeptwissen" (ebd.) eine größere Chance auf Anwendung in der Praxis hat als beispielsweise „wissenschaftstheoretisches Grundlagenwissen" (ebd.). Dabei lässt sich Badura zufolge die Frage nach der Anwendbarkeit von Wissenschaft nicht allgemein beantworten. Stattdessen müsse immer gefragt werden: „nützlich ‚für wen' und ‚wozu'? Nicht nur die Qualität des Angebots, sondern auch die Nachfragestruktur ist bestimmend für den Verbrauch eines Produktes. Wissen kann – gemessen am Konsens der Experten – qualitativ hochwertig und dennoch praktisch irrelevant sein" (ebd.: 11). Der Gedanke, dass auch die „Nachfragestruktur" (ebd.) entscheidend für die Praxisrelevanz einer Wissenschaft ist, wird dabei von zahlreichen Autoren vertreten (siehe Kapitel III, 2.3) und bildet auch eine der Grundlagen für das theoretische Modell dieser Studie (siehe Kapitel III, 3).

2.2.2 Praxiswissen in der PR

Während sich wissenschaftliches Wissen durch die Bereitstellung allgemeingültiger Aussagen auszeichnet, wird in der PR-Praxis (wie in anderen Berufen auch) Sarah Zielmann (2006) zufolge häufig auf „Alltagswissen" zurückgegriffen, welches subjektiv geprägt ist und keine theoretischen Gesetzmäßigkeiten nach spezifischen Standards hervorbringt. Dabei handele es sich um „implizites, auf Erfahrung beruhendes Wissen über die Relevanz und Geeignetheit bestimmter Handlungsweisen" (ebd.: 102). Demgegenüber beinhalte „[p]rofessionelles Wissen, fachliches Wissen [...] theoretische bzw. auf Modellkonstruktionen rekurrierende Fähigkeiten, die in der Ausbildung gelernt werden" (ebd.). Dieses umfasse „den fachgerechten Einsatz von Instrumenten" und diene „im übertragenen

Sinne für kognitive Aufgaben wie etwa bei Verhandlungen oder Routinen der Problemlösung" (ebd.). Wienand (2003) zufolge liegt im Wissen „das Fundament beruflicher Praxis", es stelle „*die* zentrale Unterscheidungsdimension zwischen Berufen und auch zwischen Berufen und Professionen" dar (ebd.: 244; kursive Hervorhebung im Original; Anm. d. Verf.). Für die PR sei dabei kennzeichnend, „dass sie auf sehr unterschiedliche Wissensgebiete zurückgreifen muss, um ihre Aufgaben zu erfüllen (Multidisziplinarität)" (ebd.; siehe auch Kapitel II, 3.2).

Peter Szyszka listet in seinem Kompetenzraster für Öffentlichkeitsarbeit aus dem Jahr 1995, welches an das Journalismuskompetenzraster von Siegfried Weischenberg angelehnt ist und schließlich „in das Berufs- und Qualifikationsprofil der DPRG [einfloss]" (Fröhlich 2008b: 438), die Kategorien „Fachkompetenz", „Realisationskompetenz", „Sachkompetenz" und „Soziale Orientierung" auf (Szyszka 1995: 335; siehe *Abbildung 5*; vgl. auch Fröhlich 2008b; Zielmann 2006), wobei wissenschaftliches Wissen der KW unter die „Fachkompetenz" fällt.[128] Diese „umfasst wissenschaftlich fundierte Kenntnisse über Grundlagen und Wirkungszusammenhänge strategischer Kommunikation. Dazu zählen Kenntnisse beispielsweise der Massenmedien, der Wirkungsweise und Prozesse öffentlicher Kommunikation, aber auch der Individualkommunikation – kommunikationswissenschaftliche Grundlagen zählen daher zu den Basics einer PR-Fachkompetenz" (Röttger et al. 2011: 277).[129]

Auch Romy Fröhlich listet „allgemeine Fachkenntnisse über Voraussetzungen und den Ablauf kommunikativer Prozesse" als Teil der PR-Qualifikation auf (Fröhlich 2008e).[130] Dazu zählt sie „Kenntnisse über kommunikationswissenschaftliche, soziologische und psychologische Theorie" (ebd.). Genauso gehe es jedoch in der PR neben dem „Wissen und die Erfahrung darüber, was ‚methodische Kommunikationsplanung' ausmacht", auch um eine „überdurchschnittliche und interdisziplinär ausgerichtete Allgemeinbildung" und beispielsweise auch um „Basiswis-

---

[128] Ulrike Röttger hält in ihrer im Jahr 2000 erschienenen Berufsfeldstudie fest, dass „PR-Fachwissen [...] bislang nur begrenzt die Kriterien professionellen Wissens" erfülle, „welches sich [...] auf Begründungswissen in Form von wissenschaftlichem Wissen und Handlungswissen in Form von berufspraktischem Wissen bezieht" (Röttger 2010: 164).
[129] Ulrich Saxer weist zudem auf die aus seiner Sicht „besonders große Bedeutung des Reflexionswissens für den Anwendungserfolg von Kommunikationswissenschaft" hin (Saxer 2006: 341).
[130] Online-Quelle ohne Seitenangabe

sen in den Bereichen Organisationsführung und Betriebswirtschaft" (ebd.). Die *DPRG* nennt in ihrem Qualifikationsprofil aus dem Jahr 2005 (*Abbildung 6*) in Bezug auf Wissen zu „Kommunikation" unter anderem die folgenden Punkte mit eindeutigem KW-Inhalt: „Grundbegriffe und Modelle der Kommunikation", „Kommunikation als Prozess", „öffentliche Kommunikation", „Funktionen und Wirkungen der Massenkommunikation", „Journalismus, Mediensystem und Massenkommunikation" (DPRG 2005: 16). Wirft man einen Blick auf die unterschiedlichen Aufgabenfelder in der PR-Praxis entlang der *AKTION*-Formel (A: „Analyse, Strategie, Konzeption"; K: „Kontakt, Beratung, Verhandlung"; T: „Text und kreative Gestaltung"; I: „Implementierung"; O: „Operative Umsetzung"; N: „Nacharbeit, Evaluation"; DPRG in: Fröhlich 2008e)[131], so erscheint es am wahrscheinlichsten, dass wissenschaftliches Wissen beim Konzipieren von PR-Strategien oder bei der Erfolgsevaluation nützlich sein könnte.[132, 133]

Kompetenzraster: Öffentlichkeitsarbeit		
Fachkompetenz	**Realisationskompetenz**	**Sachkompetenz**
Fachwissen Öffentlichkeitsarbeit	**Aushandlung/ Koordination**	**Sachwissen Gegenstandsbereich**
♦ allgemeine kommunikationswissenschaftliche Kenntnisse ♦ spezielle Kenntnisse - organisationspolitischer - gesellschaftlicher - ökonomischer	- soziale Kompetenz - Führungstechniken - Teamfähigkeit - Gremienfähigkeit **Analyse** - Themenorientierung	♦ Themenkompetenz: Spezialwissen um Fakten, Entwicklungen, Probleme und Perspektiven der zu vertretenden Organisation und ihrer Betätigungsfelder

---

[131] Online-Quelle ohne Seitenangabe
[132] Die in der PR ausgeübten Tätigkeiten können noch mit einer ganzen Reihe weiterer Systematisierungen erfasst werden, beispielsweise: „Konzeption", „Redaktion", „Kommunikation", „Organisation" und „Controlling" (Röttger 2008: 504f.; siehe auch Röttger et al. 2011). Auch können sie nach Arbeitsfeldern sortiert werden, „die primär über ihre zentralen Bezugsgruppen definiert werden können", wie etwa *„Internal Relations"* sowie *„Media Relations"* (ebd.: 506), oder nach Arbeitsfeldern, „die primär über ihre zentralen Themen bzw. Beziehungsprobleme definiert werden können", wie etwa *„Issues Management"* oder *„Crisis Management"* (ebd.: 507), sowie nach Arbeitsfeldern, „die primär über die zentralen Instrumente/Kommunikationsformen definiert werden können", wie beispielsweise *„Online-PR"* oder *„Kampagnen"* (ebd.: 508; kursive Hervorhebungen im Original; Anm. d. Verf.).
[133] Diese Auflistung der *DPRG* soll dabei auch zum Ausdruck bringen, dass sich PR keinesfalls auf reine Medienarbeit reduzieren lässt (vgl. Fröhlich 2008e).

- sozialer - psychologischer - sozialpsychologischer - technischer - rechtlicher - politischer - historischer - Fragen interessenvertretender Kommunikation ♦ Kommunikation als strategisches Instrument der Organisationspolitik - Problemanalyse und Interpretation - Zielbestimmung/ -aushandlung und Konzeption - Realisierung - Evaluation - in ihren unterschiedlichen Wechselbeziehungen	- Umfeldorientierung **Vermittlung/ Umsetzung** ♦ Vermittlungskompetenz - konzeptionelles Denken - systematische Konzeptionsentwicklung ♦ Darstellungskompetenz - handwerkliche Fähigkeiten - spezielle Vermittlungstechniken - Artikulationsfähigkeit - Präsentation ♦ Sprachkompetenz - formal - kulturell ♦ Arbeitsorganisation - allgem. Arbeitstechniken - Ablaufplanung, Abwicklung und Kontrolle - Recherche und Quellenzugang - Daten und Datenbanken ♦ *Persönlichkeitsmerkmale* - *Berufserfahrung* - *Phantasie* - *Kreativität* - *Loyalität*	- organisationsbezogene Themenkompetenz - umfeldbezogene Themenkompetenz ♦ Gegenstandskompetenz: fundierte Kenntnisse des Gegenstandsbereichs der zu vertretenden Organisation, darunter besonders - volks- und betriebswirtschaftliche Aspekte - gesellschafts- und soziawissenschaftliche Aspekte - spezielle Branchenaspekte ♦ Orientierungswissen weiterer gegenstandsrelevanter Wissens(chafts)bereiche ♦ fundierte Allgemeinbildung
Soziale Orientierung		
* Funktionsbewusstsein * Reflexionsbewusstsein * Autonomiebewusstsein		

Abbildung 5: „*Kompetenzfelder der Problemlösungskompetenz Öffentlichkeitsarbeit*". Quelle: Szyszka 1995: 335.

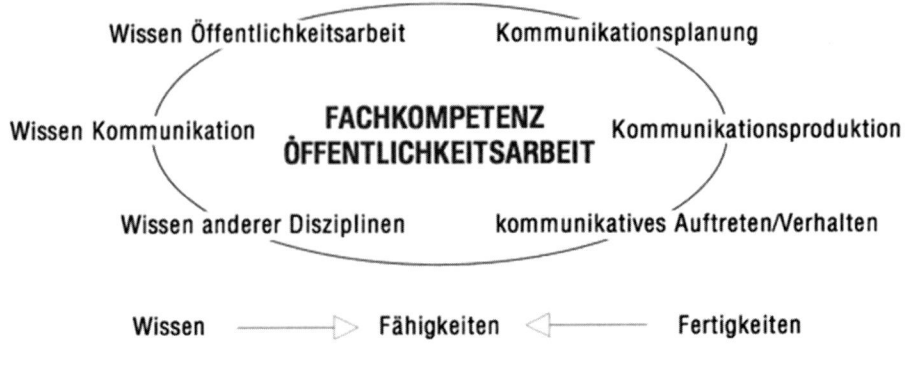

Abbildung 6: *Qualifikationsprofil der DPRG. Quelle: DPRG 2005: 12.*

Röttger et al. (2011) kritisieren dabei, dass die Modelle von Szyszka und der *DPRG* „an Vorstellungen klassischer Professionalisierungskonzepte" anknüpfen würden, welche von einer „Differenz von Alltagswissen und wissenschaftlichem Wissen und einem angenommenen höheren Rationalitätsniveau des wissenschaftlichen Wissens" ausgingen (ebd.: 279). Auf die damit verbundene Betrachtungsweise möglicher Transferprozesse zwischen Wissenschaft und Praxis sowie den in dieser Arbeit dazu vertretenen Standpunkt wurde weiter oben bereits eingegangen (siehe Oberkapitel III, 2.2). Mit Clases (2003) könnte man noch festhalten, dass wissenschaftliches Wissen nie „als abstrakt isolierbare Einheit jenseits sozialer Praxis oder als rein mentale Repräsentation" beobachtbar sein dürfte, sondern sich „in Tätigkeiten, die handelnd realisiert werden", manifestiert (ebd.: 318). Wann immer bei den in dieser Studie befragten PR-Praktikern Wissen zur KW erkennbar wurde, es musste im Nachgang eine Diskussion der „Ziele", „Bedürfnisse" und „Motive" geleistet werden, in deren Kontext dieses Wissen gegebenenfalls nutzbar gemacht wurde (ebd.; vgl. auch Badura 1976; siehe Kapitel V, 3.2 für eben diese Diskussion). Und selbst wenn mit Bonß (2003) davon ausgegangen werden kann, dass sich ein Großteil der Praxisrelevanz einer Wissenschaft eher im Unbewussten materialisiert (beispielsweise durch im Studium aufgenommene und dann internalisierte Kenntnisse) – es kann bereits an dieser Stelle vorweggenommen werden, dass die vorliegende Studie trotz der unbestreitbaren Existenz solcher „unsichtbar[en]" Elemente (ebd.: 43) durchaus auch eine Reihe an *sichtbaren* KW-Bestandteilen im Alltag einiger PR-Praktiker zutage förderte (siehe Kapitel V sowie die Einleitung dieser Arbeit).

Abschließend sei hier noch auf die Unterscheidung zwischen organisationalem und personalem Wissen hingewiesen. Dabei basiert organisationales Wissen „auf der Feststellung des für die Organisation relevanten Wissens, [...] auf dem Formulieren und Festhalten dieser Zielvorstellungen und [...] auf dem Einbringen in eine Wissensdatenbank, welche in die Routineabläufe der Organisation eingebunden ist" (Willke in: Pühringer 2006: 10). Personales Wissen hingegen kann wiederum „in explizit oder implizit vorhandenes Wissen unterschieden werden. Explizites Wissen ist beschreibbares, formalisierbares, zeitlich stabiles Wissen, welches standardisiert, strukturiert und methodisch in sprachlicher Form [...] repräsentiert werden kann. Implizites Wissen [...] lässt sich nur schwer formalisieren" (ebd.: 11). In *Tabelle 5* werden die wichtigsten der genannten Wissensformen noch einmal zusammenfassend dargestellt:

Wissenschaftliches Wissen (nach Badura)	**Praxiswissen in der PR (nach der *DPRG*)**	
• Begriffliches Wissen • Theoretisches Wissen • Wissenschaftstheoretisches Grundlagenwissen • Faktenwissen • Technisch-formales Wissen • Rezeptwissen	• Fachwissen • Sachwissen • Reflexions- und Funktionswissen *vorhanden als*	
	Personales Wissen *vorhanden als*	Organisationales Wissen
	Explizites Wissen	Implizites Wissen

Tabelle 5: *Unterscheidung zwischen wissenschaftlichem Wissen und PR-Praxiswissen. Quelle: eigene Darstellung, inhaltlich basierend auf Badura (1976: 10), Fröhlich (2008b: 439) und Pühringer (2006: 10f.; basierend auf Willke).*

2.3 Ausgewählte Theorien und Erkenntnisse

Bei den nachfolgenden Theorien und Erkenntnissen zum Transfer zwischen Wissenschaft und Praxis handelt es sich um eine Auswahl von fünf besonders einflussreichen Ansätzen. Vorgestellt werden dabei die sozialwissenschaftliche Verwendungsforschung (vor allem) der 1980er Jahre (Kapitel III, 2.3.1), der *Mode 2* nach Gibbons et al. (1994) (Kapitel III, 2.3.2), der Ansatz von Peter Weingart (Kapitel III, 2.3.3), die *Triple-Helix* nach Etzkowitz/Leydesdorff (1997/2000) (Kapitel III, 2.3.4) sowie die systemtheoretische Betrachtung nach Luhmann (Kapitel III, 2.3.5).

2.3.1 Verwendungsforschung der 1980er Jahre[134]

Die Überschrift dieses Unterkapitels täuscht etwas, denn die ‚Verwendungsforschung' in der deutschsprachigen Soziologie und anderen Sozialwissenschaften schlug ihre Wurzeln bereits in den 1970er Jahren und basierte auf der US-Forschung der 1960er Jahre (vgl. Bonß 2003). Ein entscheidender Impuls bestand jedoch im Forschungsprogramm *Verwendungszusammenhänge sozialwissenschaftlicher Ergebnisse,* welches von der Deutschen Forschungsgemeinschaft 1982 ins Leben gerufen wurde (Beck/Bonß 1989: 7). Wolfgang Bonß vertritt die Auffassung, dass diese verstärkten Forschungsbemühungen auf „eine[r] tief greifende[n] Enttäuschungserfahrung" fußten: Die Versuche der Politikberatung, im Rahmen eines deduktiven Modells wissenschaftliches Wissen an Entscheidungsträger in der Praxis zu transferieren, sei damals gescheitert. Offenbar, so Bonß, „gibt es keine einheitliche Rationalität, sondern je nach organisatorischem und handlungsmäßigem Kontext operieren die Akteure mit situationsspezifisch unterschiedlichen Rationalitäten" (Bonß 2003: 41; vgl. auch Lau 1989).[135]

---

[134] Die in diesem Unterkapitel zusammengefassten Studien und Aufsätze zur Verwendungsforschung stammen großteils aus dem Sammelband von Ulrich Beck und Wolfgang Bonß (1989): *Weder Sozialtechnologie noch Aufklärung? Analysen zur Verwendung sozialwissenschaftlichen Wissens.*
[135] Autoren wie der US-amerikanische Psychologe Nathan Caplan gingen in der Folge von zwei einander weitgehend unzugänglichen Welten von Wissenschaft und Praxis aus (*Two-Communities-These*; Bonß 2003: 41).

Daraufhin habe sich eine neue Perspektive etabliert, nach der „Wissenschaft nicht deduktiv angewendet wird" (ebd.). Es entstand ein neues Paradigma, welches von einem „aktive[n] *Mit-* und *Neu*produzieren der Ergebnisse" durch die Praktiker ausging (Beck/Bonß 1989: 11; kursive Hervorhebungen im Original; Anm. d. Verf.; vgl. auch Wingens 2003).[136] Lau (1989) zufolge verlor die Vorstellung eines „dogmatische[n] Wahrheitsanspruch[s] der Wissenschaft" dabei an Bedeutung und die Sozialwissenschaften erschienen von nun an als *eine* von mehreren Quellen für rationale „Wissensproduktion und -selektion" (ebd.: 415; kursive Hervorhebung im Original; Anm. d. Verf.). Nach Ronge (1989) kommt es beim Eintreffen der wissenschaftlichen Ergebnisse „in ‚praktische[n]' Sozialkontexte[n]" zu einer Veränderung und „Kontextuierung" dieses Wissens (ebd.: 333). Die Verwendungsforschung sei nun daran interessiert herauszufinden, wie diese Prozesse genau ablaufen und welche Konsequenzen sich daraus für Wissenschaft und Praxis ergeben. Das klassische „*Push*-Modell" (von der Wissenschaft in die Praxis) sei von einem „*Pull*-Modell" abgelöst worden, dem zufolge „die praktischen Nachfrager" mindestens zu einem gewissen Grad darüber mitbestimmen würden, „was als Wissen(-schaft) *gilt*" (ebd.; kursive Hervorhebungen im Original; Anm. d. Verf.).[137] Gleichzeitig könnten diese Nachfrager auch eigenständige Produzenten von Wissen werden, die dabei lediglich unter anderen Bedingungen und mit anderen Prioritäten forschen würden (vgl. ebd.).

Die Schilderung dieses Paradigmenwechsels in der sozialwissenschaftlichen Verwendungsforschung wird auch von Howaldt (2003) gestützt. Es sei deutlich geworden, dass es sich bei den Wechselwirkungen zwischen Wissenschaft und Praxis um einen „komplexen Prozess der gemeinsamen Problemdefinition, des gemeinsamen Problemlösens, der gemeinsamen Wissensproduktion und Wissensanwendung" handelt (ebd.: 243). Habe

---

[136] Dabei sind die Praktiker Beck/Bonß (1989) zufolge auch in der Lage, wissenschaftliche Ergebnisse zu „kritisieren, strategisch [zu] handhaben und sogar ihre Produktion [zu] beeinflussen", beispielsweise über Drittmittelforschung oder durch die öffentlichkeitswirksame Schaffung neuer Themenkomplexe (ebd.: 28).

[137] Interessanterweise argumentiert Ronge (1989) in diesem Zusammenhang auch, dass oftmals nur die Methoden der Sozialwissenschaften direkte Anwendung in der Praxis erfahren würden. In ihrer Metastudie zur Relevanz des KW-Methodenwissens für die Ausübung verschiedener Berufe kommen Reinemann et al. (2004) jedoch zu dem Schluss, dass „die Bedeutung der kommunikationswissenschaftlichen Methodenausbildung für die Berufspraxis der Absolventen nicht besonders hoch" sei – „auch im Vergleich mit anderen Studieninhalten" (ebd.: 155).

man früher angenommen, dass es sich bei ‚den Praktikern' um eine weitgehend passive Gruppe handele, sei im Zuge der Revision der klassischen Verwendungsforschung die Erkenntnis gewachsen, dass Wissen „nicht mehr alleine durch eine ‚scientific community' in langjährigen Forschungsprozessen und unter Ausschluss der Einflussnahme [...] erzeugt, sondern [...] in der Anwendung entwickelt, erprobt und verändert" werde (ebd.: 252). Zugespitzt könnte man daher davon sprechen, dass es in den 1980er Jahren gewissermaßen zu einer ‚kopernikanischen Wende' in der Anwendungsforschung kam: Mit einem Mal standen nicht mehr die vermeintlich unfehlbare Wissenschaft und deren (durch die Praxis unveränderbare) Ergebnisse im Zentrum, sondern die Abnehmer des wissenschaftlichen Wissens, welchen nun eine deutlich aktivere Rolle in einem insgesamt sehr komplexen Verwendungszusammenhang zugeschrieben wurde und die auch selbst zu Produzenten von Wissen werden konnten. Diese veränderte Perspektive hatte langfristige Auswirkungen – auch auf die Anwendungsforschung im Bereich PR.

Dies zeigen beispielsweise die Ausführungen von Raupp (2006), wo die Rede davon ist, dass „[d]ie Befunde der Verwendungsforschung [...] die Vorstellung einer geradlinigen Übermittlung sozialwissenschaftlichen Wissens in die Berufspraxis" widerlegt hätten (ebd.: 39). Ein „naiver Anwendungsbezug" sei überholt und „[v]iele alltagspraktische Probleme [...] schlicht zu komplex, als dass sie auf der Grundlage wissenschaftlichen Wissens allein gelöst werden könnten. Für die optimale Lösung PR-praktischer Probleme ist neben Fachwissen und forschungsbasiertem Wissen immer auch Erfahrungswissen erforderlich" (ebd.). Ulrike Röttger (2006) bezieht sich bei ihrer Auseinandersetzung mit dem Wissen in PR-Beratungen explizit auf Ulrich Beck und Wolfgang Bonß, wenn sie davon spricht, dass eine „fast schon mechanistisch-technizistische" Vorstellung der Anwendung wissenschaftlichen Wissens nicht zutreffend sei, da dort „die Vermittlung wissenschaftlichen Wissens (Input) fälschlicherweise mit einer automatischen und identischen Verwendung des wissenschaftlichen Wissens in der Handlungspraxis (Output) gleichgesetzt" und die Praxis grundsätzlich als ein Bereich betrachtet werde, der durch die Wissenschaft optimiert werden könne, „ohne die unterschiedlichen Logiken beider Wissensformen zu berücksichtigen (vgl. Beck/Bonß 1989)" (Röttger 2006: 84).

Zusammenfassend kann man daher festhalten, dass die deutschsprachige Verwendungswissenschaft in den 1980er Jahren vor allem das Ergebnis zutage brachte, „dass Verwendung grundsätzlich keine schlichte *An*wendung bedeutet" (Bonß 2003: 43; kursive Hervorhebung im Original; Anm. d. Verf.). Vielmehr werde wissenschaftliches Wissen „genau dann praktisch, wenn es als wissenschaftliches unsichtbar wird und im Zuge der Transformation eine andere Identität erhält. Statt von einer Anpassung der Praxis an die Logik wissenschaftlicher Rationalität war daher eher umgekehrt von einer Anpassung der wissenschaftlichen Rationalität an die Logik der Praxis auszugehen" (ebd.). Die Entwicklung der Diskussion in der sozialwissenschaftlichen Verwendungsforschung kann dabei vereinfacht noch einmal *Abbildung 7* entnommen werden. Daraus wird ersichtlich, dass das Konzept der Wissensgesellschaft eine passende (weil mit Blick auf die Diskussion aktuelle) Hintergrundfolie für diese Arbeit darstellt. Gleichzeitig hat die vorliegende Dissertation aufgrund ihrer Forschungsfrage immer noch einen ‚wissenschaftszentrierten' Blick (siehe Spalte 2).

Zeit	bis 1970/80	1975-2000	Seit 1990
Zentrale Stichworte	Theorie/Praxis	Verwendung	Verwissenschaftlichung
Akzentsetzung	Aufklärungszentrierte Diskussion über *mögliche* Praxen	Wissenschaftszentrierte Reaktion auf *wirkliche* Praxen	Erfahrung und Verarbeitung der Verwissenschaftlichung
Zentrale Konzepte	Aufklärung (deduktive) Anwendung wissenschaftlicher Ergebnisse	Anwendung/Verwendung Transfer/Transformation	Wissensgesellschaft/Wissenschaftsgesellschaft

Abbildung 7: *Die Entwicklung der Anwendungsforschung. Quelle: Bonß 2003: 42.*

2.3.2 Mode 2 nach Gibbons et al.

In den 1980er Jahren gerieten noch weitere Grundfesten der Wissenschaftssoziologie ins Wanken. Nicht nur, dass sich der Transfer von der Wissenschaft in die Praxis als deutlich komplexer darstellte – auch wurden nun die bis dato als „hart" wahrgenommenen Wissenschaften als „in ihrem epistemischen Kern sozial bedingt" betrachtet (Guggenheim 2003: 288). Diese Beobachtung wurde auch auf die „eher schmutzigeren Wissenschaften" übertragen, die sich durch „Anwendungsnähe, Vermarktung (an Politik, Medien etc.) und ‚unreife' Forschungsprogramme" auszeichneten (ebd.) – sprich: die Sozialwissenschaften. In *The New Production of Knowledge* legten Gibbons et al. (1994), zu denen auch die österreichische Soziologin Helga Nowotny gehörte, einen neuen theoretischen Ansatz zur Erfassung auch eben dieser ‚schmutzigeren' Wissenschaften vor. Dabei schufen sie einen Terminus, dessen inhaltliche Implikationen für lebhafte Debatten in der Wissenschaftssoziologie sorgen sollten: den „Mode 2" (ebd.: vii) der Wissensproduktion in modernen Gesellschaften (heute würde man vielleicht von ‚Wissenschaft 2.0' sprechen). Dieser neue Modus, so die Autoren, zeichne sich dadurch aus, dass Probleme nicht mehr einzelnen Disziplinen zugeordnet werden könnten und die klassischen Strukturen der Universitäten an Relevanz verlieren würden: „Mode 2 involves the close interaction of many actors throughout the process of knowledge production and this means that knowledge production is becoming more socially accountable" (ebd.).

Dabei wird gerade der Anwendungsbezug des Wissens in das Zentrum des Ansatzes gestellt („[i]n Mode 2, the consensus is conditioned by the context of application and evolves with it"; ebd.: 4). Gibbons et al. kommen dabei – wie schon andere Autoren der deutschsprachigen Verwendungsforschung in den 1980er Jahren (siehe vorheriges Kapitel) – zu dem Schluss, „dass – sowohl nachfrage- als auch angebotsinduziert – die Produktion von Wissen in die Gesellschaft diffundiert und die Universitäten sowie die Forschungseinrichtungen ihre ‚epistemologische Sonderrolle' [...] verlieren" würden (Dörhöfer 2010: 105). Auch wenn bezweifelt werden kann, dass es je ein wirklich vollständiges ‚Monopol' der Wissenschaft gab, so liegt der Kern der Aussage von Gibbons et al. (1994) in der Vermutung, dass der Einfluss der Universität auf die Wissensproduktion abnimmt. Im Aufwind befänden sich stattdessen industrielle bzw. kommerzielle Forschungseinrichtungen, Think Tanks und Unternehmensberatungen (vgl. ebd.). Helga Nowotny hatte bereits fünf Jahre zuvor auf diese zunehmende Konkurrenz für die Universitäten hingewiesen – insbesondere im Bereich der Sozialwissenschaften. Letztere, so Evers/Nowotny (1989), besäßen weder einen „privilegierten Status" noch eine Art „Verwendungsmonopol für das von ihnen bereitgestellte Wissen" (Evers/ Nowotny 1989: 359).[138]

Die These von der verlorenen Sonderstellung der Universität wird in den folgenden Jahren von vielen Autoren in unterschiedlichen Spielarten wiederholt. So sprechen beispielsweise auch Bosch/Renn (2003) davon, dass die Wissenschaft im Zuge der fortschreitenden Verbreitung ihres Wissens innerhalb der Gesellschaft ihre „Monopolstellung in der *Wissensproduktion*" eingebüßt habe und nun im Wettbewerb mit Organisationen und Einzelakteuren außerhalb ihres eigenen Systems stehe (ebd.: 56f.: kursive Hervorhebung im Original; Anm. d. Verf.). Der österreichische Soziologe Jörg Flecker vertritt ebenfalls die Auffassung, dass die Wissenschaft „ihre herausgehobene Position" in der Wissensgesellschaft nicht aufrechterhalten könne (Flecker 2003: 358). Hans Heinz Fabris zufolge hat sich dabei „der Legitimationsdruck auf die Sozialwissenschaften im Allgemeinen, die Publizistik- und Kommunikationswissenschaft im Besonderen verstärkt" (Fabris 2002a: 21). Darüber hinaus, so Böschen (2010), verschärfe sich aber auch der Wettbewerb zwischen den Universitäten, deren Leistung mittlerweile durch „Rankings, Ratings oder Exzellenzinitiativen" gemessen werde, was die Universitäten dazu zwinge, „sich als Unternehmen in einem (globalen) Wettbewerb zu verstehen" (ebd.: 166).[139]

Neben dem steigenden Wettbewerbsdruck auf die Universitäten und der wachsenden Bedeutung des Anwendungsbezuges für Wissen gehen die Autoren des *Mode 2* davon aus, dass unterschiedlich ausgebildete Akteure aus Wissenschaft und Praxis „auf Zeit gemeinsam an Problemen" arbeiten würden, wodurch es zu einer „wachsende[n] Kommerzialisierung der Wissensproduktion" komme (Hirsch-Kreinsen 2003: 257ff.). Gibbons et al. (1994) prophezeien, dass Fragen der folgenden Art an Bedeutung ge-

---

[138] Hömberg (2008) weist darauf hin, dass es im Lauf der Zeit immer wieder zu einer Ablösung bisher vorherrschender Institutionen zur Produktion von Wissen bzw. zur Erklärung der Welt gekommen sei. Er erinnert dabei an das Beispiel der Kirche, deren „Wissensmonopol" durch die Reformation ebenfalls „brüchig" geworden sei (ebd.: 31).
[139] In der *aviso*-Ausgabe vom Oktober 2012 finden sich Beiträge der deutschen KW-Fachgemeinschaft zur Debatte rund um das *CHE-Ranking*. Darin halten Werner/Wied (2012) fest, dass „[g]erade kleinere Institute [...] sich offenbar positionieren [müssen]: Sie können vom ‚Kuschelfaktor' profitieren, ihr Risiko, einfach von der CHE-Landkarte zu verschwinden, ist aber besonders hoch" (ebd.: 1). Mittlerweile hat die *DGPuK* den deutschsprachigen KW-Instituten empfohlen, sich in Zukunft nicht mehr am *CHE-Ranking* zu beteiligen (http://www.dgpuk.de/uber-die-dgpuk/che-ranking/).

winnen würden: „Will the solution, if found, be competitive in the market?", oder: „Will it be cost effective?" (ebd.: 8). Vor diesem Hintergrund skizzieren sie das Bild einer Wissensgesellschaft, in der vor allem bereichsspezifisches Spezialistenwissen einen immer höheren Stellenwert erlangt und die als ein Markt von Wissensanbietern und -nachfragern verstanden werden kann. Dieser Markt sei zwar weniger ein Markt im klassischen Sinn der Ökonomie („commercial markets"), sondern eher ein „social [market]" (ebd.: 13). Dennoch gäbe es eine Nachfrage- und eine Angebotsseite. Zu den Konsumenten zählten beispielsweise Regierungen, Interessengruppen oder auch Individuen. Es entstünden Foren, in denen sich Anreize für die Produktion von und die Nachfrage nach spezialisiertem Wissen („[b]oth theoretical and practical"; ebd.) herauskristallisieren würden:

> „The core of our thesis is that the parallel expansion in the number of potential knowledge producers on the supply side and the expansion of the requirement of specialist knowledge on the demand side are creating the conditions for the emergence of a new mode of knowledge production."
>
> (Gibbons et al. 1994: 13)

Diese (angeblich) neue Form der Wissensproduktion wurde unterschiedlich aufgenommen.[140] Während sich Gibbons et al. optimistisch zu den Chancen der kooperativen Wissensgenerierung durch Wissenschaftler und Praktiker äußern, stellt beispielsweise Flecker (2003) die Frage, ob die Gütekriterien und Ziele wissenschaftlicher Forschung angesichts des erhöhten Anwendungsbezuges bestehen könnten. Es gehöre zu den „Schattenseiten der Ökonomisierung sozialwissenschaftlicher Forschung", dass diese einem immer höheren Druck ausgesetzt sei (ebd.: 367). Franz (2003) plädiert angesichts dieser Herausforderungen für einen Kompromiss im Verhältnis von Wissenschaftlichkeit und Anwendbarkeit – beide sollten gewahrt bleiben, kein Prinzip dem anderen geopfert werden. Am Ende dieses Prozesses könne schließlich „eine andere sozialwissenschaftliche Professionalität" stehen (ebd.: 384).

---

[140] Die nun folgenden Reaktionen auf den *Mode 2* stammen aus dem Sammelband *Forschen – lernen – beraten. Der Wandel von Wissensproduktion und -transfer in den Sozialwissenschaften* von Franz et al. (2003).

Simon et al. (2003) zufolge zeichnet sich der *Mode 2* auch dadurch aus, dass die einzelnen Universitätsfächer „keine dominierende Referenz mehr darstellen" (ebd.: 340). In Reaktion auf diesen Legitimationsdruck würden sie dazu übergehen, „ihre Verwertungsstrategien" zu intensivieren (ebd.: 341). Dadurch gerate die früher klare Trennung zwischen Grundlagen- und Anwendungsforschung aus dem Gleichgewicht, die Strategien von klassischen Universitäten sowie anderen wissenschaftlichen Forschungsinstitutionen wie etwa „Max-Planck-Gesellschaft, Fraunhofer Gesellschaft, Wissenschaftsgemeinschaft G.W. Leibniz" oder der „Helmholtz Gemeinschaft der Forschungseinrichtungen" würden sich einander inhaltlich annähern (ebd.). In dieser veränderten Konstellation der Wissensproduktion wird es Moldaschl/Holtgrewe (2003) zufolge für Wissenschaftler zunehmend relevant, den Kontext des eigenen Handelns neu zu überdenken. Neben dem klassischen Bezug zur eigenen ‚scientific community' träten nun auch andere Abnehmer („Kunden") auf den Plan (ebd.: 232). Diese Entwicklung verlange nach Reflexion statt nach einem überhasteten „Kurzschluss mit dem Markt" (ebd.).

Abschließend sei noch auf den Bremer Soziologen Matthias Wingens hingewiesen, der argumentiert, dass es sich bei dem theoretischen Ansatz von Gibbons et al. nicht um ein geschlossenes und vollständig durchdachtes Konzept handele und dass viele Ausführungen „vage und widersprüchlich" seien (Wingens 2003: 269). Zwar könne man in der Tat einen „gravierende[n] Strukturwandel im Wissenschaftssystem" beobachten, der sich am besten als „Heteronomisierung der Wissenschaft" und deren fortschreitende Inanspruchnahme für kommerzielle Zwecke beschreiben lasse (ebd.: 270). Doch während die Theorie des *Mode 2* in einem gewissen vorauseilenden Gehorsam diese Entwicklungen normativ unterstütze, werde die größte Gefahr dieses Prozesses ausgeblendet: „dass nämlich Wissenschaft dabei ihr produktives und innovatives Potential verlieren könnte" (ebd.: 282).

2.3.3 Wissenschaft und Öffentlichkeit: Peter Weingart

Auch Peter Weingart (2003) zufolge ist den Autoren des *Mode 2* vorgeworfen worden, „dass es sich [dabei; Anm. d. Verf.] eher um ein politisches Programm als um die empirische Beschreibung der gegenwärtigen Situation der Wissenschaft handele" (ebd.: 134). Weingart selbst registriert sowohl eine „Verwissenschaftlichung der Gesellschaft" als auch eine „Vergesellschaftung der Wissenschaft" (Adolf/Stehr 2008: 67). Politik, Wirtschaft und Medien würden die Wissenschaft zunehmend beeinflussen. Daher, so „Weingarts Kernthese", komme es zu einem Verlust der Distanz zwischen eben jenen einzelnen gesellschaftlichen Teilbereichen (ebd.; vgl. auch Simon et al. 2003). In seiner *Wissenschaftssoziologie* argumentiert er jedoch in Anbetracht der Frage, ob es im Zuge der (von manchen Autoren diagnostizierten) zunehmend kommerziellen Ausrichtung der Universitäten zu einer „Entdifferenzierung von Wissenschaft und Wirtschaft" komme, dass es eher Hinweise für eine gegenteilige Entwicklung gebe (Weingart 2003: 110): „Die [...] Prozesse der Kapitalisierung des Wissens beschränken sich nur auf bestimmte Bereiche der Wissenschaft und es ist nicht ausgemacht, wie dauerhaft sie sein werden. Die wechselseitige Abbildung der jeweiligen Außenwelten der Organisationen [...] bedeutet gerade nicht, dass sich Wissenschaft und Wirtschaft entdifferenzieren, sondern im Gegenteil werden die organisatorischen Strukturen komplexer, in denen beide die Kopplung realisieren" (ebd.).

Die Politikberatung durch die Wissenschaft sieht Weingart dabei in einem „Legitimationsdilemma", welches bislang nicht gelöst worden sei. Grund dafür sei, dass die Politik „immer komplexere Bereiche der Sicherheitsgewährleistung" von der Wissenschaft abfrage und diese dadurch zu Aussagen zwinge, „die immer stärker durch Unsicherheit und Nichtwissen gekennzeichnet sind. Die von der Sicherheit wissenschaftlicher Aussagen erwartete Legitimierung politischer Entscheidungen droht in ihr Gegenteil umzuschlagen" (ebd.: 91f.).[141] Ein ähnliches Problem lasse sich auch für die Beziehung der Wissenschaft zur Wirtschaft erkennen. Für Letztere gelte die Wissenschaft „als Quelle wirtschaftlichen Wohlstands und neuer technischer Entwicklungen zur Verbesserung der Lebensqualität" (ebd.: 103). Dadurch werde das von der Wissenschaft hervorgebrachte Wissen „zu einem begehrten Gut, das die Privatwirtschaft zu kontrollieren sucht, um damit Profite zu machen" (ebd.). Diese Zielsetzung stehe im Konflikt zur Freiheit der Forschung und sei daher Gegenstand von zahlreichen Debatten in Politik, Wirtschaft und Wissen-

---

[141] An dieser Stelle wird nicht auf die unterschiedlichen Modelle wissenschaftlicher Politikberatung eingegangen, wie beispielsweise das „dezisionistische Modell" nach Thomas Hobbes, das „technokratische Modell" nach Sir Francis Bacon oder das „pragmatisch[e] Modell" nach Habermas (Weingart 2003: 93). Auch die Ansätze der „regulatory science" und der „post-normal science" werden nicht behandelt, um den Rahmen der vorliegenden Arbeit nicht zu sprengen (vgl. Lentsch/Weingart 2011).

schaft (vgl. ebd.). Jedoch lasse sich festhalten, dass der Gedanke eines „linearen Wissenstransfers von den Universitäten in die Industrie" veraltet sei (ebd.: 108). Dieser sei mittlerweile durch ein „iteratives Modell" ersetzt worden, nämlich die „*Triple-Helix*" nach Etzkowitz et al. (ebd.; kursive Hervorhebung im Original; Anm. d. Verf.; siehe Kapitel III, 2.3.4).[142]

Bei der damit verbundenen Metafrage, ob die Wissenschaft bereits, wie von manchen Autoren behauptet, im Zuge der „Transformation der Industrie- zur *Wissensgesellschaft*" vollends in der „(Wissens-)Ökonomie" aufgegangen ist, oder ob sie als eigenständiges System erhalten bleibe, bezieht Weingart 2003 eine gemäßigte Position (ebd.: 135; kursive Hervorhebung im Original; Anm. d. Verf.). So sei der Terminus „Wissensgesellschaft" noch nicht „scharf genug gefasst" und zudem ließen sich „für beide Interpretationen empirische Belege finden [...], ohne dass sie ausreichen, eine der beiden als falsch auszuschließen" (ebd.). 2005 hält er jedoch in *Die Wissenschaft der Öffentlichkeit* fest, dass es in Richtung der Wissenschaft zunehmend Forderungen „nach größerem Einfluss und umfassenderer Kontrolle gebe", und daran, so Weingart, „muss sich die Wissenschaft gewöhnen" (Weingart 2005: 7). Mit Blick auf die Entwicklung der Politikberatung argumentiert er, dass der „‚Stand' der Wissenschaft" seine Sonderposition verloren habe und dass beispielsweise auch Nichtregierungsorganisationen bereits seit geraumer Zeit über hauseigene Experten verfügten (ebd.: 49ff.). Und infolge der gestiegenen Bedeutung der Massenmedien komme es zu einer „Kopplung des Wissenschaftssystems mit dem der Medien", was zu einer „Transformation" oder einer „Medialisierung" der Wissenschaft führe (ebd.: 28). Jedoch könne das von der universitären KW hervorgebrachte Wissen nicht durch andere Institutionen, wie etwa Marktforschungsunternehmen, substituiert werden (vgl. Weingart 2012). Aus seiner Sicht könnten „kommerziell[e] Institute [...] nicht der Maßstab der akademischen Disziplin sein" und ihre „‚Quick-and-dirty'-Produkte" würden keine wirkliche Konkurrenz für die KW

---

[142] Weingart zufolge gilt auch in der Politikberatung die Vorstellung von einem linearen Transferprozess in die Praxis als überholt. Eine „ganze Reihe von empirischen Untersuchungen über spezifische Entscheidungsprozesse" hätte gezeigt, „dass das Modell der wissenschaftlichen Politikberatung als ein rekursiver Kommunikationsprozess konzipiert werden muss [...]. Der Beratungsprozess ist nicht gradlinig. Die Wissenschaft kommuniziert Themen, die von der Politik aufgenommen werden [...]. Auf diese Weise werden von der Wissenschaft selbst Probleme auf die politische Agenda gebracht, die sie sodann zu lösen beauftragt wird" (Weingart 2003: 94).

darstellen (ebd.: 32). Damit steht er in Widerspruch zur Perspektive von Gibbons et al. (1994), denen zufolge genau solche Einrichtungen eine zunehmend wichtige Rolle im neuen Modus der Wissenserzeugung spielen.

2.3.4 Triple-Helix nach Etzkowitz/Leydesdorff

Wie soeben erwähnt, betrachtet Peter Weingart die sogenannte *Triple-Helix*, die 1997 von Henry Etzkowitz (heute Professor an der Universität Stanford, damals am Science Policy Institute der State University of New York at Purchase) und Loet Leydesdorff (Professor an der Universität Amsterdam) vorgestellt wurde, als ein theoretisches Modell, welches die Beziehung zwischen Wissenschaft und Wirtschaft realitätsnäher und passender beschreibe als veraltete, lineare Transfermodelle (vgl. Weingart 2003).[143] Diesem Ansatz zufolge kommt es zu einer „wechselseitige[n] Übernahme von Funktionen" zwischen 1. den Universitäten, 2. der Wirtschaft und 3. dem Staat (=Triple) (ebd.: 108). Konkret bedeutet dies, dass „die Universität ‚unternehmerische' Aufgaben wie das ‚Marketing' ihres Wissens und die Errichtung von Firmen" übernehme und dabei einerseits ihre elementare Aufgabe aus Forschung und Lehre beibehalte, andererseits aber „in einigen Aspekten […] Züge der industriellen Firma" annehme (ebd.). Unternehmen würden wiederum dazu übergehen, „‚akademische' Dimensionen" zu etablieren, indem sie „Wissen untereinander austauschen und ihre Angestellten eigenständig weiterbilden. Sie übernehmen in ihrem Verhalten einige Züge der Universität, insofern sie als wissensorientierte Organisationen handeln" (ebd.).

Das Modell gehe daher, so Weingart, „von einer *Kapitalisierung des Wissens* aus" und konzentriere sich „auf den *Wissenstransfer* zwischen Wissenschaft und Wirtschaft" (ebd.; kursive Hervorhebungen im Original; Anm. d. Verf.). Etzkowitz/Leydesdorff (2000) betonen, dass die „driving force" hinter den Austauschprozessen in der „expectation of profits" liege (ebd.: 118), wobei Profit in jedem System unterschiedliche Bedeutungen haben könne: „The helices [die einzelnen Helixstränge von Wissenschaft, Wirtschaft und Politik; Anm. d. Verf.] communicate recursively over time in

---

[143] Loet Leydesdorff hat sich dabei unter anderem auch mit der Frage beschäftigt, was die Grundorientierung der KW ist, und sieht diese in einem „empirisch-quantitativ[en]" Vorgehen, „fokussiert auf Effekte der Kommunikation" (Wehmeier 2011: 3).

terms of each one's own code. Reflexively, they can also take the role of each other, to a certain extent" (ebd.: 119). Dabei sollten bzw. dürften die Spannungen zwischen den einzelnen Systemen nicht aufgelöst werden, denn eine solche „resolution would hinder the dynamics of a system which lives from the perturbations and interactions among its subsystems" (ebd.).

Im Gegensatz zur Vergangenheit würden sich Unternehmen heute Wissen in hohem Maße systematisch aneignen und dieses nutzbar machen – beispielsweise indem sie sich Patente an universitär erzeugtem Wissen sicherten: „Diese Entwicklung impliziert eine sehr viel stärkere Orientierung der Universität auf den Markt bzw. auf die Wirtschaft. [...] Dem Modell nach wird die Orientierung auf die Wirtschaft zu einer systematischen Abbildung der wirtschaftlichen (Außen-)Welt innerhalb der Universität fortentwickelt. Umgekehrt entspricht diesem auch der Versuch von Industriefirmen, sich die Infrastruktur von Universitäten zunutze zu machen und die akademische Umwelt in sich selbst abzubilden. Damit versucht die Industrie über den Transfer qua Personen und Patente hinaus, einen direkten Zugriff auf die universitäre Infrastruktur zu erlangen" (Weingart 2003: 109).

2.3.5 Systemtheoretische Betrachtung nach Luhmann

Niklas Luhmann zufolge beobachtet und analysiert die Wissenschaft andere Systeme und benutzt – aus Sicht der „funktional analysier[enden]" Systemtheorie – „im Verhältnis zu diesen Systemen eine inkongruente Perspektive. Es zeichnet nicht einfach nach, wie diese Systeme sich selbst und ihre Umwelt erleben. [...] Vielmehr wird das beobachtete System mit einem für es selbst nicht möglichen Verfahren der Reproduktion und Steigerung von Komplexität überzogen. [...] Als Technik wissenschaftlicher Beobachtung läßt die funktionale Methode ihren Gegenstand [...] komplexer erscheinen, als er es für sich selbst ist" (Luhmann 1987: 88). Dadurch würde die funktionale Methode „irritier[en], verunsicher[n], stör[en] und zerstör[en]" – außer eine „natürliche Lethargie" würde den betrachteten Gegenstand „ausreichend schütz[en]" (ebd.). Luhmann beschreibt die Wissenschaft, wie auch andere gesellschaftliche Teilbereiche, „als ein autopoietisches soziales System", dessen Code zwischen „wahr und unwahr" unterscheide (Nicolai 2003: 121).

In *Die Wissenschaft der Gesellschaft* argumentiert er, dass die Orientierung der Wissenschaft an einer möglichen Anwendung die „Außenfassade der Sicherheit wissenschaftlichen Wissens" beschädigen könnte (Luhmann 1994: 641). Grundsätzlich stehe die „klassische Anwendungslogik", die von einem unmittelbaren Transferprozess in die Praxis ausgehe, gleich vor mehreren Problemen, da es sich auch bei der Wissenschaft um ein selbstreferenzielles System handele (Nicolai 2003: 123). Stattdessen müsse sich eine „anwendungsbezogene Wissenschaft" auf die spezifischen Prädispositionen der jeweiligen Wissensabnehmer einstellen – sprich: auf deren „Werte, Normen und Interessen" (ebd.). Erschwerend komme hinzu, dass die Praktiker auf Stimuli der Wissenschaft mit Ablehnung reagieren könnten, da eine Aufnahme dieses Inputs das „Eingeständnis" beinhalten würde, dass ihr bisheriges Vorgehen verbesserungswürdig sei (ebd.: 124). Ein weiteres Problem liege darin, dass sich viele Fragestellungen der Praxis nicht mit den Instrumenten einer einzelnen Wissenschaft lösen ließen (vgl. ebd.). Und schließlich biete die Wissenschaft immer eine Reihe „konkurrierender Theorieangebote" an, die der Praxis nicht einfach *die* eine Lösung zur Verfügung stellen könnten – und die auch immer nur „mit einem Mindestmaß an Kenntnis des zugrunde liegenden Theoriezusammenhangs" angewandt werden könnten (ebd.: 127).

Angesichts dieser Probleme schlägt Luhmann daher eine „Therapie" für die in seinen Augen simplifizierende Modellierung des Transfers von der Wissenschaft in die Praxis vor (vgl. Luhmann 1994: 646ff.). Er plädiert für eine *„Aufrechterhaltung der Differenzen"* (die notwendige Distanz zwischen Wissenschaft und Gegenstand), eine *„Reflexion der Anwendungsbedingungen"* (die Annahme, dass die Wissenschaft per se zu einer „Verbesserung der Unternehmenspraxis" führe, sei nicht haltbar) sowie für eine *„Rücksichtnahme auf die Bedingungen autopoietischer Kompatibilität"* (auch solches Wissen, das für die Anwendung geeignet bzw. gedacht ist, sollte „anschlussfähig" für den wissenschaftlichen Betrieb bleiben) (Nicolai 2003: 128f.; kursive Hervorhebungen im Original; Anm. d. Verf.).

2.4 Zusammenfassung

In diesem Abschnitt wurden sowohl das wissenschaftliche als auch das in der PR-Praxis vorhandene bzw. benötigte Wissen definiert. Anschließend wurden unterschiedliche Theorien und Ansätze präsentiert, die sich mit dem Verhältnis von Wissenschaft und Praxis beschäftigen. Dabei kann, trotz aller Unterschiede, zusammenfassend festgehalten werden, dass die Vorstellung von einem mehr oder minder linearen Transferprozess seit langem als überholt gilt. Auch kann davon ausgegangen werden, dass die Praktiker oftmals sogar selbst an der Erzeugung wissenschaftlichen Wissens beteiligt sind – sei es im Kontext von Drittmittelforschung oder anderen Kooperationsprojekten mit Universitäten. Dabei herrscht heute die Auffassung, dass Praktiker (die oftmals selbst eine wissenschaftliche Ausbildung durchlaufen haben) der Wissenschaft bei der Erzeugung *von* bzw. dem professionellen Umgang *mit* Wissen nicht per se unterlegen sind.

Einige Autoren gehen davon aus, dass sich die universitären Forschungseinrichtungen in diesem neuen Umfeld dazu gezwungen sehen, ihr eigenes Handeln verstärkt an der *Anwendung* des von ihnen hervorgebrachten Wissens außerhalb der Wissenschaft zu orientieren. Teilweise wird eine Kommerzialisierung des Wissen(schaft)sbetriebs diagnostiziert, für den es unterschiedliche Gründe gibt. Während Gibbons et al. diese Entwicklung begrüßen, plädieren andere Autoren wie etwa Luhmann dafür, die Eigenständigkeit wissenschaftlicher Forschungslogik zu bewahren. Auch Etzkowitz/Leydesdorff weisen darauf hin, dass Innovation gerade durch die Spannungen zwischen den unterschiedlichen Systemen zustande komme. Dieser normativen Debatte soll an dieser Stelle nicht weiter nachgegangen werden – die Position des Autors zu diesem Thema wurde am Ende eines kurzen Exkurses dargelegt. Stattdessen wird im theoretischen Konzept der vorliegenden Dissertation, welches nun im nächsten Kapitel vorgestellt wird, vor allem der Gedanke aufgegriffen, dass sich die Beziehung zwischen Wissenschaft und Praxis in einem Modell darstellen lässt, das zwischen Angebot und Nachfrage unterscheidet: einem Marktmodell.

3. Eigenes theoretisches Konzept und Forschungsfrage

Der Versuch, die Beziehung zwischen Wissenschaft und Praxis als eine Interaktion zwischen ‚Wissensproduzenten' und ‚Wissenskonsumenten' zu beschreiben, ist nicht neu. Ronge (1989) und Gibbons et al. (1994) entwickelten diesen Gedanken unabhängig voneinander. Badura (1976) spricht mit Blick auf die Verwendung wissenschaftlichen Wissens in Praxiskontexten davon, dass „[n]icht nur die Qualität des Angebots, sondern auch die Nachfragestruktur [...] bestimmend für den Verbrauch eines Produktes" sei (ebd.: 10). Und auch Beck/Bonß (1989) thematisieren die ‚Produktion' von Wissen seitens der Praktiker (siehe Kapitel III, 2.3). Allerdings fand bei keinem der genannten Autoren eine Ausarbeitung dieses Gedankens hin zu einem vollständigen Marktmodell statt, welches dann in einer empirischen Studie weiter ausdifferenziert worden wäre. Genau das soll in der vorliegenden Arbeit geleistet werden. Im Folgenden werden das Modell und seine theoretischen Annahmen vorgestellt (siehe auch *Abbildung 8*).[144]

Wie bereits in Kapitel III, 2.2 erläutert, wird hier die Annahme vertreten, dass es zu einem *aktiven* und *selektiven* Nachfragen nach wissenschaftlichem Wissen durch die PR-Praxis kommen kann und – gestützt auf die Erkenntnisse der Verwendungsforschung (siehe Kapitel III, 2.3) – dass es sich dabei gerade nicht um einen linearen Transfer von der Wissenschaft in die Praxis handelt (vgl. insb. Bonß 2003). Es wird vielmehr vermutet, dass sich PRler in bestimmten Situationen für wissenschaftliche Inhalte interessieren und auf diese zurückgreifen – sei es durch unmittelbare Nachfrage nach bereits existierenden wissenschaftlichen Inhalten oder durch die Teilnahme an der Produktion von diesen Inhalten im Sinne von Gibbons et al. (1994). Dabei gibt es eine Vielzahl an denkbaren Berührungspunkten zwischen Wissenschaft und Praxis im Alltag der PRler:

---

[144] Das Modell stützt sich ausschließlich auf die oben kenntlich gemachten Quellen – und ist vom Autor der vorliegenden Dissertation eigenständig entwickelt worden. Trotz umfassender Literaturrecherchen kann jedoch nicht dafür garantiert werden, dass es in der Wissenschaftssoziologie oder in verwandten Forschungsgebieten kein anderes theoretisches Konzept gibt, welches die Austauschbeziehungen zwischen Wissenschaft und Praxis mithilfe eines Marktmodells beschreibt. Sollte ein solches Modell existieren, so sind möglicherweise auftretende Ähnlichkeiten unbeabsichtigt.

die Lektüre von wissenschaftlichen Beiträgen in Fachmagazinen, der Kauf eines Buches von einem bekannten PR-Forscher aus der KW-Fachgemeinschaft, der Besuch eines Symposiums mit Rednern aus der Wissenschaft, die Teilnahme an einer Fortbildung mit KW-Bestandteilen, die gezielte Suche nach KW-Absolventen für die eigene Organisation, die Verwendung von KW-Begrifflichkeiten für Präsentationen oder die Nutzung von KW-Theorien für die Konzeption (oder die zusätzliche Unterfütterung) der PR-Strategie für das nächste Jahr.

Den Rahmen des theoretischen Modells bildet das Konzept der Wissensgesellschaft (siehe Kapitel III, 1). Wissen ist demnach zu einem zentralen Produktionsfaktor (vgl. insb. Drucker 1969) moderner Gesellschaften geworden, es stellt beispielsweise für Unternehmen einen „wesentliche[n] Wettbewerbsvorteil und Erfolgsfaktor" dar (Hoffjann/Röttger 2009: 127). Wissenschaftler können als ‚Ressource' verstanden werden (vgl. Bell 1975), genau wie Wissen insgesamt als strategische Ressource in unterschiedlichen gesellschaftlichen Teilbereichen gilt. Gleichzeitig hat die Wissenschaft ihre Vorrangstellung als Produzent dieses Wissens und als gesellschaftlicher Problemlöser verloren und sieht sich mit einer Reihe an Herausforderungen konfrontiert (z.B. Ökonomisierung, Trivialisierung und Medialisierung; siehe Kapitel III, 2.3; vgl. exemplarisch Flecker 2003, Weingart 2005). Es kann nicht in einem fortschrittsoptimistischen Sinn davon ausgegangen werden, dass die Gesellschaft im Lauf dieses Prozesses stetig rationaler wird. Stattdessen birgt Wissen(schaft) immer auch Bedrohungspotenziale und kreiert gegebenenfalls neue Formen von Irrationalität (vgl. u.a. Beck 2007).

Die gestiegene Relevanz der Ressource Wissen in modernen Gesellschaften betrifft dabei auch den PR-Sektor. Öffentlichkeitsarbeit hat in den vergangenen Jahren – nicht zuletzt aufgrund der fortschreitenden Medialisierung der Gesellschaft – selbst an Bedeutung gewonnen, Kommunikation ist heute entscheidend für den Erfolg von einer Vielzahl von Akteuren (z.B. in Wirtschaft und Politik). Um die eigene Öffentlichkeitsarbeit möglichst professionell und erfolgreich zu gestalten, so die Annahme im vorliegenden Modell, holen die PR-Praktiker dabei vermehrt Informationen ein, sprich: Sie machen sich auf die Suche nach Wissen dazu, wie sie PR am besten betreiben sollten und welches ihnen bei der Ausgestaltung ihrer Arbeit in unterschiedlichen Situationen nützlich erscheint. Dieses Wissen verwenden sie somit, im Jargon der Wissensgesellschaft gesprochen, als strategische Ressource im Wettbewerb um die Gunst der öffentlichen Meinung.

Die PR-Praktiker stehen als eine Gruppe von Wissenskonsumenten im Fokus der vorliegenden Studie. Zwar gibt es auch andere Konsumenten von Wissen zum Thema Kommunikation (beispielsweise Medienunternehmen, die daran interessiert sein könnten, wie ihre Inhalte auf die Rezipienten wirken). Doch angesichts der Forschungsfrage konzentriert sich die empirische Untersuchung auf die PR-Praktiker. Diese, so die Vermutung, benötigen Informationen über das Mediensystem, den Journalismus, die PR selbst, die Werbung, die Präferenzen ihrer Adressaten, die Wirkung von Medieninhalten oder die Entstehung von öffentlicher Meinung zur erfolgreichen Gestaltung von Kommunikation. Dieses Wissen fragen sie aktiv nach und interpretieren und verwenden es gemäß ihren Motiven, wobei sie unter Umständen ein spezifisches professionelles Wissen mit eigenen Strukturmerkmalen ausbilden (vgl. insb. Röttger et al. 2011). Da es sich bei der PR um ein zunehmend akademisiertes Berufsfeld handelt (siehe Kapitel II, 2), sind die in ihm tätigen Praktiker jedoch nicht nur in der Lage, wissenschaftliches Wissen kritisch zu analysieren und selektiv anzuwenden (siehe Kapitel III, 2.3), sondern sie sind auch selbst dazu fähig, Wissen zu erzeugen und zu verbreiten – sei es in der Form von Lehraufträgen, Studien in Zusammenarbeit mit Forschungseinrichtungen oder anderen Aktivitäten. Das bedeutet, dass die Wissenskonsumenten zeitweise auch als Wissensproduzenten auftreten – genau wie die Wissensproduzenten auch Wissen nachfragen (Beispiel: die ‚scientific community' der KW, die das von ihr selbst hervorgebrachte Wissen konsumiert, diskutiert und in weiterentwickelter Form abermals publiziert).

Die PR-Praktiker betreiben dabei auch Wissensmanagement und professionalisieren den organisationalen Umgang mit Wissen in unterschiedlichem Umfang (siehe Kapitel II, 3.3). Dieses gewinnen sie aus einer Reihe an verschiedenen Quellen, welche sie – ihren jeweiligen Präferenzen und Zielsetzungen entsprechend – anzapfen. Für den Bereich PR/Kommunikation sind beispielsweise folgende Institutionen als Wissensproduzenten denkbar: Marktforschungsunternehmen, Think Tanks, Unternehmens- und Kommunikationsberatungen, nicht-universitäre Forschungsinstitute – und eben auch Universitäten (vgl. Gibbons et al. 1994). Gemeinsam mit Weingart (2012) lässt sich dabei festhalten, dass es sich bei vielen der von diesen Institutionen hervorgebrachten Wissensprodukten zwar oftmals nicht um „tiefer greifend[e] Forschung" handelt, diese aber dennoch „den Zwecken angemessen [sind], für die sie nachgefragt werden" (ebd.: 32). Die Universität ist also nur *eine* von vielen Quellen für das in der PR benötigte Wissen.[145] Und innerhalb der Universitäten ist die KW wiederum nur *eines* von mehreren Fächern, das sich mit dem Thema Kommunikation beschäftigt – neben Disziplinen wie beispielsweise der BWL oder der Politikwissenschaft. Somit befindet sich das Fach in einem doppelten Konkurrenzverhältnis zu anderen Produzenten von Wissen zu Themen der öffentlichen Kommunikation/PR.

Die vorliegende Studie beschäftigt sich nun mit den Austauschprozessen zwischen der KW als eben *einem* der Wissensproduzenten und den PR-Praktikern als *einer* Gruppe der Wissenskonsumenten im Bereich Kommunikation. Ein zentrales Problem bei der Darstellung dieses Austauschverhältnisses im Rahmen eines Marktmodells liegt darin, dass die entscheidende Grundvoraussetzung für einen Markt fehlt: die Knappheit. Wissen zum Thema Kommunikation kann von beliebig vielen Akteuren gleichzeitig konsumiert werden – es entsteht dabei kein Mangel für andere Konsumenten. Durch die Absenz von Knappheit kann auch kein Preis für dieses Wissen gebildet werden, es ist (bis auf die in der PR-Industrie wohl zu vernachlässigenden Kosten für wissenschaftliche Magazine oder Publikationen) kostenlos.[146] An dieser Stelle soll jedoch an die von Gibbons et al. (1994) erwähnten Wissensmärkte angeknüpft werden, welche die Autoren nicht als klassische „commercial markets", sondern vielmehr als „social [markets]" definieren (ebd.: 13; vgl. Kapitel III, 2.3.2). Darum geht es auch im vorliegenden Modell – der hier skizzierte *Markt des Wissens im Bereich Kommunikation* soll nicht sämtliche Eigenschaften eines ökonomischen Marktes erfüllen, sondern als Illustration des Austauschver-

---

[145] Wie in Kapitel III, 2.3.4 erläutert, ist Weingart der Auffassung, dass nicht-universitäre Institutionen gerade *keine* Konkurrenz für die KW darstellen. In dieser Arbeit geht es jedoch nicht um dasjenige Wissen, das den Standards wissenschaftlicher Forschung restlos genügt, sondern um Wissen, welches im täglichen Geschäft der Öffentlichkeitsarbeit als verwertbar betrachtet wird.

[146] Hoffjann/Röttger (2009) halten hierzu fest, dass „[m]it der Vorstellung von Wissen als Ressource [...] in der Regel die problematische Annahme verbunden" sei, „Wissen könne wie traditionelle Ressourcen bewirtschaftet werden. Wissen ist aber nicht nur intangibel, sondern verhält sich u.a. bezüglich Generierung, Besitz, Gebrauch und Preisbildung anders als materielle Ressourcen. Es nutzt sich durch Gebrauch nicht ab und kann generell von mehreren Personen an unterschiedlichen Orten zu unterschiedlichen Zeitpunkten geteilt werden" (ebd.: 128).

hältnisses zwischen unterschiedlichen Produzenten und Konsumenten in diesem Bereich dienen.[147]

Damit sind theoretischer Rahmen, Architektur und Grundmechanismus des Modells beschrieben. Die an dieses Modell gekoppelte Forschungsfrage nach der *Relevanz* der KW für die PR-Praxis setzt sich dabei, wie bereits in Kapitel I erläutert, aus den folgenden Unterfragen zusammen:

* *Welche* PR-Praktiker fragen unter *welchen* Umständen *welche* Elemente der KW nach?[148]
* *Wofür* verwenden sie diese gegebenenfalls?
* *Welche* Theorien, Begriffe und Fachvertreter/Lehrstühle kennen sie?
* *Wie* bewerten sie die ihnen bekannten Inhalte der KW mit Blick auf die PR-Arbeit?
* *Welche* PR-Praktiker haben ein eher KW-affines Verständnis von ihrem Handeln?[149]

Diese Fragen sollen im empirischen Teil der vorliegenden Arbeit mithilfe einer qualitativen Primär- bzw. Sekundäranalyse von Leitfadeninterviews mit insgesamt 40 PR-Praktikern beantwortet werden (für Details zum Untersuchungsdesign siehe Kapitel IV). Um die daraus resultierenden Ergebnisse anschließend wieder im Kontext des theoretischen Modells verorten zu können, wurden sechs forschungsleitende Vermutungen aufgestellt, die auf den im Literaturteil gewonnenen Einsichten aufbauen und die nach einer Reflexion der Erkenntnisse aus den ersten geführten Interviews formuliert wurden.

Wichtig sind dabei zwei Hinweise: Zum einen handelt es sich bei diesen Vermutungen nicht um Hypothesen im klassischen quantitativen Sinne, die konsequent falsifiziert werden sollen. Ein solches Vorgehen würde nicht zu einer qualitativen Studie passen. Vielmehr dienen sie als Diskus-

---

[147] Eine zwischenzeitig vom Autor in Betracht gezogene Bezeichnung des KW-Wissens als ein ‚öffentliches Gut' (Beispiel Sauerstoff: von allen benötigt, jedoch ohne Rivalität im Konsum, ohne Möglichkeit des Ausschlusses) wurde wieder verworfen, da dadurch das Bild des Marktes selbst problematisch geworden wäre.

[148] ‚Nachfragen' kann an dieser Stelle auch bedeuten: Wann oder wozu rufen Absolventen der KW Wissen aus ihrem Studium ab, um es für ihre PR-Arbeit nutzbar zu machen?

[149] Für die Definition dieses ‚KW-affinen' Verständnisses siehe Kapitel II, 1.2.1.

sionsanregung und Strukturierungshilfe bei der Analyse der Ergebnisse und sollen dabei helfen, die Forschungsfrage(n) zu beantworten sowie das Marktmodell der vorliegenden Arbeit einer ersten Überprüfung zu unterziehen, um es anschließend weiterzuentwickeln. Zum anderen lag eben dieses Modell nicht von Beginn der empirischen Untersuchung an in der hier präsentierten Form vor. Bei einem qualitativen Forschungsprozess handelt es sich immer um ein ‚Vor und Zurück' zwischen Theorie und Empirie – es geht dabei um die „Zirkularität der Teilprozesse" und somit um eine „permanent[e] Reflexion des gesamten Forschungsvorgehens" (Flick 2007: 126; siehe Kapitel IV). Einige der ersten Interviews wurden noch vor dem Hintergrund theoretischer Annahmen geführt, die im Rückblick vergleichsweise wenig ausdifferenziert waren und die teilweise wieder verworfen wurden, die meisten Interviews auf Basis des Modells in weit entwickelter Form. Eine Reihe theoretischer Elemente kam schließlich erst gegen Ende der Studie hinzu – aufgrund von Erkenntnissen, die in den Interviews und in fortgesetztem Literaturstudium gewonnen wurden.[150]

Vor dem Hintergrund dieser Hinweise lauten die sechs forschungsleitenden Vermutungen wie folgt:

1. *Die Erkenntnisse der KW gelangen nicht in einem linearen Transferprozess in die PR-Praxis, sondern werden dort aktiv nachgefragt.*
    ⇨ Ziel: Bestätigung der grundlegenden Logik des Marktmodells

---

[150] Zu diesen späteren Bestandteilen des Modells gehören: (1) die Nennung mehrerer Wissenskonsumenten (neben den PR-Praktikern) im Bereich Kommunikation, (2) die Möglichkeit, dass die Produzenten auch als Konsumenten (und vice versa) agieren können, (3) die exakte Formulierung aller genannten forschungsleitenden Vermutungen, die in der finalen Form als mit der Theorie in Einklang stehende ‚Werkzeuge' für die Analyse der Interviewtranskripte genutzt werden konnten, sowie (4) der Hinweis, dass die Konsumenten das Wissen nicht nur rezipieren, sondern es auch individuell interpretieren und verwenden.

2. *Manche PR-Praktiker halten die KW für relevanter als andere.*[151]

   ⇨ Ziele: a) Identifikation der unterschiedlichen Konsumentenpräferenzen, b) Beantwortung der Frage, *welche* PR-Praktiker unter *welchen* Umständen die KW nachfragen

3. *Die KW konkurriert mit anderen Wissensanbietern bei der Erklärung öffentlicher Kommunikation.*

   ⇨ Ziel: Bestätigung der grundlegenden Logik des Marktmodells

4. *PR-Praktiker werden teilweise selbst zu Wissensanbietern.*

   ⇨ Ziel: Bestätigung der grundlegenden Logik des Marktmodells

5. *Bestimmte Elemente der KW werden stärker nachgefragt als andere.*

   ⇨ Ziele: a) Identifikation der unterschiedlichen Konsumentenpräferenzen, b) Beantwortung der Frage, *welche* Elemente der KW unter *welchen* Umständen nachgefragt werden

6. *Die Nachfrage des KW-Wissens erfolgt immer zu einem bestimmten Zweck.*

   ⇨ Ziele: a) Identifikation der unterschiedlichen Konsumentenpräferenzen, b) Beantwortung der Frage, *wofür* die Ergebnisse der KW verwendet werden und wie diese gegebenenfalls im Zuge der Nutzung verändert werden

---

[151] Diese Vermutung ist dabei nicht im trivialen Sinn zu verstehen (natürlich hat jeder Mensch unterschiedliche Ansichten), sondern dahingehend, dass es wahrscheinlich ist, unterschiedliche Gruppen mit gemeinsamen Nachfrageintensitäten und -präferenzen identifizieren zu können.

Die über diese Vermutungen hinausgehenden Forschungsfragen danach, welche KW-Bestandteile die Praktiker überhaupt kennen (nicht unbedingt aktiv nachfragen), wie sie die ihnen bekannten Fachinhalte in Bezug auf ihre eigene Arbeit bewerten und welche PR-Praktiker ein eher KW-affines Verständnis von Öffentlichkeitsarbeit haben, wurden im Zuge der Ergebnispräsentation geklärt (Kapitel V, 1, 2, 3.1) – hier war kein Rückbezug zum Marktmodell in der Form von forschungsleitenden Vermutungen notwendig bzw. möglich. Nach der Diskussion dieser Vermutungen (Kapitel V, 3.2.1) werden abschließend Vorschläge für eine (über die bereits in dieser Arbeit stetig vorgenommene hinausgehende) Weiterentwicklung des Marktmodells gemacht (ebd.) und die Rolle der KW vor dem Hintergrund des theoretischen Konzepts der Wissensgesellschaft diskutiert (Kapitel V, 3.2.2). Hierbei geht es nicht zuletzt um die Frage, ob die KW von sich behaupten kann, für einen gesellschaftlichen Teilbereich – die PR-Branche – ebenfalls zu einer strategischen Ressource bzw. zu einem Produktionsfaktor für die in diesem Sektor tätigen Profis geworden zu sein.

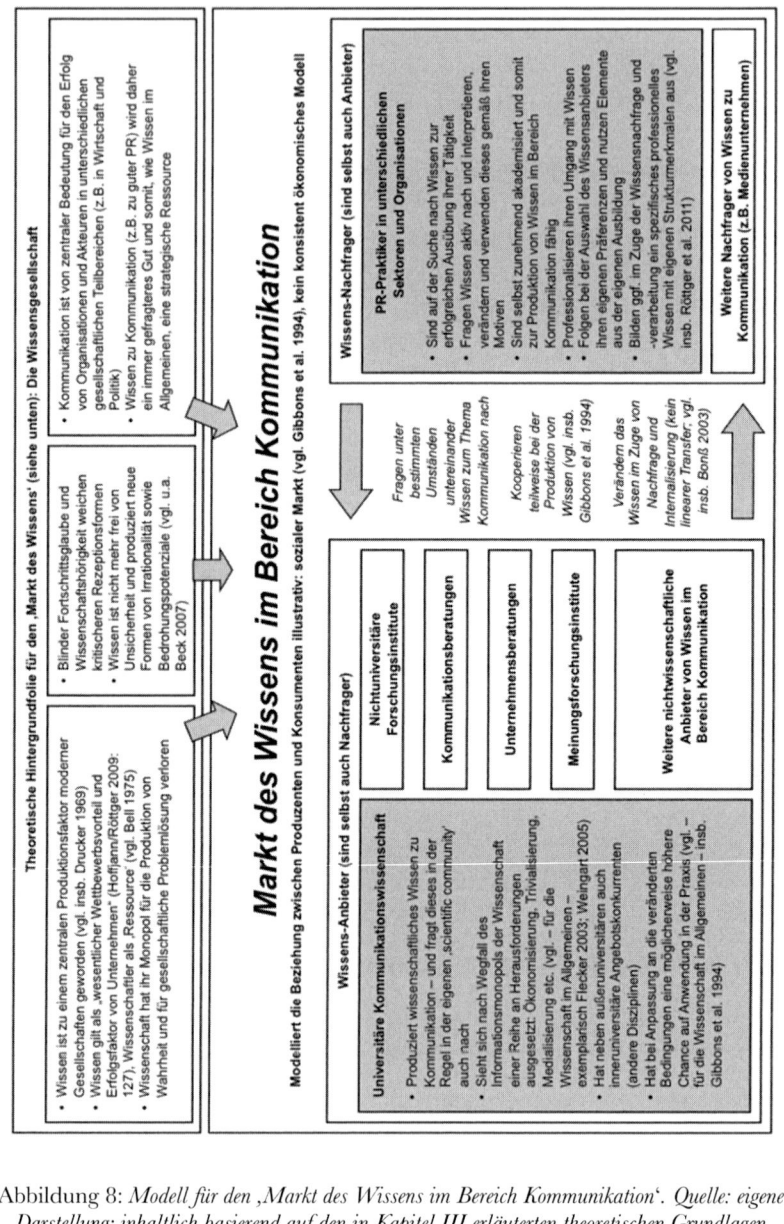

Abbildung 8: *Modell für den ‚Markt des Wissens im Bereich Kommunikation'. Quelle: eigene Darstellung; inhaltlich basierend auf den in Kapitel III erläuterten theoretischen Grundlagen (vgl. sowohl die explizit genannten als auch die weiteren Grundlagen aus diesem Kapitel).*

IV. Untersuchungsdesign

In diesem Kapitel wird das Untersuchungsdesign der vorliegenden Studie erläutert.[152] Nach Nennung der Gründe für ein qualitatives Vorgehen (Kapitel IV, 1) werden Untersuchungsablauf (Kapitel IV, 2), Leitfadeninterviews (Kapitel IV, 3), Auswahlverfahren (Kapitel IV, 4), Feldzugang (Kapitel IV, 5), Entwicklung des Leitfadens (bzw., im Fall der Experteninterviews, Ziele und Inhalte derselben) (Kapitel IV, 6), Ablauf der Interviews (Kapitel IV, 7) sowie die in dieser Arbeit verwendeten Auswertungsverfahren für Primär- und Sekundäranalyse beschrieben (Kapitel IV, 8.1 und 8.2).[153] Im Rahmen der Primäranalyse wurden dabei Interviews mit 16 PR-Praktikern und zwei Experten zur Forschungsfrage geführt. Im Rahmen der Sekundäranalyse wurden insgesamt 22 Interviews mit PRlern vor dem Hintergrund der Forschungsfrage zusätzlich ausgewertet, die von Studenten des Instituts für Kommunikationswissenschaft und Medienforschung der Ludwig-Maximilians-Universität im Sommersemester 2009 im Rahmen eines Hauptseminars des Masters Journalismus zum Verhältnis von Journalismus und PR geführt worden waren.

1. Wahl einer qualitativen Methode

Viele der bisherigen Studien zum Forschungsthema dieser Arbeit waren quantitativer Natur (siehe Kapitel II, 3). Dabei wurde beispielsweise mit standardisierten Erhebungen danach gefragt, welche Studienfächer aus der Sicht der PR-Praktiker für ihre Arbeit relevant sind, oder durch Inhaltsanalysen erfasst, auf welchen theoretischen Konzepten PR-Strategien beruhen. Oftmals wurde dabei ein „Theorie-Praxis-Defizit" (Kunczik et al. 1995: 141) diagnostiziert, jedoch ohne vertieft darauf einzugehen

---

[152] Der Aufbau dieses Kapitels orientiert sich an Meyen et al. 2011.
[153] Für die beiden Experteninterviews gab es kein standardisiertes Auswertungsverfahren. Die Einschätzungen der Experten flossen vielmehr als ergänzendes Korrektiv in unterschiedliche Teile der Arbeit ein – insbesondere in die Diskussion der Ergebnisse (Kapitel V, 3.2).

(oder: eingehen zu können), *auf welche Art und Weise* Bestandteile von wissenschaftlicher Kommunikationsforschung von PR-Praktikern im Alltag überhaupt eingesetzt werden könnten (siehe Kapitel II, 3.4). Daher fiel die Wahl in dieser Studie auf ein qualitatives Vorgehen, welches mit der Führung von Leitfadeninterviews an die Studien von Hoffjann/Röttger (2009) sowie Baerns (1995) anknüpft.

Eine der größten Schwächen qualitativer Forschung besteht nach der Meinung vieler Autoren darin, dass sich ihre Erkenntnisse nicht für eine bestimmte Grundgesamtheit (in diesem Fall: alle PR-Praktiker in Deutschland) verallgemeinern lassen (vgl. exemplarisch Brosius et al. 2008). Daher, so die Argumentation, würden qualitative Studien vor allem in bis dato unerforschten Gebieten eingesetzt, um zunächst eine exemplarische und dafür detaillierte Untersuchung für wenige Untersuchungsobjekte vorzunehmen. Darauf aufbauend könnten dann jedoch wiederum standardisierte, quantitative Studien statistisch belastbare Erkenntnisse durch die Erfassung von großen Populationen hervorbringen. Folgt man dieser Sichtweise, so ist die Verwendung eines qualitativen Forschungsdesigns in der vorliegenden Studie nicht angebracht, da es bereits eine Vielzahl von Untersuchungen zum Verhältnis von KW bzw. PR-Theorie/Forschung und PR-Praxis gibt (siehe Kapitel II, 3). Meyen et al. (2011) vertreten hingegen die Auffassung, dass mit dieser Argumentation Studienanfänger „auf das Glatteis geführt" würden, genau wie „mit der (impliziten) Gleichsetzung von ‚empirischer Kommunikationsforschung' und quantitativen Verfahren" (ebd.: 11). Die Studenten würden sich dazu gezwungen fühlen, stets auf die Beschränktheit der eigenen qualitativen Forschungsergebnisse hinzuweisen. Meyen et al. halten dem entgegen, dass es „[a]uch bei Gruppendiskussionen, Leitfadeninterviews und Co. [...] um Aussagen [geht], die über das konkrete Untersuchungsobjekt hinausweisen und deshalb verallgemeinerbar sind" (ebd.: 12). Diese Auffassung wird auch vom Autor der vorliegenden Dissertation vertreten – wenn dabei auch immer klar sein muss, was genau ‚verallgemeinerbar' bedeutet. Dies wird bei der Beschreibung der Auswertungsmethode erläutert werden (siehe Kapitel IV, 8).

Ziel dieser Studie ist es, herauszufinden, welche Relevanz die KW für die PR-Praxis besitzt. Damit verbunden sind die Fragen danach, *welche* PR-Praktiker unter *welchen* Umständen *welche* Elemente der KW nachfragen, *wofür* sie diese gegebenenfalls verwenden, *welche* Theorien, Begriffe und Fachvertreter/Lehrstühle sie kennen, *wie* sie die ihnen bekannten Inhalte der KW mit Blick auf die PR-Arbeit bewerten und *welche* PR-Praktiker ein eher KW-affines Verständnis von ihrem PR-Handeln haben (siehe Kapitel I und III, 3). Es wäre kaum möglich, die zur Beantwortung dieser Fragen notwendige Informationsfülle bei den PR-Praktikern mithilfe von standardisierten Fragebögen zu erlangen. Stattdessen sind Interaktion mit den Befragten und die Erfassung vieler Nuancen notwendig. Es soll nicht nur analysiert werden, wie der jeweilige PR-Praktiker die Relevanz der KW *direkt* einschätzt, sondern auch, welche *indirekten* Hinweise sich aus seinem sonstigen Verhalten, seinen Grundüberzeugungen im Bereich PR und seiner täglichen Routine darauf finden lassen, welche normativen PR-Ideale er möglicherweise *unbewusst* teilt (für die Definition des KW-affinen PR-Verständnisses: siehe Kapitel II, 1.2.1). Diese Informationen konnten (abgesehen von Methoden der teilnehmenden Beobachtung) nur mithilfe von leitfadengestützten Interviews gewonnen werden, die auch den „Kontex[t]" sowie die „Bedeutung und den Sinn" bestimmter Angaben erfassen (Meyen et al. 2011: 46).

Dass dabei stets von einer „Seinsverbundenheit des Wissens" im Forschungsprozess auszugehen ist und dass es „keine voraussetzungslose Wahrnehmung" (ebd.: 34f.; teilweise unter Bezug auf Karl Mannheim) gibt, darauf ist bereits im Vorwort hingewiesen worden. Dort wurden auch einige persönliche Ansichten des Autors sowie mögliche Gründe für deren Entstehung umrissen – wobei Erstere mit Sicherheit einen Einfluss auf die Entstehung dieser Studie hatten. Durch die Orientierung an den „Gütekriterien" qualitativer Forschung (ebd.: 47) wurde jedoch gewährleistet, dass es sich bei der vorliegenden Studie nicht um einen ‚Gesinnungsaufsatz' zugunsten der Ansichten des Autors, sondern um eine belastbare empirische Untersuchung handelt. Bei diesen Gütekriterien handelt es sich um:

* *„Zuverlässigkeit*: intersubjektive Nachvollziehbarkeit;
* *Gültigkeit*: Stimmigkeit von Fragestellung, Theorie, Methode und Ergebnissen;
* *Übertragbarkeit*: Generalisierbarkeit;
* *Werturteilsfreiheit*: keine normative Beurteilung".

(Meyen et al. 2011: 47; kursive Hervorhebungen im Original; Anm. d. Verf.)

Um der Erfüllung dieser Kriterien so nahe wie möglich zu kommen, wurde (1) auf die notwendige „*Nähe zum Gegenstand*", (2) die „*Dokumentation des Forschungsprozesses*", (3) „*Selbstreflexion*" und (4) „*Reflexion der Entstehungsbedingungen*" sowie (5) eine „*Interpretation in Gruppen*" (ebd.: 47f.; kursive Hervorhebungen im Original; Anm. d. Verf.) geachtet. Konkret bedeutet dabei (1) ‚Nähe zum Gegenstand', dass die Interviews mit den PR-Praktikern – wann immer möglich – vor Ort persönlich geführt wurden. Es gab jedoch auch einzelne Gespräche, die aufgrund größerer räumlicher Distanz (z.B. München-Hamburg) per Telefon stattfanden (siehe Kapitel IV, 3). Die (2) ‚Dokumentation des Forschungsprozesses' steht im Zentrum dieses Kapitels. Die notwendige (3) ‚Selbstreflexion' kann streng genommen nie als abgeschlossen betrachtet werden – und auch die Leser dieser Studie sind im Sinne des wissenschaftlichen Diskurses dazu eingeladen (bzw. aufgerufen), Verzerrungen und Fehler der vorliegenden Arbeit zu identifizieren und zu kritisieren. An dieser Stelle kann nur noch einmal wiederholt werden, dass der Autor seine persönliche Motivation für die Arbeit im Vorwort dargelegt und stets darauf zu achten versucht hat, sich daraus eventuell ergebende Einflüsse so gering wie möglich zu halten.

Um die (4) ‚Entstehungsbedingungen' dieser Arbeit adäquat zu reflektieren, wurde ebenfalls im Vorwort angedeutet, dass es sich bei der vorliegenden Studie um eine externe und vor/neben/nach dem Masterstudium sowie parallel zum PR-Berufseinstieg verfasste Untersuchung handelt, die mit einigen (teilweise mehrmonatigen) Unterbrechungen über einen Zeitraum von rund viereinhalb Jahren (bzw. von fünfeinhalb Jahren bis zu dieser Druckfassung) entstanden ist. Abschließend ist die (5) ‚Interpretation in Gruppen' als die Maßnahme zu nennen, die vielleicht am wenigsten in dieser Arbeit beachtet wurde. Zwar präsentierte der Autor zweimal im Doktorandenseminar seinen jeweiligen Arbeitsstand (einmal zu Beginn und einmal am Ende des Forschungsprozesses) und stand in kontinuierlichem Austausch mit seinem Doktorvater. Doch neben intensiven Diskussionen mit der Ehefrau und gelegentlichen Unterhaltungen mit Familienmitgliedern, Freunden, Bekannten und Arbeitskollegen kam es dabei nicht zu einem solch lebhaften Austausch, den man als ‚Gruppenanalyse' bezeichnen könnte. Als umso wertvoller sind daher die beiden Experteninterviews zu betrachten, die das Literatur- und Feldstudium des Forschers um kritische Einsichten bereicherten.

2. Untersuchungsablauf

Die eben genannten Entstehungsbedingungen der Studie waren ein operativer Mitgrund dafür, dass der Ablauf der Untersuchung nicht als linear bezeichnet werden kann. Der Autor wollte das empirische Material für die deutschen PR-Praktiker noch vor Beginn des Masterstudiums in London vorliegen haben, um dort einen Vergleich zwischen deutschen und englischen PRlern leisten zu können (ein Plan, der später verworfen wurde). Die theoretischen Annahmen in der Anfangsphase der Feldarbeit basierten noch auf einem eher deduktiven Transferverständnis und orientierten sich unter anderem an der Lektüre älterer Studien wie beispielsweise derjenigen von Terry (1989) oder von Pracht (1991) (siehe Kapitel II, 3.1). Dies führte zu einer verhältnismäßig direkten Abfrage der möglichen Relevanz wissenschaftlichen Wissens in den ersten Gesprächen – ein klarer Kontrast zur Kombination direkter und indirekter Elemente im Großteil der späteren Interviews.

Die relativ frühe Konfrontation erster theoretischer Annahmen mit der Realität der PR-Praktiker wurde dabei jedoch auch in dem Bewusstsein gesucht, dass eine qualitative Studie per definitionem keinen linearen Verlauf im Sinne quantitativer Forschung von der Theorie über die Empirie bis hin zur (möglicherweise auch ausbleibenden) Falsifizierung der Theorie haben kann. Stattdessen zeichnen sich qualitative Forschungsprozesse durch eine „Zirkularität der Teilprozesse" aus, welche mit der „permanenten Reflexion des gesamten Forschungsvorgehens" (Flick 2007: 126) verbunden sind.[154] Nachdem die ersten Gespräche zeigten, dass die zugrunde liegenden theoretischen Überlegungen wenig ausdifferenziert waren und auch das fortschreitende Literaturstudium andere Grundannahmen nahelegte, wurden Schritt für Schritt Theorie (bis hin zum *Markt des Wissens im Bereich Kommunikation*; siehe Kapitel III, 3) und Leitfaden (siehe Kapitel IV, 6) angepasst.[155]

---

[154] Meyen et al. (2011) sprechen hier von der Form einer „Spirale" (ebd.: 53).
[155] Ein weiteres, wichtiges Korrektiv war auch eine erste Präsentation im Doktorandenseminar, in dem der Autor einerseits auf den unterentwickelten Stand seiner theoretischen Annahmen hingewiesen und für den Plan kritisiert wurde, eine quantitative Abfrage zur Kenntnis und Relevanzeinschätzung bestimmter KW-Theorien anzuschließen. Diese Kritik hatte ebensolche Auswirkungen auf den Untersuchungsablauf, wie auch die fortschreitende Theorieentwicklung und die Auswahl der ersten Gesprächspartner Implika-

3. LEITFADENINTERVIEWS

Die Entscheidung zur Führung von Leitfadeninterviews ergab sich nicht zuletzt auch aus der Erkenntnis der Verwendungsforschung der 1980er Jahre (siehe Kapitel III, 2.3.1), dass es auch in Organisations- bzw. Institutionskontexten immer „der einzelne Mitarbeiter" ist, „der in seiner Funktion und Person sozusagen den ‚Verwendungszusammenhang' herstellt und die Transformation leistet. Dementsprechend muß sich das Interesse der Verwendungsforschung [...] auf die *Berufsrolle*" sowie auf die „(nicht einheitliche, sondern individuell variierende) Übernahme und Ausgestaltung durch die Individuen richten" (Ronge 1989: 344f.; kursive Hervorhebung im Original; Anm. d. Verf.). Wie bereits in Kapitel IV, 1 erläutert, ist die Erfassung dieses Prozesses der Transformation nur in einem vertieften Gespräch möglich. Dort konnte der Frage nachgegangen werden, inwiefern möglicherweise „Argumente und Theorien" (in diesem Fall: der KW) „zu aufklärenden, fachlichen, legitimatorischen, dilatorischen, interessenvermittelnden und mancherlei anderen Zwecken" von den PR-Praktikern eingesetzt werden (ebd).

Was die genaue Bezeichnung dieser Interviews anbelangt, so weisen Meyen et al. (2011) darauf hin, dass in der Literatur für qualitative Forschung immer auf eine Reihe von spezifischen Unterformen verwiesen werde. Dort sei die Rede von „problemzentrierten oder fokussierten Interviews [...], von Tiefeninterviews, narrativen und biografischen Interviews" (ebd.: 59). Jedoch verberge sich hinter diesen vielen Begriffen oftmals „das gleiche (nämlich ein Gespräch mit Leitfaden)" (ebd.: 61). Will man die in dieser Studie geführten Interviews unbedingt mit einem der klassischen Begriffe benennen, so handelt es sich am ehesten um „problemzentrierte Interviews" (Keuneke 2005: 259). Diese zeichnen sich dadurch aus, dass ein „bereits bestehende[r] Theorieansatz als Ausgangspunkt" gewählt werden kann, gleichzeitig jedoch die Offenheit für neue Aspekte gewahrt bleibt, um das eigene theoretische Modell wiederum modifizieren zu können (ebd.: 260). Die Gesprächsführung wechselt dabei zwischen Interviewer und Interviewtem, um sich im Lauf jedes einzelnen Gesprächs auf besonders interessante Punkte einlassen zu können (in der

---

tionen für die Auswahl der nächsten Interviewpartner hatten (Prinzip der ‚theoretischen Sättigung' – siehe Kapitel IV, 4).

vorliegenden Arbeit am besten im Fall von Sprecher Stadtratsfraktion #1 zu beobachten) – gleichzeitig gibt der Leitfaden die klare Linie vor (vgl. ebd.; siehe auch Flick 2007: 210ff.). Im Folgenden ist jedoch einfach von ‚Leitfadeninterviews' die Rede.

Diese insgesamt 16 Gespräche unterscheiden sich dabei stark von den beiden „*Experteninterviews*" dieser Studie (Meyen et al. 2011: 61; kursive Hervorhebung im Original; Anm. d. Verf.). Letztere sollten allgemeingültige (und nicht nur für den jeweiligen PR-Praktiker spezifische) Erkenntnisse hervorbringen, die „noch nirgendwo aufgeschrieben" wurden (ebd.). Die beiden in dieser Studie befragten Experten waren, wie bereits in der Einleitung erwähnt, Rainer Zimmermann und Bernd Schuppener. Sie wurden dabei nicht für die vorliegende Untersuchung ausgewählt, weil sie als „(ganze) Person" und mithin als „Einzelfall" mit einbezogen werden sollten, sondern vielmehr weil jeder der beiden „Repräsentant einer Gruppe" war (Flick 2007: 214). Bei dieser Gruppe handelt es sich um Personen, die sowohl in der PR-Praxis als auch in der Wissenschaft tätig sind bzw. waren und die sich mit den Wechselwirkungen zwischen beiden Bereichen auseinandergesetzt haben bzw. nach wie vor auseinandersetzen. Rainer Zimmermann ist Professor für Strategie, Design und Kommunikation an der Fachhochschule Düsseldorf und war davor unter anderem Senior Partner der PR-Agentur *Pleon Europe*.[156] Bernd Schuppener wiederum ist Honorarprofessor für Kommunikationsmanagement an der Universität Leipzig, Mitbegründer der Kommunikationsberatung *Hering Schuppener* – und darüber hinaus auch Mitbegründer der *Akademischen Gesellschaft für Unternehmensführung und Kommunikation*, welche es sich zum Ziel gesetzt hat, die „Strukturdefizite im Verhältnis von Praxis und Forschung zu überwinden".[157] Die beiden Experteninterviews waren eine Art Korrektiv im fortschreitenden Arbeitsprozess. Mit Keuneke (2005) könnte man argumentieren, dass es darum ging, den „Wissensvorsprung" der beiden Experten „hinsichtlich des zu untersuchenden Realitätsbereichs" zu nutzen (ebd.: 262).

Die 16 Leitfadeninterviews mit den PR-Praktikern wurden hingegen geführt, um die Fülle an Informationen zu erhalten, die zur Beantwortung der Forschungsfrage(n) und zur Überprüfung (im qualitativen Sinn) bzw. Ausdifferenzierung des theoretischen Modells notwendig waren. Essenzi-

---

[156] Heute *Ketchum Pleon*.
[157] Quelle: http://www.akademische-gesellschaft.com/about.html

ell waren hier jedoch weniger „detailliertes Wissen ‚zur Person' [...] (Biografie, Familiensituation, psychische Dispositionen)" als vielmehr Informationen „zur Situation, in der gehandelt wird (Alltagsstrukturen, Arbeitsumfeld)" (Meyen et al. 2011: 62). Dabei sollten vor allem das im Arbeitsalltag benötigte Wissen sowie das PR-Verständnis des jeweiligen Interviewpartners identifiziert werden. Bereits in Kapitel IV, 1 wurde darauf hingewiesen, dass nicht alle Interviews persönlich vor Ort geführt werden konnten. Drei der 16 Leitfadeninterviews wurden telefonisch geführt, genau wie eines der beiden Experteninterviews (siehe *Tabelle 8*). Meist wäre in diesen Fällen eine Reise von mehreren hundert Kilometern für ein knapp einstündiges Gespräch notwendig gewesen. Dabei soll keineswegs in Abrede gestellt werden, dass es immer besser ist, „tief in die Lebenswelt der Menschen ein[zu]dringen und möglichst viele Informationen [zu] sammeln" – sprich: auch solche, die sich nicht am gesprochenen Wort, sondern an der Erscheinung des Interviewpartners und seiner Umwelt ablesen lassen (ebd.: 86). Doch nachdem sich die vorliegende Studie vor allem für die Nachfrage von Wissen durch die Interviewpartner – und nicht etwa für deren habitusspezifische Merkmale – interessiert, erscheint diese Einschränkung bei drei von 16 Interviews nicht dramatisch.

Laut Hopf (2005) sollten die Interviews von Leuten geführt werden, „die verantwortlich in den jeweiligen Forschungsprojekten mitarbeiten oder die zumindest mit dem theoretischen Ansatz, den Fragestellungen und den Vorarbeiten des Projekts so vertraut sind, dass sie in der Lage sind, Interviews autonom zu führen" (ebd.: 358). Die Interviewer müssten entscheiden können, „wann es inhaltlich angemessen ist, vom Frageleitfaden abzuweichen, an welchen Stellen es erforderlich ist, intensiver nachzufragen und an welchen Stellen es für die Fragestellungen des Projekts von besonderer Bedeutung ist, nur sehr unspezifisch zu fragen und den Befragten breite Artikulationschancen einzuräumen" (ebd.). Nachdem der Autor der vorliegenden Studie alle Interviews der Primäranalyse selbst geführt hat, darf dieses Qualitätskriterium als erfüllt gelten. Gleichzeitig muss aber auch darauf hingewiesen werden, dass die Entwicklung von Theorie und Instrument sowie die Analyse des Materials durch ein und dieselbe Person immer auch die Gefahr birgt, dass Ergebnisse mit einer gewissen ‚Brille' betrachtet werden, die den eigenen theoretischen Erwartungen zuträglich sind. Um dieses Risiko so gut wie möglich zu minimieren, wurde die Diskussion mit Doktorvater, Doktorandenseminar und anderen Personen gesucht (siehe Kapitel IV, 1).

Abschließend könnte an dieser Stelle noch kritisiert werden, dass im Anschluss an den Theorieteil einige forschungsleitende Vermutungen aufgestellt wurden (siehe Kapitel III, 3). Dabei, so Keuneke (2005), werde „[b]ei qualitativen Interviews [...] in der Regel auf eine Hypothesenbildung ex ante verzichtet" (ebd.: 254; vgl. auch: Flick 2007). Stattdessen sollten qualitative Studien dabei helfen, ebensolche Hypothesen zu kreieren. Hier sei entgegnet, dass die formulierten Vermutungen vor allem als Diskussionsanregung für die Auswertung des empirischen Materials dienen sollten – und dass sie großteils im Zuge des zirkulären Forschungsprozesses erst nach Führung der ersten Interviews erstellt wurden. Es handelt sich dabei nicht um Hypothesen quantitativer Prägung, von deren ‚Nichtfalsifizierung' das Überleben des theoretischen Modells abhängt. Vielmehr wurde das Marktmodell im Rahmen des Forschungsprozesses stetig weiterentwickelt (siehe Kapitel III, 3) und auch am Ende der Studie werden Empfehlungen für eine nochmalige Ausdifferenzierung (oder: Verbesserung) des Modells formuliert (siehe Kapitel V, 3.2.1).

4. AUSWAHLVERFAHREN

Bei der Zusammenstellung der qualitativen Stichprobe wurde das Ziel verfolgt, das Berufsfeld der PR (siehe Kapitel II, 2) in seiner Breite so gut wie möglich zu erfassen, „damit eine für die Rekonstruktion intersubjektiver Bedeutungen ausreichende Variation der Perspektive gewährleistet und das Spektrum an möglichen Unterschieden möglichst vollständig abgedeckt ist" (Wenger 2005: 53). Nachdem die vorliegende Studie unter anderem der Frage nachgeht, *welche* PR-Praktiker das Wissen der KW nachfragen, durfte nicht bereits bei der Auswahl der zu interviewenden PR-Praktiker der Fehler gemacht werden, nur eine bestimmte Art von ihnen auszuwählen – beispielsweise nur weibliche Praktiker in Unternehmen, nur junge Praktiker in der Politik, nur KW-Absolventen in der PR-Beratungsbranche oder nur dem Fach kritisch gegenüber eingestellte PR-Praktiker im Pharmasektor. Ziel war vielmehr das Erreichen einer „theoretischen Sättigung" (Meyen et al. 2011: 53; unter Bezug auf Fuchs-

Heinritz 2009, Glaser/Strauss 2008). Dabei muss darauf geachtet werden, dass „die Befragten für möglichst unterschiedliche Varianten stehen, wobei die Ausgangsannahmen so lange ergänzt und angepasst werden, bis die ‚neuen Fälle' keine zusätzlichen Informationen mehr liefern. Von der Auswertung geht es hier also so lange zurück zur Auswahl, bis die Forscher das Gefühl haben, dass sie nichts mehr lernen können" (ebd.: 53f.).

Somit wurde in der vorliegenden Studie keine „Vorab-Auswahl" getroffen, bei welcher die Stichprobe „auf Basis eines festgelegten Kriterienrasters" gezogen wird, sondern vielmehr eine „explorative Vorgehensweise" gewählt, in deren Rahmen sich die Auswahl der Untersuchungsobjekte „rollend" vollzieht und welche auch als „[t]heoretisches Sampling" bezeichnet werden kann (Wenger 2005: 59; vgl. auch Flick 2007). Bei dieser Form des Samplings werden solche Personen ausgewählt, „die aufgrund ihrer Merkmale und lebensweltlichen Hintergründe einen Beitrag zur Lösung des Forschungsproblems erwarten lassen" (Keuneke 2005: 263). Den Vorgaben dieses Verfahrens entsprechend wurde nach den bereits geführten Interviews immer wieder innegehalten und anschließend wurden weitere Personen befragt, welche das Sample qualitativ noch ergänzen konnten. Die „unmittelbare Interpretation erhobener Daten" diente somit als „Basis für Auswahlentscheidungen" (Flick 2007: 126). Es wurden solange PR-Praktiker unterschiedlichen Alters, Geschlechts, Ausbildungshintergrunds (zumindest: Studienfachs), Sektors und – neben diesen unmittelbar identifizierbaren Merkmalen – auch solange PR-Praktiker mit unterschiedlichen PR-Auffassungen und unterschiedlicher Wissenschaftsaffinität befragt, bis schließlich eine qualitative Stichprobe vorlag, die (spätestens in Kombination mit den 22 Interviews der Sekundäranalyse) auf der einen Seite die allgemeine Zusammensetzung des PR-Feldes in Deutschland nicht ganz außer Acht ließ und die auf der anderen Seite keine entscheidenden Neuerungen mehr für die Theorieentwicklung bzw. die Auswertung durch weitere Interviews erwarten ließ (vgl. Flick 2007).

Dennoch muss an dieser Stelle erwähnt werden, dass am Beginn dieses Auswahlprozesses einem Kriterium etwas mehr Prominenz als den anderen eingeräumt wurde: dem Organisationstyp bzw. dem PR-Sektor, in welchem die PR-Praktiker tätig waren. Damit folgt die vorliegende Studie Szyszka et al. (2009), die davon ausgehen, „dass sich jede Form von Kommunikationsmanagement [...] immer an deren organisationstypspezifischen Interessen und Regelungsproblemen ausrichten muss, PR-

Arbeit in ihrer jeweiligen Ausprägung also immer von diesen geprägt sein muss. Ein *Feldzugang über verschiedene Organisationstpyen* erscheint in diesem Kontext zweckmäßig" (ebd.: 29; kursive Hervorhebung im Original; Anm. d. Verf.). Sie unterscheiden dabei zwischen Unternehmen, Non-Profit-Organisationen, Behörden und externen Dienstleistern (vgl. ebd.). Eine nahezu deckungsgleiche Auflistung stammt von Zielmann (2006), die nach Wirtschaftsunternehmen, Behörden, Non-Profit-Organisationen und PR-Agenturen unterscheidet. Es wurde daher im Auswahlprozess der vorliegenden Studie vor allem darauf geachtet, dass all diese unterschiedlichen PR-Institutionen vertreten waren. Gleichzeitig wurde – der Logik der rollenden theoretischen Auswahl entsprechend – solange weiter nach Interviewpartnern gesucht, bis auch andere Merkmale des PR-Berufsfeldes angemessen vertreten waren (sprich: Männer *und* Frauen, junge *und* ältere PR-Praktiker, Interviewpartner mit *und* ohne Universitätsabschluss etc.).

Es wäre jedoch vermessen zu behaupten, dass mit einem Primäranalysensample von 16 Interviews eine Stichprobe existiere, bei deren Ergänzung um weitere Interviewpartner man „nichts mehr [hätte] lernen können" (Meyen et al. 2011: 54). Darüber hinaus hat das Sample noch weitere Schwachstellen: So ließ sich nicht vermeiden, dass es „neben der Methode auch vom Forscher mitbestimmt" wurde (ebd.: 68). Konkret bedeutet dies, dass die Auswahl der einzelnen Gesprächspartner auch davon abhängig war, welche von ihnen am besten für die ca. einstündigen Interviews gewonnen werden konnten. Hier spielte der Feldzugang eine wichtige Rolle (siehe Kapitel IV, 5), welcher vor allem durch das berufliche Netzwerk des Autors geprägt war. Es kam dahingehend zu einer gewissen Verzerrung, dass weniger junge PR-Praktiker, sondern vor allem erfahrene PRler befragt wurden. Auch wurden verhältnismäßig viele politische PR-Praktiker in Stadt- und Landtagsfraktionen interviewt, nicht jedoch auf Bundesebene oder in Ministerien. Ein weiterer Kritikpunkt liegt darin begründet, dass sich im Sample fast kein PR-Praktiker ohne akademischen Hintergrund befindet. Und schließlich muss auch noch darauf hingewiesen werden, dass es kaum Personen im Sample gibt, die das Fach erst vor Kurzem studiert haben und damit auch die KW neuerer Prägung bzw. die verhältnismäßig junge ‚PR-Wissenschaft' der Leipziger Prägung im Studium hätten kennenlernen können. Allerdings wurden einige dieser Schwachstellen durch die Sekundäranalyse abgefedert.

Die Stichprobe der Primäranalyse umfasste schließlich fünf PR-Praktiker in Unternehmen, je drei in Stadt- und Landtagsfraktionen, weitere drei in PR-Agenturen sowie einen in einer öffentlichen Einrichtung und einen selbständigen PR-Praktiker. Davon waren sieben weiblich und neun männlich. Alter und Ausbildung können *Tabelle 6* entnommen werden, die auch alle anderen der genannten Merkmale auflistet. Im Rahmen der Sekundäranalyse wurden acht PR-Praktiker in Unternehmen, drei in Nicht-Regierungs-Organisationen (NGOs), eine in einer politischen Initiative gegen den Ausbau eines Flughafens, fünf in PR-Agenturen, vier in Verbänden und ein weiterer im öffentlichen Sektor untersucht. Zwölf waren weiblich und zehn männlich. Berufserfahrung/Position und Ausbildung dieser PR-Praktiker finden sich, zusammen mit den anderen genannten Merkmalen, in *Tabelle 7*.[158, 159]

Nr.	Organisationstyp/ PR-Sektor	Geschlecht	Alter (ca.)[160]	Ausbildung	Pseudonym in der Auswertung
1	Unternehmen	weiblich	30-40 Jahre	Studium (BWL)	Sprecherin Versicherungskonzern
2	Unternehmen	männlich	40-50 Jahre	Studium (KW, VWL, Markt- und Werbepsychologie; kurzzeitig Politik)	Sprecher Automobilkonzern
3	Unternehmen	weiblich	30-40 Jahre	Ausbildung (Übersetzerin)	PR-Referentin Energiekonzern
4	Unternehmen	männlich	40-50 Jahre	Studium (KW, Markt- und Werbepsychologie, Amerikanische Kulturgeschichte)	Kommunikationschef Technologieunternehmen

---

[158] Bei den Interviews der Sekundäranalyse wurde das Alter der Gesprächspartner nicht festgehalten – Berufserfahrung und Position erlauben jedoch einen Rückschluss darauf.
[159] In *Tabelle 7* werden die PR-Praktiker in NGOs, Initiativen und Verbänden in der Kategorie ‚Politik und Interessenvertretung' zusammengefasst.
[160] Aus Gründen der Anonymisierung wird das genaue Alter der Gesprächspartner zum Zeitpunkt des Interviews nicht angegeben.

5	Unternehmen	weiblich	30-40 Jahre	Studium (Medienwissenschaft), Ausbildung (Werbe- und Medienvorlagenherstellerin)	Sprecherin Marktforschungsunternehmen
6	PR-Agentur/-Beratung	männlich	40-50 Jahre	Abgebrochenes Studium (Jura, Politik, Anglistik)	Senior-Manager Marken-PR
7	PR-Agentur/-Beratung	weiblich	30-40 Jahre	Studium (Kulturwissenschaften; Hauptfach Sprache und Kommunikation, Nebenfach Medien- und Öffentlichkeitsarbeit)	Senior-Beraterin Lifestyle-PR
8	PR-Agentur/-Beratung	männlich	n/a (keine Angabe)	Studium (Philosophie, Literaturwissenschaft, Theater-, Film- und Fernsehwissenschaft)	Managing Partner PR-Agentur
9	Selbständige(r) PR-Berater(in)	weiblich	40-50 Jahre	Studium (BWL, Internationales Marketing)	Selbstständige PR-Beraterin
10	Politik	männlich	40-50 Jahre	Studium (Jura)	Sprecher Stadtratsfraktion #1
11	Politik	männlich	50-60 Jahre	Studium (BWL, Politik, promoviert)	Sprecher Stadtratsfraktion #2
12	Politik	männlich	30-40 Jahre	Studium (Theaterwissenschaft, Psycholinguistik, Pädagogik)	Sprecher Stadtratsfraktion #3
13	Politik	weiblich	30-40 Jahre	Studium (Neuere Geschichte, Wirtschaftsgeschichte, Politik), Volontariat	Sprecherin Landtagsfraktion #1
14	Politik	männlich	n/a (keine Angabe)	Studium (Mass Communication, Politik)	Sprecher Landtagsfraktion

| 15 | Politik | weiblich | 40-50 Jahre | Studium (Geschichte, Englisch), Volontariat | Sprecherin Landtagsfraktion #2 |
| 16 | Sonstiger öffentlicher Sektor | männlich | 40-50 Jahre | Studium (Musikwissenschaft, Neuere Geschichte) | Sprecher kulturelle Einrichtung |

Tabelle 6: *Interviewpartner der Primäranalyse. Alle Angaben beziehen sich auf den Zeitpunkt des jeweiligen Interviews im Jahr 2009 (siehe Tabelle 8 für Details). Quelle: eigene Darstellung.*

Nr.	Organisationstyp/ PR-Sektor	Geschlecht	Berufserfahrung/ Position	Ausbildung	Pseudonym in der Auswertung
1	Unternehmen	weiblich	Ist seit rund vier Jahren im Unternehmen, hat zuvor bei einer Möbelfirma in der Pressestelle sowie als Übersetzerin und Texterin gearbeitet	Studium (Germanistik, Skandinavistik)	Pressesprecherin Lebensmittelkonzern
2	Unternehmen	männlich	Ist seit etwa vier Jahren im Unternehmen und hat zuvor in der Marketingabteilung eines anderen Unternehmens gearbeitet	Studium (BWL)	Leiter Öffentlichkeitsarbeit Pharmaunternehmen
3	Unternehmen	weiblich	Ist seit 15 Jahren in der Branche tätig, leitet eine Abteilung mit acht Personen	Studium (Alte Geschichte, Archäologie, Buchwissenschaften)	Leiterin Pressearbeit Verlag

4	Unternehmen	weiblich	Ist seit zehn Jahren in ihrem Job, war zuvor mehr als 20 Jahre lang Journalistin (zunächst Redakteurin, dann freie Fachjournalistin)	Volontariat	Kommunikationschefin Bio-Unternehmen
5	Unternehmen	männlich	War zuvor zwei Jahre bei einem anderen Brauereiunternehmen, hat noch nicht den Rang eines Abteilungsleiters	Studium (Germanistik, Anglistik, Politik), Weiterbildung zum PR-Referenten	Pressereferent Brauerei
6	Unternehmen	weiblich	Hat in verschiedenen Verlagen und Media-Agenturen gearbeitet, ist seit über 20 Jahren auf Unternehmensseite und leitet heute Marketing und Öffentlichkeitsarbeit	Studium ohne Abschluss (KW, BWL, Markt- und Werbepsychologie), Ausbildung zur Werbekauffrau	Leiterin PR/Marketing Pharmaunternehmen
7	Unternehmen	männlich	Verfügt über jahrzehntelange Berufserfahrung und leitet die Unternehmenskommunikation	Studium (promovierter Komparatistiker, Nebenfächer während des Magisterstudiums:	Leiter Unternehmenskommunikation Finanzunternehmen

				Philosophie und Germanistik), Weiterbildungsmaßnahme im Marketingbereich	
8	Unternehmen	weiblich	Ist seit knapp zehn Jahren in ihrem Unternehmen, leitet dort die Produktkommunikation mit fünf Mitarbeitern und hat zuvor in „Presseabteilungen im Gesundheitsbereich" (ebd.) gearbeitet[161]	Studium (promovierte Biologin)	Leiterin Produktkommunikation Pharmakonzern
9	PR-Agentur/-Beratung	weiblich	Aktuell noch Assistentin, hat jedoch schon eine Mitarbeiterin für sich. Ist seit fünfeinhalb Jahren in diesem Job	Studium (Ägyptologie, Koptologie, Markt- und Werbepsychologie)	Assistentin PR-Agentur
10	PR-Agentur/-Beratung	weiblich	Hat nach dem Studium zunächst außerhalb der Kommunikation in einem Unternehmen gearbeitet und	Studium (Kulturwirtschaft)	Mitarbeiterin PR-Agentur

---

[161] Die Interviewpartnerin wollte diese Stationen nicht näher definieren.

			dann drei Jahre bei einer anderen PR-Agentur. Ist seit drei Jahren in ihrer jetzigen Agentur und hat vor kurzem eine leitende Position erhalten		
11	PR-Agentur/-Beratung	männlich	Hat die Agentur vor zwei Jahren gegründet, war davor 15 Jahre zunächst im Marketing und dann in der Unternehmenskommunikation angestellt	Studium (BWL)	Geschäftsführer PR-Agentur
12	PR-Agentur/-Beratung	männlich	Ist erst seit zweieinhalb Jahren mit seinem Studium fertig	Studium (Germanistik, Soziologie, vergleichende Kulturwissenschaft)	Mitarbeiter PR-Agentur
13	PR-Agentur/-Beratung	weiblich	Kommt aus der Kinobranche, hat zwischenzeitlich die Pressearbeit eines Kulturverbandes geleitet und sich dann selbstständig gemacht. Inzwischen hat sie	Studium ohne Abschluss (Germanistik, Theaterwissenschaften)	Agenturinhaberin Kulturbranche

				sechs Mitarbeiter		
14	Politik und Interessenvertretung	weiblich		Hat viele Jahre als freie Journalistin gearbeitet und war dann in der PR-Abteilung eines Unternehmens tätig	Studium (Soziologie, Politik)	Sprecherin Initiative gegen Flughafenausbau
15	Politik und Interessenvertretung	männlich		Ist seit über zehn Jahren bei der NGO, war vor und während des Studiums bei verschiedenen Film-, Fernseh- und Hörfunksendern bzw. Produktionsfirmen	Studium (Politik, Wirtschafts- und Sozialgeschichte, neuere Geschichte)	CvD Kommunikationsabteilung Umwelt-NGO
16	Politik und Interessenvertretung	weiblich		Arbeitet seit mehr als 15 Jahren für den Verband	Studium (Lehramt Geografie und Französisch)	Pressesprecherin Verband im Umweltbereich
17	Politik und Interessenvertretung	weiblich		Ist seit drei Jahren im Beruf und seit rund einem Jahr fest bei der NGO	Studium (Literatur-, Kultur- und Medienwissenschaft)	Pressesprecherin lokale Umwelt-NGO
18	Politik und Interessenvertretung	männlich		Ist seit acht Jahren in diesem Job, hat keine festen Mitarbeiter	Studium (Journalistik), Weiterbildung zum Pressereferenten	Pressereferent Landesinnungsverband

19	Politik und Interessen- vertretung	männlich	War zuvor Pressespre- cher einer Politikerin[162], ist seit vier Jahren mit dem Studium fertig	Studium (Online- journalis- mus und Online-PR)	Pressesprecher Umweltschutz- organisation
20	Politik und Interessen- vertretung	weiblich	Ist nach dem Volontariat bei einer Regionalzei- tung und einiger Zeit bei einer Nachrichten- agentur zu ihrem Ver- band gekom- men, ist seit rund vier Jahren dort	Studium (Geschichte und Ger- manistik)	Pressesprecherin Naturschutz- verband
21	Politik und Interessen- vertretung	männlich	War zuvor bei einer PR- Agentur, ist seit neun Jahren im Beruf	Studium (promovier- ter Rechts- wissen- schaftler)	Sprecher Phar- maverband
22	Öffentlicher Sektor	männlich	Arbeitet für die Veranstal- tung projekt- bezogen, ist zudem freier Journalist, verfügt über langjährige Berufserfah- rung	Studium (VWL, Soziologie)	PR-Chef Kul- turveranstaltung

Tabelle 7: *Interviewpartner der Sekundäranalyse. Alle Angaben beziehen sich auf den Zeitpunkt des jeweiligen Interviews. Quelle: eigene Darstellung.*

---

[162] Aus Gründen der Anonymisierung wird die politische Ebene, auf der die Politikerin tätig war/ist, an dieser Stelle nicht weiter präzisiert.

5. Feldzugang

Wie bereits im vorangegangenen Kapitel angedeutet, erfolgte der Feldzugang vor allem über das berufliche Netzwerk des Autors. Über Kontakte mit gut verdrahteten PR-Praktikern und Interessenvertretern in Politik und Wirtschaft, die durch Jobs während der Studienzeit geknüpft worden waren, wurde die Mehrzahl der insgesamt 18 selbst interviewten Personen angesprochen und schließlich für die Gespräche gewonnen. Die meisten Interviews fanden dabei im Sommer 2009 statt. Zu Beginn der Feldstudie wurden die ersten PR-Praktiker mehr oder minder zufällig ausgewählt, das heißt: ohne die Orientierung an weiteren konkreten Auswahlkriterien außer den bereits genannten Organisationstypen/Sektoren, von denen am Ende alle wesentlichen abgedeckt sein sollten (siehe Kapitel IV, 4). Die darauf folgenden Interviews wurden dann zielgerichtet mit solchen Personen geführt, die neue Merkmalsausprägungen und Erkenntnisse für das Sample bzw. die Studie erwarten ließen. Somit konnte aus Sicht des Autors am Ende das Prinzip der ‚theoretischen Sättigung' erfüllt werden – auch wenn sich durch die Kontaktpersonen eine relativ hohe Zahl von PR-Praktikern in Stadt- und Landtagsfraktionen ergab (vgl. ebd.).

Meyen et al. (2011) bezeichnen diese „*Rekrutierung über Dritte*" als „Königsweg in das Feld" (ebd.: 75; kursive Hervorhebung im Original; Anm. d. Verf.). Jedoch verlangen die Qualitätsstandards qualitativer Forschung, dass „die Rolle" der Personen, welche die Kontakte hergestellt haben, angemessen nachvollziehbar gemacht und reflektiert wird (Wenger 2005: 67). Bei Interviews, die auf diesem Weg zustande kommen, besteht stets die Gefahr, „dass der oder die ‚Dritte' beide Seiten kennt (Forscher und Untersuchungsteilnehmer) und so das Ideal der Fremdheit nicht ganz zu erreichen ist" (Meyen et al. 2011: 75). Umso mehr muss an dieser Stelle betont werden, dass es sich bei den interviewten Personen nicht um gute Bekannte, Freunde oder gar Familienmitglieder handelte. Die Regel, dass sich „Forscher und Untersuchungspersonen [...] nicht vorher kennen und zu Beginn sicher sein [sollten], dass sie sich unter normalen Umständen auch in Zukunft nicht regelmäßig sehen werden", konnte dadurch in den meisten Fällen eingehalten werden (ebd.: 73). Ausnahmen stellten bei den 16 Leitfadeninterviews lediglich zwei der Befragten dar, die der Interviewer beide aus etwas längeren Arbeitsbeziehungen (Praktikum und

Werkstudententätigkeit) kannte – jedoch bestand zum Zeitpunkt des Interviews (sowie danach) keine Arbeitsbeziehung mehr. In den Gesprächen existierte daher wenig „Zwang", „sich konform zu verhalten oder zu äußern sowie die eigenen Ängste und Schwächen zu verbergen" (ebd.; vgl. auch Gläser/Laudel 2004; Keuneke 2005).

Während die Anonymität der beiden wichtigsten Kontaktpersonen gewahrt bleiben soll, können noch folgende ergänzende Angaben zum Feldzugang gemacht werden: Auf der einen Seite ermöglichte der ehemalige Referent eines früheren Landtagsabgeordneten den Zugang zu den sechs interviewten Sprechern der Stadt- und Landtagsfraktionen. Auf der anderen Seite kamen über einen heute selbstständigen PR-Berater, der früher Partner bei einer großen deutschen PR-Agentur war, Kontakte zu insgesamt drei Sprechern von Unternehmen und Agenturen zustande. Auch das Experteninterview mit Rainer Zimmermann konnte über diesen Kontakt organisiert werden. Die restlichen acht Interviews (sieben Interviews mit PR-Praktikern sowie das andere Experteninterview) kamen, bis auf die zwei erwähnten Ausnahmen, durch die Vermittlung von sonstigen Bekannten sowie durch einen familiären Kontakt zustande, wobei die interviewte Person selbst keine Verwandte des Autors war.[163]

6. Entwicklung des Leitfadens

6.1 Leitfaden für die 16 Interviews mit PR-Praktikern

Aufgabe jedes Leitfadens ist es, „zwischen Theorie und Empirie" zu „vermitteln" (Meyen at al. 2011: 91). Statt die interviewten Personen direkt mit der Forschungsfrage zu konfrontieren, musste Letztere für die einzelnen Gespräche operationalisiert werden. Gläser/Laudel (2004) zufolge beginnt diese Operationalisierung „bei der Formulierung von

---

[163] Hier ist der abschließende Hinweis wichtig, dass das Experteninterview mit Bernd Schuppener zu einer Zeit geführt wurde, als der Autor der vorliegenden Studie bei der Kommunikationsberatung *Hering Schuppener* arbeitete. Es bestand jedoch kein Arbeitskontakt zu Bernd Schuppener, so dass eine Verzerrung durch das Arbeitsverhältnis ausgeschlossen werden kann – nicht zuletzt auch aufgrund der Tatsache, dass es sich hier um ein offenes Expertengespräch und kein standardisiertes Leitfadeninterview handelte.

Leitfragen [...], wird bei der Entwicklung des Leitfadens fortgesetzt und muss im Interview spontan bewältigt werden" (ebd.: 108). Gleichzeitig müssten „die von den Interviewten eingebrachten Informationen laufend unter dem Gesichtspunkt ihrer möglichen theoretischen Bedeutung beurteilt werden" (ebd.). Wie bereits in Kapitel III, 3 sowie Kapitel IV, 2 erläutert, wurden die theoretischen Grundlagen der vorliegenden Arbeit im Zuge des für eine qualitative Studie typischen ‚zirkulären' Forschungsprozesses stetig angepasst und weiterentwickelt. Zu Beginn der Feldstudie wies das Verständnis des Autors vom Transfer zwischen Wissenschaft und Praxis noch große Ähnlichkeit mit einem überholten deduktiven Modell der Anwendung von wissenschaftlichem Wissen durch die Praxis auf. Sowohl das fortschreitende Literaturstudium als auch die Eindrücke der ersten Interviews machten hier Anpassungen notwendig – und somit wurde auch der Leitfaden im Lauf der Zeit schrittweise modifiziert.[164] Am Ende dieses Prozesses stand ein Instrument, das eine angemessene Operationalisierung der Forschungsfrage ermöglichte und mit dem die meisten Interviews geführt wurden (siehe *Abbildung 9*). Dabei war es wichtig, nicht nur zu erfassen, wie der Gesprächspartner die Relevanz der KW *direkt* einschätzte, sondern auch, welche *indirekten* Hinweise sich für diese Relevanzzuschreibung finden ließen – beispielsweise in Aussagen zum Arbeitsalltag und den Grundüberzeugungen des jeweiligen Gesprächspartners.[165]

Gläser/Laudel (2004) listen unter Bezug auf Christel Hopf eine Reihe von Kriterien auf, die bei der Konstruktion des Leitfadens berücksichtigt werden sollten und die auch in die Ausarbeitung des Leitfadens dieser Studie einflossen: (1) „Reichweite": Adressierung von ausreichend vielen Themenkomplexen, um den Interviewten die Möglichkeit zu geben, „in nicht antizipierter Weise zu reagieren" (ebd.: 112), (2) „Spezifität": angemessene Operationalisierung der Forschungsfrage, (3): „Tiefe": Unterstützung des Interviewten bei der Schilderung der für den Forschungs-

---

[164] So empfiehlt beispielsweise Keuneke (2005): „Noch während er [der Interviewer; Anm. d. Verf.] das Interview führt, sollte er über den (Miss-)Erfolg seiner Gesprächsführung reflektieren und seine Strategie oder sogar sein Erhebungsinstrument (Leitfaden) gegebenenfalls anpassen" (ebd.: 256).
[165] Grunig et al. (2002) beschreiben diesen Prozess der Operationalisierung in ihrer PR-Studie wie folgt: „In our qualitative research, we did not ask participants if they practiced 'dialogue, symmetry, and responsiveness' [...]. We asked them to talk about their public relations practice in their own words [...]. In most cases [...] we interpreted their nontheoretical – and nonsacred – word in our theoretical terms" (ebd.: 320).

prozess relevanten Aspekte, (4): „Personaler Kontext": Erfassung der notwendigen biografischen bzw. soziodemografischen Rahmendaten (ebd.). Was die konkrete Formulierung der einzelnen (hauptsächlich offenen und nicht geschlossenen) Fragen des Leitfadens anbelangt, so erfüllten diese größtenteils die von Meyen et al. (2011) aufgestellten Regeln für *„Gute Fragen"* (ebd.: 95; kursive Hervorhebung im Original; Anm. d. Verf.).[166] Letztere

* „beziehen sich auf den Interviewpartner und dessen Erfahrungen,
* sind kurz, konkret, nicht mehrdeutig und leicht zu verstehen [...],
* regen den Befragten zum Nachdenken an, [...]
* suggerieren die Antwort nicht [...] und,
* werden taktvoll sowie mit Einfühlungsvermögen gestellt".

(Meyen et al. 2011: 95; vgl. auch: Gläser/Laudel 2004)

Es muss jedoch einschränkend festgehalten werden, dass der Interviewer oftmals und vor allem zu Beginn des Erhebungsprozesses dazu neigte, sehr ‚ins Gespräch' zu gehen und die Fragen etwas zu ausschmückend zu formulieren. Dadurch kam es möglicherweise zu einer gewissen Verzerrung. Bei der Transkription der ersten Interviews wurde dieser Fehler bemerkt und die Fragestellung in den folgenden Gesprächen entsprechend angepasst. Nichtsdestotrotz blieb es die vielleicht größte Schwäche der Gesprächsführung seitens des Forschers, dass viele Fragen zu lang und ausladend ausfielen – selbst wenn sich auf dem Leitfaden selbst nur kurze und knappe Fragen fanden (für Details zum Interviewablauf siehe Kapitel IV, 7). Dieser enthielt neun zentrale Fragen. Meyen et al. (2011) zufolge sind zwar etwa 15 Hauptfragen empfehlenswert. Allerdings wuchs die Zahl der Fragen in jedem Gespräch deutlich über die ursprünglich angedachten neun hinaus – vor allem da der Leitfaden konkrete Anweisungen für Anschlussfragen in bestimmten Fällen enthielt (Details: siehe unten). Dabei wurden neben den „Hauptfragen" (Gläser/Laudel 2004: 126) auch „Filterfragen" (ebd.) verwendet, um herauszufinden, ob bestimmte Anschlussfragen noch Sinn machten oder nicht.[167] Ein konkretes Beispiel wäre Frage 8: ‚Sind Sie schon einmal über die Kommunikati-

---

[166] Die Bevorzugung von offenen gegenüber geschlossenen Fragen folgt Lamnek 2005.
[167] Hinweis: Diese im Kontext der Leitfadenkonstruktion allgemein geläufigen Begriffe wurden von Gläser/Laudel (2004) in Bezug auf Experteninterviews verwendet.

onswissenschaft gestolpert?'. Konkrete Anschlussfragen wie etwa: ‚War etwas Brauchbares für Ihren Job dabei?', wurden nur dann gestellt, wenn diese Filterfrage mit ‚ja' beantwortet worden war.

Am Beginn des Interviews standen dabei bestimmte „Einleitungsfragen" (ebd.), die zum Aufwärmen des Gesprächs dienten (z.B. die Langfassung von Frage 1: ‚Könnten Sie zu Beginn des Interviews noch einmal kurz auf Ihre Person und Ihre Aufgaben in Ihrer Organisation eingehen?') und die dem Interviewpartner einen relativ freien Einstieg ermöglichten. Zuvor waren das Thema der Untersuchung, der die Dissertation betreuende Professor sowie der Name der Universität, der Verwendungszusammenhang sowie weitere technische Modalitäten genannt worden (Aufzeichnung des Gesprächs, Wahrung der Anonymität etc.; vgl. Meyen et al. 2011). Man könnte an dieser Stelle einwenden, dass es durch die Nennung des Forschungsthemas zu einer Verzerrung der Interviewsituation kam. Beispielsweise ist es denkbar, dass der ein oder andere PR-Praktiker bereits nach der Anfrage durch die Kontaktperson, die das Forschungsthema ebenfalls kannte, in Vorbereitung auf das Interview gezielt Informationen zur KW einholte, um im Gespräch wissenschaftlich versiert zu erscheinen. Gläser/Laudel (2004) argumentieren, dass ein „Weiterreichen der Untersuchungsfrage bedeut[e], sich einer wissenschaftlichen Analyse zu berauben. Man erhält dann keine Fakten mehr, anhand derer man einen sozialen Prozess rekonstruieren kann, sondern im günstigsten Fall die Meinung des Interviewpartners darüber, was abgelaufen ist bzw. abläuft, und im ungünstigsten Fall lediglich seine Meinung über die Kausalzusammenhänge des Falles" (ebd.: 109). Doch auf der einen Seite wurde die Forschungsfrage nur zu Beginn des Interviews grob erwähnt – und dann im Rahmen des Gesprächs, wie bereits oben beschrieben, mithilfe zahlreicher Fragen operationalisiert und nicht einfach ‚weitergereicht'. Auch stellte sich in den Interviews heraus, dass diejenigen PRler, die tatsächlich eine Affinität zur KW aufwiesen, diese nicht erst durch kurze Lektüre vor dem Interview hatten entwickeln können (dafür war ihr Wissen zu fundiert; siehe exemplarisch Kapitel V, 1.3.1). Und auf der anderen Seite argumentieren Meyen et al. (2011), dass Informationen „vor Beginn des Interviews" dabei helfen würden, „Misstrauen und Ängste abzubauen" und damit die Gesprächsbereitschaft zu erhöhen, da „die Teilnehmer das Thema schon einmal für sich durchgespielt haben" (ebd.: 92f.).

Der Leitfaden wurde in unterschiedliche Blöcke eingeteilt – getrennt nach *direkter* Informations- und Meinungsabfrage zur KW (wo diese vorhanden war) und Gesprächssequenzen zur Einholung von *indirekten* Hinweisen dazu, ob die KW eine Relevanz für den jeweiligen PR-Praktiker besitzt oder nicht. Um nicht zu Beginn des Interviews den Gesprächsfluss zu gefährden, wurde der indirekte Teil dabei nach vorne gezogen, sprich: Es wurde anfangs nicht gleich über die KW gesprochen, sondern über den Alltag des jeweiligen PR-Praktikers, seinen Werdegang, seine Aufgaben, sein Verständnis von Öffentlichkeitsarbeit. Bei der späteren Interviewauswertung konnte dann geprüft werden, ob dieses Verständnis von Öffentlichkeitsarbeit und die damit verbundene Ausgestaltung des täglichen Handelns eine Überschneidung mit dem PR-Verständnis der KW aufwies, sprich: ob es tendenziell *diversifizierter* und *reziproker* statt *fokussierter* und *unidirektionaler* Natur war (siehe Kapitel II, 1.2.1).[168] Erst danach wurden konkrete Fragen zu den Themen Wissen im Allgemeinen und – wo sinnvoll – KW im Besonderen gestellt. *Abbildung 9* zeigt die reinen Hauptfragen ohne Einleitung und Interviewanweisungen sowie ausgewählte Zusatz- und Nachfragen. Die Erläuterung aller Zusatz- und Nachfragen findet sich im nachfolgenden Text.

---

[168] Dabei ging es nicht darum, herauszufinden, ob der jeweilige PR-Praktiker seine *gesamte* Tätigkeit in diesem Sinne gestaltet. Dies wäre unrealistisch. Schließlich, so Bentele, ist beispielsweise auch eine dialogorientierte Form der Kommunikation „prinzipiell nicht überall verwirklichbar" (Bentele 1994: 154; vgl. auch Grunig/Hunt 1984). Es ging stattdessen darum, Hinweise auf die bereits erwähnte „*Denkhaltung* oder die *Kommunikationsphilosophie*" (ebd.; kursive Hervorhebungen im Original; Anm. d. Verf.) zu finden, die hinter der jeweiligen PR des befragten Praktikers stand.

> 1. **Wie wird man Pressesprecher bei ... ?**
>   → Könnten Sie zu Beginn des Interviews noch einmal kurz auf Ihre Person und Ihre Aufgaben in Ihrer Organisation eingehen? *(im jeweiligen Interview wird statt „Organisation" der Name der Organisation genannt.)*
>   → Was haben Sie für eine Ausbildung absolviert?
> 2. **Welche Rolle spielt Ihre Tätigkeit für Ihre Organisation?** *(Bei Unklarheit: Welchen Nutzen stiftet Ihre Arbeit für Ihre Organisation?)*
> 3. **Was würden Sie heute jemandem empfehlen, der neu in Ihrem Job anfängt? Was müsste der können und wissen?**
>   → Wie relevant ist Ihre Ausbildung Ihrer Meinung nach für Ihre heutige Tätigkeit? *(Für den Fall, dass der Interviewpartner mehrere Tätigkeiten ausübt, bezieht sich diese Frage auf die Tätigkeit als PR-Praktiker – gilt auch für die nachfolgenden Fragen.)*
>   → Welches Fach sollte man studiert haben?
> 4. **Was muss man in Ihrem Job über Medien, PR und Journalismus wissen?**
>   → Oder: Welche Kenntnisse sind für Ihre Tätigkeit als PR-Praktiker unverzichtbar?
> 5. **Wie informieren Sie sich über diese Themen?**
>   → Bei Unklarheit: Beispiel Web 2.0, Blogs und Twitter – woher gewinnen Sie Wissen zu diesen aktuellen Entwicklungen und ihren Auswirkungen auf Ihre Tätigkeit als PRler?
> 6. **Wird das Wissen in diesem Bereich von Ihnen und Ihren Kollegen in irgendeiner Form gesammelt, geteilt oder verfügbar gemacht?**
> 7. **Gibt es Bücher, die Sie für Ihren Job empfehlen würden?**
>   → Gibt es wichtige Autoren für Sie?
> 8. **Sind Sie schon einmal über die Kommunikationswissenschaft gestolpert?**
>   → Studien?
>   → Kooperationen mit Universitäten (privat oder beruflich)?
>   → Sonstiges?
>   → Wenn ja: War etwas Brauchbares für Ihren Job dabei?
>   → Kooperationen oder Rezeption bei anderen Disziplinen?
> 9. **Haben wir etwas vergessen, was Ihnen wichtig erscheint?**

Abbildung 9: *Die Hauptfragen des Leitfadens sowie ausgewählte Zusatz- und Nachfragen. Quelle: eigene Darstellung.*

Mit diesen Fragen wurde der Versuch unternommen, dahingehend angemessen „zwischen Theorie und Empirie" zu „vermitteln" (Meyen et al. 2011: 91; siehe oben), dass die in Kapitel III erläuterten theoretischen Annahmen zwar angemessen reflektiert wurden, die Fragen aber gleichzeitig ein natürliches Gespräch zwischen Interviewer und Interviewtem ermöglichen sollten. Sie konnten ohne spezielles Vorwissen beantwortet werden, wurden jedoch vor dem Hintergrund der theoretischen Überlegungen formuliert und sollten dadurch Antworten generieren helfen, die sinnvoll unter Rückbezug zur Theorie analysiert und diskutiert werden konnten: In Kapitel III wurde unter Integration verschiedener theoretischer Ansätze argumentiert, dass die Vorstellung von einer Monopolstellung der Wissenschaft als überholt gilt, weshalb im Leitfaden allgemein nach denkbaren Quellen für PR-relevantes Wissen gefragt wurde. Es wurde argumentiert, dass ein aktives Nachfragen nach wissenschaftlichen Elementen seitens der Praktiker denkbar ist, weshalb an verschiedenen Stellen nach Buchempfehlungen, Kooperationen mit Universitäten sowie nach möglicherweise vorhandenem Wissensmanagement gefragt wurde. Hier schwingt auch die im Theorieteil erwähnte mögliche Koproduktion von Wissen durch Wissenschaft *und* Praxis (Kooperationen) mit, genau wie die Vermutung, dass die KW nur *einen* Wissensproduzenten neben anderen für die PR darstellen dürfte (daher auch die Frage nach Kooperationen mit anderen Disziplinen). Es wurde argumentiert, dass die Praktiker im Sinne eines wissensgesellschaftlichen Grundverständnisses als selbstständig agierende Akteure zu verstehen sind, die der Wissenschaft nicht per se unterlegen sind und denen das Wissen nicht deduktiv-linear vermittelt wird, weshalb im Leitfaden kein theoretisches Wissen ‚abgefragt', sondern den Praktikern vielmehr selbst die Definition dessen überlassen wurde, was aus ihrer Sicht für den PR-Beruf essenziell (‚wissenswert') ist. Zusammen mit weiteren Vorüberlegungen (wie der bereits erwähnten Abfrage *direkter* und *indirekter* Hinweise auf die Relevanz der KW bzw. der Integration von Elementen, die Rückschlüsse auf den Charakter des PR-Verständnisses des Gesprächspartners zuließen) war somit gewährleistet, dass die Fragen zwar allgemeinverständlich waren, gleichzeitig jedoch alle Antworten sinnvoll vor dem Hintergrund des theoretischen Modells diskutiert werden konnten.

Die erste Hauptfrage zielte auf den Werdegang des Gesprächspartners ab (‚Wie wird man Pressesprecher bei ...?'). Der Begriff ‚Pressesprecher' wurde dabei in jedem Interview an die Bezeichnung des jeweiligen PR-Praktikers angepasst. Es folgten Fragen zu den konkreten Aufgaben und (falls noch nicht genannt) zur Ausbildung des Gesprächspartners. Die zweite Hauptfrage (‚Welche Rolle spielt Ihre Tätigkeit für Ihre Organisation?') zielte darauf ab, das PR-Verständnis des jeweiligen PR-Praktikers zu ergründen und auch Rückschlüsse dahingehend ziehen zu können, wie hoch der Stellenwert von Öffentlichkeitsarbeit für die jeweilige Institution ist. Damit verbunden war, je nach Gesprächsverlauf, auch die Frage danach, was ‚Erfolg' in der PR für den jeweiligen PR-Praktiker bedeutet.

Hier knüpft der Leitfaden an die Studie von Baerns (1995) an, bei der diese Frage von zentraler Bedeutung war. Auch wurde in den Gesprächen zu Beginn abgefragt, wie ein klassisches PR-Projekt in der jeweiligen Organisation aussieht – wobei auch Hinweise darauf abgeleitet werden konnten, ob ein wissenschaftlich fundiertes Kommunikations-Controlling betrieben wurde oder nicht.

Die dritte Hauptfrage (‚Was würden Sie heute jemandem empfehlen, der neu in Ihrem Job anfängt? Was müsste der können und wissen?') zielte darauf ab, herauszufinden, ob der jeweilige Gesprächspartner aus seiner Sicht relevante Ausbildungsaspekte für den PR-Beruf mit Überschneidungen zu den Lehrinhalten der KW nennt. Die je nach Gesprächsverlauf möglichen Anschlussfragen (‚Wie relevant ist Ihre Ausbildung Ihrer Meinung nach für Ihre heutige Tätigkeit?' bzw. ‚Welches Fach sollte man studiert haben?') deckten den Teil von Wissensnachfrage ab, der über die Universität erworben werden konnte. Sollte ein Gesprächspartner KW studiert haben, würde er sich an dieser Stelle konkret zur Relevanz des Fachs äußern. Falls nicht, könnte das Gespräch dennoch auf die KW kommen. Wenn im Rahmen der Hauptfragen 4 und 5 (‚Was muss man in Ihrem Job über Medien, PR und Journalismus wissen?', ‚Wie informieren Sie sich über diese Themen?') nach konkret benötigtem Wissen und den Quellen dafür gefragt wurde, so ging es dabei im Kern darum, möglicherweise auch von der KW angebotenes Wissen (z.B. Ergebnisse der Journalismusforschung) zu identifizieren und der Frage nachzugehen, ob der jeweilige PR-Praktiker dieses Wissen auch tatsächlich von der universitären KW bezieht – sei es durch Rückgriff auf Lehrinhalte des eigenen Studiums oder durch ‚Erst-Nachfrage' im Berufsleben als Nicht-KW-Absolvent. Für den Fall, dass diese Fragen für den Gesprächspartner zu abstrakt waren, wurden konkrete Beispiele genutzt, wie etwa: ‚Beispiel Web 2.0, Blogs und *Twitter* – woher gewinnen Sie Wissen zu diesen aktuellen Entwicklungen und ihren Auswirkungen auf Ihre Tätigkeit als PRler?'.

Hauptfrage 6 (‚Wird das Wissen in diesem Bereich von Ihnen und Ihren Kollegen gesammelt, geteilt oder verfügbar gemacht?') zielte auf das Thema ‚Wissensmanagement' (siehe Kapitel II, 3.3) ab und diente dazu, herauszufinden, ob Elemente der KW möglicherweise in systematisierte Wissensbestände der jeweiligen Institution einflossen. Die Hauptfragen 7 und 8 stellten schließlich die direktesten Formen der Abfrage in den Interviews zur möglichen Relevanz der KW dar (‚Gibt es Bücher, die Sie für Ihren Job empfehlen würden?', ,Sind Sie schon einmal über die KW gestolpert?'). Nachdem Bücher nur *einen* möglichen Kanal zum (niemals linearen) Transfer von KW-Wissen darstellen, sollte Hauptfrage 7 im Grunde einen Platzhalter für die allgemeine Frage darstellen, ob der jeweilige PR-Praktiker möglicherweise konkrete Quellen für die Einholung von PR-relevantem Wissen nennt. Denkbar wären beispielsweise Fachzeitschriften oder Fachkonferenzen. In den Gesprächen wurde oftmals auch die Frage angeschlossen, ob den Interviewpartnern Begriffe wie etwa Agenda Setting oder Opinion Leader etwas sagten und (falls ja) ob sie diese Begriffe in irgendeiner Form für ihren beruflichen Alltag nutzbar machen würden – sei es bei der Erstellung eines PR-Konzepts oder in anderen Zusammenhängen. Im Rahmen von Hauptfrage 8, bei der es sich um eine klassische ,Filterfrage' handelt, wurden bei positiver Beantwortung zahlreiche Folgefragen gestellt, z.B.: ,Sind Sie schon einmal in Kontakt mit Studien aus dem Fach gekommen?' (falls ja: ,War etwas Brauchbares für Ihren Job dabei?'), ,Verfügen Sie persönlich oder Ihre Organisation über eine Kooperation mit einer Universität im Bereich Kommunikation?' (Beispiel: Lehrauftrag), ,Oder verfügen Sie über eine solche Kooperation mit einem anderen Fachbereich?'. Am Ende des Interviews wurde dem Gesprächspartner schließlich noch einmal die Möglichkeit gegeben, sonstige Themen anzusprechen, die ihm noch wichtig waren (Hauptfrage 9).

Auch wenn mit diesem Leitfaden die Struktur für die Interviews vorgegeben war: Das Ziel musste es immer sein, „das Gespräch zu steuern und [...] dafür zu sorgen, dass der Interviewpartner die gewünschten Informationen gibt" (Gläser/Laudel 2004: 108). Konkret bedeutet dies, dass auch vom Leitfaden abgewichen werden musste, wenn das Gespräch anders als erwartet verlief. Wenn ein Interviewpartner beispielsweise bereits zu Beginn auf die KW zu sprechen kam, so konnte das Gespräch sich schon zu diesem Zeitpunkt um die Relevanz der KW drehen, anstatt sich über die indirekten Fragen am Anfang des Leitfadens zu nähern. Darüber hinaus machte es wenig Sinn, mit PR-Praktikern ohne jeden akademischen Hintergrund zu Studienfächern zu sprechen – hier konnte es nur darum gehen, möglicherweise im Berufsleben aktiv nachgefragte Fachinhalte aufzuspüren. Alles in allem musste jedes Interview zudem „einer natürlichen Gesprächssituation möglichst nahe kommen" (ebd.: 108f.).

Der Leitfaden enthielt somit immer ein Arsenal an besonders wichtigen Fragen, jedoch wichen einige Gespräche stark von der dort vorgegebenen

Reihenfolge ab. Als Beispiel könnte man auf eines der letzten Interviews (Sprecher Landtagsfraktion; hat unter anderem ‚Mass Communication' im Ausland studiert) verweisen, in dem die Abfolge der Hauptfragen sowie der meisten Nach- und Nebenfragen wie folgt aussah: Frage nach 1) dem persönlichen Werdegang, 2) dem Studienfach, 3) der Relevanz des Fachs für die heutige Tätigkeit, 4) dem möglichen Unterschied zwischen den Studieninhalten im Ausland und denen in Deutschland, 5) der Rolle der PR für die Fraktion, 6) der idealen Ausbildung für den PR-Beruf, 7) einer möglichen Beraterrolle in seinem Alltag, 8) der Quelle für Wissen zu den Themen Medien, PR und Journalismus, 9) der Quelle für Informationen zu neuen Entwicklungen wie *Twitter*, 10) besuchten Konferenzen, 11) Sprechern auf diesen Veranstaltungen, 12) dem möglichen Nutzen der Zeit in der PR-Agentur, 13) möglicherweise vorhandenem Wissensmanagement, 14) Kooperationen mit Universitäten, 15) einer möglichen Buchempfehlung für politische PR, 16) Begriffen wie Agenda Setting oder Opinion Leader und ob diese in irgendeiner Form konzeptionell in die Arbeit einfließen, 17) möglicher Evaluation der Kommunikationsarbeit sowie 18) dem Studienfach, für das er sich heute entscheiden würde.

Abschließend muss an dieser Stelle auf ein grundsätzliches Problem hingewiesen werden. Auch wenn die Forschungsfrage sowohl auf das KW-Wissen abzielt, das von den PR-Praktikern aktiv und erstmalig im Berufsleben nachgefragt wird, als auch auf dasjenige, das möglicherweise im eigenen Studium bereits erworben wurde und nun unter bestimmten Bedingungen lediglich neu abgefragt wird, so konnte doch niemals jedes (möglicherweise vorhandene) Element der KW im Wissensfundus des einzelnen PR-Praktikers herausgearbeitet werden. Dafür wird Wissen über die Zeit zu sehr internalisiert und mit anderen Wissensbestandteilen verwoben – sprich, wie bereits oben mehrfach erwähnt: „unsichtbar" (Bonß 2003: 43). Und selbst wenn bestimmte Fachelemente identifiziert werden konnten, war nicht immer klar, woher die Praktiker diese kannten. Ein Beispiel wäre der Begriff des Agenda Settings, der mittlerweile so weite Verbreitung erfahren hat, dass wohl viele PR-Praktiker kaum angeben könnten, ob sie ihn nun aus der KW oder aus einem *Wikipedia*-Eintrag in einem völlig anderen Kontext entnommen haben. Dieses Problem hatten auch Bosch et al. (2001) im Sinn, als sie festhielten: „Die Wirkungen sozialwissenschaftlichen Wissens in verschiedenen Kontexten werden umso undurchsichtiger und schwerer nachzuweisen, je größer die

Umwege sind, die es über die Medien und die Öffentlichkeit nimmt. Schlägt sich dieses Wissen in institutionalisierten Verwendungskontexten in Form von Regelungen, Strategien oder anderen Artefakten nieder, so ist sein Entstehungszusammenhang oftmals kaum mehr nachvollziehbar" (ebd.: 201; siehe auch Simon et al. 2003).

6.2 Ziele und Inhalte der beiden Experteninterviews

Die beiden Experteninterviews mit Rainer Zimmermann und Bernd Schuppener (siehe Kapitel IV, 3) wurden ohne Leitfaden im klassischen Sinn geführt. Hier ging es darum, externe Einschätzungen zum Forschungsthema zu erhalten und im Verlauf der Untersuchung bisherige Literatur- und Interviewerkenntnisse in Gesprächen mit auf dem Gebiet erfahrenen Personen kritisch zu diskutieren. Daher wurden vor beiden Interviews eher grobe Themenbereiche notiert, die im Gespräch auftauchen sollten (Frage nach der Relevanz der KW für die PR, nach den möglichen Gründen für Relevanz bzw. Irrelevanz des Fachs aus Sicht des Experten sowie nach seiner Einschätzung zu den theoretischen Überlegungen und den empirischen Ergebnissen der Studie bis zum Zeitpunkt des Gesprächs). Zwar argumentiert Flick (2007), dass dem Leitfaden beim Experteninterview „[a]ufgrund des Zeitdrucks und der Fokussierung in der Anwendung [...] noch stärker eine Steuerungsfunktion in Hinblick auf den Ausschluss unergiebiger Themen" zukomme (ebd.: 216). Aus Sicht des Autors konnte jedoch gerade durch den offenen Charakter der Gespräche eine kritische Diskussion der Studie gewährleistet werden (siehe Kapitel V, 3.2).

Nichtsdestotrotz gab es auch bei diesen Gesprächen Standardmerkmale – zumindest aus formal-methodischer Sicht. So kann etwa zwischen „Meinungs-" und „Faktfragen" unterschieden werden (Gläser/Laudel 2004: 126). Erstere sollen dabei „Einstellungen des Interviewten, seine Bewertung von Personen, Situationen, Prozessen usw. ermitteln, indem sie eine subjektive Stellungnahme verlangen" (ebd.: 118). Beispielsweise wurde direkt danach gefragt, für wie relevant der jeweilige Experte die KW für die PR-Praxis hält – und daran anschließend eine Diskussion darüber geführt, wie der Gesprächspartner zu dieser Einschätzung gekommen war. ‚Faktfragen' wiederum können nach „Fragen nach Erfahrungen",

"Wissensfragen" sowie nach "Hintergrundfragen/demographische[n] Fragen" unterschieden werden (ebd.: 126). So wurden die Experten beispielsweise auch gefragt, ob und in welcher Form sie die Erkenntnisse der KW zu Zeiten ihrer aktiven PR-Tätigkeiten selbst nutzen konnten.

Jedoch hat der Interviewer den Effekt der ‚sozialen Erwünschtheit' im Rahmen der beiden Experteninterviews mit Sicherheit unterschätzt. Denn auch wenn die beiden Gesprächspartner darum bemüht waren, ihre ehrliche Meinung zur Relevanz der KW für die PR wiederzugeben, so gingen sie möglicherweise davon aus, dass der Autor als KW-Absolvent und PR-Praktiker vielleicht bestimmte Relevanzbelege für das eigene Fach zu finden hoffte. Daher, so die Vermutung, bestand eventuell doch ein gewisser Anreiz, an der ein oder anderen Stelle des Gesprächs die Bedeutung des Fachs für die PR etwas überzubetonen. Letztendlich belegt werden kann diese Vermutung jedoch nicht. Es handelt sich dabei vielmehr um einen durch gewisse "Zwischentöne" gewonnenen Eindruck (Keuneke 2005: 262). Gleichzeitig finden sich in den beiden Experteninterviews auch einige kritische Anmerkungen zur Praxisaffinität zumindest der klassischen KW.

7. ABLAUF DER INTERVIEWS

Während der Leitfaden die Struktur für die 16 Praktikerinterviews vorgab, mussten gleichzeitig auch die Rahmenbedingungen für die einzelnen Gespräche bestimmten Standards entsprechen. So wurden alle Interviewpartner zu Beginn des Interviews darauf hingewiesen, dass das Gespräch mit einem Laptop aufgezeichnet und nur anonymisiert in die Arbeit einfließen würde. Im dann folgenden Interview wurde der Leitfaden nicht streng schematisch abgearbeitet, sondern an die jeweilige Gesprächssituation angepasst (siehe Kapitel IV, 6.1). Leitgedanke war hierbei die Maxime von Meyen et al. (2011): "Gut ist ein qualitatives Interview immer dann, wenn es zu einem Gespräch kommt (Frage, Antwort, Nachfrage, Antwort) und die eigenen Beiträge zeigen, dass man verstanden hat, was der Befragte sagen wollte" (ebd.: 109). Bereits weiter oben ist erwähnt worden, dass drei der 16 Leitfadeninterviews (meist aufgrund der großen geografischen Entfernung) telefonisch geführt worden sind, ebenso wie eines der beiden Experteninterviews. *Tabelle 8* listet die einzelnen Orts- und Zeitangaben der Interviews auf.

Nr.	Pseudonym in der Auswertung	Ort	Datum, Uhrzeit
Leitfadeninterviews			
1	Sprecherin Versicherungskonzern	Beim Unternehmen vor Ort	10. Juni 2009, 16-17 Uhr
2	Sprecher Automobilkonzern	Beim Unternehmen vor Ort	4. Juni 2009, 10-11 Uhr
3	PR-Referentin Energiekonzern	Beim Unternehmen vor Ort	26. August 2009, 13-14 Uhr
4	Kommunikationschef Technologieunternehmen	Privatwohnung von einem der beiden Vermittler von Interviews	n/a (nicht festgehalten)
5	Sprecherin Marktforschungsunternehmen	Telefonisch	5. August 2009, 11-12 Uhr
6	Senior-Manager Marken-PR	Beim Unternehmen vor Ort	2. Juni 2009, 13-14 Uhr
7	Senior-Beraterin Lifestyle-PR	Telefonisch	5. Juni 2009, 15-16 Uhr
8	Managing Partner PR-Agentur	Telefonisch	29. Juli 2009, 16-17 Uhr
9	Selbstständige PR-Beraterin	Café	17. Juni 2009, 16-17:30 Uhr
10	Sprecher Stadtratsfraktion #1	In der Fraktion vor Ort	4. August 2009, 14-15 Uhr
11	Sprecher Stadtratsfraktion #2	In der Fraktion vor Ort	10. August 2009, 15-16 Uhr
12	Sprecher Stadtratsfraktion #3	In der Fraktion vor Ort	25. August 2009, 11-12 Uhr
13	Sprecherin Landtagsfraktion #1	In der Fraktion vor Ort	25. August 2009, 15-16 Uhr

14	Sprecher Landtagsfraktion	In der Fraktion vor Ort	n/a (nicht festgehalten)
15	Sprecherin Landtagsfraktion #2	In der Fraktion vor Ort	1. September 2009, 16-17 Uhr
16	Sprecher kulturelle Einrichtung	In der Organisation vor Ort	10. Juni 2009, 14-15 Uhr
Experteninterviews			
17	Rainer Zimmermann	Telefonisch	24. Juni 2009, 10-11 Uhr
18	Bernd Schuppener	Büro von *Hering Schuppener* vor Ort	7. Mai 2012, 16-17 Uhr

Tabelle 8: *Ort, Datum und Uhrzeit der einzelnen Interviews. Quelle: eigene Darstellung.*

Auch wenn die einzelnen Gespräche ohne einen einzigen Gesprächsabbruch oder anderweitige außergewöhnliche Vorkommnisse verliefen, so muss an dieser Stelle eingestanden werden, dass der ein oder andere Anfängerfehler trotz des Einsatzes qualitativer Interviews zu früheren Zeitpunkten (vgl. Kreileder 2008) in der vorliegenden Studie begangen wurde. Dazu zählen etwa die „Tendenz zu einem dominierenden Kommunikationsstil" genau wie eine gewisse „fehlende Geduld beim Zuhören" (Hopf 2005: 359) (siehe Kapitel IV, 6.1). Besonders bei den ersten Interviews neigte der Forscher dazu, die Fragen zu sehr auszuschmücken und das Gespräch dadurch ein Stück weit zu beeinflussen. Der bei qualitativen Interviews verlangte vertrauliche und freundliche Umgang mit dem Interviewpartner war hingegen eine Selbstverständlichkeit (vgl. Lamnek 2005).

Die Experteninterviews folgten dabei, wie bereits erläutert, keinem Leitfaden im engeren Sinn und hatten offenen Gesprächscharakter. Die Rahmendaten aller vom Forscher selbst geführten Interviews wurden in Kurzberichten festgehalten, die auch notierungswürdige Beobachtungen während des Interviews enthielten. Darüber hinaus wurden alle Interviews in schriftliche Transkripte übertragen, die schließlich zur Auswertung genutzt wurden.

8. Auswertungsverfahren

8.1 Primäranalyse

Auch die Auswertung der selbst geführten Leitfadeninterviews (sprich: die Primäranalyse) erfolgte nach einer systematischen Methode – und beschränkte sich nicht auf die Interpretation von mehr oder weniger beliebig herausgegriffenen Interviewpassagen. Stattdessen wurde eine „Typologisierung" (Meyen et al. 2011: 181) vorgenommen, bei der die befragten PR-Praktiker in unterschiedliche Gruppen eingeteilt wurden – je nach dem Grad ihrer gezeigten Affinität zur KW, sprich: der von ihnen *direkt* und/oder *indirekt* zum Ausdruck gebrachten Relevanzzuschreibung für das Fach. Anschließend wurde diskutiert, welche Einflussfaktoren dafür verantwortlich sein könnten, dass sich die entsprechenden PR-Praktiker zu dem jeweiligen Typus entwickelt haben.

Das Ziel der Auswertung war letztlich der Rückbezug zum theoretischen Modell der vorliegenden Studie (was nicht dessen Falsifizierung, sondern dessen weitere Ausdifferenzierung bewirken sollte) und – mithilfe dieser theoretischen Einordnung der Ergebnisse – die Beantwortung der Forschungsfrage, welche Relevanz die KW für PR-Praktiker besitzt und welche Rolle das Fach damit für diesen spezifischen *wissens*gesellschaftlichen Bereich spielt. Es ging darum, auf der Konsumentenseite herauszufinden, wer die Produkte der KW (*indirekt/direkt*) nachfragt und welche Einflussfaktoren dafür verantwortlich sein könnten, dass bestimmte PR-Praktiker eine höhere KW-Affinität als andere ausgebildet hatten (für die Einführung der genannten ökonomischen Begriffe siehe Kapitel III, 3). Für den Erkenntnisprozess bedeutet diese notwendigerweise theoretisch fundierte Herangehensweise in der Interviewauswertung auf der einen Seite Systematik, auf der anderen jedoch auch Beschränkung: „[J]eder Teil des Forschungsprozesses [ist] an die analytischen Begriffe gebunden, die aus dem Erkenntnisinteresse und dem jeweiligen theoretischen Hintergrund abgeleitet worden sind" (Meyen et al. 2011: 168). Doch nur diese Vorgehensweise erlaubt eine gewisse Verallgemeinerung der qualitativen Ergebnisse der vorliegenden Studie (siehe Kapitel IV, 1). Erst durch eine systematische Analyse war es möglich, Gemeinsamkeiten herauszuarbeiten, die „über die Untersuchungsteilnehmer oder die analysierten Dokumente hinausweisen und Strukturen oder Handlungsmuster beschreiben, die unter bestimmten Bedingungen auch an anderer Stelle anzutreffen sein dürften, sowie Faktoren [zu] benennen, die das Handeln von Menschen in bestimmten Kontexten beeinflussen" (ebd.: 169).

Eine Typologisierung stellt somit den Versuch dar, „systematische Unterschiede" im Verhalten der untersuchten Personen kenntlich zu machen, „die über die [...] Eigenheiten einzelner Personen hinausgehen" (ebd.: 181). Dabei sollen die Überschriften für die einzelnen Typenbeschreibungen „Ordnung in einen Bereich [...] bringen, indem sie den einzelnen Elementen bestimmte Merkmale zuschreiben" (ebd.). Im Rahmen dieser Studie musste das Kriterium für die Benennung der einzelnen Typen darin bestehen, die PR-Praktiker sinnvoll in Bezug auf die von ihnen zum Ausdruck gebrachte Relevanzzuschreibung für die KW zu ordnen. Nach der wiederholten Sichtung der Interviewtranskripte ließen sich dabei – ohne an dieser Stelle detailliert auf die Ergebnisse der Primäranalyse einzugehen (siehe Kapitel V, 1) – die drei folgenden Typen bilden: 1. *KW-Laien* (keine erkennbare Kenntnis des Fachs, keine erkennbare Relevanzzuschreibung für die eigene PR-Arbeit), 2. *KW-Kritiker* (Kenntnis des Fachs, kritische Sichtweise auf die Fachinhalte, keine Relevanzzuschreibung), 3. *KW-Verfechter* (Kenntnis des Fachs, positive Einstellung gegenüber den Fachinhalten, Relevanzzuschreibung) (siehe *Tabelle 9*).

Typ	KW-Kenntnis	KW-Relevanz für eigene PR-Arbeit
1. *KW-Laien*	Keine erkennbare Kenntnis	Keine erkennbare Relevanz
2. *KW-Kritiker*	Kenntnis der KW	Kritische Sichtweise auf die Fachinhalte; keine erkennbare Relevanz
3. *KW-Verfechter*	Kenntnis der KW	Positive Einstellung gegenüber den Fachinhalten; erkennbare Relevanz

Tabelle 9: *Die in der Primäranalyse gebildeten Typen und ihre Merkmale. Quelle: eigene Darstellung.*

Eine *direkte* Relevanzzuschreibung für die KW durch einen PR-Praktiker konnte dabei zum Beispiel darin bestehen, dass die interviewte Person sich positiv zu den konkreten Fachinhalten äußerte, dass sie Inhalte der

KW aktiv nachfragte oder Kooperationen mit ihr suchte, dass sie die Arbeit der Fachvertreter schätzte, dass sie Absolventen der KW bei der Auswahl von potenziellen Mitarbeitern bevorzugte oder dass sie dem Fach auf irgendeine andere Art und Weise Relevanz für die eigene Arbeit oder die PR-Branche insgesamt zuwies. Eine *indirekte* Relevanzzuschreibung hingegen konnte etwa dadurch zum Ausdruck kommen, dass die jeweilige Person Theorien und Begriffen der KW kannte, ohne diese jedoch explizit dem Fach zuzuweisen (z.B. Nutzung des Konzepts der Meinungsführer ohne über die disziplinäre Herkunft des Begriffs Bescheid zu wissen), oder, dass sie ein Verständnis von Öffentlichkeitsarbeit an den Tag legte, welches große Überschneidungen mit dem *diversifiziert-reziproken* PR-Praxisideal der KW aufwies und klare Unterschiede zur tendenziell *fokussiert-unidirektionalen* Perspektive des Marketing erkennen ließ (siehe Kapitel II, 1.2.1).

Dabei konnten direkte und indirekte Relevanzzuschreibungen für die KW in manchen Fällen durchaus voneinander abweichen. So gab es beispielsweise PR-Praktiker, die zwar mit einigen Konzepten des Faches vertraut waren und diese auch wertschätzten, gleichzeitig jedoch eine eher marketingorientierte PR betrieben. Am Ende der Sichtung all der unterschiedlichen direkten und indirekten Relevanzzuschreibungen für die KW musste bei diesen Grenzgängern schließlich eine Entscheidung getroffen werden, welchem Typ sie am ehesten zugehörig waren. Darin zeigt sich zwar einerseits die grundsätzliche Schwäche einer jeden Typologisierung (kein Mensch passt als individuelle Persönlichkeit in eine einzelne Schublade), andererseits war eine Zuordnung der PR-Praktiker zu einem der drei definierten Typen in den meisten Fällen ohne größere Probleme möglich.

8.2 Sekundäranalyse

Es ist offensichtlich, dass die im Rahmen der Sekundäranalyse ausgewerteten Interviews nicht denselben Erkenntnisgewinn für die Forschungsfrage erbringen konnten wie die selbst geführten Interviews. Die PR-Praktiker der Sekundäranalyse waren zu keinem Zeitpunkt dazu befragt worden, welche Relevanz die KW für ihre Arbeit hatte oder ob sie Elemente des Fachs überhaupt kannten, geschweige denn: nachfragten. Um diese Interviews dennoch für die vorliegende Arbeit nutzbar machen zu können, wurden sie in die beiden Gruppen ‚tendenziell *diversifziert-reziprokes*' bzw. ‚tendenziell *fokussiert-unidirektionales* PR-Verständnis' eingeteilt. Somit erfolgte die Typologisierung in der Sekundäranalyse gezwungenermaßen nur anhand der *indirekt* beobachtbaren Relevanzzuschreibung für die KW, die durch den Grad der Überschneidung des eigenen PR-Verständnisses mit dem des Fachs zum Ausdruck kam (siehe Kapitel II, 1.2.1). Wenn sich jedoch, wie es in einzelnen Interviews der Fall war, auch noch Hinweise auf eine *direkte* Relevanzzuschreibung finden ließen, so flossen diese selbstverständlich in die Typologisierung ein.[169] Die dadurch vereinzelt auch in der Sekundäranalyse identifizierbaren *Quasi-KW-Verfechter* werden, gemeinsam mit den beiden größten *KW-Verfechtern* der Primäranalyse, in Kapitel V, 3.1.3 noch einmal genauer betrachtet. Somit erfolgte im Fall der KW-affinsten PR-Praktiker dieser Studie eine Zusammenlegung von Teilen der Primär- und Sekundäranalyse, was den Erkenntnisgewinn im Hinblick auf die Forschungsfrage nochmals deutlich steigerte.

In den Sekundäranalyseinterviews wurden einige (jedoch nicht alle) PR-Praktiker unter anderem danach gefragt, ob sie der Aussage von Klaus Merten zustimmen würden, dass PR auch Täuschung beinhaltet (siehe Kapitel II, 1.2.3). Angesichts der Kritik an Mertens Aussagen durch einige Vertreter der KW- bzw. PR-Fachgemeinschaft (vgl. ebd.) kann dabei davon ausgegangen werden, dass Öffentlichkeitsarbeit in den Augen der klassischen KW bzw. der meisten PR-Theoretiker eben *keine* Täuschung beinhaltet bzw. beinhalten sollte. Die Vermutung war daher, dass sich eher *diversifiziert-reziprok* orientierte PR-Praktiker stärker von Mertens These distanzieren würden als ihre als *fokussiert-unidirektional* klassifizierten Kollegen. Die Überprüfung dieser Vermutung findet sich in den Kapiteln V, 2.1.2 und 2.2.2. Auch im Anschluss an die Sekundäranalyse wurden wieder mögliche Einflussfaktoren für die Ausbildung des jeweiligen PR-Verständnisses und die damit verbundene Typenausprägung diskutiert.

---

[169] Dabei geht es um einige wenige Interviews der Sekundäranalyse, in denen das Gespräch zufällig auf die KW kam.

V. Ergebnisse

In diesem Kapitel werden zunächst die Ergebnisse der Primäranalyse (Kapitel V, 1), anschließend diejenigen der Sekundäranalyse (Kapitel V, 2) präsentiert. In beiden Kapiteln werden die unterschiedlichen Typen beschrieben und, im Fall der Primäranalyse, je Typ zwei Fallbeispiele näher ausgeführt und sowohl die *direkten* als auch die *indirekten* Merkmalsausprägungen aller Typen dargestellt (bei der Sekundäranalyse werden nur die *indirekt* ableitbaren Rückschlüsse aufgeführt; siehe Kapitel IV, 8.2). Außerdem erfolgt für beide Analysen die Diskussion der möglichen Einflussfaktoren. Wenn diese Diskussion immer gleich im Anschluss an den jeweiligen Typ geleistet wird, so erfolgt dies aus Gründen der besseren Lesbarkeit – jedoch musste die Herausarbeitung der Faktoren stets unter Berücksichtigung aller Interviewpartner erfolgen (was auch in den einzelnen Diskussionen an vielen Stellen nachvollzogen werden kann). In Kapitel V, 3 werden die Ergebnisse beider Analysen zusammengefasst und somit eine Antwort auf die Frage formuliert, für wen die KW (k)eine Relevanz besitzt. Auch werden die vier KW-affinsten PR-Praktiker aus Primär- und Sekundäranalyse noch einmal gesondert unter die Lupe genommen. Abschließend werden alle Erkenntnisse vor dem Hintergrund des theoretischen Modells mithilfe der in Kapitel III, 3 aufgestellten forschungsleitenden Vermutungen reflektiert (Kapitel V, 3.2.1) und die Frage diskutiert, was die Ergebnisse dieser Studie über die Rolle der KW in der Wissensgesellschaft aussagen (Kapitel V, 3.2.2).

1. Primäranalyse

Tabelle 10 listet auf, welche der befragten Personen welchem Typ zugeordnet wurden, sprich: wer von ihnen eher als *KW-Laie*, *KW-Kritiker* oder *KW-Verfechter* gelten kann (zum methodischen Hintergrund dieser Typenbildung: siehe Kapitel IV, 8.1).

Typ	KW-Kenntnis	KW-Relevanz für eigene PR-Arbeit	Diesem Typ zugeordnete Interviewpartner
1. KW-Laien	Keine erkennbare Kenntnis	Keine erkennbare Relevanz	6 Befragte: 1 Selbstständige PR-Beraterin 2 Sprecherin Versicherungskonzern 3 PR-Referentin Energiekonzern 4 Sprecherin Marktforschungsunternehmen 5 Sprecher Stadtratsfraktion #1 6 Sprecher Stadtratsfraktion #2
2. KW-Kritiker	Kenntnis der KW	Kritische Sichtweise der Fachinhalte; keine erkennbare Relevanz	7 Befragte: 7 Senior-Manager Marken-PR 8 Senior-Beraterin Lifestyle-PR 9 Sprecher Automobilkonzern 10 Sprecher kulturelle Einrichtung 11 Sprecher Stadtratsfraktion #3 12 Sprecher Landtagsfraktion 13 Sprecherin Landtagsfraktion #2
3. KW-Verfechter	Kenntnis der KW	Positive Einstellung gegenüber den Fachinhalten; erkennbare Relevanz	3 Befragte: 14 Managing Partner PR-Agentur 15 Kommunikationschef Technologieunternehmen 16 Sprecherin Landtagsfraktion #1

Tabelle 10: *Typologie für die Auswertung der selbstgeführten Interviews. Quelle: eigene Darstellung.*

Die Mitglieder der ersten Gruppe, die *KW-Laien*, konnten dabei weder aufgrund ihrer direkten Aussagen zur Relevanz der KW für ihr persönliches Arbeiten noch aufgrund indirekt ableitbarer Erkenntnisse in ein bestimmtes Verhältnis zur KW gebracht werden. Für diese Gruppe der Befragten hat das Fach schlicht keine Bedeutung. Die *Laien* gehen ihrer Tätigkeit nach, ohne dass sie aktiv auf KW-Theorien oder -Erkenntnisse zurückgreifen würden. Auch suchen sie keinen Kontakt zu Fachvertretern oder beschäftigen sich mit Publikationen aus dem wissenschaftlichen Bereich. Vielmehr spielen Erfahrung und Praxiswissen eine große Rolle für sie, in einzelnen Fällen auch wissenschaftliche Erkenntnisse anderer Disziplinen, die – aus welchen Gründen auch immer – vereinzelt mehr Relevanz für ihren Job als Kommunikatoren haben als die der KW. Im Sinne des in dieser Arbeit verwendeten theoretischen Modells ließe sich sagen: Diese Praktiker fragen das Wissen der KW auf dem Markt der für PR relevanten Informationen nicht nach – dies jedoch nicht, weil sie die konkreten Inhalte des Fachs ablehnen, sondern weil sie diese schlicht und einfach nicht kennen.

An dieser Stelle sei noch einmal Drucker (1969) zitiert: „Entscheidend ist, daß Wissen zum ‚Produktionsfaktor' in der fortgeschrittenen, entwickelten Wirtschaft geworden ist. [...] Wissen ist tatsächlich zur ‚primären' Industrie geworden, zu der Industrie, die der Wirtschaft das wesentliche und zentrale Potential für die Produktion liefert" (ebd.: 332). Sollte diese Prämisse der Wissensgesellschaft auch für die *KW-Laien* ihre Gültigkeit haben, so zählt die KW jedenfalls nicht zu ihrem Wissensfundus, sprich: Sie liefert für diese Gruppe der Befragten eben kein ‚zentrales Potenzial' für die Gestaltung professioneller Öffentlichkeitsarbeit. Zwar kann es vereinzelt vorkommen, dass Mitglieder dieses ersten Typs gewisse Grundzüge von theoretischen Konzepten erkennen lassen oder Aussagen mit scheinbar kommunikationswissenschaftlich angereichertem Verständnis zu öffentlicher Meinung treffen – dies dürfte jedoch reiner Zufall sein. Die zu diesem Typ PR-Praktiker gehörenden Personen sind per se auch weniger aktiv, wenn es darum geht, selbst Wissen im Bereich Kommunikation weiterzugeben – im theoretischen Modell dieser Arbeit gesprochen: Wissen im Bereich Kommunikation zu ‚produzieren'. Insgesamt sind sechs der befragten PR-Praktiker *KW-Laien*.

Die zweite Gruppe ist diejenige der *KW-Kritiker*. Diese PRler unterscheiden sich von den *Laien* dahingehend, dass sie bereits auf irgendeine Art und Weise mit dem Fach in Kontakt gekommen sind (sei es durch eigene Studienerfahrungen oder durch die Kooperation mit einer Universität oder einer Hochschule während eines bestimmten Projekts) und dass sie dabei zu dem Schluss gekommen sind, dass die Inhalte der KW weitestgehend keine Bedeutung für ihre Tätigkeit haben. Vielfach artikulieren die *KW-Kritiker* die Meinung, dass das Fach in gewisser Weise an der Realität vorbeilaufe und keine besonders wissenswerten, geschweige denn in der Praxis brauchbaren, Erkenntnisse generiere. Diese Interviewpartner beließen es in den geführten Gesprächen nicht mit einem einfachen Kopfschütteln, wenn sie nach einer möglichen Relevanz der KW für ihr eigenes Arbeiten gefragt wurden. Vielmehr nahmen sie diese Frage oft zum Anlass, um ihre Abneigung gegen das Fach, seine Vertreter und die von ihnen hervorgebrachten Erkenntnisse zum Ausdruck zu bringen. Interessanterweise konnte hier jedoch in einigen Interviews durch Konfrontation mit bestimmten Begrifflichkeiten der KW herausgefunden werden, dass auch unter diesen sehr kritischen Praktikern der ein oder andere PRler dabei ist, der Konzepte und Theorien des Fachs mittlerweile internalisiert hat und diese teilweise zur Basis der eigenen Arbeit macht – selbst wenn dies nichts an ihrer insgesamt negativen Haltung dem Fach gegenüber ändert.

Auch die impliziten Rückschlüsse auf die Relevanz der KW, die sich durch die Beschreibung des Arbeitsalltages dieser PRler ziehen ließen, gaben dabei zu erkennen, dass bei ihnen fast keine Affinität zum Fach besteht. Vor allem aber zeigten sie, dass die *KW-Kritiker* davon überzeugt sind, dass PR ein ‚people's business' und kein Hexenwerk ist, für das theoretische Überlegungen zu Kommunikation nötig sind. Mit Blick auf das theoretische Modell dieser Arbeit könnte man sagen, dass diese PR-Praktiker nicht nur keine Nachfrager von KW-Wissen sind. Vielmehr argumentieren sie, dass auch andere PR-Praktiker das Wissen der KW nicht nachfragen sollten. Aus ihrer Sicht spielt die KW keine strategische Rolle in der Wissensgesellschaft und sie beteiligen sich in der Regel auch selbst nicht aktiv als Produzenten und Distributoren von Wissen im Bereich der professionellen Kommunikation. Sieben der Interviewpartner konnten als *KW-Kritiker* definiert werden – damit stellen sie die größte Gruppe der Primäranalyse.

Die dritte Gruppe schließlich, die der *KW-Verfechter*, besteht aus den übrigen drei PR-Praktikern, die das Wissen des Fachs aus unterschiedlichen Gründen für wertvoll für ihre tägliche Arbeit und für die PR-Branche insgesamt betrachten. Diese Interviewpartner sind – wenn auch zu einem unterschiedlichen Grad – davon überzeugt, dass die KW Wissen für die PR-Praxis bereithält, dass sie die eigene Arbeit in irgendeiner Art und Weise bereichern kann. Die *Verfechter* verweisen auf KW-Lehrstühle oder Fachvertreter, deren Arbeit sie besonders interessiert, und sie nennen bestimmte Theorien und Ansätze der KW, die sie nicht nur kennen, sondern von deren praktischer Implikation und Relevanz sie überzeugt sind.

Darüber hinaus betätigen sich zwei dieser drei PR-Praktiker auch selbst als ‚Produzenten' im Bereich der professionellen Kommunikation – sei es durch das Halten von Vorträgen oder durch die Etablierung von Kooperationen mit Universitäten. Auch implizite Rückschlüsse, die sich aus der Beschreibung ihres täglichen PR-Handelns ziehen lassen, legen nahe, dass ihre Arbeit zumindest zu einem gewissen Grad auf eher KW-affinen Vorstellungen von Kommunikation, PR und Prozessen öffentlicher Meinungsbildung beruht.

Auch wenn die Mitglieder dieser Gruppe vor dem Hintergrund der Forschungsfrage natürlich besonders interessant erscheinen: Die *KW-Laien* und die *KW-Kritiker* sind nicht weniger wichtig als die *KW-Verfechter*. Denn um die Frage zu beantworten, welche Relevanz die KW für die PR-Praxis besitzt, kann es nicht darum gehen, nur die positiv gestimmten Interviewpartner ins Rampenlicht zu stellen. Stattdessen muss nüchtern festgehalten werden: Die *KW-Verfechter* sind zumindest in der qualitativen Stichprobe dieser Untersuchung klar in der Minderheit.

In den folgenden Unterkapiteln sollen die drei geschilderten Typen nun detailliert beschrieben und anhand von Fallbeispielen veranschaulicht werden. Vor allem soll dabei herausgearbeitet werden, welche Einflussfaktoren es genau sind, die den einzelnen Interviewpartner zum Mitglied der jeweiligen Gruppe haben werden lassen: Sind unter den *KW-Verfechtern* vielleicht nur KW-Absolventen, sprich: Hat das Fach keine Strahlkraft über die eigene Community hinaus? Ist wissenschaftliches Interesse vielleicht das Privileg älterer PRler, die nicht mehr so viel Zeit mit dem hektischen Tagesgeschäft der klassischen Medienarbeit verbringen müssen? Oder gibt es vielleicht einen Zusammenhang zwischen Organisationstyp und KW-Affinität, so dass die PR-Praktiker in der freien Wirtschaft vielleicht mehr auf wissenschaftliche Ergebnisse achten als die Vertreter der politischen Kommunikation? Es muss an dieser Stelle noch einmal abschließend betont werden, dass eine Typologisierung, wie sie hier vorgenommen wurde, immer vereinfachenden Charakter hat. Kein Mensch passt zu 100 Prozent in eine Schublade und kein einstündiges Interview kann sämtliche Facetten seiner Persönlichkeit beleuchten. Dennoch waren auch im Rahmen dieser Arbeit klare Parallelen zwischen einzelnen Personen zu erkennen, die eine Gruppen-, also Typenbildung ermöglichten. Auch wenn manche der befragten Personen Grenzfälle zwischen zwei Typen waren: Der Autor der vorliegenden Studie vertritt die Auffassung, dass sich mithilfe der drei gebildeten Gruppierungen ein weitestgehend realitätsgetreues Abbild des vorliegenden Datenmaterials zeichnen lässt.

1.1 *KW-Laien*

1.1.1 Explizite Aussagen

Die *Laien* sind der KW in ihrer Ausbildung und ihrer bisherigen beruflichen Laufbahn nicht oder nur ganz am Rande begegnet. Sie können sich daher oftmals nur grob vorstellen, was die Inhalte des Fachs konkret sind.[170] Wissenschaftliche Reflexion oder die Nutzung bestimmter wissenschaftlicher Erkenntnisse spielt nach eigenem Bekunden keine große Rolle für ihre tägliche Arbeit. Stattdessen betonen sie meist, dass es in der PR auf andere Kenntnisse und Fähigkeiten ankomme als auf theoretisches Wissen: „Bauchgefühl und Erfahrung" (Sprecherin Versicherungskonzern), „ganz viel Bauchgefühl" (selbständige PR-Beraterin), „Erfahrung" und die Art, „wie ich mit Menschen umgehe" (Sprecher Stadtratsfraktion #2).[171] Auch ein anderer Sprecher einer Stadtratsfraktion spricht von dem notwendigen Wissen darüber, „wie man mit Leuten umgeht", und vom „Zwischenmenschlichen" (Sprecher Stadtratsfraktion #1). Und die Sprecherin des Marktforschungsunternehmens sagt, dass ihr Einstieg „by doing" erfolgt sei – „[a]ber das geht auch echt" (Sprecherin Marktforschungsunternehmen).[172]

Ein klassisches Beispiel ist der Sprecher Stadtratsfraktion #1. Er meint, dass er „die reine Pressearbeit" vor allem während seiner Zeit in einer PR-Agentur „am eigenen Leib gelernt" habe – „jetzt nicht theoretisch, sondern praktisch. [...] Eindeutig. Und ich mein': Vielleicht wäre man noch besser, wenn man den theoretischen Hintergrund aus dem Bereich

---

[170] Ausnahme ist die Medienwissenschaftsabsolventin im Marktforschungsunternehmen, die dem Fach jedoch so teilnahmslos gegenübersteht, dass sie am besten als ‚De-facto-*Laie*' bezeichnet werden kann (siehe unten; Sprecherin Marktforschungsunternehmen).
[171] Die Formulierung „Bauchgefühl und Erfahrung" (Sprecherin Versicherungskonzern) war bereits in der Frage des Interviewers enthalten und wurde dann durch die Antwort der Interviewpartnerin bestätigt – das könnte man als Suggestivfrage kritisieren.
[172] Auch heute lerne sie über Journalisten am meisten durch „Learning by Doing" (Sprecherin Marktforschungsunternehmen).

hätte. Ich glaube aber, dass es für manche [Dinge] sogar eher hinderlich wäre als von Vorteil" (Sprecher Stadtratsfraktion #1). Für ihn bestehe die Gefahr, dass man sich dann „zu sehr in Theorien versteigt", bevor man die notwendigen Dinge „einfach macht" (ebd.).[173] Generell ist er der Meinung, „dass eine journalistische Grundausbildung auf jeden Fall [...] wichtig ist", weil man dort Antworten auf typische PR-Fragen finden könne: „Wie besetze ich oder wie formuliere ich eine Schlagzeile so, dass der Journalist sagt: ok, blink blink, das ist jetzt was, das könnte mich interessieren [...] [u]nd kegelt es nicht schon aufgrund der Überschrift gleich raus" (ebd.).

Zwar kenne er die konkreten Inhalte der KW nicht, doch seiner Auffassung nach sind es die ganz praktischen Dinge, auf die es ankommt: „Alle schöne Theorie mag ja alles toll sein. Aber ich meine, Sie müssen halt wissen, wie man einen Verteiler erstellt. Sie müssen wissen, wie ich an die Personen rankomme, wie die agieren. Sie müssen wissen: [...] [K]ann ich die anrufen, kann ich die nicht anrufen? Sie müssen wissen: Kann ich zu dem ehrlich sein, kann ich zu dem offen sein oder kann ich das eben nicht sein? [...] Führe ich nur Hintergrundgespräche oder lasse ich mich offiziell auch mal zitieren? Und, und, und" (ebd.). Dazu müsse man die Erfahrung von älteren Kollegen einholen: „[A]m Anfang brauchst du erstmal die Bereitschaft, ganz, ganz viel zu lernen von Leuten, die halt schon länger in dem Beruf drinnen sind. Das ist jetzt nicht unbedingt PR-spezifisch, sondern wirklich geschäftsspezifisch. [...] [B]ei uns ist [es] halt auch wirklich wichtig, ein bisschen so dieses Durchwursteln" (ebd.).

Oftmals verorten die *KW-Laien* die ihnen unbekannten Inhalte der KW auch „ein bisschen Richtung Germanistik" (Sprecherin Versicherungskonzern) oder im Bereich von Konflikt- oder Verhandlungsmanagement und den dazu benötigten „Verständnismodelle[n]" (selbstständige PR-Beraterin). So auch die PR-Referentin des Energiekonzerns, die in diesem Zusammenhang von einem Workshop berichtet, von dem sie profitiert habe: „[D]a ging's um verschiedene Formen von Kommunikation. Und das [...] hat mir dann schon was gebracht. [...] Ich bin da schon über verschiedene Kommunikationskonzepte gestoßen und es war teilweise

---

[173] Die Gefahr einer zu theoretischen Denkweise sieht er dabei nicht nur im Bereich Kommunikation, sondern auch im Bereich seiner eigenen Ausbildung: „Das ist bei Jura ja ähnlich [...]. Wir haben zum Beispiel beim Diebstahl fünf Wegnahmetheorien gelernt. Die braucht keine Sau, ja?" (Sprecher Stadtratsfraktion #1).

sehr spannend. [...] ging sehr stark um das eigene Durchsetzungsvermögen im Geschäftsalltag [...] zu beurteilen [...] vor was für einem Kommunikationstyp ich jetzt sitze. [...] Dann muss ich natürlich versuchen, auch mein Konzept so zu verkaufen[, dass es genau diesen Kommunikationstyp überzeugt; Anm. d. Verf.]" (PR-Referentin Energiekonzern). In diesem Workshop habe die vom Unternehmen angeheuerte Beratung auch „Modelle" präsentiert – mit Namen wie „Change Management" oder „Transition Curve" (ebd.). Diese für die Wirtschaftswelt sehr kompatiblen Wortbausteine erachtet die Praktikerin als relevant – und entscheidet sich somit für ein Wissensvokabular, welches nicht aus der KW stammt.

Abgesehen von solchen Einzelfällen wird die Abstinenz von KW-Wissen in dieser Gruppe der Befragten jedoch nicht wirklich von anderen Wissenschaften (wie etwa BWL/Marketing) kompensiert. Im theoretischen Modell dieser Arbeit gesprochen könnte man daher festhalten, dass die *KW-Laien* zumeist der Meinung sind, dass wissenschaftliches Wissen *per se* keine strategisch brauchbare Ressource für ihre tägliche Arbeit ist – und daher auch kein nachfragewürdiges Gut im *Markt des Wissens im Bereich Kommunikation* darstellt (siehe Kapitel III, 3).[174] Es bleibe oftmals keine Zeit, um strategisch vorzugehen und diese Strategie dann am Ende auch noch theoretisch zu unterfüttern: „Produkt-PR ist halt [...] man kann ne ganz andere Kommunikationsstruktur oder ne ganz andere Kommunikationsstrategie auch fahren, ja? [...] Das ist hier völlig anders. [...][S]tändig ist irgendwas, ständig poppt entweder irgendwas auf oder es geht irgendwo ne Bombe hoch oder was auch immer. Wo Sie ganz anders reagieren müssen und wo die Kommunikationswege und die Entscheidun[g], welcher Kommunikationsweg beschritten wird, viel kurzfristiger und unter viel mehr Druck passiert, als das jetzt bei einer Fach-PR der Fall ist" (Sprecher Stadtratsfraktion #1).

Auch der Kollege in der anderen Fraktion stützt seine kommunikative Arbeit nicht auf wissenschaftliche Erkenntnisse oder statistische Daten zur Medienverbreitung: „Ja, so professionell gehe ich da nicht vor, dass ich da nach Auflagenzahlen [gehen würde; Anm. d. Verf.]. Weil ich natürlich

---

[174] Eine gewisse Ausnahme stellt die Sprecherin des Marktforschungsunternehmens dar, die sagt, dass ihr ökonomischer Schwerpunkt im Studium „am praktischsten" gewesen sei, weil sie jetzt „auch mit den Ökonomen gut kommunizieren kann", genau wie sie aufgrund ihrer technischen Ausbildung auch mit den Grafikern sprechen könne, „also dieselbe Sprache" spreche (Sprecherin Marktforschungsunternehmen).

auch sehr regional beschränkt bin. Mir ist natürlich völlig bewusst, dass die --- letztlich das wichtigste Medium hier in --- ist. [...] Aber da hab ich, leider Gottes, keine Untersuchung. Aber bei den Mitgliedern [der Partei; Anm. d. Verf.] krieg ich das natürlich gespiegelt" (Sprecher Stadtratsfraktion #2).[175] Dieser PR-Praktiker, ein promovierter Politologe und Wirtschaftswissenschaftler, hält fest, dass „ich in der ehrenamtlichen Politik in jungen Jahren mehr gelernt habe, wie ich mit Menschen umgehe. Und das war auch dann im Berufsleben ein ganz, ganz entscheidender Punkt. Und in der Politik sowieso. Dass eigentlich das, was ich so im Studium gelernt habe, eigentlich eher so ergänzend war. Aber nicht so fundamental" (ebd.). Und für die Sprecherin im Versicherungskonzern gibt es „keine Quelle, wo man sagen kann, wie die Medien funktionieren" (Sprecherin Versicherungskonzern). Stattdessen müsse man persönliche Kontakte aufbauen und Erfahrung sammeln, sprich: „[D]ann auch einfach lernen, wie man am besten mit 'nem Journalisten umgeht. Wie weit kann ich ehrlich sein, ohne dass es ausgenutzt wird?" (ebd.).

Vor dem Hintergrund dieser Aussagen verwundert es nicht, dass die *KW-Laien* auch kein Problem damit haben, dass viele PRler Quereinsteiger sind und keine spezifische Ausbildung für ihre heutige Tätigkeit durchlaufen haben. Die selbstständige PR-Beraterin, die selbst BWL studiert hat, glaubt, dass diese Fähigkeiten nicht akademisch vermittelt werden können, sondern mehr oder weniger angeboren sind: „[I]ch hab mir wirklich gedacht, was um Gottes Willen wollen diese Menschen [die KW-Studenten; Anm. d. Verf.] denn studieren, um dann hinterher Kommunikation zu machen? Wir sind kommunikationsfähig auf die Welt gekommen, der eine mehr oder weniger gut, mit Worten im Umgang. [...] [A]lle Menschen, die ich im Bereich Kommunikation kennengelernt habe, kommen über Wald-und-Wiesen-Wege in diesen Bereich" (selbstständige PR-Beraterin). Hier blitzt die alte These von der PR als einem Begabungsberuf wieder auf (siehe Kapitel II, 3).

Nach Aussagen, die auf eine Art ‚Professionalisierungstendenz' innerhalb der PR hindeuten würden, sucht man bei dieser Gruppe der qualitativen Stichprobe vergebens. Würde man nur die *KW-Laien* als Referenz nehmen, dann müsste man ernüchtert festhalten, dass die PR-Branche eben nicht zu den Berufsfeldern gehört, in denen man „immer mehr Gewicht

---

[175] ‚---' stellt dabei eine Anonymisierung von konkreten Namen oder von Inhalten dar, welche eine Identifikation des Gesprächspartners ermöglicht hätten.

auf das Gebiet des Wissens legt" (Bell 1975: 219), in denen es eine „zentrale Stellung des theoretischen Wissens" (ebd.: 13) gibt, in denen „das ‚theoretische Wissen' die zentrale Achse" (Vowe 2008: 49) darstellt oder in denen wissenschaftliches Wissen gar „*die* Quelle für Innovation und kulturelle Entwicklung" (ebd.; kursive Hervorhebung im Original; Anm. d. Verf.) ist. Wissen gilt den Autoren der Wissensgesellschaft als „Produktionsfaktor und als Produktivkraft" (Hömberg 2008: 35) – was man von den *KW-Laien* nicht behaupten kann.

Teilweise wird zwar auch von ihnen die Auffassung vertreten, dass ein akademischer Titel das eigene Ansehen in der jeweiligen Institution stärken und dass theoretisches Wissen manchmal hilfreich sein könne, mehr Stringenz in die eigene Arbeit zu bringen. In diesem Fall wird jedoch nicht vornehmlich Interesse an der KW signalisiert, sondern an den Angeboten nicht-universitärer und somit vermeintlich praxisaffinerer Anbieter von Wissen im Bereich PR/Kommunikation. So belegt die PR-Referentin im Energiekonzern ein sechsmonatiges Kompaktstudium bei der *Deutschen Presseakademie* (*DEPAK*): „Ich glaube, dass Deutschland immer [noch] sehr [t]itelorientiert ist, auch bei der Auswahl von Fachkräften, Führungskräften. [...] Und deswegen glaub' ich einfach, dass es [...] auch für die Karriereplanung wichtig ist, [...] irgendeinen Titel im Hintergrund zu haben. [...] Punkte [...], wo mir theoretischer Hintergrund nutzen würde, strategischer zu arbeiten. [Z]um Beispiel Organisieren von [ei]ner Pressekonferenz. [...] Oder [...] beim Schreiben [...] ich würde gerne einfach mal die Theorie, die dazu einfach lernen, hören [...] Reden schreiben zum Beispiel [...] hab ich jetzt eben ein Kompaktstudium gefunden, was nur sechs Monate geht, also von der DEPAK aus" (PR-Referentin Energiekonzern).

Diese für die *KW-Laien* typische Bevorzugung von nicht-universitärem Wissen einer praxisorientierten Akademie erinnert zwangsweise an die These von Gibbons et al. (1994): „Universities are coming to recognise that they are now only one type of player, albeit still a major one, in a vastly expanded knowledge production process" (ebd.: 11). Gleichzeitig kann im Fall des soeben genannten Beispiels nicht wirklich von einer klassischen Konkurrenzsituation gesprochen werden, denn das von der PR-Referentin ausgewählte Programm soll eher technische *Fähigkeiten* und

Fertigkeiten vermitteln – weniger theoretisches *Fachwissen* für Kommunikation.[176]

Anders stellt es sich jedoch beim Sprecher Stadtratsfraktion #1 dar, der während seiner Zeit in der Agentur häufig mit „Marktforschungsstudien" gearbeitet hat, um diese kommunikativ einzusetzen: „Voice-over-IP war zum Beispiel so ein Thema, wo wir zig Studien dazu hatten, die alle gesagt haben: Das ist das kommende Thema in den nächsten oder in den kommenden Jahren, ja? Also da haben wir schon mit wissenschaftlichen Studien gearbeitet, selbstverständlich" (ebd.). Gleiches gelte für „Unternehmensberatungsstudien" und „Bankstudien" zur „Entwicklung von Märkten" – „[d]aran haben wir natürlich auch unsere Kommunikationsstrategien ausgerichtet in gewisser Weise" (ebd.). In seinem jetzigen Job werde Wert auf die Meinungsumfragen zur Beliebtheit von Politikern gelegt. Spezifisches zum Thema Kommunikation frage er jedoch weniger ab – „da stolpert man halt mal drüber", das sei dann eher ein „Zufallsfund" (ebd.). Vor kurzem hätte er „'ne Studie gezogen zum Thema Grassroots" (Wahlkampf mit Unterstützung aus der Bevölkerung; Anm. d. Verf.) (ebd.). Solche Themen fände er „hochinteressant", jedoch müsse man dafür „die Kapazitäten freihaben" und „da wird es halt einfach schwierig" (ebd.). Der Sprecher Stadtratsfraktion #2 greift ebenfalls auf außeruniversitäre Wissensproduzenten zurück: „[E]s gibt ja auch von Bertelsmann und Shell [...] solche Studien. Schau ich mir schon im Ergebnis an, lese da jetzt nicht jede Seite [...]. Auch so was, was natürlich Zukunftsforscher in die Welt setzen, das interessiert mich natürlich schon. Wie Trends gesehen werden in zwanzig Jahren und so was" (ebd.).

Auch im Fall des Marktforschungsunternehmens kann man in gewissen Situationen von einem Wettbewerbsverhältnis zur Wissenschaft sprechen. Auf die Frage, woher sie sich Wissen zur PR-Arbeit mit neueren Medien wie etwa Blogs, *Facebook* und *Twitter* hole, antwortet die Sprecherin, dass sie im Haus „einige Tools" hätten, „die sich damit beschäftigen" (Sprecherin Marktforschungsunternehmen).[177] Auch gebe es „Autorenbeiträ-

---

[176] Für die Unterscheidung zwischen Wissen, Fertigkeiten und Fähigkeiten siehe Kapitel III, 2.2.2, in dem auch das Qualifikationsprofil der *DPRG* erläutert wird.
[177] Sie führt die Lerneffekte aus diesem unternehmensinternen Tool in einer Anschlussfrage noch weiter aus – diese Antwort wird jedoch nicht in die Auswertung einbezogen, da die Frage suggestiv gestellt war („[S]ie können quasi selbst lernen, wie diese neuen Bereiche funktionieren, alleine dadurch, dass --- selbst Studien beziehungsweise Forschung in dem Bereich macht, oder?"; in: Sprecherin Marktforschungsunternehmen).

ge", in denen Experten aus dem Marktforschungsunternehmen ihr Wissen und bestimmte Studienergebnisse auf der Website des Unternehmens und im Rahmen von Medienpartnerschaften veröffentlichen würden: „[D]as wächst jedes Jahr weiter an, umfangreich, und ist dann parallel zu den Presseinformationen noch mal, dass sich die Experten wirklich noch mal auf ein Thema fokussieren, einen Autorenbeitrag drüber schreiben. [...] Da informieren wir ja auch mal intern die Kollegen darüber. Dann haben wir auch auf der Website so 'nen RSS Newsfeed, das ist quasi für jeden Interessierten, natürlich hauptsächlich für die Journalisten, auch für denjenigen, der nicht ständig von uns Mails bekommen möchte und in unseren Presseverteiler rein möchte, sondern sich lieber selbst informiert" (ebd.). Im Sinne des Marktmodells handelt es sich hierbei um ein klassisches Beispiel für einen Wissensproduzenten, der mit der universitären Forschung in einem Wettbewerbsverhältnis steht. Jedoch handele es sich dabei meistens um Studien im „Technologiebereich" und weniger im Bereich Medienforschung, so die Sprecherin (ebd.).

Vereinzelt könnten sich die *KW-Laien* jedoch auch vorstellen, Inhalte des Fachs nachzufragen. Bei all seinem Misstrauen gegenüber der Theorie sagt der Sprecher der Landtagsfraktion, dass ihn einmal interessieren würde, „wie so die Rezeption ist auf der Gegenseite" (Sprecher Stadtratsfraktion #1). Damit meint er die „Herrschaften von der Lokalpresse", die ihm öfter auf Pressemitteilungen die Rückmeldung geben würden: „[W]ar jetzt völlig uninteressant oder [...] das Zitat, das kennen wir halt schon seit 100 Jahren oder wie auch immer, ja? Aber das ist ja immer nur so die einzelne Wertung eines jeden Einzelnen. [...] Der nächste sagt: Nö, das war ganz ok. Und da gibt's aber keine – also soweit ich zumindest weiß – keine fundierte Aussage darüber, wie ich, [...] wie die Rezeption einfach auf der Gegenseite ist. Und das fände ich mal interessant" (ebd.).

Ähnlich verhält es sich mit der Sprecherin des Marktforschungsunternehmens, die auf die Frage, ob sie von Zeit zu Zeit auch von kommunikationswissenschaftlichen Inhalten profitiere, sagt, sie habe gerade aktuell wieder eine Studie dazu gelesen, in welchem Format Journalisten am liebsten die Presseinformationen zugesandt bekommen würden: „Also da guck ich immer rein, wenn ich so was finde und es ist grade mal wieder aktuell. [...] Könnt ich mir vorstellen, dass es da noch ne Entwicklung gibt, deshalb guck ich da immer, wenn ich dazu was sehe bei meinen Recherchen oder so. [...] [M]an muss ja auch auf dem Laufenden bleiben, [...] was die eigene Branche und die eigenen Aufgabenbereiche so angeht. [...] [V]ersuchen, immer aktuell zu bleiben" (Sprecherin Marktforschungsunternehmen).

Abschließend muss an dieser Stelle festgehalten werden, dass sich – wie zu erwarten – in den Aussagen der *KW-Laien* auch keine namentlichen Erwähnungen von KW-Begriffen, -Instituten oder -fachvertretern finden. Zufallsfunde, wie die der PR-Referentin im Energiekonzern, die entweder in der *Zeit* oder der *Süddeutschen Zeitung* einen Karriereartikel über die besten PR-Institute in Deutschland entdeckt hat, in dem stand, „dass München sehr wissenschaftlich ist und dass Leipzig empfohlen werden kann, wegen seiner unmittelbaren Praxisnähe" (PR-Referentin Energiekonzern), sind dabei natürlich nicht ausgeschlossen.[178] Die *Laien* kennen in der Regel keine KW-Theorien und nennen nur in Einzelfällen bestimmte ‚Buzz-Words' wie etwa Agenda Setting oder Opinion Leader (siehe das Fallbeispiel der selbstständigen PR-Beraterin, Kapitel V, 1.1.4).[179] Stattdessen geht es ihnen einfach darum, gute Arbeit abzuliefern, ohne diese in irgendeiner Form akademisch zu legitimieren, zu reflektieren oder symbolisch aufzuladen.

Statt an wissenschaftlichem Wissen sind sie, um mit Zielmann (2006) zu sprechen, an „Alltagswissen", sprich an „implizite[m], auf Erfahrung beruhende[m] Wissen über die Relevanz und Geeignetheit bestimmter Handlungsweisen" interessiert (ebd.: 102). Piecka (2006) spricht davon, dass „practical, working knowledge used by practitioners" (ebd.: 292) genau wie abstraktes Wissen („book knowledge by scholars"; ebd.) zum Bestandteil von Professionen gehöre. Auch wenn es sich bei der PR gerade nicht um eine klassische Profession handelt (siehe Kapitel II, 3.2) – die *KW-Laien* machen vor allem von der ersten Wissensgruppe Gebrauch, ‚Buchwissen' hat hier keine Relevanz. Die allermeisten Bestandteile wissenschaftlichen Wissens nach Badura (1976) sucht man vergebens, sei es „begriffliches Wissen", „theoretisches Wissen" oder „wissenschaftstheoretisches Grundlagenwissen" (ebd.: 10). Am ehesten verfügen diese PRler

---

[178] Ebenso wie die Beobachtung des Mainzer Alumnus, der sich erinnert, wie Elisabeth Noelle-Neumann „mit ihrem SL mit weißen Handschuhen" in den Hof der Universität einfuhr (Sprecher Stadtratsfraktion #2).
[179] Auch hier gehört der Mainzer Absolvent auf Nachfrage zu den Ausnahmen. Ihm sagen Begriffe wie Meinungsführer, Schweigespirale und Agenda Setting sehr wohl etwas – und er vertritt die Meinung, dass Helmut Kohl mit dem Spruch „jede Woche 'ne andere Sau durchs Dorf [treiben]" den Terminus Agenda Setting allgemeinverständlich erklärt habe (Sprecher Stadtratsfraktion #2).

über „technisch-formales Wissen", „Faktenwissen" oder „Rezeptwissen" (ebd.; siehe Kapitel III, 2.2.1) für Kommunikation.

1.1.2 Implizite Rückschlüsse

Auch wenn ein Befragter nicht über explizit verbalisierbares theoretisches Wissen im Bereich der Kommunikation verfügt, dieses nachfragt oder im Alltag nutzbar macht, könnte er dennoch ein Berufsverständnis – und somit ein Ideal von PR – entwickelt haben, das der KW-Perspektive von *diversifiziert-reziproker* PR nahekommt (siehe Kapitel II, 1.2.1). Auch wäre es denkbar, dass ein PR-Praktiker zwar noch nie etwas vom symmetrischen PR-Modell von Grunig/Hunt (1984) gehört hat („a model based on negotiation, compromise, and understanding"; ebd.: v), jedoch gleichzeitig versucht, einen echten Dialog mit Journalisten und anderen Stakeholdergruppen zu etablieren. Damit würde er auch Burkarts (1995) Idealvorstellung nahekommen, die auf ein „hergestelltes Einverständnis zwischen dem Auftraggeber und den relevanten Teilöffentlichkeiten" (ebd.: 75) abzielt. Ein weiteres Beispiel für so eine unbewusste Nutzbarmachung bzw. Anwendung von theoretischen Konzepten aus dem Kosmos der KW wäre die gezielte Ansprache von Meinungsführern durch PRler, um relevante Teilöffentlichkeiten besser zu erreichen, oder die Orientierung an klar definierten Nachrichtenwerten bei der Formulierung von Pressemitteilungen. Daher wurden neben den expliziten Fragen zum Verhältnis zur bzw. zur Kenntnis der KW auch Fragen gestellt, die auf die tägliche Arbeit und das Berufsverständnis der befragten PRler abzielten (siehe Kapitel IV, 6.1). Erst durch das Abwägen aller expliziten Aussagen (in diesem Fall: Kapitel V, 1.1.1) und aller impliziten Rückschlüsse konnte endgültig über die Zuordnung des jeweiligen Befragten zu einem bestimmten Typ entschieden werden (siehe Kapitel IV, 8.1).

Für die meisten der PR-Praktiker, die sich in dieser Gruppe der Befragten befinden, kann festgehalten werden, dass ihr Verständnis von Öffentlichkeitsarbeit auf keinem spezifischen Grundverständnis von Prozessen der öffentlichen Meinungsbildung basiert. So definieren sie beispielsweise den Erfolg ihrer Arbeit zumeist darin, möglichst viele positive Artikel über die eigene Institution ‚generiert' zu haben, bzw. auch darin, drohende negative Berichterstattung verhindert zu haben. Nicht, dass dies untypisch für PR-Praktiker wäre – ganz im Gegenteil. Doch was auffällt, ist die Fokussierung auf diese Art der Erfolgsdefinition. Es geht meistens schlicht und einfach um die Erzeugung von so vielen positiven ‚Clippings' (Medienbeiträgen) wie möglich, ganz unabhängig von der Frage, was das über die tatsächliche Entwicklung der öffentlichen Meinung in Bezug zur eigenen Organisation aussagt: „[I]st natürlich das Ziel dann eher, [...] das genau in dem Medium unterzubringen und dann am besten auch noch einen Namensbeitrag, weil der am meisten Punkte [im Evaluationsverfahren der Organisation; Anm. d. Verf.] bringt. [L]etztendlich geht's eigentlich drum, 'nen schönen Artikel in 'ne Zeitung zu bringen, die möglichst viele lesen, und dass auch kein negativer Tenor drin ist" (Sprecherin Versicherungskonzern).

Der Sprecher Stadtratsfraktion #1 definiert Erfolg zumindest für die vorangegangene Tätigkeit in einer Agentur ebenfalls mit Geschichten darüber, wen er „am besten verkauft" habe, wenn er einem Kunden „mal 'ne ganze Seite verschafft [hat] in der Welt" (ebd.). Sein heutiger Alltag sehe so aus, dass er morgens ins Büro komme, die Zeitungen sichte und dann mit den Mitgliedern bzw. -arbeitern der Fraktion darüber entscheide, „ob man dann irgendwie 'ne Pressemitteilung macht oder ob man aktuell 'nen Antrag stellen muss und so weiter und so fort. Und dann wird weiterhin entschieden, ob dieser Antrag [...] noch speziell vermarktet wird oder vermarktet werden muss über die Veröffentlichung [...] hinaus" (ebd.). Dabei stehe seine Fraktion im Wettbewerb mit den anderen politischen Parteien im Stadtrat – es komme darauf an, „entsprechende Initiativen, die von uns kommen, auch nach außen oder von der Außenvorstellung her zu verkaufen" (ebd.). Dieses explizit am ‚Verkauf' bzw. am ‚Vermarkten' von Inhalten orientierte PR-Handeln stellt aus der Sicht des Autors ein tendenziell marketingorientiertes Verständnis von Öffentlichkeitsarbeit dar, welches *unidirektional* am Versand von Botschaften ausgerichtet ist. Ein *reziproker* Austausch mit einer als *diversifiziert* wahrgenommenen Öffentlichkeit scheint hier weniger wichtig bzw. möglich.

Auch sein Kollege in der anderen Fraktion ist permanent mit dem Versenden von Botschaften beschäftigt – er verschickt „zwei Presseerklärungen in der Woche" (Sprecher Stadtratsfraktion #2). Früher habe es innerhalb der Partei (nicht der Fraktion) das konkrete Ziel gegeben, „einmal in der Woche [...] als Partei in der kommunalen Presse zu erscheinen. Das heißt, wir haben in der Regel Themen uns ausgesucht, die wir setzten wollten und da nur sehr selten auf andere Dinge reagiert. Und das war recht erfolgreich" (ebd.).[180] Aus seiner Sicht ist „Pressearbeit [...] ein sehr schnelles Geschäft. Denn wenn sie jetzt noch 'ne Idee haben, zehn nach drei, dann müssten sie echt schon den großen Hammer haben. Sonst kommen sie da nicht mehr rein. Um zwölf hat die Redaktionssitzung stattgefunden und dann ist es gelaufen. Also meistens bis zwölf, eins müssen sie da schon agiert haben. Deshalb sieht eben mein Alltag schon so aus, dass ich in der Regel bis zehn die Presse verfolgt habe, was ist passiert. Und [...] natürlich ab und zu reagiere ich dann schon auf was, was dann in der Presse steht. [...] [A]lle Aktivitäten, die wir hier im Rathaus lostreten, also sei es 'ne Anfrage stellen oder 'nen Antrag stellen, das wird ja automatisch in einer Presseerklärung vermarktet" (ebd.). Seine Fraktion könne in der politischen Landschaft „sonst relativ wenig erreichen" (ebd.). „Also muss ich, sozusagen über das Vehikel Öffentlichkeit, die --- Position deutlich machen" (ebd.). Seine Fraktionsmitglieder würden sich beschweren, wenn die Partei nicht in gewissen Abständen in der führenden Tageszeitung stehen würde. Hier müsse er dann in Rechtfertigungsgespräche eintreten „und sagen, aber hört mal, habt ihr nicht das Sommerinterview in der --- von mir gelesen?" (ebd.). Ein solches Vorgehen kann man als klassisch *unidirektionale* PR bezeichnen, es ist vor allem auf Publizität – sprich: Wirkungsorientierung in der Presselandschaft – ausgelegt.

Ähnlich sieht es bei der Sprecherin des Marktforschungsunternehmens aus, die ihre Tätigkeit tendenziell als „Verknüpfung [...] zwischen Marketing und PR" bezeichnet (Sprecherin Marktforschungsunternehmen). Generell könnte man vermuten, dass es gerade in ihrem Fall möglich ist, mit der Öffentlichkeit in einen eher *reziproken* und *diversifizierten* Dialog zu treten – schließlich handelt es sich bei der Marktforschung um einen weniger sensiblen Bereich (als beispielsweise Energie) und gerade das von einem solchen Unternehmen generierte Wissen könnte Anlass für einen größeren Austausch mit unterschiedlichen Teilöffentlichkeiten sein. Doch, so die Sprecherin, die jeweiligen Studienergebnisse seien Eigentum des Kunden und könnten daher „häufig nicht rausge[ge]ben" werden – höchstens „mit der Vermittlung des Auftraggebers", und dieser sähe sich „auch sehr gerne in den Medien" (ebd.). Es gehe darum, „zu zeigen, dass man ständig Neuigkeiten hat, dass man aktiv ist" (ebd.) – sie selbst ent-

---

[180] Ein Beispiel für das *unidirektionale* Vorgehen in Reinform, welches im Setzen von Themen und nicht im Reagieren auf ‚andere Dinge' – wie beispielsweise Rückmeldungen aus einer als *diversifiziert* wahrgenommenen Öffentlichkeit – seinen Ausdruck findet.

wickle sich weiter, wenn sie den „Versuch" unternehme, Journalisten „Artikel anzubieten" (ebd.).

Jedoch sind auch vereinzelt Bemühungen erkennbar, mit der Öffentlichkeit in einen echten Austausch zu treten und nicht nur die eigenen Botschaften zu platzieren. Beispielsweise ist es die Aufgabe der PR-Referentin im Energiekonzern, bei Neubauprojekten für Anlagen im Ausland zwischen Konzern und Bevölkerung zu vermitteln: „[H]ier müssen wir [...] versuchen, zu positionieren. Und das sind Dinge, die ich dann wiederum nach --- trage und mit denen bespreche, wie wir da in der Kommunikation vorgehen können. Also das heißt, ich bin dann auch Schnittstelle" (PR-Referentin Energiekonzern). Jedoch werden die Bedenken von kritischen, unternehmensexternen Gruppen von ihr auch als „fadenscheinige Argumente" bezeichnet, denen mit eigenen Positivbotschaften begegnet werden müsse – was man letztendlich auch als *unidirektionales* Vorgehen bezeichnen kann (ebd.).

Eine größere Reflexion darüber, ob durch die erzeugten Clippings auch die wirklich relevanten Teilöffentlichkeiten für die eigene Organisation erreicht werden oder wie der Meinungsbildungsprozess insgesamt – und nicht nur im medial beobachtbaren Bereich – abläuft, findet hier nicht statt. Realität ist stets Medienrealität und die Befragten vertreten tendenziell die Auffassung, dass diese Definition von PR-Arbeit ihnen auch innerhalb ihrer jeweiligen Organisation die meiste Legitimation garantiert. Diese Auffassung muss keinesfalls falsch sein; sie trifft in den meisten Fällen wahrscheinlich sogar zu. Nur kann man hier kein theoretisch-systematisches Verständnis von Meinungsbildung unterstellen, wie es mit Blick auf die mögliche Relevanz der KW (die sich genau mit solchen Prozessen auseinandersetzt) gesucht wird.

Die meisten *KW-Laien* arbeiten mit einem festen Set an (zumeist Print-) Medien, die für ihre Organisation als besonders meinungsbildend gelten. Das Wissen darüber, ob und inwiefern diese Medien die für die jeweilige Institution relevanten Zielgruppen erreichen, wird meist aus Gesprächen mit Kollegen oder Journalisten – sprich: aus der Praxis – gewonnen: „[M]an redet auch einfach miteinander. [...] [A]uch im ganz persönlichen Umfeld [...]. Redaktionsbesuche zum Beispiel [...] und dann redet man natürlich mit denen, was deren Einschätzung ist, von wem sie gelesen werden und so weiter, und dann kriegt man das [...] sozusagen noch mal bestätigt" (Sprecher Stadtratsfraktion #2). In manchen Fällen profitieren die Praktiker auch von ihrem persönlichen Netzwerk, in dem sich PR-Berater befinden (vgl. ebd.). Es komme darauf an, „dass die Journalisten einen als kompetenten und offenen Partner [...] sehen. Also das ist das Eine. Und das Andere, glaube ich, ist, [...] [d]ass man einem hohen Service-Gedanken verbunden ist. Also der Service, der sich einfach darin niederschlägt, dass man versucht, die Wünsche der Journalisten möglichst gut zu erfüllen. Denn ich glaube, nur das bringt einen dann wirklich weiter. Also: Partner und Service. Ich glaube, das sind so die zwei [...] ausschlaggebenden Kriterien, die man da haben muss" (Sprecher Stadtratsfraktion #1).

Abschließend muss an dieser Stelle jedoch noch einmal betont werden, dass es nicht möglich ist, alle in dieser Gruppe versammelten PR-Praktiker als einheitlich *unidirektional* und *fokussiert* in ihrem PR-Handeln zu beschreiben. Ein gutes Beispiel für die Ambivalenz im Hinblick auf dieses Merkmal ist die selbstständige PR-Beraterin: Nachdem sie während ihrer Zeit im TV-Nachrichtenjournalismus festgestellt habe, dass „einfach nix stimmt", was dort gesendet werde, habe sie sich die „Glaubwürdigkeit" auf die Fahne ihrer PR-Arbeit geschrieben (selbstständige PR-Beraterin). Wenn sie betont, „du kannst nicht nachhaltig sein, wenn du nur tolle Sachen erzählst" (ebd.), so steckt darin die direkte Kritik an einer PR, die sich im Versand von Positivbotschaften erschöpft.

Genauso kann jedoch auch vermutet werden, dass diese offensiv nach außen getragene Glaubwürdigkeitsorientierung auch Teil ihres Geschäftsmodells ist, um Kunden zu akquirieren – die dann am Ende doch von ihr erwarten, für möglichst gute Nachrichten zu sorgen. Die Beschreibung ihrer Haupttätigkeit klingt auch eher *unidirektional* als *reziprok*: Sie müsse „nach Möglichkeiten suchen, das a) in die Öffentlichkeit zu bringen, was sie [die Kunden; Anm. d. Verf.] denn da tun. Und b) die Themen aufzubereiten für die interne Kommunikation" (ebd.). Sie fragt sich: „[M]eine Zielgruppe, wie tickt die? [...] wie krieg' ich die Truppe?" (ebd.). Auch wirkt ihr Verständnis von Öffentlichkeit eher *fokussiert* als *diversifiziert*, da sie an einigen Stellen des Gesprächs durchblicken lässt, vor allem den „Markt" und weniger die Öffentlichkeit als Ganzes im Blick zu haben, wenn sie etwa herausfinden wolle: „[W]er bewegt sich wie, wo" und „was möchte ich erreichen"? (ebd.). Journalisten sind für sie die Leute, „die Information streuen müssen, am Ende des Tages", und ihr Job bestehe darin, diesen Leuten etwas zu „verkaufe[n]" (ebd.).

Zusammenfassend kann man an dieser Stelle festhalten: Sowohl die expliziten Aussagen zur Relevanz der KW als auch die indirekt aus der alltäglichen Arbeit bzw. dem Berufsverständnis ableitbaren Erkenntnisse bei dieser Gruppe der Befragten lässt eine Typologisierung als *KW-Laie* zu. Diese Interviewpartner können nicht als Nachfrager nach KW-Wissen auf dem *Markt des Wissens im Bereich Kommunikation* (siehe Kapitel III, 3) definiert werden. Ihnen ist dieses Gut weitestgehend unbekannt, weshalb es für sie per se auch keinen Wert besitzt. Vereinzelt erscheinen ihnen andere Wissensanbieter (z.B. von Marktforschungsstudien) und Wissensinhalte (z.B. technisches Wissen zur Erstellung von Kommunikationsmaterialien) relevanter als die universitäre Forschung zu Kommunikation. Auch ist großteils kein *diversifiziert-reziprokes* PR-Verständnis bei ihnen zu beobachten – ebenso wenig wie unbewusst nutzbar gemachte Erkenntnisse aus der Kommunikations- bzw. PR-Forschung.

Andere Wissenschaften werden in der Regel genauso wenig für die eigene Praxis herangezogen; vielmehr werden Wissenschaften durch ihre scheinbare Verkomplizierung von Sachverhalten als teilweise kontraproduktiv für die Ausübung des PR-Berufs empfunden. Diese generelle Theorieferne der *KW-Laien* führt dazu, dass die meisten von ihnen auch selbst nicht als Dozenten oder Autoren im Fachbereich Kommunikation aktiv sind (Ausnahme: die selbstständige PR-Beraterin; siehe Fallbeispiel in Kapitel V, 1.1.4). Daher können sie auch nicht selbst zu Produzenten oder Distributoren von Wissen werden. Vereinfacht könnte man sagen: Die *KW-Laien* sind keine Marktteilnehmer im Sinne des theoretischen Modells.

1.1.3 Einflussfaktoren

Es gibt unterschiedliche Faktoren, die dazu beigetragen haben, dass die in diesem Unterkapitel erwähnten Personen zu *KW-Laien* wurden. Der Trivialste dabei ist, dass sie kein Studium der KW absolviert haben: Unter ihnen befinden sich zwei Betriebswirte (Sprecherin Versicherungskonzern, selbständige PR-Beraterin), ein Jurist (Sprecher Stadtratsfraktion #1), ein BWLer/Politologe (Sprecher Stadtratsfraktion #2) und eine gelernte Übersetzerin (PR-Referentin Energiekonzern), die ihren Werdegang hin zur PR als „komplette[n] Quereinstieg" bezeichnet – auch wenn sie der Auffassung ist, dass ihre Ausbildung „sehr viel damit zu tun" habe, was sie heute mache, denn „Öffentlichkeitsarbeit hat ja auch sehr viel mit

Kommunikation und sprachlicher Ausdrucksfähigkeit zu tun" (ebd.). Der Sprecher Stadtratsfraktion #1 hat zunächst in einer Anwaltskanzlei gearbeitet und danach in einer PR-Agentur das Handwerk gelernt.

Zwar gibt es auch eine Medienwissenschaftlerin in dieser Gruppe der Interviewten (Sprecherin Marktforschungsunternehmen), doch ihr Studium war der Fakultät für Kulturwissenschaften zugeordnet und fällt daher nicht unter das in dieser Arbeit verwendete KW-Verständnis von einer klassischen Sozialwissenschaft (siehe Kapitel II, 1.1.1). Darüber hinaus hat sie in diesem Studium den Schwerpunkt auf Ökonomie (neben den anderen Studieninhalten Kultur und Informatik) gelegt und gibt im gesamten Interview keinen Hinweis darauf, dass sie eine Brücke zwischen den allgemeinen Inhalten der Medienwissenschaft und ihrem Job schlagen kann. Vor dem Studium hat sie eine Ausbildung zur Werbe- und Medienvorlagenherstellerin absolviert und sie nutzt diese technische Expertise immer noch im Büroalltag: „[E]s gibt ja für die Gestaltung gewisse Grundregeln, die ich dann auf jeden Fall mitbekommen habe. Und ich hab' [es] natürlich auch [...] einfach, mit den anderen Abteilungen zu kommunizieren. Also jetzt gerade mit der Grafik, oder mit denen, die die Internetseite machen [...]. Weil ich halt auch mal auf der anderen Seite saß. Das ist [...] 'ne Besonderheit. Dieses Verständnis. Für die verschiedenen Techniken. Ja, mein Studium, da war leider überhaupt nichts Richtung PR im Angebot. Also das bezog sich sehr auf Medien und war auch [...] ökonomisch ausgerichtet" (ebd.). Aufgrund der Tatsache, dass sie die medienwissenschaftlichen Fachinhalte nicht für ihren Job nutzen kann, könnte man sie auch als ‚*MW'-Kritikerin* typologisieren („[W]enn man sich überlegt, dass [...] die Mediengeschichte mal angefangen hat, weiß ich nicht, [vor] 450.000 Jahren, dann ist das schönes Wissen, aber da kann ich heute nicht mehr viel mit anfangen"; ebd.). Jedoch bleibt sie während des Großteils des Interviews gegenüber dem Fach so kritiklos, dass sie als ‚De-facto-*Laie*' besser beschrieben ist.

Ansonsten bleibt festzuhalten, dass die *Laien* auch neben ihren Studienerfahrungen keine nennenswerten Zufallskontakte zum Fach erlangt haben, beispielsweise über Bekannte, Fachmagazine, Tagungen oder sonstige Quellen. Die Frage ist jedoch: Warum haben sie im Lauf ihrer PR-Karriere nicht irgendwann Wissen aus der KW ziehen können? Um im theoretischen Modell zu bleiben: Weshalb entwickelten sie nie eine Präferenz für universitär produziertes Wissen über Kommunikation? Dazu muss ein genauerer Blick auf die Beschaffenheit dieser Gruppe der Befragten geworfen werden:

Was die Organisationstypen und Sektoren betrifft, so befinden sich unter den *KW-Laien* eine selbstständige PR-Beraterin, zwei Sprecherinnen und eine PR-Referentin von Konzernen sowie zwei Sprecher von Fraktionen. Was das Alter anbetrifft, so sind in dieser Gruppe sowohl Berufsanfänger um die 30 als auch erfahrene PRler jenseits der 50 vertreten (siehe *Tabelle 6* in Kapitel IV, 4). Es wäre also – zumindest auf Basis der hier vorliegenden Daten – beispielsweise abwegig zu behaupten, dass lediglich ältere PR-Praktiker noch *KW-Laien* sind, während jüngere PRler in einer Zeit sozialisiert wurden, in der das Fach bereits etablierter und stärker in der PR-Forschung engagiert war. Allerdings fällt auf, dass alle Interviewpartner mit der Kombination ‚weiblich/Konzern' in dieser Gruppe auftauchen – weder unter den *KW-Kritikern* noch unter den *KW-Verfechtern* finden sich Frauen aus den PR-Abteilungen von Konzernen (siehe *Tabelle 10*). Darüber hinaus arbeiten die *Laien* nicht in Beratungen oder Agenturen. Stattdessen sind sie – außer in Konzernen und mit der Ausnahme der selbstständigen Beraterin – noch in der Politik tätig.

Vor diesem Hintergrund ließe sich die These aufstellen, dass die *Laien* oftmals in Bereichen arbeiten, die ein besonders branchenspezifisches Wissen verlangen – entweder in Bezug auf das konkrete Tätigkeitsfeld des Konzerns oder auf die jeweiligen politischen Gegebenheiten vor Ort bzw. in der Partei. Allgemeine Kenntnisse zum Thema Kommunikation sind hier offensichtlich weniger vonnöten. Exemplarisch sei an dieser Stelle noch einmal an die PR-Referentin des Energiekonzerns erinnert, die diese Auffassung wie folgt zusammenfasst: „[A]m Anfang brauchst du erstmal die Bereitschaft, ganz, ganz viel zu lernen von Leuten, die halt schon länger in dem Beruf drinnen sind. Das ist jetzt nicht unbedingt PR-spezifisch, sondern wirklich geschäftsspezifisch" (PR-Referentin Energiekonzern).

Die Vermutung, dass PR-Frauen tendenziell weniger Berührungspunkte – egal ob positive oder negative – mit der KW haben, ist abwegig. Was aber auffällt, ist, dass das Verhältnis von Frauen zu Männern unter den *Laien* bei vier zu zwei liegt, während sich unter den sieben *KW-Kritikern* zwei Frauen und immerhin fünf Männer befinden. Vielleicht waren die befragten Frauen an dieser Stelle etwas ‚höflicher' im Umgang mit dem KW-Forscher als die interviewten Männer. Weiter belegt werden kann diese Vermutung jedoch nicht – und die Äußerungen der selbstständigen

PR-Beraterin widersprechen dieser These. Aus ihr bricht es im Gespräch über die KW förmlich heraus, wenn sie sich fragt, „was um Gottes Willen" man in diesem Fach überhaupt lernen könne (selbstständige PR-Beraterin).

Ein weiterer Einflussfaktor könnte darin bestehen, dass sich unter den *Laien* häufig klassische Einzelkämpfer befinden. Sie arbeiten zumeist nicht in einer Abteilung, in der größere Aufgabenteilung möglich ist. Offensichtlichstes Beispiel ist die selbständige PR-Beraterin, doch daneben sind vor allem die beiden Sprecher in den Stadtratsfraktionen auf sich allein gestellt. Einer der beiden fasst die Situation so zusammen: „Wir haben ja nur zwei Mitarbeiterinnen hier in der ganzen Fraktion [...]. [I]ch lese morgens die vier relevanten Zeitungen hier und dann überleg ich mir, wie heute morgen, hab ich dann auch sehr schnell noch eine Presseerklärung abgesetzt [...]. [M]ein Augenmerk ist natürlich schon auch immer, dass 'ne Presseerklärung dann auch in der Presse erscheint. [...] Aber manchmal muss man auch was machen, auch wenn die Chance relativ gering ist" (Sprecher Stadtratsfraktion #2).

Und auch die PR-Referentin im Energiekonzern ist nicht vollständig in die Unternehmenskommunikation eingebunden, sondern arbeitet mehr oder weniger für sich alleine als Kommunikatorin der Geschäftseinheit. Gegen die Einzelkämpferthese spricht natürlich auf den ersten Blick die Tatsache, dass sowohl die Sprecherin des Marktforschungsunternehmens als auch die des Versicherungskonzerns Teil von großen PR-Abteilungen sind. Jedoch hat Letztere keine Zeit, sich wissenschaftlichen Themen zu widmen, sie sei „so eingebunden, wenn ich 'ne freie Minute habe, dann überlege ich mir, wie könnte ich 'ne Geschichte aktiv positionieren? Das heißt, dass ich selten die Möglichkeit hab', mir dann Gedanken zu machen, was gibt es denn hier noch für wissenschaftliche Erkenntnisse, die man jetzt hier noch einbringen könnte" (Sprecherin Versicherungskonzern). Aus Sicht des Autors ist es daher nicht abwegig zu vermuten, dass unter den *KW-Laien* verhältnismäßig viele Einzelkämpfer sind, für die es schlicht unattraktiv wäre, sich mit theoretischen Ansätzen zu professioneller Kommunikation auseinanderzusetzen. Dies vor allem auch deswegen, weil sie im Alltag eine Vielzahl an operativen Tätigkeiten zu verrichten haben und bei niemandem Pluspunkte mit vertiefter Expertise zu Kommunikation sammeln können. Bei ihnen kommt es darauf an, die „Ärmel hoch[zu]krempeln und [...] sich nicht zu schade sein, auch mal Hotelbuchungen zu machen, Locations rauszusuchen" (PR-Referentin Energiekonzern).

Die Vielzahl an operativen Tätigkeiten bei den *Laien* lässt noch auf einen weiteren möglichen Einflussfaktor schließen: Viele dieser Interviewten könnten als ‚PR-Techniker' bezeichnet werden (siehe Kapitel II, 2). Sie müssen in ihrer täglichen Arbeit weniger rein strategische Arbeit leisten, sondern vor allem auch Texte produzieren und diese möglichst häufig in die Medien bringen. Dabei bleibt wenig Zeit für akademische Reflexion und somit auch kein großer Spielraum für eine mögliche Beschäftigung mit den Erkenntnissen der KW. Die Sprecherin des Marktforschungsunternehmens macht eigenen Angaben zufolge „querbeet an allem mit", dazu gehöre neben „Pressemitteilungen, Fachartikeln" auch die „Einholung von Statements", die Betreuung des „Zeitschriftenspiegel[s]", und „auch viel Redaktionelles" wie etwa „Schreiben von Pressemitteilungen, auch mal [...] von Artikeln und auch sehr viel Lektorat des Ganzen" (Sprecherin Marktforschungsunternehmen). Inhaltlich müsse sie weniger arbeiten, denn die jeweiligen Fachabteilungen seien „natürlich besser in den Themen drin" und ihre Aufgabe sei es dann eher, die Texte redaktionell zu überprüfen (ebd.).[181] Insgesamt bestehe ihr „grundsätzlicher Alltag" vor allem aus „jede[r] Menge Korrespondenz" (ebd.). Sie müsse auch die Journalistendatenbank pflegen, hinzu kämen „zwischendurch Recherche zu verschiedenen Events [...] oder Themen, die kommen könnten. Also, Recherche ist da relativ breit" (ebd.). Bei der Frage danach, welches Wissen für ihre Tätigkeit relevant sei, nennt sie zwar am Rande auch ein „Verständnis [...] von Medien im Allgemeinen" – dann jedoch fast ausschließlich technische *Fähigkeiten* bzw. *Fertigkeiten* wie etwa „sehr gute Deutschkenntnisse", „Englischkenntnisse", „sehr gute Officekenntnisse", „Kommunikationsfähigkeit [...] persönlich, telefonisch, schriftlich", „ganz fix mal was schreiben können", „Zehn-Finger-System" (ebd.).

Auch der Sprecher Stadtratsfraktion #1 muss täglich schauen, dass er vor Redaktionsschluss der lokalen Zeitungen eine Meldung produziert – und hat daher keine Zeit, sich auch einmal interessante Studien anzuschauen:

---

[181] Darüber hinaus gibt sie auch an, Journalistengespräche entgegenzunehmen, die Website mitzupflegen und Veranstaltungen zu organisieren (Sprecherin Marktforschungsunternehmen). Strategische Aufgaben oder die Herstellung von vertieften Austauschprozessen zwischen Organisation und Öffentlichkeit scheinen jedoch weniger dazuzugehören (vgl. ebd.).

Dafür müsse man „die Kapazitäten freihaben" und „da wird es halt einfach schwierig" (ebd.). Denn „wenn Sie den Bezirksverband anschauen, wie der aufgestellt ist – ich mein[e] wir haben einen Geschäftsführer, der super viel macht und viel arbeitet. Und dann hat er halt noch einen Mitarbeiter und dann hat er noch zwei unten in der Druckerei und dann hat er noch zwei oder drei Sekretärinnen oder vier, ja?" (ebd.).[182] Das gilt auch für seinen Kollegen aus der anderen Partei, bei dem es „nur zwei Mitarbeiterinnen hier in der ganzen Fraktion" gibt und der deswegen Politik und Öffentlichkeitsarbeit in Personalunion betreiben muss (Sprecher Stadtratsfraktion #2). Die Sprecherin des Versicherungskonzerns muss sich hingegen weniger stark mit technischen Themen beschäftigen. Sie beantwortet Journalistenanfragen, überlegt sich Geschichten für die Berichterstattung und stimmt Inhalte ab (vgl. Sprecherin Versicherungskonzern).

Hinzu kommt, dass in manchen Organisationen, in denen *KW-Laien* aktiv sind, der Öffentlichkeitsarbeit nicht die allerhöchste Wichtigkeit eingeräumt wird. Ausnahme ist hier die selbstständige PR-Beraterin, deren Kerngeschäft in der Öffentlichkeitsarbeit für ihre Mandanten besteht. Doch sowohl die Sprecherin des Marktforschungsunternehmens als auch die politischen PR-Praktiker in dieser Gruppe arbeiten in Organisationen, die eher durch ihre jeweiligen Kerntätigkeiten als durch PR in der Öffentlichkeit stehen (Marktforschung: Studien, Politik: politische Aussagen).[183] Auch die PR-Referentin des Energiekonzerns gesteht unumwunden, dass sie zu einer Zeit eingestellt wurde, als PR „noch nicht *das* Thema" gewesen sei und dass sie damals eher zufällig zu ihrem Job gekommen sei: „Und aus irgendeinem Grund, ich weiß nicht welchem, wurde dann beschlossen, dass ich das jetzt machen soll" (PR-Referentin Energiekonzern). Seitdem teile sie sich die PR-Arbeit für ihre Abteilung mit einem Kollegen, beide betreiben das „als Nebenjob" zu ihrer eigentlichen Tätigkeit (ebd.). Am Anfang sei daher alles „learning by doing" gewesen

---

[182] Unklar ist hier, ob der Interviewpartner damit zum Ausdruck bringen wollte, dass der Bezirksverband im Gegensatz zur Stadtratsfraktion gut oder weniger gut aufgestellt ist. Jedoch diente die Auflistung dazu, dem Interviewer zu zeigen, dass er selbst *nicht* über genügend Kapazitäten für Recherchen neben dem Job verfügt (vgl. Sprecher Stadtratsfraktion #1).

[183] Im Fall der Politik ist die Trennung zwischen Öffentlichkeitsarbeit und politischer Arbeit oftmals kaum möglich. Im Rahmen der vorliegenden Arbeit ging es bei politischer PR jedoch hauptsächlich um die PR-Aktivitäten der jeweiligen Fraktionssprecher und nicht um die öffentlichen Aktivitäten der Politiker selbst.

(ebd.) – und wenn wo gespart werde, dann eben an der Öffentlichkeitsarbeit: „[O]ft sind halt grad' für die PR [...] keine Gelder da. Oder das, was als Erstes gekürzt wird [ist die PR; Anm. d. Verf.]" (ebd.).

Zusammenfassend könnte man also festhalten, dass die *KW-Laien* in dieser Studie kein spezifisches Alter haben, unterschiedliche Fächer studiert haben (jedoch logischerweise nicht KW) und auch im Lauf ihrer bisherigen Karriere keine weiteren Ausbildungspunkte absolviert haben, in denen theoretisches Wissen zu Kommunikation eine Rolle spielte. Sie sind zumeist ‚PR-Techniker', sind oftmals entweder in der Politik oder in Großkonzernen tätig und nicht selten Einzelkämpfer, die mit besonderem Wissensbackground zum Thema PR und Kommunikation niemanden beeindrucken können bzw. müssen. In einigen Fällen kommt der Öffentlichkeitsarbeit in ihrer Organisation auch nicht die höchste Relevanz zu, weshalb es möglicherweise nicht zwingend notwendig ist, sich sehr tiefgehend – am Ende gar wissenschaftlich – mit Kommunikationsprozessen zu beschäftigen. Daher sind sie, was den *Markt des Wissens im Bereich Kommunikation* betrifft, tendenziell passiv. Sie gehören weder zu den aktiven Nachfragern, noch produzieren und verbreiten sie selbst Wissen in diesem Bereich. Stattdessen sind die *Laien* lediglich partiell an nicht-universitären und berufsbegleitend erwerbbaren Titeln zu PR interessiert und fragen auch sonst meist bei außeruniversitären Produzenten Wissen zu branchenspezifischen Themen nach – nicht jedoch zum Thema Kommunikation.

1.1.4 Zwei Fallbeispiele

Anhand zweier konkreter Fallbeispiele soll der Typ des *KW-Laien* noch einmal anschaulich dargestellt werden. Ein klassischer Vertreter dieses Typs ist die Sprecherin in einem deutschen Versicherungskonzern mit dem Schwerpunkt Personalthemen. Sie ist zwischen 30 und 40 Jahre alt, arbeitet seit mehr als fünf Jahren in der PR und hat BWL studiert. Auf die Frage, ob ihr Studium ihr im heutigen Beruf helfe, entgegnet sie: „Es hilft weiter und ist 'ne gute Grundlage. Letztendlich zählt aber die praktische Erfahrung" (Sprecherin Versicherungskonzern). Auch gibt es aus ihrer Sicht kein perfektes Studienfach für die Arbeit als PR-Praktiker: „Kann man nicht allgemein sagen" (ebd.).
Konkret auf die mögliche Relevanz von Medienforschung für ihre Arbeit angesprochen stellt sie unumwunden klar, dass es „jetzt nicht so" sei,

„dass wir Forschungsergebnisse dazu haben und die einbeziehen, sondern das sind eigentlich wirklich Erfahrungen. Ich mein', alleine hier im Unternehmen, unser Chef ist seit, ich glaub', über 20 Jahren im Unternehmen – das sind ja auch irgendwo die gleichen Journalisten, mit denen man zu tun hat, man tauscht sich untereinander aus" (ebd.). Im Konzern werde Erfolg in der PR mit einem System gemessen, das für erschienene Artikel unterschiedlich viele Punkte vergebe. Basis sei ein Clipping-Dienstleister, der die erschienenen Artikel erfasse und auswerte. Sie suche ständig Leute im Unternehmen, die sich für journalistische Berichterstattung eigneten, dann würde man „gucke[n], wie kann man die extern in Medien bringen" (ebd.). Sie habe keine Zeit, um sich mit wissenschaftlichen Ergebnissen zu befassen, sie sei „so eingebunden, wenn ich 'ne freie Minute habe, dann überlege ich mir, wie könnte ich 'ne Geschichte aktiv positionieren? Das heißt, dass ich selten die Möglichkeit hab', mir dann Gedanken zu machen, was gibt es denn hier noch für wissenschaftliche Erkenntnisse, die man jetzt hier noch einbringen könnte" (ebd.). Und darüber hinaus müsse man für so eine Wissenschaftsbegeisterung wohl auch ein gewisses „Faible" für ein Fach haben – „ich hab jetzt noch niemanden getroffen, der gesagt hat: Ich hab' ein Faible für Kommunikationswissenschaften oder ich bin schon immer der Typ für Kommunikationswissenschaften gewesen" (ebd.).

Ihr einziger Kontakt mit akademischer Kommunikationsforschung und dem Schwerpunkt PR kam über eine Fachhochschule zustande: „[D]er Professor [der Fachhochschule; Anm. d. Verf.] war bei uns [...] zu Seminaren, wo man dann halt auch mal die Möglichkeit hat, sich ein bisschen auszutauschen und so ... ja, wie würde er's machen? Wie würde er mit dem Thema umgehen. [...] Der kam zu uns ins Haus und es ging darum, Pressekonzepte zu erstellen. [...] [W]ie ich's fand? Ich fand, er war überfordert. [...] Es war interessant, seine Sichtweise zu sehen – allerdings ist es natürlich schwierig [...]. [...] [D]er hat unsere Ausgangssituation nicht so ganz verstanden, weil wir natürlich in einem großen Unternehmen auch vielen Zwängen unterworfen sind – also Zwängen im Sinne von: intern[en] Abstimmungen, wir dürfen aufgrund von der und der Befindlichkeit von dem und dem nicht dadrüber kommunizieren und so weiter. [...] [D]a hat man halt so die Unterschiede gemerkt: Wie ist es dann tatsächlich im Unternehmen und wie sieht die Lehre oder die Theorie aus?" (ebd.). Zwar habe der FH-Professor versucht, „mit uns [...] wissenschaftliche Erkenntnisse zu teilen, wobei das [...] nichts [...] Außergewöhnliches oder Neues gewesen wäre. Also da muss ich sagen: [...] [W]ir haben mehrere Seminare immer wieder und da fand ich [es] dann interessant, 'nen Journalisten da zu haben, der aus seiner Sicht dann berichten konnte [...]. Nein, ich hab' nicht allzu viel davon mitgenommen" (ebd.). Aus diesem einmaligen und enttäuschenden Kontakt ergaben sich auch keine weiteren Anknüpfungspunkte zur KW (wenn man in diesem Fall überhaupt von der KW im engeren Sinne sprechen kann) – für diese PR-Praktikerin hatte sich damit das Thema Kommunikations-, PR- und Medienforschung umso mehr erledigt.

Ein anderes interessantes Fallbeispiel stellt die selbständige PR-Beraterin, 40 bis 50 Jahre alt, dar. Auch sie hat Betriebswirtschaft (mit Schwerpunkt Marketing) studiert und ist nach einer Zeit im Journalismus, kurzen Stationen bei einer PR-Agentur und beim Fernsehen zunächst für einen Konzern tätig gewesen. Anschließend machte sie sich als Beraterin selbstständig und absolvierte eine Ausbildung zum Thema Konfliktmanagement. Zwar hält sie „ganz viel Bauchgefühl" (selbstständige PR-Beraterin) für wichtiger als alles andere in ihrem Job. Gleichzeitig muss sie gegenüber ihren Kunden Expertise im Bereich Kommunikation vorweisen – und ist daher einer komplexeren Vorstellung von öffentlicher Meinung sowie universitärer Forschung grundsätzlich gegenüber aufgeschlossen, wie weiter unten gezeigt werden wird.

Zunächst vertritt sie jedoch einmal die Auffassung, dass ein akademischer Background (gleich welcher Fachrichtung) weniger entscheidend in der PR sei als das über die Zeit im Journalismus erworbene Praxiswissen sowie eine Reihe an ‚Soft Skills': „[I]ch hab [als Journalistin] soviel Schrott angeboten gekriegt, dass ich ganz genau gewusst habe, letzten Endes dann auch für meine Arbeit hinterher, wie muss ich die Informationen aufbereiten, dass sie [...] nicht im Müll lande[n]. [...] [E]igentlich ist es ein Gespür für Menschen zu entwickeln. Ist ja sonst gar nichts. Man muss seine Hausaufgaben gut machen, wenn man von der Presse was haben will. Aber ansonsten ist das ein Menschengeschäft. Und das ist das A und O. Und das kann keiner dir auf der Uni beibringen" (ebd.). Auch als PR-Praktiker erhalte sie nach wie vor wertvolle Einsichten von ehemaligen Kollegen aus dem Journalismus.

Ganz allgemein glaube sie, dass das Berufsfeld keine spezifische Vorbildung voraussetze: „[M]an könnte auch Religion studieren. Also ich bin der Meinung, es ist völlig wurscht, was man studiert" (ebd.). Sie hat zwar als *Laie* keine konkrete Vorstellung von den Fachinhalten der KW, ist jedoch der Auffassung, dass alle Menschen „kommunikationsfähig auf die Welt gekommen" seien (ebd.). Bei einer Mutmaßung über die denkbaren Inhalte des Fachs denkt sie eher an Themen wie Konfliktmanagement und „Verständnismodelle" (ebd.). Auf Symposien, auf denen auch Wissenschaftler zu Kommunikation sprechen würden, werde sie zwar oft eingeladen, dort gehe sie jedoch nicht hin, „damit vertrödel' ich meine Zeit nicht" (ebd.). Zu Veranstaltungen des Journalistenverbandes hingegen gehe sie sehr wohl, dort fühle sie sich „an der Quelle" und „am Puls der Zeit" (ebd.). Auch die Publikationen des Verbandes würde sie lesen – diese empfindet sie also scheinbar nicht als ‚vertrödelte' Zeit.

Doch, wie bereits angesprochen, in manchen Passagen des Interviews werden Einzelheiten aus ihrem PR-Alltag bekannt, die von der klassischen Schablone eines *KW-Laien* abweichen. So verwendet sie (über nicht weiter nachvollziehbare Quellen) manche KW-Konzepte in ihrer Arbeit, so beispielsweise – auf konkrete Nachfrage – Agenda Setting: „Dieses Thema Agenda Setting spielt jetzt zum Beispiel für den Job, den ich mache [...], definitiv 'ne Rolle. Weil es geht wirklich darum, das Land --- [...] in Europa oder weltweit mit zu positionieren. Und da geht es [...] ums Agenda Setting [...]. Komischerweise wird mit dem Begriff jongliert, ich weiß nicht, ob jede Seite da das gleiche Verständnis hat. Das mag sein, aber als Buzzword taucht es auf" (ebd.). Das gelte auch für den Begriff der „Opinion Leader" (ebd.). Die Verwendung dieser Begriffe durch sie und andere PR-Praktiker erfolge jedoch, ohne dass man wüsste, „dass es vielleicht 'ne Theorie sein könnte" – „sie tun's einfach. [...] Weil ich kann jetzt auch nicht sagen, dass ich jemals mal was über Agenda Setting gelernt hätte" (ebd.).

Zudem versucht sie, den Erfolg von Öffentlichkeitsarbeit nicht einfach durch das Auszählen von (positiven, negativen, neutralen) Zeitungsbeiträgen zu messen, sondern sie hat den Anspruch, ihren Kunden ein komplexeres und tieferes Bild von Meinungsbildung zu vermitteln: „[J]eder möchte am besten für ei[n] relativ überschaubares Budget auf d[ie] Wirtschaftswoche-Titelseite. [...] [W]eil die meisten, muss man ehrlich sagen, das an Clippings festmachen. Also sprich, wie oft stand ich irgendwo. [...] [H]ab' ich ganz, ganz selten festgestellt, dass das von der qualitativen Seite her überprüft wird, sondern es wird Quantität gezählt" (ebd.). Teilweise würden dann von Marketingleuten, die ihrerseits Rechtfertigungsdruck hätten, erschienene Artikel in den Preis für eine gleichgroße Anzeige umgerechnet. Das finde sie „[g]anz blöde" und „völlig irrelevant" – „manchmal ist es mangelndes Know-how, muss man einfach sagen. Mangelnde Zeit genauso. Und dann nimmt man solche Pi-mal-Daumen-Zahlen, ja" (ebd.). Stattdessen denke sie darüber nach, wer ihre Zielgruppe sei und wie man diese am besten erreichen könne.[184] Diese Herangehensweise habe sie jedoch nicht aus ihrem Studium: „Es ist Psycho, es ist Erfahrung" (ebd.).

Und schließlich sagt sie auch, dass sie einer universitär ausgewiesenen Kompetenzzuschreibung im Bereich Kommunikation – kurz: einem Lehrauftrag – gegenüber nicht abgeneigt sei. Dieser sei „fast in trockenen Tüchern" (ebd.). Dabei gehe es „um das Thema Nachhaltigkeitskommunikation, es geht um das Thema Ethik. Und natürlich Glaubwürdigkeit" (ebd.). Die Veranstaltung, die sie an einer Hochschule anbieten werde, sei an der Schnittstelle von Kommunikation und Marketing angesiedelt und werde nicht nur für Studenten, sondern – gegen Bezahlung – auch für Berufstätige besuchbar sein (vgl. ebd.). Um welche Universität es sich dabei handelt und welcher Fakultät ihr Lehrauftrag genau zugeordnet ist, bleibt unklar.

All diese Punkte machen die Beraterin aus diesem zweiten Fallbeispiel wohl zu einer Grenzgängerin zwischen dem Typ *Laie* und *Verfechter*. Denn einerseits kennt sie das Fach an sich nicht und betont, wie wichtig Praxiswissen und Bauchgefühl seien. Auch ist sie der Meinung, dass man Kommunikation nicht studieren könne, und ihr marketingorientiertes Zielgruppendenken, welches vor allem auf das Setzen von Themen abzielt, kann nicht als wirklich *diversifiziert-reziprok* bezeichnet werden. Gleichzeitig ist sie ihren Kunden als Beraterin jedoch auch eine vertiefte Expertise im Bereich Kommunikation schuldig, über die sie sich rechtfertigen und profilieren muss. Daher, so könnte man vermuten, verwendet sie klassische KW-Begriffe wie Agenda Setting durchaus als Buzzword, weigert sich, erfolgreiche PR schlicht über positive Clippings zu definieren, und ist daran interessiert, Dozentin für Kommunikation/Marketing an einer Hochschule zu werden. Ihr PR-Handeln weist daher an man-

---

[184] Bereits weiter oben ist darauf hingewiesen worden, dass sie stets darauf bedacht ist, herauszufinden, wie ihre Zielgruppe „tickt" und wie man „die Truppe" überzeugen könne (selbstständige PR-Beraterin) – eine Sichtweise auf Öffentlichkeitsarbeit, die weniger Ähnlichkeit mit einem *reziproken*, sondern eher mit einem *unidirektionalen* PR-Verständnis aufweist, genau wie die Fokussierung auf *eine* Zielgruppe immer eher ein *fokussiertes* und kein *diversifiziertes* Verständnis von Öffentlichkeitsarbeit signalisiert.

chen Stellen etwas mehr KW-Affinität als das der anderen *Laien* auf, zudem ist sie (als baldige ‚Produzentin' bzw. ‚Distributorin' in Form des Lehrauftrags) auf dem *Markt des Wissens im Bereich Kommunikation* etwas aktiver als die anderen *KW-Laien*.

Bei diesem interessanten Fallbeispiel kündigt sich bereits eine These an, die im Lauf des Ergebnisteils weiter aufgegriffen und in Kapitel V, 3.2.2 schließlich vor dem Hintergrund der Wissensgesellschaft diskutiert werden wird: Möglicherweise besteht ein entscheidender Einflussfaktor dafür, ob jemand *KW-Verfechter*, *-Laie* oder *-Kritiker* wird, darin, in welcher *Rolle* er PR betreibt. (Selbstständige) PRler, Mitarbeiter in strategischen Agenturen, aber auch PR-Mitarbeiter in Politik oder Konzernen, die sich als *Berater* in ihrer jeweiligen Institution verstehen, sind gegenüber der KW und ihren Konzepten unter Umständen aufgeschlossener als andere. Sie können sich damit gegenüber Vorgesetzten oder Kunden profilieren und ihren eigenen Mehrwert gegenüber Konkurrenten herausstellen. Vor dem Hintergrund des theoretischen Modells dieser Arbeit könnte man sagen: Für sie hat das Wissen der KW einen höheren Wert, da es für die eigene Karriere und Positionierung genutzt werden kann. Auch wenn sich die These bis zu diesem Zeitpunkt der Analyse nur auf ein Fallbeispiel stützt – sie wurde nach Sichtung des gesamten Materials aufgestellt und wird in den folgenden Kapiteln immer wieder thematisiert und diskutiert werden.

1.2 *KW-Kritiker*

1.2.1 Explizite Aussagen

Während die *KW-Laien* meistens keinerlei oder nur sehr wenig Kontakt mit der KW hatten, haben die *KW-Kritiker* auf irgendeine Art und Weise Erfahrungen mit den Inhalten des Fachs gemacht – und in der Folge eine ablehnende Haltung ihm gegenüber entwickelt. Mitglieder dieses Typs drücken meistens sehr deutlich ihre Zweifel dahingehend aus, ob die KW nützliche und in der PR-Praxis anwendbare Kenntnisse liefern könne. Noch stärker als die *Laien* betonen die *Kritiker*, dass man in der PR nur mit gesundem Menschenverstand, Talent, Bauchgefühl und Erfahrung erfolgreich sein könne. Gefragt nach der optimalen Ausbildung für den PR-

Beruf nennen sie einfach ihr tägliches „Business" (Senior-Manager Marken-PR) und „natürlich die Berufserfahrung" (Sprecher Automobilkonzern) und sagen von sich, dass sie „durch learning by doing in den Job reingekommen" seien (Sprecher kulturelle Einrichtung), denn „Kommunikation kann man nicht lernen. Ich kann das und das studiert haben – aber deswegen kann ich mich noch nicht mit einem Journalisten unterhalten und dem ein Thema verkaufen" (Senior-Beraterin Lifestyle-PR).

Ein Theaterwissenschaftler, der heute Sprecher einer Stadtratsfraktion ist, sagt, „dass ich grundsätzlich aufgrund des Studiums, aber auch von den Fähigkeiten her sehr gut schreiben kann, sprachverliebt bin, aber eben auch – und das ist hier die halbe Miete – den politischen Zusammenhang erkenne" (Sprecher Stadtratsfraktion #3). Es gebe „sicher keine Idealausbildung für diesen Job" (ebd.). Die Rückmeldung auf die eigene kommunikative Arbeit erhalte man an den Infoständen der Partei von den Bürgern, aber „man nimmt so was auch ein bisschen aus dem Bauchgefühl" (ebd.). Auch der Sprecher der Landtagsfraktion sagt, dass man sich neue Medienentwicklungen einfach „[an]schaut", das „kriegt man irgendwann mit [...] denkt sich, oha, komisch, dann wird es immer größer, dann findet man es irgendwann auch interessant und dann macht man mit" (Sprecher Landtagsfraktion). Seine Kollegin in einer anderen Fraktion betont, dass es vor allem ihre journalistische Arbeit gewesen sei, die ihr dabei bis heute helfe, Texte zu verfassen und auf den Punkt zu bringen (vgl. Sprecherin Landtagsfraktion #2).

Konkret auf die KW angesprochen, bringen diese Befragten ihre kritische Haltung gegenüber dem Fach schnell zum Ausdruck. Der Sprecher eines Automobilkonzerns, der selbst KW studiert hat, räumt der Disziplin zwar eine gewisse Relevanz für das ein, was er im heutigen Job macht, vertritt jedoch die Auffassung, dass er die Inhalte wahrscheinlich auch auf anderem Wege kennengelernt hätte: „Wirkungsforschung ist ein ganz interessantes Thema, so kommunikationspsychologische Sachen, [...] Informationssuchverhalten von Leuten, auch von Journalisten, [...] wie schaffe ich einen Newswert, [...] wie muss eine Nachricht beschaffen sein, dass sie zu News wird, [...] Agenda Setting, dieser ganze Kram, das kann man schon nutzen. Das sind aber Sachen, [...] das kann man auch, da braucht man nicht Kommunikationswissenschaft studieren, das kann man auch so lernen" (Sprecher Automobilkonzern). Er sieht in der KW „Allgemeinbildung" mit einem „hohen Unterhaltungswert" und einer „nur bedingten Anwendbarkeit für die Praxis" (ebd.). Irgendwann habe es einmal eine Zeit gegeben, in der Fachabsolventen wie er von Unternehmen „wirklich explizit" gesucht worden seien – was ihn „wirklich sehr gewundert" habe (ebd.). Jedoch sei das „jetzt schon wieder vorbei" (ebd.). Ein Dialog mit Universitäten werde in seinem Konzern nur mit Ingenieuren und Betriebswirten geführt (vgl. ebd.).

Ein Studium der BWL hätte ihm, vor allem in seinem früheren Job in einer Bank, wohl mehr geholfen. Er hätte sich „[d]as mit der Kommunikationswissenschaft [...] schon irgendwie noch beigebracht. [...] [D]iese ganzen betriebswirtschaftlichen Kenntnisse draufzusatteln, das fällt dann irgendwie schon schwerer im Beruf, als wenn man jetzt irgendwie was Ordentliches studiert hat, in Anführungszeichen. Und dann das Andere draufsatteln muss" (ebd.). Wenn er sich heute Beiträge von KW-Vertretern im Wissenschaftsteil des *PR-Magazins* ansehe, so seien diese zwar nicht ausschließlich irrelevant, „aber es ist auch nicht sehr relevant, um ehrlich zu sein, weil [...] man hat oft das Gefühl, dass das schon sehr verkopft ist und mit der Praxis relativ wenig zu tun hat. Und [...] dass auch die Protagonisten in der Wissenschaft" aus seiner Sicht Leute seien, die versuchen würden, wie „ein Blinder vom Licht [zu] erzählen" (ebd.). Sie hätten eben meist keine Redaktion und „keine Presseabteilung von innen gesehen" und könnten daher keine Aussagen über die Themen der Praxis treffen (ebd.).

Diese Einschätzung teilen einige der interviewten Personen. Eine PR-Beraterin im Bereich Lifestylekommunikation, die ihr Studium der angewandten Kulturwissenschaften mit Hauptfach Sprache und Kommunikation sowie Nebenfach Medien- und Öffentlichkeitsarbeit absolviert hat, vertritt zunächst die Auffassung, dass ihr Studium insofern wichtig gewesen sei, als dass sie nun wisse, „wie die deutsche Medienlandschaft funktioniert, wie gesagt, ich hatte Medienrecht, wir haben journalistisch schreiben gelernt" (Senior-Beraterin Lifestyle-PR). Dann jedoch hält sie inne und sagt, dass das Wichtigste gewesen sei, dass sie „überhaupt ein Studium abgeschlossen" habe und dass es „eben kein Bachelor" gewesen sei – sprich: dass sie selbstständiges Arbeiten gelernt habe (ebd.). Und dann bricht die offene Kritik aus ihr heraus: „[I]ch bin jetzt [...] sechs Jahre, sieben Jahre aus der Uni raus. Zu dem Zeitpunkt, als ich die Uni verlassen habe, sind wir [sie und ihre Kommilitonen; Anm. d. Verf.] also dort übereingekommen, dass uns die PR-Theorien, also ich red' jetzt noch nicht von den Kommunikationstheorien, dass uns die PR-Theorien in der Praxis nicht helfen" (ebd.). Und an diesem Urteil habe sich bis heute nichts geändert, sie suche keinen Kontakt mehr zu den Erkenntnissen des Fachs – weder über Konferenzen, Bekannte oder Fachbeiträge in Praktikermagazinen: „[E]s passt im Moment nicht in meine Welt" (ebd.). Dem Kunden sei es schließlich „scheißegal [sic!], ob ich studiert habe oder welche Theorie ich mal gelernt habe oder irgendwas. Das Einzige, was den Kunden interessiert, ist, dass ich mich in meinem Job bewährt habe [...]. Kommunikation kann man nicht lernen. Ich kann in einen Unikurs gehen, aber deswegen kann ich mich noch nicht mit 'nem Journalisten unterhalten und dem Themen verkaufen" (ebd.).

Der Sprecher der Landtagsfraktion, der in Deutschland eine geisteswissenschaftliche Ausrichtung von Medien- und Kommunikationswissenschaft zu studieren begonnen hatte und dann einen Master in Mass Communication und Politik in England absolviert hat, äußert sich zu Beginn des Interviews zwar ein Stück weit positiv zu den Inhalten seines Studiums: „Medienanalyse [...], aber auch sozialwissenschaftliche Methoden und Chomsky-Seminare [...] sehr spannend", dies sei hilfreich für ein „generelles Verständnis von der Materie", „Wirkungsforschung und Mediennutzung und so ist natürlich auch nicht uninteressant" (Sprecher Landtagsfraktion). Doch für seine heutige Arbeit nehme er nicht „so wahnsinnig viel" davon mit, er habe auch keinerlei Verbindung mehr zur universitären Kommunikationsforschung. Insgesamt seien viele theoretische KW-Konzepte wie etwa der Opinion Leader „nicht nagelneu", „die Werbung oder die PR" würden ja bereits schon seit Jahren damit arbeiten" – und zwar insofern, als „dass sie Prominente vor ihren Karren spannen" (ebd.). Dafür müsse man „nicht unbedingt Kommunikationswissenschaft studiert [...] haben, sondern da reicht auch, wenn man mal eine Kampagne mitgemacht hat" (ebd.). Alles in allem ist es aus seiner Sicht „sogar insgesamt schlauer, wenn man keine Kommunikationswissenschaft studiert" (ebd.). Er persönlich hätte im Nachhinein „lieber etwas anderes studiert", denn man habe als Absolvent das Gefühl, „dass man [...] sich zwar überall so ein bisschen aus[kennt], aber nirgendwo richtig. [...] Also wenn ich jetzt irgendwie Volkswirtschaftler wäre, oder [...] Jurist oder so, könnte ich mir vorstellen, dass ich mir bei vielen Dingen da jetzt eben nicht so viel von den Fachreferenten hier erzählen lassen müsste" (ebd.).

Der Marken-PRler, der nach einem abgebrochenen Studium über den Journalismus zur PR kam und heute eine hohe Position in seiner Agenturgruppe einnimmt, antwortet auf die Frage, warum wissenschaftlicher

Input für ihn nicht interessant sei, dass „[d]er Bezug [...] nur sehr schwer [...] zum aktuellen Problem" herstellbar und „der Kunde [...] in dem Bereich nicht für akademische Diskussionen zu begeistern" sei (Senior-Manager Marken-PR). Ähnlich formuliert es die Fraktionssprecherin im Landtag, die Englisch und Geschichte studiert hat. Für sie ist ihre zusätzlich erworbene journalistische Vorbildung von großer Relevanz und bei neuen Medienentwicklungen schaue sie im Internet nach, ob sie auf kurzem Wege Informationen darüber finden könne. „Kommunikationstheorie oder so was" spiele hingegen „ehrlich gesagt gar keine Rolle" (Sprecherin Landtagsfraktion #2). „Ich hatte 'ne Mitbewohnerin, die [KW] studiert hatte [...]. Das ist so ein Dreck [sic!] [...]. Das hat überhaupt nichts mit der Realität zu tun" (Sprecherin Landtagsfraktion #2).

Teilweise wird dem Fach also von den *Kritikern* nicht nur eine ablehnende, sondern eine regelrecht abfällige Haltung entgegengebracht. „Wissen kann – gemessen am Konsens der Experten – qualitativ hochwertig und dennoch praktisch irrelevant sein", hat Badura (1976) festgehalten (ebd.: 11). Die Mitglieder dieser Gruppe der Befragten würden aber vielleicht noch nicht einmal das unterschreiben. Nicht nur, dass die *Kritiker* das Fach für ‚unpraktisch' halten – sie sprechen der KW auch die rein wissenschaftliche Qualität ab. Ein Musikwissenschaftler, der heute die Öffentlichkeitsarbeit für eine kulturelle Einrichtung betreut und der das Publizistikstudium in Berlin nach drei Wochen desillusioniert abgebrochen hat, hält fest: „[A]llein d[ie] Tatsache, dass ich es drei Wochen studiert habe, zeigt, was ich damals für einen Eindruck davon hatte [...]. [D]as war mir einfach zu naiv und zu wohlmeinend. Also wie es halt häufig ist in Fächern, wo man nicht wirklich eine Ahnung haben muss. Gibt ja diesen schönen Ausdruck der Laberfächer, zu denen das mit Sicherheit gehört. Also das fand ich relativ unerträglich und dann hat mich einfach die ganze Theorie, also ich meine, es war einfach nichts für mich" (Sprecher kulturelle Einrichtung).

Zur gleichen Einschätzung kommt auch der bereits erwähnte Theaterwissenschaftler, der heute der Sprecher einer Stadtratsfraktion ist und der in seinem Studium unter anderem auch Kurse in Kommunikationswissenschaft und Psychologie absolviert hat. Er antwortet auf die Frage, ob er irgendetwas aus dem kommunikationswissenschaftlichen Studium mitgenommen habe: „Ehrlich gesagt, nicht wirklich. Weil [...], weiß nicht, ob das heute so ist, aber damals ging's natürlich um so ganz banale Geschichten wie Sender-Empfänger-Modelle, das ist alles ganz schön, aber ehrlich gesagt, ich erinnere mich nicht mehr so sehr daran. Sicherlich hat's was hinterlassen, was mich im Weiteren gebildet hat, aber ich würde sagen, da habe ich aus manch anderem Lebensbereich mehr mitgenommen" (Sprecher Stadtratsfraktion #3).

Andere Fächer werden unter den *KW-Kritikern* zwar als relevanter als die KW erachtet. Beispielsweise spricht der Theaterwissenschaftler davon, dass es auch in der Politik um „eine gute Inszenierung" gehe, das betreffe auch Fragen der „Formulierung [...], Streitaxt oder Florett" (ebd.). Gleichzeitig sind die *Kritiker* jedoch auch der Meinung, dass eine wissenschaftliche Unterfütterung des eigenen beruflichen Handelns per se keinen größeren Wert habe. Stattdessen gehe Praxiswissen über alles: „Man kann aus der journalistischen Ecke kommen, man kann aus der Ecke [...] Kulturmanagement [kommen], man kann Musiker sein, man kann Musikwissenschaftler sein, man kann nichts von alledem sein. Man kann irgendwie BWL studiert haben oder was auch immer, was alles seine Vor- und Nachteile hat. [...] [I]st aber insgesamt nicht wirklich höhere Mathematik, die ganze [PR-; Anm. d. Verf.] Angelegenheit. Und es gibt Nachschlagewerke, man kann sich reinarbeiten und es ist ja auch nicht so, dass wir eine unendliche Anzahl von Medien haben [...]. [I]ch bin Praktiker [...]. [M]an braucht eine große Leidenschaft für das, was man tut. [...] [E]ine gewisse Glaubwürdigkeit und bisschen Kreativität, um die Materie, die man eben bearbeitet, gut zu vermitteln. Und das kann man nicht studieren, ganz einfach" (Sprecher kulturelle Einrichtung).

Diese Aussagen tragen, wie schon einige der Aussagen der *KW-Laien*, zu dem Eindruck bei, dass es in der Kommunikationsbranche möglicherweise nicht zu einer Vernetzung mit der universitären Forschung kommt, wie sie Peter F. Drucker in anderen Branchen sah. Er hatte von einer „Umstrukturierung von fachorientierten Disziplinen zu anwendungsorientierten Leistungsgebieten", von einer „Umkehrung des Verhältnisses von reiner und angewandter Forschung" sowie von einer zunehmenden „Verflechtung der Universitäten mit anderen Organisationen, vor allem Wirtschaftsunternehmen" (Drucker 1969: 25), gesprochen. Die hier genannten Beispiele erzählen eine andere Geschichte. Szyszka et al. (2009) hatten in ihrer Berufsfeldstudie für PR festgehalten: „Da ein kontinuierlich gewachsener Fundus von Fachwissen besteht, ist [...] kritisch nach Defiziten bei der Bewertung seines *Stellenwertes in der Praxis* zu fragen" (ebd.: 325; kursive Hervorhebung im Original; Anm. d. Verf.) – angesichts der Aussagen der *KW-Kritiker* in diesem Kapitel wird dem Fachwissen offensichtlich nicht immer ein hoher Stellenwert beigemessen.

Für den Fall, dass doch einmal ausnahmsweise Daten oder spezifische Erkenntnisse für die Arbeit der *KW-Kritiker* benötigt werden, werden in der Regel außeruniversitäre Institutionen als Quellen genutzt – und zwar meist für Themen jenseits der Kommunikation, also im Bereich des jeweiligen Kerngeschäfts: „Und die andere Sache ist, dass man natürlich auch über die Institution, in der man tätig ist, Möglichkeiten hat, wissenschaftliche Methoden [...] anzuzapfen. Also bei der Stadt --- war es zum Beispiel so, dass ich mit dem Statistischen Amt in Kontakt war, die einem ja, was zum Beispiel ---werbung betrifft, die Einkommensverteilung in der Stadt, also Bevölkerungsdaten [...] liefern, [...] damit ich ---werbung einfach zielgenau streuen kann. Dann haben wir [...] Publikumsbefragungen gemacht und eine sehr genaue Auswertung des Publikums, was dann natürlich auch einfließt [...], wo dann natürlich auch Entscheidungen quasi auch wissenschaftlich unterfüttert sind" (Sprecher kulturelle Einrichtung). Auch in seiner eigenen Organisation gebe es eine Abteilung für „Medienforschung", die er um Rat fragen könne (ebd.). Das von Gibbons et al. (1994) attestierte Konkurrenzverhältnis zwischen Universitäten und anderen Wissensanbietern wird dadurch einmal mehr veranschaulicht. Eine allzu systematische Informationssuche zum Thema Medien und Journalismus findet jedoch bei den *KW-Kritikern* in der Regel (wie bei den *KW-Laien*) nicht statt, wie beispielsweise der Sprecher Stadtratsfraktion #3 klarstellt: „Also wir beobachten die Medienlandschaft schon. Aber wenn man ehrlich ist, verändert sich nicht allzu viel da. Also weil wir einfach in einem so kleinen Bereich tätig sind, was im Endeffekt immer auf die --- Zeitungen rausläuft und eben die genannten Sender. Von daher ist das für uns nicht so wahnsinnig relevant, dass wir darauf reagieren müssten" (ebd.). Auch zu neueren Kanälen wie etwa *Facebook* oder *Twitter* müsse er (Stand 2009) persönlich keine Information einholen, das wäre „für unseren Bereich einfach eine Überbewertung" (ebd.).

Abschließend kann jedoch – wie auch für den ein oder anderen *KW-Laien* – festgehalten werden, dass einzelne Fachbestandteile auch von diesen dem Fach (teilweise sehr) kritisch gesonnenen PR-Praktikern übernommen werden. Im Fall der Lifestyle-PRlerin scheint es dabei tatsächlich so zu sein, dass sie manchen Inhalten der KW gerade dadurch unbewusst zur Praxisrelevanz verhilft, dass diese „als wissenschaftliches unsichtbar w[erden] und im Zuge der Transformation eine andere Identität er[halten]" (Bonß 2003: 43). Konfrontiert mit Begriffen wie Agenda Setting oder Opinion Leader und der Frage, ob diese Konzepte in ihrer Arbeit auftauchen würden, sagt sie: „Das sind genau die Sachen, wo ich sage, die hab ich alle internalisiert. Und die hab ich auch zur Hälfte aus dem Studium. [...] Agenda-Setting, Massenkommunikation et cetera. [...] Opinion Leader, Mindset, Lobby [...] das sind genau die Dinge", die „in jedem Konzept" der PR-Agentur stehen würden (Senior-Beraterin Lifestyle-PR). Der Kunde erwarte sogar, „dass solche Worte drin stehen [...] das sind definitiv, glaub ich, Standards mittlerweile" (ebd.). Themen und Begriffe der KW als Standard in der PR-Welt also – bei gleichzeitiger Geringschätzung des Fachs.

Ähnlich formuliert es der Sprecher der Landtagsfraktion, der sagt, dass Elemente aus seinem Studium „immer Teil des Ganzen" in seiner Arbeit seien, „ohne dass man das jetzt andauernd wissenschaftlich benennt" (Sprecher Landtagsfraktion). Mit Blick auf die oben genannten Konzepte sagt er, dass diese „letztlich [...] natürlich schon Basis [...] vom Großteil der Arbeit" seien – nur eben unbewusst. Seine Kollegin aus einer anderen Fraktion, die dem Fach im Gespräch große Praxisferne attestiert hatte (siehe oben), hat Begriffe wie Agenda Setting oder die Schweigespirale auf einer Fortbildung der *Deutschen Presseakademie* kennengelernt. Sie definiert sich im Gegensatz zu Unternehmenssprechern, die als „Agenda Cutter" bestimmte Themen totschweigen wollen würden, „natürlich eindeutig [als] Agenda Setter" (Sprecherin Landtagsfraktion #2). „Schweigespirale [...], das machen wir auch", meint sie im Hinblick auf eine konkrete politische Diskussion in der Öffentlichkeit, bei der sie und ihre Fraktion dezidiert *nicht* auf eine bestimmte Person eingehen wollten, denn „[d]adurch werte ich ihn [die Person; Anm. d. Verf.] auf. Und dadurch wird er bekannt" (ebd.).

Auch der Sprecher des Automobilkonzerns bestätigt, dass Fachbegriffe wie „Agenda Setting" sich oftmals im beruflichen Alltag wiederfinden würden – genau wie Elemente der „Wirkungsforschung" (Sprecher Automobilkonzern). Hier formuliert er – obwohl er das Fach kritisch sieht – auch eine konkrete Nachfrage nach Inhalten der KW, um im Bild des theoretischen Modells zu bleiben (Stand: 2009, zur Zeit der Schweinegrippe): „Gerade wenn es [...] um die Karriere von Themen geht [...], wenn man da irgendwie den wissenschaftlichen [...] Austausch hätte. [...] [W]ie macht jetzt das Thema Schweinegrippe Karriere? Das ist dann auch etwas, was uns plötzlich überrollt [mit] tausend Anfragen [...] gibt es da Referenzbeispiele [...] können wir davon ausgehen, dass das in einer Woche wieder vom Markt verschwunden ist oder bleibt uns das? Da wäre es natürlich schon ganz interessant, da mal den Austausch zu pflegen" (ebd.). Dieses *potenzielle* Interesse an KW-Wissen erinnert an den Sprecher der Stadtratsfraktion in der Gruppe der *KW-Laien*, der sich dafür interessieren würde, wie Pressemitteilungen von Journalisten aufgenommen und bewertet werden (siehe Kapitel V, 1.1.1).

Alles in allem kann also auch für die *KW-Kritiker* mit Badura (1976) festgehalten werden, dass sie in den Interviews in der Regel kein „wissenschaftstheoretisches Grundlagenwissen" (ebd.: 10) zu erkennen gaben. Wieder ist es eher ein „technisch-formales Wissen" bzw. ein „Faktenwissen" oder „Rezeptwissen" (ebd.), das für die Bewältigung der täglichen Aufgaben als relevant erachtet wird. Jedoch stammt auch dieses Wissen großteils eben nicht aus dem Fundus des von Badura thematisierten wissenschaftlichen Wissens, sondern aus der Praxis. Interessanterweise konnten jedoch einige Bestandteile von „begriffliche[m] Wissen" sowie „theoretische[m] Wissen" (ebd.) bei ihnen nachgewiesen werden (Agenda Setting, Opinion Leader, Schweigespirale), die in manchen Fällen eben doch unbewusst nutzbar gemacht zu werden scheinen – obwohl diese Praktiker dem Fach so kritisch gegenüberstehen.

1.2.2 Implizite Rückschlüsse

Die Einordnung in die Gruppe der *KW-Kritiker* erfolgte jedoch nicht nur auf Basis der expliziten Aussagen zur Relevanz der KW, sondern, wie bei den anderen Gruppen, auch aufgrund impliziter Rückschlüsse – gewonnen durch die Beschreibung der täglichen Routinen und des beruflichen Selbstverständnisses. Auch hier zeichnete sich bei diesen Befragten ab, dass unter ihnen nahezu keinerlei Affinität zur KW besteht. Vielmehr haben sie fast alle ein eher marketingorientiertes Grundverständnis von Öffentlichkeitsarbeit. Beispiele wären die Senior-Beraterin Lifestyle-PR, die sich ständig fragen müsse, wie sie Inhalte am besten „verkauft" (ebd.), oder der Senior-Manager Marken-PR, der von sich und seiner Agentur sagt, sie würden „versuchen, das Marketing besser zu verstehen als die klassischen PR-Leute" (ebd.). Dabei ähneln sie den *KW-Laien*, deren Erfolg in der Arbeit oftmals über reine Clipping-Auszählung gemessen wird. Jedoch ist erkennbar, dass die *Kritiker* noch viel mehr auf den ökonomischen bzw. politischen Nutzen ihrer Tätigkeit für die jeweilige Institution achten (müssen) und daher die Auffassung vertreten, dass der Erfolg ihrer Arbeit klar erkennbar sein muss – und nicht durch eine komplexe Betrachtung der möglichen Wechselwirkungen zwischen unterschiedlichen Teilöffentlichkeiten und Meinungsführern (sprich: durch ein *diversifiziert-reziprokes* PR-Verständnis) gefährdet werden darf. Der Sprecher der Landtagsfraktion sagt, dass er und seine Mitarbeiter „eher dazu da" seien, sich „clevere Sachen auszudenken, wie man die Sachen an den Mann bringt", während er früher, während seiner Zeit in der Agentur, noch stärker strategisch und konzeptionell gearbeitet habe (Sprecher Landtagsfraktion).

Auch seine Kollegin in einer anderen Landtagsfraktion stellt klar, dass der Vorstand die „langfristige Strategie" bestimme, sie und ihre Mitarbeiter „machen halt innerhalb dieser Festlegung Vorschläge, wie das umzusetzen ist" (Sprecherin Landtagsfraktion #2). Dann gehe es darum, konkret zu entscheiden: „[W]as passt zu der Person, womit kann ich ein Thema setzen?", wobei es immer am besten sei, „wenn ich das doch irgendwo anbring[e], wo ich jemanden [in der Redaktion; Anm. d. Verf.] kenn[e]" (ebd.). Im Vergleich zu verschwiegenen Pressestellen von Handelskonzernen seien politische Kommunikatoren wie sie „eher die Schwätzer vom Dienst", alles müsse „irgendwo in den Medienkreislauf reinfließen" (ebd.) – ein klassisches Beispiel für *unidirektionale* PR, wie sie in dieser Arbeit definiert wird.

Genuin wissenschaftliche Methoden bei der Evaluation kommen bei dieser Gruppe der Befragten nicht zum Einsatz – weder Methoden aus dem engeren Kosmos der klassischen KW noch solche des spezialisierten Kommunikations-Controllings. Stattdessen weist der Sprecher des Automobilkonzerns mehrfach darauf hin, dass „Messbarkeit [...] extrem schwierig" sei und dass es in diesem Bereich „jede Menge Leute, die ihr Geld damit verdienen wollen", gebe. Das Thema Evaluation bietet aus seiner Sicht große Risiken: „[D]ann gibt es [...] viele Pressechefs, die den Fehler machen und [...] wenn es einmal positiv ist, rennen sie zum Vorstand und sagen: Ja schau mal her, wie gut ich dich toll verkauft habe und dann plus plus plus, und dann geht es abwärts mit dem Laden und [...] die Presse [ist] dann negativ und dann wird der Pressechef, natürlich genau wie er vorher das Positive auf sich genommen hat, wird er dann irgendwie für das Negative verantwortlich gemacht und deswegen fliegen in solchen Fällen als erstes immer die Pressechefs" (Sprecher Automobilkonzern).

Auch der Sprecher der kulturellen Einrichtung legt keinen großen Wert auf Kommunikations-Controlling: „Man kann es natürlich auswerten [...], sehr viele Medienbeobachtungsagenturen bieten einem da ja auch Tools an, wie man das dann in schönen Statistiken machen kann. Aber wir haben da ja eine relativ überschaubare Präsenz [...]. [D]as kann man ganz gut im Überblick behalten, was da ist. Also das ist ja jetzt keine bundesweite Großkampagne, [...] wo man dann wirklich evaluieren muss, was wie gewirkt hat. Also das heißt, das kann man eigentlich ganz gut durch eigene Beobachtungen in der Form noch in den Griff kriegen" (Sprecher kulturelle Einrichtung). Die Sprecherin der Landtagsfraktion, die Methoden des Kommunikations-Controllings auf einer Fortbildung kennengelernt hat, sagt zwar, dass ein möglicher Einsatz dieser Methoden aktuell von ihr und ihren Kollegen geprüft werde – denn „wir müssen uns schon rechtfertigen" (Sprecherin Landtagsfraktion #2). Doch die Evaluation sei „so ein Riesenaufwand, dass man da, wenn man das wirklich konsequent machen wollte [...]. [D]as ist [...] wahnsinnig teuer" (ebd.). Auch der Sprecher der Landtagsfraktion sagt, dass es „wahnsinnig schwierig" sei, den Erfolg von Kommunikation im Fall einer Wahlkampfkampagne zu messen (Sprecher Landtagsfraktion). Er sei in diesem Bereich aber „echt kein Profi", man müsste sich bei dem Thema „einmal einknipsen" (ebd.). Derzeit würde seine Fraktion einfach auf die „Daily Clicks" auf der Website schauen (ebd.).

Die Senior-Beraterin Lifestyle-PR will sich „über die Bemessbarkeit" ebenfalls nicht auslassen, „weil das ist wirklich ein heiß umstrittenes Thema. Das mach ich, wie der Kund[e] das möchte. Wenn der Kunde sagt, okay, berechnet mir es so und so, oder ich schlag ihm eine Berechnung vor, dann wird ganz klar einfach nur, ja, Anzeige-Äquivalenzwert [...] wenn der Kunde mir das Feedback gibt, dass wirklich der Abverkauf sich erhöht hat, durch die Öffentlichkeit, die ich praktisch über die Produkte gemacht habe, das ist für mich ein direkter Erfolg. Weil der ist für mich direkt messbar" (Senior-Beraterin Lifestyle-PR). Zu ihrem Job in der PR sei sie gekommen, weil sie – nach ursprünglicher Leidenschaft für die Musik – festgestellt habe, dass sie nicht nur künstlerische Inhalte, sondern „alles verkaufen" könne (ebd.). PR sei in ihrer Organisation nicht so eng gefasst, sie könne sich auch „mit Promotion beschäftigen, mit Ideen, mit Eventideen" und „alles", was sie mache, „zielt darauf ab, die Produkte, den Namen, die Idee, die Themen meiner Kunden in die Öffentlichkeit zu bringen. Das ist mein Job" (ebd.). Auf sie trifft exakt das zu, was der Sprecher der kulturellen Einrichtung als Erfolgsdefinition für viele Agenturen formuliert: „Erfolg ist Medienpräsenz. [...] [E]ine PR-Agentur, die [...] monatlich ihre paar hundert Euro kriegt, um damit Medienpräsenz zu verschaffen. Also wenn da irgendwie zwei Monate nichts erscheint oder wenn da nicht gleich irgendetwas passiert, dann ist derjenige, der [...] diese Überweisung tätigen muss, dann relativ schnell sauer" (Sprecher kulturelle Einrichtung). „Erfolg ist natürlich die Präsenz in den Medien", so formuliert es auch der Senior-Manager Marken-PR. Er ist dazu verpflichtet, seine Arbeit für den Kunden greif- und messbar zu machen und diese Kennzahlen und -größen entsprechend stetig zu verbessern: „Evaluiert wird über Clippings", Erfolg habe sich dann eingestellt, „wenn das für unsere Arbeit eingesetzte Geld durch den Ertrag nicht nur [...] neutralisiert wird, sondern [wenn die Kunden; Anm. d. Verf.] durch unsere Arbeit mehr verdienen als ausgeben, dann sind wir erfolgreich. Also ganz klar wirtschaftlich ausgerichtet" (Senior-Manager Marken-PR).

Ein PR-Handeln, das dem *diversifiziert-reziproken* Verständnis der KW unter Berücksichtigung von gesamtgesellschaftlicher Interaktion und wechselseitigen Anpassungsleistungen nahekommt, sucht man in diesen Gesprächen zumeist vergebens. Vielmehr wird PR als ein Kanal begriffen, der neben der Werbung im Marketing-Mix ein weiteres kommunikatives Absatzinstrument für positive Botschaften und Produktpräsentationen sein kann – hier reiht sich die Öffentlichkeitsarbeit „in den Kanon der absatzfördernden Instrumente ein" (Herger 2004: 67; siehe auch Kapitel II, 1.2.1).

Der Sprecher der kulturellen Einrichtung beschreibt seine Arbeit als „Journalistenmassage [...] zu einem großen Teil. [...]. [M]an ist [...] dem ausgeliefert, was einem die Institution als Futter gibt. Also das heißt, man kann ödes Programm nicht schön reden. [...] Marketingsprache, [...] ich gehe mit einem hervorragenden Produkt an die Öffentlichkeit und das heißt, es ist halt einerseits meine Aufgabe, aus dem vorhandenen Programm dann irgendwie Aspekte rauszusuchen, von denen ich glaube, dass die spannend sind. Und dann eben zu wissen, oder mir zu überlegen, wo könnte ich damit auf ein offenes Ohr für die Berichterstattung treffen" (Sprecher kulturelle Einrichtung). Auch der Sprecher der Stadtratsfraktion kommt bei der Beschreibung seiner Tätigkeit sofort darauf zu sprechen, dass die Fraktion „im Sinne einer Pressemitteilung [...] die Möglichkeit [hat], nach außen zu treten, ihre Meinung kundzutun, was, sag ich mal, in den meisten Fällen auch mit Erfolg passiert. Also dahingehend, dass es wirklich abgedruckt wird" (Sprecher Stadtratsfraktion #3). Beispielsweise erzählt er bei der Frage danach, inwieweit bei ihm die nächsten zwölf Monate kommunikativ geplant würden, unter anderem davon, dass seine Fraktion „eigentlich mit zwei, drei Pressemeldungen so dreieinhalb Wochen [lang] in der Presse vorgekommen [oder: präsent gewesen; Anm. d. Verf.]" sei (ebd.). Man mache eben „eine Pressemitteilung, dann gibt es den ersten Journalisten, der ein Foto und die jeweilige Stadträtin vor der --- ablichtet. So was überträgt sich dann, wenn es gut läuft, auch von alleine. Da muss ich dann nicht mehr viel nachmachen" (ebd.). Es gehe um Fragen wie: „[W]ie kommen wir durch die Sommerpause?" (ebd.).

Etwas differenzierter stellt es sich beim Sprecher des Automobilkonzerns dar, der davon spricht, dass sein Unternehmen sich auch organisationsintern auf neue Trends wie Nachhaltigkeit oder die Debatte über Managementgehälter einstellen müsse. Gleichzeitig bestehe sein Job vor allem darin, Themen zum „Markt" (ebenfalls *fokussiertes* Verständnis von Öffentlichkeit) zu „tragen" und „Themen, die interessant sind", zu identifizieren und „aktiv" zu „verkauf[en]" – „da braucht dann kein Journalist drauf kommen" (*unidirektionales* Verständnis) (Sprecher Automobilkonzern). Zudem müsse er oftmals auch Themen in der Berichterstattung *verhindern* – „Themen [...] wo uns lieber ist, wenn nichts in der Zeitung darüber steht, als wenn da irgendwie jeden Tag [...] groß drüber berichtet wird [...] die versuche ich dann eben, bei Nachfragen [...] kleinzuhalten" (ebd.). Diese Tätigkeiten sind zweifellos Bestandteil der täglichen PR-Arbeit der meisten Unternehmenssprecher. Jedoch führte die Intensität des Platzierens (bzw. ‚Verkaufens') von ausschließlich positiven Botschaften am ‚Markt' bei gleichzeitiger Zurückweisung von negativen Themen bei dieser Gruppe der Befragten zu einer Typologisierung als eher *fokussiert* und *unidirektional* agierende PR-Praktiker und somit (unter zusätzlicher Berücksichtigung der expliziten Aussagen zur Relevanz der KW) zu einer Einordnung als *KW-Kritiker* mit einem tendenziell Marketing- und nicht KW-orientierten Verständnis von PR.

Doch auch diese marketingorienterte Sichtweise der *KW-Kritiker* wird in keinem der Gespräche wirklich explizit theoretisch begründet. Vielmehr werden die für die eigene Arbeit nötigen Kniffe und Mechanismen häufig in Formeln gepackt, die man am besten als typische „Alltags- und Anwendungstheorien der PR-Praktiker, auch ‚How-to-do-Theorien'" (Femers 2009: 206) bezeichnen könnte. Exemplarisch sei an dieser Stelle nur die Aussage des Marken-PRlers zitiert: „[W]ir orientieren uns sehr stark an den Bedürfnissen der Medien und da gelten [...] eigentlich ganz einfache Regeln. Das ist einmal, die first five seconds, der Kioskeffekt" (Senior-Manager Marken-PR).

1.2.3 Einflussfaktoren

Der offensichtlichste Einflussfaktor dafür, dass jemand zu einem *Kritiker* der KW werden kann, ist, dass er sie überhaupt kennengelernt hat. Dazu muss er das Fach entweder (zumindest im Nebenfach) studiert bzw. Absolventen kennengelernt haben oder anderweitig mit ihm in Kontakt gekommen sein. Unter den sieben in dieser Arbeit als *KW-Kritiker* typologisierten PRlern befindet sich ein gelernter Journalist, der das Studium von Jura, Politik und Anglistik abgebrochen hat und der das Fach vor allem durch zahlreiche Neueinsteiger in seiner Firma kennengelernt hat. Die „Medienkompetenz" dieser KW-Alumni ist aus seiner Sicht „erschreckend" (Senior-Manager Marken-PR). Darüber hinaus befinden sich in dieser Gruppe ein klassischer KW-Absolvent (Sprecher Automobilkonzern), eine Kulturwissenschaftsabsolventin – teilweise mit KW-Inhalten (Senior-Beraterin Lifestyle-PR)[185] –, der Absolvent eines englischen Studiengangs für Mass Communication und Politics inklusive Grundstudium Medien- und Kommunikationswissenschaft in Deutschland (Sprecher Landtagsfraktion), ein Musikwissenschaftler, der das Publizistikstudium in Berlin nach drei Wochen abgebrochen hat (Sprecher kulturelle Einrichtung), ein Theaterwissenschaftler – mit einigen wenigen besuchten KW-Veranstaltungen (Sprecher Stadtratsfraktion #3) – sowie eine studierte Historikerin und Anglistin mit zusätzlicher Volontariatsausbildung, die das Fach über ihre frühere Mitbewohnerin kennengelernt hat (Sprecherin Landtagsfraktion #2).

Man könnte, analog zu den *KW-Laien*, die Vermutung aufstellen, dass auch unter den *Kritikern* wieder viele ‚PR-Techniker' sind, für die theoreti-

---

[185] Das kulturwissenschaftliche Studium der Lifestyle-PR-Beraterin existiert in dieser Form heute nicht mehr, jedoch betont sie, dass sie „Kommunikationswissenschaften letztendlich studiert" habe, „auch wenn's anders heißt" und „[a]bsolut geisteswissenschaftlich" gewesen sei (Senior-Beraterin Lifestyle-PR). Sozialwissenschaftliche Methoden seien nicht Teil des Curriculums gewesen, jedoch hätte sie sich unter anderem mit Habermas und dem PR-Ansatz von Ronneberger/Rühl auseinandergesetzt (vgl. ebd.).

sche Grundlagen *aus* oder anderweitige Kontakte *mit* der KW auch deswegen irrelevant sind, weil sie im Rahmen ihrer operativen Tätigkeiten weniger über spezifisches Wissen als vielmehr über technische *Fähigkeiten* und *Fertigkeiten* verfügen müssen (für die Diskussion dieses Einflussfaktors bei den *Laien* siehe Kapitel V, 1.1.3). Diese Behauptung ist jedoch im Fall der *Kritiker* nicht haltbar. Einzig der Sprecher der Landtagsfraktion betont, dass er während seiner Agenturzeit eher an Inhalten gearbeitet habe, sich nun aber „die Abgeordneten, der Vorstand" die Strategie ausdenken würden – er müsse diese dann medial vermarkten (Sprecher Landtagsfraktion). Damals habe er sich „viel stärker inhaltlich mit solchen Sachen beschäftigt. Wir waren immer drei, vier Mann, haben uns dann in irgendein Thema reingegraben. Hier hast du halt die ganzen Fachreferenten" (ebd.). Die anderen *KW-Kritiker* sind jedoch alles andere als Berufsanfänger oder ausführende Organe. Vielmehr sind die beiden Agenturmitarbeiter klassische ‚PR-Manager' und auch die anderen vier PRler dieser Gruppe sind ‚alte Hasen'. Auch wenn die Senior-Beraterin Lifestyle-PR täglich viel mit Journalisten telefoniert und Produkte an den Mann bringen muss – ihr Tag besteht weniger aus dem (technischen) Erstellen von Dokumenten, sondern vor allem aus „Organisation, Timing, Absprachen, Abstimmungen" (Senior-Beraterin Lifestyle-PR).[186] Auch der Senior-Manager Marken-PR beschäftigt sich vor allem mit „Geschäftsentwicklung", „Kundenentwicklung" und „Kundenbindung" (Senior-Manager Marken-PR).

Nun könnte man die Vermutung anstellen, dass es vielleicht gerade *ältere* PRler sind, die dem Fach kritisch gegenüberstehen. Möglicherweise sind sie zu einer Zeit mit dem Fach in Berührung gekommen, als es noch weniger arriviert war und die PR einen geringeren Stellenwert als heute im Curriculum hatte. Dem steht jedoch entgegen, dass die Senior-Beraterin Lifestyle-PR noch verhältnismäßig jung ist und der Senior-Manager Marken-PR ständig frischgebackene KW-Absolventen kennenlernt, die mit dem neueren Wissensfundus des Faches ausgestattet sind. Und schließlich befinden sich unter den drei *KW-Verfechtern*, die im nächsten Kapitel analysiert werden, ebenfalls ausschließlich erfahrene Öffentlichkeitsarbeiter (sowie ‚PR-Manager', weshalb auch in dieser Eigenschaft kein Einflussfaktor zur Ausbildung von gegenüber der KW *kritischem* Denken gesehen werden kann).

---

[186] Dennoch würde „Texten" immerhin noch rund 20 Prozent ihres täglichen Zeitbudgets ausmachen (Senior-Beraterin Lifestyle PR).

Was den PR-Sektor als möglichen Einflussfaktor betrifft, so lässt sich festhalten, dass die *KW-Kritiker* in dieser Stichprobe quer durch alle Felder vertreten sind: Sie sitzen in Agenturen, in einem Konzern, in der Politik und in einer öffentlichen Einrichtung. Es ist also unwahrscheinlich, dass der jeweilige Organisationstypus bzw. Sektor entscheidenden Einfluss darauf hat, wer der KW kritisch gegenübersteht. Jedoch kann mit Blick auf die Typologisierung aller Interviews festgehalten werden, dass die meisten Sprecher von Stadt- und Landtagsfraktionen (fünf von sechs) entweder als *KW-Kritiker* oder *KW-Laien* eingeordnet wurden. Man könnte die These aufstellen, dass im politischen Bereich ein Einstellungskriterium vor allem in der Parteizugehörigkeit (bzw. -affinität) liegt und dass zusätzliche Eignungskriterien, wie beispielsweise eine KW-Expertise (sei sie durch ein Studium angeeignet oder über andere Wege), eine geringere Rolle spielen. Beispielsweise meint der Sprecher Stadtratsfraktion #3, dass „eine Verbindung mit der Partei [...] unerlässlich" sei – das sei „unbedingt" notwendig, da gehe „gar kein Weg dran vorbei" (ebd.). Man müsse „die Empfindlichkeiten kennen, man muss auch die Fähigkeiten und die Vorzüge von Parteifunktionären und -gliederungen kennen. Und die Vernetzungen" (ebd.). Ausdrücklich weist er dabei drauf hin, dass man „das [nicht] studieren kann, sondern man muss sich emotional damit verbunden fühlen, man muss wissen, wie die Zusammenhänge da sind" (ebd.).

Manchmal scheinen bei den ‚Politikern' auch die Mittel für Fortbildungen zu fehlen, die eventuell bestimmte Fachinhalte der KW in einen praxisaffineren Kontext packen könnten: „[D]as Geld haben wir nicht [...]. [E]in Konzern sagt: Ja freilich gehst du da hin [zu Kommunikationskonferenzen/Seminaren etc.; Anm. d. Verf.]. Und die Frage ist auch nach dem Nutzwert: Also wir informieren uns grundsätzlich schon, was unsere Möglichkeiten sind. Das ist immer die Frage, auch eine Frage des Geldes, was eine Firma, in dem Fall eine Fraktion, an eigenem Geld zur Verfügung hat. Das ist nicht gerade die Welt, ja, weil das Geld muss ja irgendwo herkommen. Kommt natürlich nur über das, was unsere Fraktionsmitglieder an freiwilligen Abgaben dem Betrieb der Fraktion zur Verfügung stellen. Und das ist nicht viel. Deswegen sind wir quasi hier darauf angewiesen, uns selber drüber schlau zu machen" (ebd.). Dies trifft jedoch nicht auf alle politischen Sprecher zu – beispielsweise geht der Sprecher der Landtagsfraktion auf Kongresse, wo er mehr oder minder zufällig auf neue Themen stößt, sich mit neuen Technologien vertraut macht und mit

Kollegen vernetzt (jedoch existiere bei ihnen „kein Wissensmanagement in dem Sinne"; Sprecher Landtagsfraktion). Auch die Sprecherin Landtagsfraktion #2 besucht Veranstaltungen der *DEPAK* und kommt dort sogar mit Inhalten (aus dem Umfeld) der KW in Kontakt. Und schließlich befindet sich in der Gruppe der *KW-Verfechter* ebenfalls eine Fraktionssprecherin, die an Fortbildungen teilnimmt und daher nicht von ihrer Organisation in der Wissensaneignung beschränkt wird (Kapitel V, 1.3).

Zusammenfassend lässt sich also an dieser Stelle festhalten, dass der wohl wichtigste Einflussfaktor der eigene Kontakt mit dem Fach ist, dessen negativer Charakter zu keinem Zeitpunkt entscheidend durch einen sich nachträglich herausstellenden Nutzen (durch einen Bedarf nach solchem Wissen im PR-Alltag) relativiert werden konnte. Schlechte Erfahrungen mit der KW und ihren Studenten/Absolventen haben die in dieser Gruppe versammelten PRler zu *Kritikern* des Fachs werden lassen. Die Position innerhalb der jeweiligen Organisation (und damit die Unterscheidung zwischen Technikern und Managern), das Alter oder der PR-Sektor bzw. der Organisationstyp scheinen hingegen nicht entscheidend zu sein. Unter Rückbezug auf das theoretische Modell dieser Arbeit könnte man sagen, dass die in diesem Kapitel dargestellten *KW-Kritiker* ähnlich den *KW-Laien* eher passiv auf dem *Markt des Wissens im Bereich Kommunikation* sind. Sie fragen das Wissen für PR in den meisten Fällen nicht gezielt nach und managen dieses auch nicht systematisch, sie handeln oftmals nach Praktiker- oder Alltagsregeln und definieren den eigenen Erfolg (teilweise gezwungenermaßen) anhand von ökonomisch geprägten Marketinggrößen (erhöhter Absatz etc.; Beispiel Senior-Beraterin Lifestyle-PR). Es ist größtenteils uninteressant für sie, das eigene Handeln theoretisch zu durchleuchten (eine gewisse Ausnahme stellt hier Sprecherin Landtagsfraktion #2 dar, die gerne von sich als einer „Agenda Setter[in]" spricht; ebd.), und auch sonst lassen sich keine positiven ‚Mitnahmeeffekte' durch die partielle Anwendung von bereits erlangtem KW-Wissen erzielen. Auf der ‚aktiven' Seite ihres Marktverhaltens kann jedoch verbucht werden, dass manche von ihnen Kommunikationsfortbildungen und -kongresse aufsuchen (z.B. Sprecher Landtagsfraktion, Sprecherin Landtagsfraktion #2) oder auch selbst als Anbieter von Wissen aktiv werden – in Form von Lehraufträgen, die ihnen selbst Prestige verleihen können. Letzteres betrifft jedoch nur den Senior-Manager Marken-PR, der im Folgenden als Fallbeispiel Nummer zwei vorgestellt werden soll.

1.2.4 Zwei Fallbeispiele

Ein klassischer Vertreter der *Kritiker*-Fraktion ist der zwischen 40 und 50 Jahre alte Sprecher der kulturellen Einrichtung. Wie bereits oben erwähnt, hat er das Studium der Publizistik in Berlin enttäuscht abgebrochen und daraufhin Musik studiert. Diese negative Erfahrung prägt ihn in seiner persönlichen Einstellung gegenüber KW bis heute – gerade weil er auch danach nicht mit Situationen konfrontiert wurde, wo ihm eine theoretische Ausbildung für Kommunikation (zumindest aus seiner Perspektive) im Nachhinein Nutzen hätte stiften können: „Es mag Bereiche geben, wo das seine Existenzberechtigung hat", doch es gebe für PR „Nachschlagewerke, wo ich nachschauen kann, wer Ansprechpartner bei einer Zeitung ist: Ich kann die Auflage einer Zeitung nachschauen. Ich kann mich nach dem Redaktionsschluss erkundigen. All diese technischen Dinge kann man lernen. Was man nicht lernen kann, ist einfach die Liebe und die Glaubwürdigkeit und die Authentizität, wie man die Sachen rüberbringt" (Sprecher kulturelle Einrichtung).

Am meisten gestört hätte ihn bei seinem Ausflug in die Publizistik die „Ahnungslosigkeit und die Naivität der Leute, die da saßen. In allererster Linie, also was mir da unglaublich aufgestoßen ist, dass man sich beklagt hat, was die *Bild*-Zeitung doch für ein schlimmes Blatt wäre und so weiter. [...] [D]as war mir einfach zu naiv und zu wohlmeinend. Also wie es halt häufig ist in Fächern, wo man nicht wirklich eine Ahnung haben muss. Gibt ja diesen schönen Ausdruck der Laberfächer" (ebd.). An dieser Stelle zeigt sich natürlich auch noch einmal, dass es schwierig ist, die Relevanz *der* KW zu untersuchen. Denn ein publizistisches Studium im Berlin der 1970er oder 1980er Jahre muss nicht unbedingt sehr viel mit den heutigen Inhalten zu tun haben. Auf die Frage, was im Gegensatz zu einem KW-Studium die bessere Ausbildung für den Beruf des PR-Praktikers wäre, antwortet er: „Man kann es [...] unterschiedlich angehen. [...] Man kann irgendwie BWL studiert haben oder was auch immer, was alles seine Vor- und Nachteile hat. [I]st aber insgesamt nicht wirklich höhere Mathematik, die ganze Angelegenheit" (ebd.). Wichtiger als die theoretische Reflexion öffentlicher Meinung seien in seinem Alltag operative Fragestellungen: „Also das fängt [...] bei technischen Banalitäten an, wie Anfangszeiten, Vorverkaufszeiten, wie Preisgestaltung und so weiter alles. [...] Ganz, ganz enorm wichtige Geschichte ist Terminplanung. [...]

Weil es ja sinnlos ist, dass irgendein spannendes künstlerisches Programm scheitert, weil dann ein Brückentag ist" (ebd.).

Erfolg lässt sich aus seiner Sicht hauptsächlich an der Medienresonanz ablesen: „Wenn ich heute Morgen irgendwie im Focus blättere [...] und denke nichts Böses und ich [...] stoße dann hinten auf eine halbe Seite, wo die Themen der nächsten Woche angekündigt sind. Und diese halbe Seite besteht aus einem Foto, auf dem unser --- drauf ist und wo eine Reportage angekündigt wird, eine sechsseitige [...], dann würde ich sagen, ist es ein eher guter Tag" (ebd.).[187] Es geht für ihn in seiner täglichen Arbeit darum, gute mediale Platzierungen zu erreichen, und diese Platzierungen beruhen auf guter Planung: „Man kann die unterschiedlichen Medien sich [...] anschauen, wo man gerne rein möchte. Also ob es jetzt Fernsehen ist, Magazine oder Tageszeitungen, irgendwelche Internetgeschichten, da kann man sich einfach einen Plan machen, wo man da rein möchte" (ebd.). Wichtig sei es in seinem Job deswegen, „die unterschiedlichen Vorlaufzeiten der unterschiedlichen Medien drauf[zu]haben, dass halt einfach bestimmte Magazine einen erheblich längeren Vorlauf haben als Tageszeitungen" (ebd.). Daher benötige er für seine Arbeit praktisches Wissen, das er aus seiner Berufserfahrung gewinne und welches ihm dabei helfe, die Veranstaltungen seiner Institution gut zu bewerben und dadurch auch zum ökonomischen Erfolg beizutragen.

Wenn er doch einmal zusätzliches Wissen im Bereich Kommunikation benötigt, dann bezieht er dieses von Praktikerkollegen oder (sonstigen) außeruniversitären Wissensproduzenten: „Wir haben [...] ein Netzwerk von Kollegen, [...] deutschsprachiger Raum [...]. Das heißt, man findet eigentlich immer jemanden, der einem eine konkrete Hilfestellung geben kann. [...] Und die andere Sache ist, dass man natürlich auch über die Institution, in der man tätig ist, Möglichkeiten hat, wissenschaftliche Methoden [...] anzuzapfen" (ebd.). Zwar wäre er generell einer Anregung aus der Wissenschaft gegenüber nicht abgeneigt, um nicht ständig Gefahr zu laufen, nur „im eigenen Saft" zu schmoren (ebd.). Doch wann immer er in sporadischem Kontakt mit der Forscherwelt stehe („ab und zu rufen

---

[187] Gleichzeitig betont der Interviewpartner jedoch auch, dass PR-Agenturen deutlich stärker zur Schaffung von Medienpräsenz verpflichtet seien. Bei ihm gelte auch der Satz: „It takes years to become an overnight success" – das heißt, es werde durchaus von den höheren Ebenen bei ihm im Haus verstanden, dass einer guten Berichterstattung auch ‚unsichtbare' Arbeit vorausgeht (Sprecher kulturelle Einrichtung).

ja irgendwelche Wissenschaftler an") – bei ihm dominiere dabei das Gefühl, „dass das Rad einfach schon erfunden wurde und dass wir's jetzt nicht noch mal erfinden müssen. Also das heißt, [...] die Fragestellungen [...] es sind zu 95 Prozent einfach wirklich immer die gleichen" (ebd.).

Ein anderer interessanter Fall ist der Senior-Manager einer großen deutschen Agentur mit dem Schwerpunkt Marken-PR. Er ist bereits seit knapp 15 Jahren in der Branche tätig. Das Studium von Jura, Politologie und Anglistik brach er zugunsten eines journalistischen Einstiegs bei einem Magazin ab. Heute konzentriert er sich hauptsächlich auf die Geschäfts- und Kundenentwicklung – er ist also ein PR-Manager, kein Techniker.

An seinem Beispiel lässt sich gut illustrieren, wie PR-Praktiker allgemein (nicht nur *KW-Kritiker*) komplexe Sachverhalte mithilfe von Heuristiken (oder: auf Erfahrungswissen basierenden Daumenregeln) kundengerecht vereinfachen und dadurch eine Nachfrage nach wissenschaftlich-differenziertem Wissen zu Kommunikation obsolet erscheinen lassen: „[W]ir orientieren uns sehr stark an den Bedürfnissen der Medien und da gelten [...] eigentlich ganz einfache Regeln. Das ist einmal, die first five seconds, der Kioskeffekt". Auf die Frage, woher der Begriff „Five-Seconds-Regel" komme bzw. woher er sie kenne, entgegnet er, das sei einfach das „Business" (Senior-Manager Marken-PR). Ähnlich klingt seine Handlungsempfehlung für unter Druck geratene Kunden: „[I]m Kern gibt es drei Optionen in solchen Fällen, [...] die [...] sind relativ einfach darzustellen. Das ist einmal: Halt ich still und duck mich weg? Die zweite Option ist: Reagier' ich? Und die dritte Option ist: Agier' ich?" (ebd.). Dabei komme es immer auf den jeweiligen Fall an. Es gebe schließlich auch Kunden, die niemals bestimmte Fakten oder Zahlen an die Öffentlichkeit geben würden.

„Kommunikationswissenschaftler" würden sich in seiner Agentur „alle erschrocken die Augen wischen [...], bei uns werden sie schon sehr, sehr früh an Konzepte rangesetzt. [...] [D]ie wirtschaftlichen Zwänge, die teilweise dahinter [hinter dem Geschäft; Anm. d. Verf.] stehen, um so zu agieren, ich glaube nicht, dass das großen Einfluss hat [Einfluss auf das Curriculum des KW-Studiums; Anm. d. Verf.]. [...] [I]ch muss immer erschrocken feststellen, dass zum Beispiel die Medienkompetenz der Absolventen, wir haben exzellente Absolventen hier, erschreckend ist" (ebd.). Praktisch relevante Dinge, wie etwa was ein „Journalistenfeiertag" sei, wären ihnen nicht bekannt. Aus seiner Berufserfahrung heraus könne er sagen, dass die „Qualifikation bei Kommunikationswissenschaftlern [beim Jobeinstieg; Anm. d. Verf.] [...] stark hinterfragt wird" – zunächst müsse daher noch einmal ein Praktikum oder Traineeship absolviert werden. Einen unmittelbaren Übergang vom Studium in den Job gebe es bei ihm nicht, denn „die Lücken sind einfach so über alle Maßen groß" (ebd.). Er beobachte bei den KW-Absolventen Schwachstellen bei „Medienkompetenz" sowie „Unternehmenskompetenz" (sprich: „die Denkungsart von Unternehmern") (ebd.). Es sei „ein bisschen so wie mit des Kaisers neuen Kleidern [...], von denen man in der akademischen Ausbildung nicht unbedingt weiß, wie rum man sie trägt [...]. Wir haben da wirklich ein großes Problem, [dass] das Thema Zielorientierung von Kommunikation nicht wirklich gelehrt wird" (ebd.).

Doch trotz dieser Kritik an der KW im Allgemeinen ist er durchaus geneigt, seine eigene Kompetenz im Bereich Kommunikation durch Lehraufträge an wissenschaftlichen Einrichtungen zu unterstreichen – zumal er selbst keinen Studienabschluss hat: Er arbeite mit dem Marketinglehrstuhl einer deutschen Universität zusammen, sei Gastdozent an einer Business School und Fachdozent an einer Fachhochschule für Unternehmenskommunikation und Journalistik. Darüber hinaus sei er PR-Dozent an einer Designakademie. Eine klassische KW-Einrichtung ist jedoch nicht unter diesen Lehrangeboten. Dennoch wird er, im Sinne des theoretischen Modells, hier als Produzent bzw. Distributor von Wissen aktiv, es handele sich bei seinem akademischen Engagement eher um „ein Geben denn ein Nehmen" – denn seine Organisation, wie auch er persönlich, würden selber nichts aktiv aus der Wissenschaft für ihren Job nutzen, es gebe „relativ wenig wissenschaftlichen Austausch, eigentlich gar keinen" (ebd.).

Auf die Frage, wie Erfolg in der PR messbar sei, antwortet er: „[E]s gibt da einen Leitsatz: Wenn das für unsere Arbeit eingesetzte Geld durch den Ertrag [...] nicht nur neutralisiert wird, sondern [die Kunden] durch unsere Arbeiten mehr verdienen als ausgeben, dann sind wir erfolgreich. Also ganz klar wirtschaftlich ausgerichtet" (ebd.). Sein Unternehmen habe eigene Instrumente entwickelt, um die „Blackbox PR schlicht und einfach anfassbarer machen" (ebd.). Dieses methodisch-empirische Konzept trage einen eigenen, geschützten Namen und folge einem klaren Ablauf: „[W]ir gucken uns an, was hat der Kunde in einem definierten Zeitraum in der Vergangenheit rausgesendet. Und in einem weiteren

Schritt gibt es dann ein sogenanntes Multiplikatorenaudit [...]. [I]n der Regel sind es die Medien, die wir dann befragen. Es können aber auch andere Multiplikatoren sein. Also Leute, die in der Lage sind, mehrere Menschen mit ihrer Meinung zu versorgen und somit auch Impulse zu steuern. Die werden [...] nach einem ganz [...] ausgeklügelten Fragesystem [...] interviewt, inwiefern das Thema oder der Komplex, der uns vom Kunden vorgegeben wird, wie wird der aktuell [wahrgenommen; Anm. d. Verf.], das ist wie 'ne Nullmessung" (ebd.). Zu Beginn seien er und sein Team dafür von der Marktforschungsabteilung „ziemlich verlacht" worden, „mittlerweile setzen sie diese Methode selbst ein und zahlen uns dafür, dass wir das machen" (ebd.). Diese Entwicklung von Praktikerinstrumenten zur Erfolgsmessung in der PR stützt einmal mehr die im Theorieteil postulierte Konkurrenz zwischen universitären und nichtuniversitären Wissensproduzenten in bestimmten Bereichen der PR.

1.3 *KW-Verfechter*

1.3.1 Explizite Aussagen

Die letzte Gruppe dieser Typologie stellt schließlich diejenige der *KW-Verfechter* dar. Damit sind die PR-Praktiker gemeint, die das von der KW hervor- und in Umlauf gebrachte Wissen zu Kommunikation, öffentlicher Meinung und Öffentlichkeitsarbeit als nützlich für ihre Arbeit erachten und die darüber hinaus auch einige implizite Rückschlüsse dahingehend zulassen, dass diese Relevanz besteht. In der Wissensgesellschaft, so hatten Bosch/Renn (2003) festgehalten, dringt wissenschaftliches Wissen „in nahezu alle Gesellschafts- und Lebensbereiche ein und wird zum gestaltenden Faktor in zahlreichen Praxiskontexten. Wissenschaftliches Wissen ist in gesellschaftlichen Institutionen – in transformierter, anwendbarer Form – in vielerlei Hinsicht verfügbar: als Idee, als theoretisches Konzept zur Deutung von Natur und Gesellschaft, als Methode und als spezifisch umgrenztes Fachwissen" (ebd.: 53; siehe auch Kapitel I). In den Interviews mit den *Verfechtern* entstand der Eindruck, dass diese Prozesse auch für die KW gelten können. Sie liefern Belege für die Relevanz des Fachs in ihrem persönlichen Arbeitsalltag – auch wenn sie es an der ein oder anderen Stelle kritisieren. Der Nutzen überwiegt aus ihrer

Sicht, sie fragen das Wissen der KW teilweise explizit nach und verwenden es für unterschiedliche Zwecke. Jedoch handelt es sich bei den *Verfechtern* mit lediglich drei von 16 PR-Praktikern um die kleinste Gruppe der Primäranalyse.

Dabei ist der Kommunikationschef eines deutschen Technologieunternehmens noch derjenige unter ihnen mit der geringsten Überzeugung, dass die KW eine Relevanz für seine Tätigkeit besitzt. In seinem Magisterstudium der KW Ende der 1980er, Anfang der 1990er Jahre habe er den Schwerpunkt „Kommunikationspraxis" gewählt – und die dort angebotenen Inhalte fand er in der Tat „einfach sehr praxisnah" (Kommunikationschef Technologieunternehmen). Dabei seien auch externe Leute für praktische Übungen ins Institut gekommen. Sein Fazit zur KW fällt daher im Rückblick wohlwollend aus, es sei „nicht nur theoretischer Ballast" gewesen (ebd.). Stattdessen hätten die Studierenden „richtig auch was zum Wissen" erhalten, etwa „wie Journalismus funktioniert, welche Instrumente es im Rahmen der PR gibt" (ebd.). Neben gesundem Menschenverstand und der Fähigkeit, Strategien in allgemeinverständliche Worte zu übersetzen, nennt er dabei auch „Kenntnis über die Medienlandschaft" (ebd.) als relevantes Wissensgebiet für seine tägliche PR-Arbeit.

Jedoch kann man diese Aussagen wohl nicht als ein aktives ‚Nachfragen' nach dem von der KW zur Verfügung gestellten Wissen interpretieren – auch nicht, wenn man die Erinnerung an Inhalte des eigenen Studiums als einen solchen Nachfrageprozess interpretiert. Hinzu kommt, dass er sein noch sehr auf die Printmedien fokussiertes KW-Studienwissen mittlerweile als „Old Economy" betrachtet – und sich die von ihm geführte Kommunikationsabteilung das Wissen über die neuen Medien (Social Media) eher von technikbegeisterten Mitarbeitern holt („[d]ann gibt's 'ne Kollegin, die einfach [...] aus persönlichem Interesse heraus sehr viele Onlinemedien nutzt, privat"; ebd.). Wenn er seine Mitarbeiter zu Fortbildungen schicke, dann zur *Deutschen Presseakademie*.[188] Wissensmanagement in Form eines ‚Wikis' (intranetbasiertes Tool für die Mitarbeiter) gebe es für den Bereich Kommunikation nicht. Es existiere eine Zusammenarbeit mit einer Hochschule im Bereich Kommunikation – jedoch

---

[188] Die *DEPAK* wird, wie bereits bei anderen Interviewbeispielen erwähnt, mehrfach als wichtige Aus- bzw. Fortbildungsinstitution für PR-Praktiker genannt – sowohl von *KW-Kritikern* als auch von *Laien* und *Verfechtern*.

gehe es dabei um die Erstellung eines ‚Imagefilms', bei der eine Fachhochschule für Mediengestaltung unterstütze (vgl. ebd.).

Die Namen Ansgar Zerfaß und Günter Bentele sagen ihm zwar etwas, jedoch hat er offensichtlich keine Publikationen des dortigen Instituts rezipiert oder anderweitige Kontakte (und sei es durch die Einstellung von Leipziger Absolventen) aufgebaut.[189] Studien habe er sich aktiv von keinem kommunikationswissenschaftlichen Institut für seine Arbeit besorgt, Fachbegriffe wie Agenda Setting oder Opinion Leader kämen sporadisch zum Einsatz – jedoch immer durch die Brille der Praxis betrachtet und „[m]it Sicherheit nicht" in Form einer theoretischen Herangehensweise (ebd.). Auch seien sein Nebenfachstudium der Markt- und Werbepsychologie und die darin behandelten Fragen etwa zum „Direktmarketing [...] eigentlich noch praxisnäher" (ebd.) als sein damaliges Hauptfach gewesen. Heute würde er KW, der er eine „recht passabl[e]" Praxisrelevanz attestiert, wohl eher im Nebenfach studieren (ebd.).

Die beiden anderen PR-Praktiker jedoch, die ebenfalls als *Verfechter* typologisiert wurden, sind von den Fachinhalten sehr überzeugt und fragen diese im Rahmen ihrer Beschäftigung aktiv nach. Einer der beiden ist Managing Partner einer großen deutschen PR-Agentur und hat im Hauptfach Philosophie studiert. Er antwortet auf die Frage, welches Wissen für seinen Beruf wichtig sei, dass es vor allem auf das Wissen zu Organisationen ankomme – dies vor dem Hintergrund, dass seine Kunden in eben diesen Organisationen mit all ihren Zwängen, Routinen und sonstigen Eigenheiten säßen. Anschließend nennt er Fächer wie die Soziologie, die Psychologie, BWL und VWL, um dann jedoch gezielt auf die KW zu sprechen zu kommen: „[D]a sind wir dann natürlich relativ schnell bei der Kommunikationswissenschaft [...] in so [einem] menschenorientierten Sinne, also wo sehr viel über Personalkommunikation läuft, also in der internen Kommunikation. [...] Und auch, [...] dass ich schon wissen muss, wie Medien funktionieren. [...] Verständnis von Medien, klassische [...] Massenmedien in der Gesellschaft. Aber auch [...] mediale Systeme, Intranet oder Mitarbeiter [...] muss ich schon auch alles verstehen" (Managing Partner PR-Agentur). Wichtig sei ihm in diesem Zusammenhang, vor allem Themen wie „Gruppendynamik" und inter-

---

[189] Die entsprechenden Interviewantworten fehlen in der Aufnahmedatei und im Interviewtranskript zwar aufgrund von technischen Problemen, wurden jedoch vom Interviewer schriftlich festgehalten.

personale Kommunikation zu verstehen (ebd.). Doch auch die PR-Forschung mit ihren bekanntesten Vertretern besitzt für ihn eine hohe Relevanz: „Leipzig, Bentele und Zerfaß. Mit dem Programm. Und den Themen, die die da machen, ist einfach ein Highlight und eine göttliche Segnung [...] hervorragend, ja. [...] [E]infach vom Zuschnitt und von den Möglichkeiten, die die haben. Und dass sie das weiter vorantreiben, find' ich sehr vorbildlich und sehr, sehr wichtig. Das wird aber auch [...] bei unseren Kunden schon [...] so [...] gesehen" (ebd.).

Sein Interesse an den Fachinhalten der KW insgesamt – nicht nur der Leipziger PR-Forschung – geht sogar so weit, dass er sich als geschäftsführender Partner der Agentur Zeit zur Recherche nach interessanten Abschlussarbeiten nimmt: „[I]ch versuche, mich auf dem Laufenden zu halten, indem ich einfach auch gucke, was bestimme Lehrstühle so machen und was für Abschlussarbeiten sie betreuen. [...] [Der] [T]ransfer-Newsletter [...] gibt einem dann schon ein ganz gutes Bild [...], dann seh' ich natürlich tatsächlich, dass ganz viel[e] inhaltsanalytische Auswertungen laufen und [...] wie sind bestimmte Themen in [den] Medien präsent und [wie] nicht" (ebd.).[190] Auf die etwas ungläubige Nachfrage des Interviewers, ob er denn wirklich neben der Alltagshektik den *DGPuK*-Newsletter für studentische Abschlussarbeiten durchsehe, entgegnet der Nicht-KW-Absolvent: „Also ich mach' das so [...] das ist ja wichtig für die Hygiene, dass man das einfach mal aufmerksam liest [...]. Und dann so drei, ich find meistens so drei Sachen, die ich dann so ankreuze, und dann versuch' ich die Arbeiten zu bekommen" (ebd.). Er würde „einmal pro Semester" schauen, was die für ihn „wesentlichen" Lehrstühle machen (ebd.). Weitere Details zu seiner Auseinandersetzung mit dem Fach werden im Fallbeispiel weiter unten genannt (siehe Kapitel V, 1.3.4). An dieser Stelle kann jedoch bereits festgehalten werden, dass dieser PR-Praktiker definitiv als *KW-Verfechter* bezeichnet werden kann, der offensichtlich auch aktiv Wissen zu Kommunikation nachfragt – und dabei die KW als relevanten Wissensproduzenten erachtet.

---

[190] In ihrer inhaltsanalytischen Auswertung von über 1.000 Abstracts zu Abschlussarbeiten, die zwischen 1999 und 2008 in *Transfer* veröffentlicht wurden, konstatieren Schweiger et al. (2009), dass „die Urheber öffentlicher Kommunikation (Journalisten und PR-Schaffende), ihre Aussagen bzw. Medieninhalte, die Nutzung bzw. Rezeption von Medien sowie ihre Wirkungen" am häufigsten behandelt wurden (ebd.: 549).

Das trifft auch auf die Sprecherin Landtagsfraktion #1 zu, die selbst Geschichte studiert hat.[191] Auf ihrem Bürotisch liegen mehrere Bücher zum Thema Kommunikation und Öffentlichkeitsarbeit: „Markus Rhomberg[192], Politische Kommunikation [...]. Das hier kann ich auch jedem empfehlen, Claudia Mast, Unternehmenskommunikation" (Sprecherin Landtagsfraktion #1). Aus ihrer Sicht sind „überhaupt die Publikationen von der Universität Hohenheim [...] in der Regel gut", genau wie die Forschung „von Professor Bentele" (ebd.). Zwar könnte man den Verdacht äußern, dass die genannten Bücher während des Interviews auf dem Tisch lagen und extra erwähnt wurden, um den Interviewer im Sinne einer eigenen PR-Maßnahme zu beeindrucken und für sich zu gewinnen.[193] Dies ist möglich – fest steht jedoch, dass die Bücher benutzt aussahen und von der Interviewpartnerin definitiv gelesen worden waren: „Also ich bemühe mich, es durchzulesen. [...] [I]ch schau' mir nur die Inhaltsverzeichnisse an, was ist jetzt für meine Arbeit momentan interessant. Wenn ich da jetzt nehme: Wie verarbeiten Bürger politische Information? Das ist doch eigentlich das A und O. Was, warum, selbst wenn ich ihnen was schicke, warum kommt es nicht an? Also ist ein Begriff immer noch nicht da, wo er sein soll?" (ebd.).

Sie vertritt im Gespräch eindeutig die Auffassung, dass ihr Forschungsergebnisse aus der KW in ihrer täglichen Arbeit helfen können. Die Kommunikationsreferenten seien gefordert, den politischen Wahlkampfprozess gezielt zu unterstützen: „[D]a ist schon die Frage für alle Referenten hier, das ist 'ne inhaltliche Sache, aber das ist auch 'ne Kommunikationsaufgabe. Wie erreiche ich Menschen? [...] [W]ie erreiche ich zum Beispiel die Jugend? [...] [D]a müssen wir dran. [...] [W]elche Nutzung von Jugendlichen, Onlineforen, wie das funktioniert ... was, ob das Protestparteien sind. Wie kommen wir an die ran?" (ebd.). Dabei beschäftige sie sich auch mit theoretischen Modellen – ebenfalls mit ganz praktischen Absichten: „Ich schau's mir schon an, einfach um mir selber das Leben

---

[191] Streng genommen ist diese Interviewte keine Sprecherin, sondern die leitende Referentin für Öffentlichkeitsarbeit innerhalb der Fraktion. Jedoch landen Presseanfragen in zweiter Instanz auch bei ihr, teilweise überlappen die Aufgaben auch. Nachdem sie eine ähnliche Position bekleidet wie die anderen Befragten der Stadt- und Landtagsfraktionen, wird sie hier ebenfalls als ‚Sprecherin' bezeichnet. Das Gleiche gilt für den ‚Sprecher' der Landtagsfraktion, der Referent für Kommunikation ist.
[192] Juniorprofessor für Politische Kommunikation an der *Zeppelin-Universität*
[193] Siehe hierzu auch den entsprechenden Methodenhinweis in Kapitel IV, 6.1.

zu erleichtern. [...] Braucht man dann schon. [W]eil ich auch selber Vorträge halte zum Thema Pressearbeit, Öffentlichkeitsarbeit, dann erleichtert das das schon. Also, jemand anders zu erklären, was man meint" (ebd.).

Auf die Frage, ob sie mit dieser Theorie- und Forschungsaffinität eine Exotin in einem hauptsächlich von *KW-Laien* und *-Kritikern* dominierten PR-Feld sei, entgegnet sie: „Das ist 'ne wahnsinnige Professionalisierung in dem Bereich. [...] [I]ch glaub' früher ist man einfach Pressesprecher irgendwie geworden. Es gab kei[n] [...] Berufsziel oder so was. Wir haben sehr viel[e] Kollegen, [...] die [...] Kommunikationswissenschaft mit irgendeinem Fachbereich studiert haben" (ebd.). Kurz: Professionalisierung des PR-Sektors bedeutet für sie auch: ein zusehends von Absolventen der KW bevölkertes Arbeitsumfeld. Auf Fortbildungen gehe sie unter anderem, um Antworten auf Fragen der folgenden Art zu finden: „Agenda Setting und ... ja, diese cross-medialen Geschichten, wie mach' ich das? Also wie funktioniert integrierte Kommunikation, was gibt's da für Best-Practice-Beispiele?" (ebd.). Auch ihr Fallbeispiel wird weiter unten noch vertieft dargestellt werden.

In diesen teilweise sehr positiven Äußerungen gegenüber dem Fach (‚göttliche Segnung', ‚das A und O') könnte man Belege für die These sehen, dass auch eine Sozialwissenschaft wie die KW zur strategischen Ressource für manche Gebiete der Wissensgesellschaft werden kann. In Anbetracht der aktiv nach Fachinhalten suchenden *Verfechter* (*Transfer*-Newsletter, Literatur aus Hohenheim und Leipzig) könnte man eine Illustration für die von Badura (1976) attestierte „Selbstperpetuierung der Nachfrage nach sozialwissenschaftlichen Experten und sozialwissenschaftlichem Wissen" (ebd.: 8) sehen. Möchte man abschließend noch einmal auf die von ihm unterschiedenen Bestandteile wissenschaftlichen Wissens zu sprechen kommen, so könnte bei dieser Gruppe der Befragten im Vergleich zu den *KW-Kritikern* und *-Laien* ein höherer Grad an „theoretische[m] Wissen" sowie „wissenschaftstheoretische[m] Grundlagenwissen" (ebd.: 10) vermutet werden. Dazu muss jedoch noch ein detaillierter Blick auf zwei dieser drei PR-Praktiker geworden werden – nach Sichtung der impliziten Rückschlüsse, die ebenfalls zur Klassifizierung als *KW-Verfechter* beitrugen.

1.3.2 Implizite Rückschlüsse

Auch *bestimmte* implizite Rückschlüsse aus den Arbeitsroutinen und dem Grundverständnis dieser PR-Praktiker führten dazu, dass sie als *KW-Verfechter* typologisiert wurden. Die Betonung liegt deswegen auf ‚bestimmte', weil es falsch wäre zu behaupten, dass diese PRler ein grundsätzlich anderes Verständnis für ihren Beruf an den Tag legten oder dass sie gänzlich andere Routinen hätten als die *Laien* oder die *Kritiker*. Dem ist nicht so – auch die *Verfechter* stehen in einem Arbeitsverhältnis mit ihrer Organisation und auch ihre Hauptaufgabe besteht darin, ‚gute Öffentlichkeitsarbeit' für diese Organisation oder ihre Kunden zu machen, was häufig bedeutet: vor allem positive Artikel generieren, dafür sorgen, dass Botschaften im Sinne eines *unidirektionalen* PR-Verständnisses Wirkung bei den als wichtig erachteten Zielgruppen im Sinne eines ebenso *fokussierten* PR-Verständnisses hinterlassen. Die Arbeit des Managing Partners in der PR-Agentur wird durch seine Kunden bewertet, die Sprecherin der Landtagsfraktion muss die vielen Fraktionsmitglieder (und allen voran die Fraktionsführung) davon überzeugen, dass sie gute Arbeit abliefert – was vor allem dann der Fall sein dürfte, wenn bei der nächsten Wahl die oben erwähnten Jungwähler für die eigene Partei stimmen und diese erfolgreich *unidirektional* mit Botschaften bearbeitet worden sind. Auch der Kommunikationschef des Technologieunternehmens muss auf die Präferenzen seines Vorstandsvorsitzenden achten, „der sehr großen Wert auf interne Kommunikation legt" (Kommunikationschef Technologieunternehmen). Er sieht seine Aufgabe vor allem darin, den Markenauftritt zu unterstützen, was stark an die Einordnung der PR ins Marketing erinnert (siehe Kapitel II, 1.2.1). Kurz: Nicht alle Zeichen deuten in dieselbe Richtung.

Der Grund jedoch, warum diese drei PR-Praktiker als *Verfechter* typologisiert wurden und andere nicht (trotz der ein oder anderen positiven Aussage zum Fach oder einem zumindest potenziellen Interesse an ausgewählten Fachinhalten; siehe Kapitel V, 1.1.1 und 1.2.1), liegt neben der positiven Bewertung des Fachs und der aktiven Nachfrage nach bestimmten Inhalten auch darin, dass zumindest zwei von ihnen Bestandteile eines teilweise *auch diversifzierten* und *reziproken* PR-Verständnisses zu erkennen gaben. Sie scheinen sich in einem bestimmten Maß mehr Gedanken über Meinungsbildungsprozesse zu machen und Öffentlichkeitsarbeit weniger durch die ‚Marketingbrille' zu betrachten. Die positiven Aussagen zum Fach sind sicherlich *der* entscheidende Punkt gewesen, weshalb diese Praktiker zu *KW-Verfechtern* erklärt wurden – doch ihre Alltagsroutinen und ihr PR-Verständnis deuten an manchen Stellen ebenfalls in Richtung KW-Affinität. Am deutlichsten zeigt sich das bei der Frage nach Erfolg in der PR. Diesen sieht der Managing Partner der PR-Agentur dann gegeben, wenn es einem „Unternehmen gelingt, ohne große Verzögerung, ohne größere Widerstände [eine] unternehmerische Strategie um- und durchzusetzen. Sowohl nach außen hin, in der Akzeptanz, also am Markt, dem Wettbewerb gegenüber als auch Richtung ... Akzeptanz finden für diese Strategie und damit irgendwie auch so die [...] Zulassung, dass man das tun kann [...] [i]n gesellschaftlichen Institutionen [...] ganz genauso, [...] dass ich genügend Leute habe, die hinter dieser Strategie stehen. [...] [U]m dieses Ziel zu erreichen, ist Kommunikation in verschiedenen Formen erforderlich. [...] [O]hne große Irritationen, mit hoher Anschlussfähigkeit und so weiter. Also das sind alles so harmonische Vorstellungen" (Managing Partner PR-Agentur).

Diese Verhinderung von Widerständen bei den für die Organisation relevanten Teilöffentlichkeiten durch akzeptanzorientierte Öffentlichkeitsarbeit mit ihren ‚harmonischen Vorstellungen' erinnert stark an die von Femers (2009) diagnostizierte „Dialog- und Verständigungseuphorie der 1980er Jahre" (ebd.: 208) und somit an das Verständnis exzellenter PR nach Grunig et al. (2002): „building relationships – managing independence – is the essence of public relations. Good relationships make organizations more effective because they allow organizations more freedom to achieve their missions. [...] Good relationships between organizations and their publics are two-way and symmetrical – that is, the relationships balance the interests of the organization with the interests of publics on which the organization has consequences and that have consequences on the organization" (ebd.: 11). Sie erinnert auch an Burkarts (1995) Definition von verständigungsorientierter Öffentlichkeitsarbeit, deren Ziel ein „hergestelltes Einverständnis zwischen dem Auftraggeber und den relevanten Teilöffentlichkeiten" ist, welches wiederum „die Basis gemeinsamen (von beiden Teilen akzeptierten) Handelns" ist (ebd.: 75). Und schließlich fallen auch Parallelen zum PR-Verständnis Günter Benteles auf, der im Begriff „öffentliches Vertrauen" das Klima eines Organisationsumfeldes sieht, welches „organisationale Handlungsspielräume bestimme" (in: Szyszka 2008b: 169).[194]

Dass diese Herstellung öffentlichen Vertrauens (oder der ‚Akzeptanz', wie es der PR-Praktiker hier bezeichnet) nicht mithilfe einer rein *unidirektional* ausgelegten PR-Strategie erreicht werden kann, blitzt in einigen Gesprächen mit den *Verfechtern* immer wieder auf. Manche von ihnen sind der Auffassung, dass eine *fokussiert-unidirektionale* Sichtweise von relativ wenig Kenntnis von der Funktionsweise des Journalismus zeugt: „‚[W]ie kommt man in die Medien?' [...] Da gibt's dann oft auch sehr ... ja, sehr falsche Vorstellungen, schlicht und ergreifend. Von den Arbeitsprozessen und von den Arbeitsbedingungen auf Medienseite [...]. [D]ass man eben auch Medienberichterstattung stärker steuern kann. [...] [Ein] Unternehmen versucht ja in der Regel immer, die Meinung sehr stark zu kontrollieren. Intern wie extern. Und das ist in den seltensten Fällen so eins zu eins möglich" (Kommunikationschef Technologieunternehmen).

Am wenigsten ist jedoch ein wirklich *diversifziert-reziprokes* PR-Verständnis bei der Sprecherin Landtagsfraktion #1 zu erkennen, die in einem fast schon *fokussierten* PR-Vorgehen über einzelne Zielgruppen nachdenkt: „Wie erreiche ich Menschen? [...] [W]ie erreiche ich zum Beispiel die Jugend? [...] Wie kommen wir an die ran?" (Sprecherin Landtagsfraktion #1). Zwar muss sie, um alle Wähler zu erreichen, am Ende doch wieder *diversifiziert* an diese Aufgabe herangehen – doch ihre Arbeit besteht zu großen Teilen schlicht und einfach im Versand von ausschließlich positiven Botschaften: „[W]ir überlegen schon genau, wem wir was schicken" (ebd.). Es existierten „Auswertungen [...] von verschiedenen Medien [...]. Aber auch von unseren eigenen Sachen. Also, wir wissen schon, wer uns liest. Das machen wir schon, das fragen wir auch regelmäßig ab. [...] [A]lso wir sammeln auch, wer sich auf unserer Homepage anklickt und wem wir das dann schicken können. [...] [W]enn wir Newsletter rausschicken, [...] dann wissen wir auch, wer was liest. [...] [W]ir haben Fachverteiler. Lehrer, Verwaltungsangestellte, Bürgermeister, solche Sachen, ja. Also denen schicken wir schon konkrete G[e]schichten" (ebd.).

---

[194] Gleichzeitig müssen jedoch auch die Formulierung „Akzeptanz finden für diese Strategie" sowie der Hinweis auf den „Markt" in den Äußerungen des Managing Partners der PR-Agentur gesehen werden – Hinweise auf ein möglicherweise doch auch *unidirektionales* und *fokussiertes* PR-Verständnis. Die Frage in diesem Kontext ist, wie viel eigene Veränderungsbereitschaft der jeweils betreute Kunde in einen Dialog mitbringen würde.

1.3.3 Einflussfaktoren

Was hat nun dazu geführt, dass diese drei PR-Praktiker die KW als relevanter erachten und häufiger aktiv nachfragen als die anderen Interviewpartner? Wieso ‚lohnt' sich ein solches Verhalten in ihrem täglichen Arbeitsumfeld oder wieso ist es zumindest möglich, es zu zeigen – auch wenn dabei am Ende nicht zusätzlich immer auch ein sehr KW-affines PR-Verständnis steht (siehe Kapitel V, 1.3.2)? Besonders positive Erinnerungen an das eigene Studium können es nicht (alleine) sein – in der Gruppe der *KW-Verfechter* befindet sich nur ein KW-Absolvent (Kommunikationschef Technologieunternehmen), gemeinsam mit einer Historikerin (Sprecherin Landtagsfraktion #1) und einem Philosophen (Managing Partner PR-Agentur).

Eine Diskussion des dichotom ausgeprägten Einflussfaktors Geschlecht erscheint abermals wenig sinnvoll, zudem sind beide Geschlechter vertreten. Das Alter hingegen könnte eine gewisse Relevanz haben. Unter den drei *KW-Verfechtern* sind keine ganz jungen PR-Praktiker mehr – zwei von ihnen sind älter als 40.[195] Auch haben sie bereits alle eine relativ gehobene Position mit Personalverantwortung inne, können also eher als ‚PR-Manager' und nicht als ‚Techniker' bezeichnet werden.[196] Man könnte daher die These aufstellen, dass PR-Praktiker, die sich nicht mehr täglich mit technisch-operativen Tätigkeiten beschäftigen müssen, mehr Zeit haben, um sich neue Denkanregungen für die Ausübung ihres Jobs zu suchen (Beispiele: *Transfer*-Newsletter und Inhaltsverzeichnisse von KW-Büchern nach Nützlichem für die eigene Arbeit durchsuchen). Diese These ist jedoch nicht zuletzt deswegen mit Vorsicht zu genießen, weil das Sample insgesamt überdurchschnittlich viele PR-Praktiker in etwas

---

[195] Der Managing Partner der PR-Agentur hatte sein Alter nicht angegeben (siehe *Tabelle 6*), hier handelt es sich um eine Schätzung unter Miteinbeziehung der online über ihn einholbaren Informationen.

[196] Dies bedeutet nicht, dass diese PR-Praktiker nicht auch mit technischen Aufgaben beschäftigt sind. Beispielsweise gibt der Kommunikationschef des Technologieunternehmens an, dass er sich zwar auf Wunsch des Vorstandsvorsitzenden intensiv mit dem Thema der internen Kommunikation auseinandersetze und Führungskräfteinformation sowie Mitarbeiterführung – sprich: Managerthemen – wichtig für ihn seien. Gleichzeitig lege er aber bei bestimmten PR-Mitteilungen „auch noch selbst Hand an" (Kommunikationschef Technologieunternehmen). Auch die Sprecherin Landtagsfraktion #1 muss sich zusätzlich um operative Themen wie Versandaktionen und Dokumentenproduktion kümmern.

gehobeneren Positionen und keinen einzigen PRler unter 30 Jahren beinhaltet (siehe Kapitel IV, 4).

Sollte jedoch am Einflussfaktor Position/Manager-Rolle etwas dran sein, dann ist auch klar, dass diese Entbindung von technischen Tätigkeiten mit einer veränderten Erwartungshaltung der jeweiligen Organisation in Bezug auf die strategischen Leistungen dieser PR-Praktiker einhergehen dürfte. Von ihnen dürfte erwartet werden, dass sie – dank der größeren zeitlichen Kapazitäten – über das tägliche Geschäft, die aktuelle Aufgabe hinausdenken und Empfehlungen aussprechen können. So stellt der Managing Partner der PR-Agentur gleich zu Beginn des Gesprächs klar, dass bei ihm PR-Praxis „Beratungspraxis" bedeute (Managing Partner PR-Agentur). Dafür sei eine Affinität zu wissenschaftlichem Denken, wie er sie im Rahmen seiner Ausbildung erhalten habe, „relevant" (ebd.): „[I]st natürlich wichtig, dass man [einen] gewissen Zugriff auf Themen [in] akademischer Art und Weise gelernt hat, weil die Kunden, die ich berate, haben so [einen] ähnlichen Background [...], [e]her auch so akademisch" (ebd.). In diesem Kontext scheint ihm auch ein etwas abstrakterer Umgang mit Fragen dazu behilflich zu sein, wie öffentliche Meinung entsteht und Reputation gewahrt werden kann: Er müsse verstehen, wie „Reputation aufgebaut, verändert, gestützt und zerstört" werden könne, und bei diesem Prozess wirkten „in der öffentlichen Arena immer Medien mit" (ebd.). Um beraten zu können, müsse er verstehen, „wie [dieses] Wechselspiel da aussieht" (ebd.). Seine Agentur suche aktiv die „Kooperationen mit wissenschaftlichen Einrichtungen" und würde es sich zum Ziel setzen, „an Wissensfortschritten teil zu haben" (ebd.).[197]

Die Leipziger PR-Wissenschaft lobt er in den höchsten Tönen (siehe Kapitel V, 1.3.1), und dies werde auch von seinen „Kunden schon [...] so [...] gesehen" (ebd.) – sprich: von den zu beratenden Klienten. „Also [...] ich berate --- in verschiedenen Fragen, da ist das schon wichtig, [...] Themen wie Messbarkeit, [...] Scorecardsysteme für Kommunikationsmanagement [...]. Und ich persönlich find's sehr richtig, sehr, sehr wichtig" (ebd.). Zu einem gewissen Grad ziehe er wissenschaftliche Institutionen als Informationslieferant für seine Beratungspraxis anderen Wissensproduzenten vor, denn „wir sind schon gute Berater, [...] wir arbeiten aus

---

[197] Diese *Interaktion mit* – und nicht bloße *Rezeption* – der Wissenschaft erinnert stark an die beispielsweise von Gibbons et al. (1994) diagnostizierte Koproduktion von Wissen in der heutigen Zeit (siehe Kapitel III, 2.3.2).

[einer] abgesicherten, überprüfbaren Datenbasis, die wir letztendlich nicht irgendwie selber erhoben haben, sondern das machen dann mal die Spezialisten. Wir interpretieren die Daten dann aber auch gemeinsam mit Forschern und dann leiten wir was draus ab. Und versuchen dann, die Ableitung halbwegs transparent zu machen" (ebd.).

Daher könnte – nicht zuletzt auch mit Blick auf die selbstständige PR-Beraterin (siehe Kapitel V, 1.1.4) – folgende These formuliert werden: Ein *KW-Verfechter* wird man als PR-Praktiker möglicherweise eher dann, wenn man sich (gezwungenermaßen oder freiwillig) als *Berater* gegenüber Organisationsführung oder dem Kunden definiert und damit von einer (teilweise auch etwas abstrakteren) Expertise im Bereich Kommunikation profitiert. Damit ist nicht gemeint, dass PR-Beratungen per se eine höhere Wahrscheinlichkeit haben, *KW-Verfechter* in ihren Reihen zu haben oder zu deren ‚Entstehung' beizutragen. Denn auch viele Agenturmitarbeiter definieren sich aus diversen Gründen gerne als *Berater*, obwohl sie bei genauerer Betrachtung rein operative PR-Aufgaben für ihre Kunden übernehmen. Szyszka et al. (2009) weisen beispielsweise darauf hin, „[d]ass [...] der Begriff des PR-Beraters, der auffällig häufig gerade bei von uns als solchen deklarierten Einzelberatungen und Kleinagenturen zum Einsatz kam, in seiner Verbindlichkeit kritisch zu hinterfragen" sei (ebd.: 317).

Ein *Berater*, so wird hier stattdessen argumentiert, kann vielmehr auch die Sprecherin in der Landtagsfraktion sein, die eigentlich kaum mit den Medien spricht, sondern vor allem Strategien dafür entwickeln soll, wie junge Wählerschichten im nächsten Wahlkampf erreicht werden können. Die Fraktionsführung oder einzelne Mitglieder der Fraktion erwarten von ihr, dass sie fundierte Einsichten und Ratschläge unterbreiten kann („dass ich den Abgeordneten erklären kann, warum das nicht mehr so ist, dass da dann ein Abgeordneter steht und da ein Journalist und der macht eins zu eins das, was man ihm sagt"; siehe ihr Fallbeispiel in Kapitel V, 1.3.4), und die KW dient hier als Wissensquelle. Ein *Berater* kann dieser Sichtweise zufolge auch der Kommunikationschef des Technologieunternehmens sein, der in einer Stabsstelle direkt dem Vorstand angegliedert ist (Kommunikationschef Technologieunternehmen). Dabei kann die KW *ein* Lieferant von Grundverständnis zu öffentlicher Meinungsbildung sein, der ihm bei der Entwicklung von Argumentationen hilft.

Diese selektive Nutzung wissenschaftlichen Wissens für bestimmte Anliegen deckt sich mit der Argumentation Ronges (1989), dem zufolge diese

Interaktion in Praxiskontexten nicht entlang eines „Push"-, sondern eines „Pull"-Modells zu verstehen ist, in dem die Praktiker sich der Wissenschaft zur Erreichung bestimmter Ziele bedienen (ebd.: 333): „Es ist [...] der einzelne Mitarbeiter, der in seiner Funktion und Person sozusagen den ‚Verwendungszusammenhang' herstellt und die Transformation leistet. Dementsprechend muß sich das Interesse der Verwendungsforschung [...] auf die *Berufsrolle*" sowie auf die „(nicht einheitliche, sondern individuell variierende) Übernahme und Ausgestaltung durch die Individuen richten" (ebd.: 344f.; kursive Hervorhebung im Original; Anm. d. Verf.; siehe auch Kapitel III, 2.3.1). Mit Blick auf die in dieser Arbeit als *KW-Verfechter* typologisierten PR-Praktiker könnte man mit Ronges Worten argumentieren, dass die KW vor allem „aufklärenden" und „fachlichen" Nutzen (Beispiel: die Landtagssprecherin, die auf der Suche nach der Mediennutzung von Jugendlichen ist, um Fraktionsführung und Fraktionsmitglieder *beraten* zu können) sowie „legitimatorischen" Nutzen (Beispiel: der Managing Partner der PR-Agentur, der seine Expertise vor dem Kunden präsentieren muss) für PR-Praktiker in der Berufsrolle des *Beraters* stiften kann.

Es gibt jedoch – ganz abgesehen von der Tatsache, dass die 16 Interviews der Primäranalyse noch keinen ausreichenden qualitativen Datensatz für eine abschließende Schlussfolgerung darstellen – auch ein starkes Gegenargument für diese These: Auch unter den als *Laien* und *Kritiker* bezeichneten Interviewpartnern befindet sich der ein oder andere *Berater* – beispielsweise die Senior-Beraterin für Lifestyle-PR und der Senior-Manager Marken-PR, um nur die beiden Agenturmitarbeiter zu nennen. Wenn also die Selbstdefinition als *Berater* dafür verantwortlich ist, dass jemand der KW mehr Relevanz beimisst, warum wurden diese Praktiker nicht auch zu *KW-Verfechtern*? Auch ist mit Blick auf die Studie von Bentele et al. (2009) kritisch festzuhalten, dass „[m]ehr als die Hälfte der Befragten [PR-Praktiker aus ganz Deutschland; Anm. d. Verf.] [...] eine *Beratungsfunktion* gegenüber der Organisationsleitung inne [hat]" (ebd.: 176; kursive Hervorhebung im Original; Anm. d. Verf.). Vor diesem Hintergrund wäre es abwegig zu behaupten, dass *Berater* automatisch zu *Verfechtern* des Fachs werden. Dann müsste sich die Hälfte der PRler in Deutschland für die KW interessieren, was nachweislich nicht der Fall ist.

Es muss also noch zusätzliche, individuelle Faktoren geben, die dazu beigetragen haben, dass vor allem die Landtagssprecherin und der Managing Partner der PR-Agentur ein großes Interesse für KW entwickelt haben. Möglicherweise, so eine weitere These, liegt es daran, dass sie beide ‚akademische Typen' sind, die der Wissenschaft generell eine große Relevanz zuschreiben und die universitär hervorgebrachtes Wissen einfach mehr schätzen als viele ihrer Kollegen. Wer sich für ein Studium der Philosophie oder der Geschichte entscheidet, der verspürt (positiv formuliert) vielleicht prinzipiell mehr Lust an der wissenschaftlichen Unterfütterung der eigenen Arbeit. Diese – nennen wir sie hier vereinfacht *Schöngeister* – haben gegebenenfalls eine höhere Motivation, sich mit KW-Autoren zu beschäftigen und der eigenen Arbeit eine Art akademisches Gütesiegel zu verleihen. Negativ formuliert könnte man die Vermutung aufstellen, dass PR-Praktiker (1) in einflussreichen Positionen, (2) ohne einschlägige Vorbildung bei (3) gleichzeitig hohem Beratungsaufwand gezwungen sind, sich nach (Argumentations-)Hilfen für die Beratungspraxis umzusehen – wobei von manchen eben auch die KW dankend angenommen wird. Bei der Sprecherin der Landtagsfraktion kommt zusätzlich die Besonderheit hinzu, dass ihre Fraktion die Mitarbeiter „regelmäßig" auf Fortbildungen schickt. Auch würden alle Mitarbeiter der Pressestelle „die ganzen Fachzeitschriften" lesen und auf Kongresse für Pressesprecher gehen (Sprecherin Landtagsfraktion #1). In diesem Umfeld, so könnte man vermuten, ist die Wahrscheinlichkeit einfach höher, mit Inhalten der KW in Kontakt zu kommen und sich diesen gegenüber auch aufgeschlossen zu zeigen. Eine einfache Verbindung zwischen (beispielsweise) *DEPAK*-Besuchern und KW-affinen PRlern zu sehen, wäre hingegen falsch – schließlich waren auch unter den *Kritikern* und *Laien* zahlreiche Teilnehmer von solchen Kursen bzw. Veranstaltungen (siehe Kapitel V, 1.1 und 1.2).

Welche weiteren individuellen Faktoren jedoch noch zusätzlich zur Ausprägung der KW-Affinität verantwortlich sind, kann an dieser Stelle nicht beantwortet werden – dazu hätte der Leitfaden noch mehr persönliche Details zu den interviewten Personen abfragen müssen. Daher bleibt zunächst einmal die Arbeitsthese am Ende dieses ersten Ergebnisteils stehen: Wer sich als *Berater* für Öffentlichkeitsarbeit definiert (und diese Rolle auch tatsächlich jeden Tag wahrnimmt), ein gewisses Level in der Organisation erreicht hat, nicht permanent mit operativ-technischen Aufgaben eingebunden ist, wer die eigene Arbeit rechtfertigen muss und ohnehin eine gewisse Nähe zur Wissenschaft verspürt, der kann eher zum *KW-Verfechter* werden als andere PR-Praktiker – auch wenn er das Fach selbst nie studiert hat.

1.3.4 Zwei Fallbeispiele

An dieser Stelle sollen die Fallbeispiele des Managing Partners in der PR-Agentur und der Landtagssprecherin noch einmal weiter ausgeführt werden. Der Managing Partner, geschätzt auf über 40 Jahre, verfügt über einen Magister in Philosophie, Literatur- sowie Theater-, Film- und Fernsehwissenschaften. Zum Zeitpunkt des Interviews war er seit zehn Jahren bei seinem Unternehmen und hatte davor andere Stationen in PR und Journalismus absolviert. Auf die Frage, wie wichtig seine Ausbildung für das sei, was er heute macht, sagt er: „Ja, es spielt schon 'ne ziemlich große Rolle", vor allem weil er sich weniger mit Themen wie etwa „Geschichte der Philosophie", sondern eher mit „Sozialphilosophie oder Philosophie mit Anspruch auf soziologische, empirische Erkenntnisse im Frankfurter-Schule-Sinne" auseinandergesetzt habe (Managing Partner PR-Agentur). Dort habe er sich auch mit „Fragen der Identität, mit Fragen der Kommunikation, mit Fragen des kommunikativen Handelns" beschäftigt (ebd.). Genau wie die Zeit im Journalismus, so habe ihm beispielsweise auch sein theaterwissenschaftliches Studium geholfen: „Theaterwissenschaften und Praxiserfahrung, weil Dramaturgie, das hilft natürlich schon auch, weil Inszenierung [...] dramatische Texte, das hilft" (ebd.). Bereits an dieser Stelle wird also deutlich, dass er nicht nur der KW eine gewisse Relevanz für seinen Beruf zuschreibt, sondern auch anderen Wissenschaften.[198]

Neben der aus seiner Sicht großen Bedeutung des Wissens zu Organisationen erachtet er auch Wissen zu Prozessen der Kommunikation als einen zentralen Teil seiner beruflichen Kompetenz (siehe Kapitel V, 1.3.1). In diesem Zusammenhang erwähnt er sowohl die KW im Allgemeinen als auch die PR-Forschung im Besonderen (vgl. ebd.). An seinen Erläuterungen zu den begrifflichen Unterschieden zwischen PR, Organisations- und Unternehmenskommunikation wird erkennbar, dass er sein Berufsfeld aus einer differenzierten, teilweise fast wissenschaftlichen Perspektive betrachtet: „Das kann man jetzt PR nennen oder, wir nennen's natürlich gerne Kommunikationsmanagement [...] Unternehmenskom-

---

[198] Eine fast identische Selbstbeschreibung formuliert der Sprecher Stadtratsfraktion #3, der ebenfalls Theaterwissenschaft studiert hat (siehe Kapitel V, 1.2.1). An dieser Stelle muss immer im Hinterkopf behalten werden, dass Sätze wie diese sicherlich über die Jahre zum Standardrepertoire für die Rechtfertigung des eigenen Lebens- und Studienwegs geworden sind. Ob die ‚Inszenierung' von PR-Events tatsächlich von einem Studium der Theaterwissenschaft profitiert, könnte eine eigene Dissertation füllen.

munikation. Ich würd' eher sagen, Organisationskommunikation [...]. Und Public Relations ist nicht so der richtige Begriff, aber [...] bezeichnet ja eher auch die Branche" (ebd.).

Die Relevanz der KW konkretisiert er, als sich das Interview um das agenturinterne Wissensmanagement mithilfe eines ‚Wiki' dreht. In seiner PR-Beratung werde der Versuch unternommen, sich „ein bisschen systematischer mit dem Thema zu beschäftigen" und sicherzustellen, dass die Mitarbeiter die „Ergebnisse von Forschung auch zur Kenntnis nehmen und die [...] verbreiten" (ebd.). Auf die Frage, ob sich in diesem Wissensmanagementsystem auch Studien der KW finden würden, entgegnet er: „Ja unbedingt [...] sind relativ viele drinnen, sogar. [...] Promotion über Einsatz von Wikis oder Social Media in Change, Studie von der Universität Hohenheim war das mal. [Illustriert das typische Vorgehen im Fall einer für ihn interessanten Publikation; Anm. d. Verf.:] Ja, aha, hier ist 'ne Studie, da die Pressemitteilung dazu. Wir versuchen dann auch [...] Kontakt aufzu[bauen]" (ebd.). Seine Firma hätte auch ein „kleines Forschungsinstitut, [eine] Kooperation [...] [m]itbegründet" (ebd.). Zum einen gebe es eine „Vernetzung" mit „soziologisch aufgeklärte[n] Publizisten, die in Zürich sitzen" und die sich „um Issue Management sehr verdient gemacht haben und die über lange Zeitreihen eben Dynamiken in der öffentlichen Arena untersuchen. Das ist der eine Lehrstuhl, Forschungsinstitut Öffentlichkeit und Gesellschaft der Uni Zürich", die eine „Spezialisierung auf Reputation" vorzuweisen hätten (ebd.). Darüber hinaus existiere eine Zusammenarbeit mit den Betriebswirten der Universität München (vgl. ebd.). Auf seine hohe Meinung vom Leipziger Kommunikationsmanagement ist bereits oben eingegangen worden, genau wie auf seine Angewohnheit, mithilfe des *Transfer*-Newsletters Ausschau nach interessanten Studien zu halten (siehe Kapitel V, 1.3.1).

Die KW ist dabei für ihn „mindestens zweigeteilt" (Managing Partner PR-Agentur): „Weil ich sehe so 'ne Kommunikationswissenschaft, die sehr zeitungswissenschafts- und publizistikorientiert ist. [...] Und dann gibt's eben so [einen] zweiten Strang von Kommunikationswissenschaften, der stärker auf Public Relations, Öffentlichkeitsarbeit, Kommunikationsmanagement hinausgeht" (ebd.). Dennoch zeigt er sich gegenüber dem Fach insgesamt aufgeschlossen – wie auch schon der Hinweis auf die Züricher KW-Vertreter gezeigt hat. Auch seine Organisation suche die Nähe zur Wissenschaft: „Das zweite Einfallstor [für die Interaktion mit der Wissenschaft; Anm. d. Verf.] ist Kooperation mit Hochschulen: [W]ir führen so [ein] Projekt mit der Zeppelin University, [...] Lehrstuhl [...] für [...] strategische Kommunikation. [...] Und dann haben wir gesagt, [...] wir begeben uns mal [...] in die akademische Umgebung und rekrutieren uns ein, zwei Themen, die uns sehr interessieren mit Forschern, die schon auch [einen] Blick für die Praxis haben. [...] Gespräch und [...] Austausch, wir versuchen mal das jetzt zum Ritual, einmal pro Jahr, [zu] machen. [...] [D]er nächste Schritt ist dann, dass wir [...] dann versuchen, [...] mal was zusammen zu machen" (ebd.). Dazu würden beispielweise Fortbildungen für Kunden gehören („executive education"; ebd.). Hier wird offensichtlich, dass wissenschaftliches Engagement seitens der Organisation stets in einem ökonomischen Kontext steht – und dass der von Gibbons et al. (1994) skizzierte *Mode 2* manchmal auch in der PR-Landschaft Realität zu sein scheint (siehe Kapitel III, 2.3.2).

Bei der Erforschung von Medientrends zieht er – ganz im Sinne des Wettbewerbs von Wissensinstitutionen – die universitäre KW sogar privatwirtschaftlichen Dienstleistern bei bestimmten Themen vor. Er benötige „valide, empirische Daten", gegebenenfalls eine „wissenschaftliche Institution. [...] [E]in renommiertes Institut, [...] oder sonst was, die mir ihre Methodik offenlegen und die ausgebildete Forscher bei sich haben, die solche Dinge erkunden. [W]enn ich was wissen will über Mediendynamik, Medientendenzen, Nutzungsverhalten et cetera, würd' ich immer das Institut in Zürich oder München nehmen. Ich sehe nicht, warum ich --- nehmen soll" (ebd.). Leipzig, *Zeppelin-Universität*, Hohenheim, Zürich, München – die Liste der KW-Institute, die ihm bekannt sind und die er im Kontext der PR als relevant erachtet, wurde im Gespräch stetig länger. Abschließend kann man für diesen PR-Praktiker festhalten: Selbst wenn er sich auf das Gespräch mit dem PR-Ziel vorbereitet hat, beim Interviewer einen positiven Eindruck für seine Institution zu hinterlassen – bei so viel Fach- und Personenkenntnis und so viel konkreter Relevanzzuschreibung kann man nur von einem *KW-Verfechter* sprechen.

Die Sprecherin der Landtagsfraktion hat Geschichte und Politik studiert. Daher sagt sie von sich, sie habe zu Beginn mit PR „eigentlich nichts am Hut" gehabt (Sprecherin Landtagsfraktion #1). Ihre Erfahrung in Sachen politischer Kommunikation habe sie in Wahlkämpfen und bei der Arbeit „vor Ort" gesammelt (ebd.). Sie sei dann zunächst über eine Schwangerschaftsvertretung im Online-Bereich in die PR der Landtagsfraktion gekommen. Entscheidend ist dabei aus ihrer Sicht, dass man eine Affinität zur jeweiligen Partei habe: „Ich glaub' [...] nicht, und das ist meine feste Überzeugung, dass man das mit ganz neutralem Blick machen kann. [...] [D]ass man nicht heute bei der --- und morgen bei der --- arbeiten kann. Und politische Kommunikation ist immer noch was anderes als im Unternehmen, deswegen." (ebd.).[199] Neben den politischen Kenntnissen hat sie auch Erfahrungen im Journalismus gesammelt: Nach dem Volontariat bei einer Regionalzeitung arbeitete sie eine Zeitlang als Redakteurin und schloss dann ihr Studium ab.

In ihrer Position als Kommunikationsreferentin ist sie weniger als Sprecherin, sondern vielmehr als Koordinatorin und auch als *Beraterin* gefragt: „[D]ie Abgeordneten wollen schon wissen von uns, warum haben wir bei den Jungwählern, bei den jungen Frauen, bei den Landwirten den und den Einbruch gehabt? Das verantworten wir hier schon. Und da draus ziehen die dann einen politischen Schluss, welchen auch immer, was sie [die Fraktionsmitglieder; Anm. d. Verf.] für die nächste Wahl anders machen. Das ist ganz einfach. [...] [D]ie sehen das nicht unter dem Aspekt der Kommunikation, die sehen das unter dem Aspekt, wir wollen ja 'ne Wahl gewinnen" (ebd.). Die Abgeordneten erwarten von ihr, dass sie und ihr Team bei neuen medialen Entwicklungen Orientierung bieten: „[I]ch bin ein großer Fan von großen Netzwerken. [...] [I]ch brauche Leute, die die Schnittstelle zwischen Facebook und Twitter 'nem Abgeordneten erklären können" (ebd.). „Im Zweifelsfall", so fügt sie hinzu, „muss jeder von uns schon getwittert haben, bevor der Abgeordnete fragt, was ist denn d[a]s eigentlich" (ebd.).

In diesem Zusammenhang ist es ihrer Ansicht nach von Vorteil, wenn man bestimmte Fachtermini im Bereich Kommunikation kennt: „Das hab' ich gemerkt, dass ich zu wenig diese Fachbegriffe wusste, weil ich das Fachstudium nicht hatte. D[a]s kann man aber auch dazulernen, man muss halt immer diese Offenheit haben, sich mit allem und jedem zu beschäftigen. [...] [W]as lesen die Menschen, was lesen die Multiplikatoren, was lesen die Journalisten [...]? Was hören die für Radio, warum tun sie das, wann tun sie das. Diese Dinge muss man schon wissen und das

---

[199] Ihr Kollege in einer anderen Fraktion sieht das ähnlich, wenn er darauf hinweist, dass man „natürlich schon ei[n] gewisse[s] Interesse für die politischen Ziele haben [muss], weil sonst [macht es] ja auch keinen Spaß" (Sprecher Landtagsfraktion). Er selbst sei aber kein Parteimitglied (vgl. ebd.; siehe auch Kapitel V, 1.2.3 zum Thema Politik-PR und Parteimitgliedschaft).

kann man" (ebd.). Gleichzeitig stellt sie klar, dass dieses Wissen bei weitem nicht nur durch ein Studium der KW erlangt werden könne: „Da [ist es] eigentlich egal, was ich studiert hab. [...] [W]ir haben hier sogar einen Textildesigner. Aber wenn der politisch irgendwie affin ist [...] oder beim Verband sich ehrenamtlich engagiert hat, dann weiß er, wie das läuft" (ebd.).

Ihre positive Erwähnung der KW-Standorte in Hohenheim und Leipzig ist bereits in Kapitel V, 1.3.1 genannt worden. Um Mittel und Wege zu finden, einen Negativbegriff, mit dem ihre Partei assoziiert werde, aus den Köpfen der Menschen zu verdrängen, mache sie sich auf die Suche nach „wissenschaftlichen Hintergründe[n]" zu „kognitive[n] Informationsverarbeitungsschemata" (ebd.). Allerdings habe sie recht wenig Zeit und müsse solche Recherchen in ihrer Freizeit machen. Sie setze sich dann mit so einem Buch „[a]m Wochenende mal zwei Stunden hin" und würde zentrale Inhalte in dieser Zeit „auch exzerpieren, weil sonst komm' ich nicht dazu" (ebd.). Doch nicht nur Studienergebnisse, auch theoretische Modelle zu Kommunikation schaue sie sich an, denn „[ei]ne Theorie erleichtert ja immer nur die Realität. Und es bringt mir was, in dem Sinne, dass ich den Abgeordneten erklären kann, warum das nicht mehr so ist, dass da dann ein Abgeordneter steht und da ein Journalist und der macht eins zu eins das, was man ihm sagt. Sondern, dass einfach die verschiedenen Gruppen miteinander kommunizieren – so und so und so. Und vernetzt und so weiter" (ebd.).

Professionalisierung in der PR setzt sie teilweise mit einem erhöhten Anteil an KW-Absolventen in ihrem Umfeld gleich – und darauf sind aus ihrer Sicht vor allem die kleineren Parteien angewiesen: „Weil die einfach viel weniger Geld und Manpower zur Verfügung haben [...]. Die können nicht [...] mehr mit ‚Einfach-so-Leuten' arbeiten. Hier ohne Hochschulstudium Pressesprecher zu werden ist schon schwierig. War früher nicht so. [...] [F]rüher gab's immer viele Beamte, Juristen, die da Pressesprecher geworden sind. [...] [A]ber auch da geht langsam so die Denke los[:] [...][N]icht jeder Jurist ist ein guter Pressesprecher. Weil sich einfach die Denkweise komplett ausschließt" (ebd.). Sie habe an einer Akademie für Marketing und PR noch eine zusätzliche Fortbildung absolviert, „[e]infach [...] damit man diesen Fachjargon [ein] bisschen mehr drauf hat. Also man kann sich alles anlesen, aber [es] ist schön, wenn's jemand einem erzählt. Und es hilft einfach, weil wir sehr viel mit Agenturen zusammenarbeiten. Dass man einfach weiß, wie die ticken" (ebd.). Die Mitarbeiter würden ermuntert, Fortbildungen zu machen, sie würden auch die PR-Branchenmagazine lesen. Das Wissen aus Fortbildungen und Veranstaltungen müsse man dann „schriftlich zusammenfassen und es wird allen zur Verfügung gestellt" (ebd.).

Abschließend lässt sich also bei diesem Fallbeispiel festhalten, dass die Sprecherin der Landtagsfraktion die KW als relevant erachtet, ein Studium des Fachs als Teil der Professionalisierung in der PR sieht und dass sie selbst zu einem Wissensproduzenten (zumindest: einem Distributor) im Bereich Kommunikation geworden ist (sie hält selbst Vorträge; siehe Kapitel V, 1.3.1). Dabei nutzt sie nach eigenen Angaben ebenfalls theoretische Modelle der KW zur Strukturierung und Veranschaulichung. Auch wird an diesem Beispiel klar, dass sich eine Wertschätzung für universitäres Wissen zum Thema Kommunikation und eine gleichzeitige Nutzung anderer Wissensangebote (Akademie für Marketing und PR) nicht ausschließen müssen. Sie ist eine aktive Konsumentin/Produzentin von Wissen im Bereich Kommunikation und wählt dabei aus unterschiedlichen Angeboten – unter anderem der KW. Grundantrieb für dieses aktive Verhalten ist möglicherweise der Druck der Abgeordneten: Sie muss in der Lage sein, in Sachen Wahlkampfkommunikation *beraten* zu können, und bringt darüber hinaus – genau wie der Managing Partner in der PR-Agentur – eine gewisse Neigung für die wissenschaftliche Beschäftigung mit Alltagsthemen mit.

2. SEKUNDÄRANALYSE

In diesem Kapitel sollen die Ergebnisse der Sekundäranalyse von 22 weiteren Interviews mit PR-Praktikern präsentiert werden. Wie in Kapitel IV, 8.2 dargelegt, konnten diese im Rahmen eines im Sommersemester 2009 an der Ludwig-Maximilians-Universität München angebotenen Hauptseminars zum Verhältnis von PR und Journalismus geführten Interviews über einen Umweg für die Forschungsfrage dieser Arbeit nutzbar gemacht werden. Statt eine analog zur Primäranalyse angelegte Typologisierung (*KW-Kritiker, -Laien, -Verfechter*) vorzunehmen, wurde bei der Einordnung dieser Interviews danach unterschieden, welches grundsätzliche Verständnis die befragten Personen von PR hatten, sprich: Hier stützt sich die Auswertung auf die in der Primäranalyse als ‚indirekt' bezeichnete Relevanzzuschreibung für die KW. Auf der einen Seite befinden sich diejenigen PRler, die ein eher *fokussiert-unidirektionales* PR-Verständnis erkennen ließen, und auf der anderen Seite diejenigen, die den Gedanken von *Diversifikation* und *Reziprozität* ins Zentrum ihrer Arbeit rücken. Prämisse der nachfolgenden Analyse ist, dass ein stärker vom *diversifiziert-reziproken* Leitgedanken geprägtes PR-Verständnis mehr Gemeinsamkeiten mit der KW und den auf ihr beruhenden PR-Definitionen aufweist als ein *fokussiert-unidirektionales* PR-Verständnis (siehe Kapitel II, 1.2.1). Wann immer sich jedoch auch direkte Rückschlüsse zur Relevanz der KW für einzelne interviewte Personen ziehen ließen, wurden diese selbstverständlich ebenfalls genutzt. Analog zur Auswertung der selbst geführten Interviews werden nach der detaillierten Beschreibung bzw. Illustration der beiden Gruppen die möglichen Einflussfaktoren diskutiert, die PR-Praktiker gegebenenfalls zu eher *fokussiert-unidirektional* oder eher *diversifiziert-reziprok* orientierten Berufsvertretern machen könnten. Zudem wird darauf eingegangen, welche Einstellung diese PR-Praktiker zu Mertens These hatten, dass PR auch Täuschung beinhalten kann (vgl. Merten 2008b; siehe Kapitel II, 1.2.3) – eine Information, die im Rahmen einiger dieser Interviews abgefragt worden war.

Verschafft man sich zu Beginn dieser Analyse einen Überblick über die beiden Gruppen, so gleicht das Bild nahezu dem bei den selbst geführten Interviews: Die Gruppe der wirklich *diversifiziert-reziproken* PR-Praktiker (und damit die Gruppe mit einem KW-affineren PR-Verständnis) ist deutlich kleiner als die Gruppe der *fokussiert-unidirektional* orientierten PR-Praktiker (siehe *Tabelle 11*): Von den 22 interviewten Personen ließ sich die überwiegende Mehrheit der Befragten – 16 Praktiker – als PRler mit eher *fokussiert-unidirektionalem* Berufsverständnis einordnen, auch wenn es natürlich gewisse Abstufungen gab und noch einmal betont werden muss, dass es unmöglich ist, die in den jeweiligen Gruppen vereinten PR-Praktiker über einen Kamm zu scheren.

Typ	Exemplarische (fiktive) Formulierungen für das PR-Verständnis	Diesem Typ zugeordnete Interviewpartner
Tendenziell *unidirektional-fokussiertes* PR-Verständnis	‚Der Versand eigener Botschaften und die Persuasion der Rezipienten sind wichtiger als die eigene Reaktion auf möglicherweise kritische Anfragen.' (*unidirektional*) ‚Adressaten der PR-Arbeit sind die wichtigsten Zielgruppen für unsere Organisation, beispielsweise die Endkunden.' (*fokussiert*)	16 Befragte: 1 Leiterin Pressearbeit Verlag 2 Pressereferent Landesinnungsverband 3 Assistentin PR-Agentur 4 Mitarbeiterin PR-Agentur 5 Mitarbeiter PR-Agentur 6 Geschäftsführer PR-Agentur 7 Pressesprecherin Lebensmittelkonzern 8 PR-Chef Kulturveranstaltung 9 Agenturinhaberin Kulturbranche 10 Leiter Öffentlichkeitsarbeit Pharmaunternehmen 11 Pressesprecher Umweltschutzorganisation 12 Sprecherin Initiative gegen Flughafenausbau 13 CvD Kommunikationsabteilung Umwelt-NGO 14 Pressesprecherin Verband im Umweltbereich 15 Pressesprecherin lokale Umwelt-NGO 16 Leiterin PR/Marketing Pharmaunternehmen
Tendenziell *reziprok-diversifziertes* PR-Verständnis	‚Die organisationsinterne Berücksichtigung kritischer Rückmeldungen ist genauso wichtig wie der Versand eigener Botschaften.' (*reziprok*) ‚Mithilfe der PR-Arbeit interagieren wir mit der Gesellschaft insgesamt – es geht dabei um zahlreiche gesellschaftliche Teilöffentlichkeiten.' (*diversifiziert*)	6 Befragte: 17 Kommunikationschefin Bio-Unternehmen 18 Pressereferent Brauerei 19 Leiterin Produktkommunikation Pharmakonzern 20 Sprecher Pharmaverband 21 Pressesprecherin Naturschutzverband 22 Leiter Unternehmenskommunikation Finanzunternehmen

Tabelle 11: *Typologie für die Sekundäranalyse der 22 nicht selbstgeführten Interviews. Quelle: eigene Darstellung. Für eine nähere Erläuterung des jeweiligen PR-Verständnisses siehe Kapitel II, 1.2.1.*

2.1 Praktiker mit *fokussiert-unidirektionalem* PR-Verständnis

2.1.1 Zentrale Merkmale

PR-Praktiker mit einem eher *fokussiert-unidirektionalen* Verständnis von Öffentlichkeitsarbeit sehen die Medien weitestgehend als Verbreitungskanal für organisationseigene Botschaften und verstehen PR oftmals als Marketinginstrument mit dem Ziel der Absatzsteigerung (siehe auch Kapitel II, 1.2.1). So beispielsweise die Leiterin der Pressearbeit eines Verlags. Ihr Tag beginnt damit, die Zeitungen danach zu durchsuchen, „was an eigenen Ergebnissen in der Presse erschienen ist" (Leiterin Pressearbeit Verlag). Wenn sie Journalisten anspricht, dann um ein Buch für eine Besprechung zu verkaufen: „Am liebsten mache ich gerne den Erstkontakt, preise die Dinge an und freue mich über die Erstgespräche über Bücher und Programme. Die Pflege danach mache ich aber nicht so gern" (ebd.). Sie selbst definiert sich als „Serviceabteilung" (ebd.).[200] Sie erhält eine Provision, die nach der verkauften Buchzahl berechnet wird. Daher bestehe das Ziel für sie darin, „dass möglichst viele Bücher meines Verlages in möglichst vielen Medien besprochen werden [...]. Das große Ziel ist es, dass ich mit all den Besprechungen das Buch so befördere, dass es auch gut verkauft wird" (ebd.) – eine klassisch *unidirektionale* Erfolgsdefinition. Auf die Frage, ob ihr schon einmal so etwas wie die Bestechung von Journalisten untergekommen sei, antwortet sie, dies sei „ein weites Feld. Wo fängt Journalistenbestechung an?", und stellt die Frage, wie man es beurteilen oder bezeichnen solle, wenn Reisen mit Journalisten unternommen würden – „dass man sie einlädt, sag ich mal, vier Tage nach Hongkong, wenn der Roman da spielt und der Autor da lebt" (ebd.). Es würde jedoch dem „Ehrenkodex" widersprechen, würde man Rezensionen mithilfe von Anzeigen kaufen, und sie selber habe keine große Erfahrung mit solchen bezahlten Reisen für Journalisten (ebd.).

Der Pressereferent eines Landesinnungsverbandes, der ursprünglich Journalistik studiert hat, hat ein ähnliches Berufsverständnis. Es gehe

---

[200] Gleichzeitig bezeichnet sie ihr Verhältnis zu Journalisten als einen „ausgeglichen[en]" Austausch – es gebe Titel, „die so richtige Selbstläufer sind. Dann kommen die Leute auf einen zu" (Leiterin Pressearbeit Verlag). Dennoch bestünde ein großes Erfolgserlebnis vor allem darin, „wenn es mir gelingt, einen Titel, der zunächst etwas schwer zu lancieren ist", zu platzieren (ebd.).

darum, in den Fachzeitschriften zu erscheinen: „Die müssen ihr Blatt voll kriegen und wenn sie einen gescheiten Text von mir kriegen, dann sind die froh. Und ich bin froh, dass er drin ist" (Pressereferent Landesinnungsverband). Zu seiner Arbeit gehöre auch die Betreuung von „Marketingaktionen", als „Einzelkämpfer" gehöre Marketing neben Öffentlichkeitsarbeit ebenfalls zu seinem Tätigkeitsbereich. Richtig gute PR sei für ihn „[d]as richtige Thema zur richtigen Zeit mit einer gescheiten Resonanz" (ebd.) – seine Arbeit bewertet er über „gute[n] Output", vergangenes Jahr habe er „etwa vierzig Pressemitteilungen" gehabt, „fast jede Woche eine Pressemitteilung", was aus seiner Sicht positiv ist. Auf die Frage, warum Öffentlichkeitsarbeiter benötigt würden, entgegnet er: „Wir liefern [...] professionell aufbereitete Kommunikationsinhalte. [...] Wir machen das und wenn wir es richtig machen, dann machen wir es auch zu günstigen Konditionen. Es muss ein [G]eben und [N]ehmen zwischen Journalismus und PR sein" (ebd.). Auf die Frage, ob er denke, mit seiner Tätigkeit etwas für die Öffentlichkeit tun zu können, antwortet er: „Nein", und erteilt damit einem *diversifizierten* sowie *reziproken* Arbeitsverständnis eine direkte Absage (ebd.).[201]

Auch zwei Mitarbeiterinnen in PR-Agenturen zählen zur Gruppe der PRler, denen ein eher *fokussiert-unidirektionales* Berufsverständnis unterstellt werden kann. Die erste arbeitet in einer mittelgroßen Agentur mit 25 Angestellten und hat Ägyptologie, Koptologie sowie Markt- und Werbepsychologie studiert. Sie habe dann aber gemerkt, „dass ich damit kein Geld verdienen kann" (Assistentin PR-Agentur). Daraufhin habe sie sich in Richtung Marketing umgesehen: „Marketing fand ich eben auch gut. [...] PR ist ein Teilbereich vom Marketing. [...] Wir beraten ja auch zum Teil Richtung Vertrieb, also wie man doch mehr hinbekommen kann. Oder auch klassische Marketing-Geschichten" (ebd.). Sie arbeite für ihre Kunden auf Basis einer „Jahreskontaktzahl, die man immer wieder toppen sollte" (ebd.). Hier wird also sogar expressis verbis von einem verlängerten Absatzkanal mithilfe der PR gesprochen, vom ‚Vertrieb'. Gleichzeitig lässt sich natürlich kein PR-Praktiker gänzlich in eine Schublade einordnen – und so finden sich auch in ihrem Fall Aussagen, die etwas

---

[201] Bei der Beschreibung des Verhältnisses von PR und Journalismus als ein ‚Geben und Nehmen' muss man unweigerlich an das Intereffikationsmodell nach Bentele et al. (1997) denken (siehe auch Kapitel II, 1.2.3). Dennoch kann an dieser Stelle keine Kenntnis dieses theoretischen Modells seitens des PR-Referenten in der Landesinnung unterstellt werden – und auch kein Bezug auf das Modell als Grundlage für das eigene Arbeitsverständnis.

relativierend wirken. Beispielsweise arbeite sie „sehr service-orientiert" und würde es angeblich „auch ehrlich" sagen, „wenn ich was an dem Produkt nicht so gut finde oder empfehle es nicht" (ebd.). Doch in der Regel „sind die ja gut" und am Ende werde sie dafür bezahlt, eine positive Pressemitteilung zu schreiben (ebd.).

Auch die zweite Agenturmitarbeiterin teilt diese Berufsauffassung: Sie hat Kulturwirtschaft studiert und kam über ein Unternehmen und eine andere Agentur zu ihrem jetzigen Job in der auf Ernährung spezialisierten PR. Eingangs stellt sie fest, dass es „überall Produkte" gebe, „die es an den Konsumenten zu bringen gilt" (Mitarbeiterin PR-Agentur). Die Zusammenarbeit mit Journalisten sei „[s]ehr kooperativ", in der Ernährungsbranche arbeite sie „vor allem mit Frauenzeitschriften zusammen, da sind die Journalisten auch dankbar für Input. [...] Einige Zeitschriften drucken nur eigene Rezepte ab, [...], aber andere drucken auch ausschließlich Rezepte ab, die sie zugeschickt bekommen [...]. Im Idealfall werden dann auch die Produkte unserer Kunden genannt" (ebd.). Als Schnittstelle für die Öffentlichkeit definiert sie sich nicht: „Würde ich nicht in den Vordergrund stellen [...] sehe ich [...] eher als Aufgabe der Medien" (ebd.). Jedoch vertritt sie auch die Auffassung, dass Marketing einen „ganz andere[n] Ansatz [...] als PR" habe (ebd.). Sie müsse Kunden oftmals vermitteln, dass Adjektive nichts in Pressemitteilungen zu suchen hätten. Auch würde in ihrer Agentur mit Experten für die Ernährungsbranche zusammengearbeitet, hierbei gehe es nicht unmittelbar um „Clippings", ihre Arbeit sei daher „nicht nur auf Auflagen fokussiert" (ebd.).

Das kurze Interview mit einem männlichen Agenturmitarbeiter, der erst seit rund zweieinhalb Jahren mit dem Studium fertig ist, lässt nur am Rande Schlüsse dahingehend zu, dass der Praktiker ein eher *fokussiertes* Berufsverständnis hat („Wir sind Dienstleister für unsere Kunden, Journalisten Dienstleister für die Gesellschaft"; Mitarbeiter PR-Agentur).[202]

Der Geschäftsführer einer kleinen PR-Agentur, der zuvor unter anderem jahrelang in der Marketingabteilung eines Unternehmens angestellt war, definiert seine Arbeit als die Erhöhung des Bekanntheitsgrades mittels der Aussendung von Informationen – nicht durch ein *reziprokes* Austauschver-

---

[202] An dieser Stelle ist der Hinweis wichtig, dass das Interview nicht vollständig ausgewertet werden konnte – die letzten Seiten des Transkriptes fehlten (Mitarbeiter PR-Agentur). Von einem *reziproken* PR-Verständnis kann man jedoch angesichts seiner PR-Definition („den Medien Informationen zukommen lassen"; ebd.) nicht sprechen.

hältnis mit relevanten Teilöffentlichkeiten: „Ein Produkt kann noch so gut sein, wenn niemand es kennt, wird es keiner kaufen, das ist das Spannende an meinem Beruf" (Geschäftsführer PR-Agentur). Bei einem aktuellen Kunden gehe es beispielsweise darum, „in der Branche wahrgenommen zu werden, vor allem bei Investoren einen professionellen Stand zu bekommen. Wenn das übers Fernsehen oder Zeitung geht – gerne [...]. Medienawareness ist zu einem bestimmten Zeitpunkt schon sehr wichtig, das gehen wir dann noch mal ganz anders an" (ebd.). Zwar sei die Schaffung von Medienpräsenz nur „ein Teil unserer Arbeit" (ebd.). Sie beginne jedoch „mit der Positionierung im *Markt*" (ebd.; kursive Hervorhebung durch den Verf.), was man ebenfalls als eine *fokussierte* Form der PR interpretieren kann, die nicht auf die Gesellschaft insgesamt abzielt. Als *unidirektional* könnte man sein Vorgehen auch deswegen bezeichnen, weil er von sich selbst sagt, keinen regelmäßigen Kontakt – und somit auch keinen konstanten Austausch – mit Journalisten zu haben (vgl. ebd.). Stattdessen geht es oftmals um den Versand von Positivbotschaften zur Erhöhung des Bekanntheitsgrades von Produkten (vgl. ebd.). Er würde sich von Journalisten wünschen, „dass man mehr die Unternehmenssituation berücksichtigt" und dass vermehrt „anerkannt" werde, was die Unternehmen leisteten (ebd.).

Die Pressesprecherin eines Lebensmittelkonzerns, die sich, wie viele andere auch, als „klassische Quereinsteigerin" (Pressesprecherin Lebensmittelkonzern) bezeichnet, hat Germanistik und Skandinavistik studiert und dann zunächst als Übersetzerin und Texterin gearbeitet. Sie definiert ihre Arbeit vor allem als PR für ein bestimmtes Produkt und versucht mithilfe des Versands von Proben an Journalisten Berichterstattung zu kreieren – was für sie das Ziel ihrer Arbeit darstellt: „So etwas verschicke ich sehr häufig, das ist sehr erfolgreich. Von allen Bio-Produkten sind unsere überproportional in Publikumsmedien vertreten. Da hatten wir eine Steigerung von 200 Prozent in den letzten zwei Jahren, was die Clippings betrifft" (ebd.). Es sei ihr „Anliegen", ihr Unternehmen „so oft wie möglich in den Medien zu sehen" (ebd.). Ein *reziproker* Austausch ist nicht wirklich Teil ihrer Arbeit, von Redaktionsbesuchen sehe sie ab, „weil Journalisten so unter Zeitdruck stehen" (ebd.). Sie versuche stattdessen bei neuen Projekten „Journalisten am Telefon davon zu begeistern" und fahre eventuell danach noch vorbei (ebd.). Dennoch stellt sie insgesamt einen Grenzfall dar, sie kann nicht eindeutig zugeordnet werden. Beispielsweise stellt sie fest: „Ich verwende [...] den Begriff PR nicht mehr so gerne, weil der [...] oft mit Werbung, Marketing gleichgesetzt wird. Ich sage bewusst Pressearbeit. Journalisten brauchen Informationen [...] und ich versuche, diese bereitzustellen, bis zu einem gewissen Grad" (ebd.). Die „Recherche im Haus" und das „Vermitteln von Interviewpartnern" würden ihr am meisten Spaß machen – hier kann man nicht von einem ausschließlich *unidirektionalen* Vorgehen sprechen (ebd.).

Viele der soeben genannten Beispiele sind Belege für das, was Bentele (2003) als wirtschaftswissenschaftlich geprägtes PR-Verständnis beschreibt: „PR wird in dieser klassischen Marketinglehre dem Prinzip Marketing prinzipiell untergeordnet, als unternehmensbezogene Tätigkeit, die mit einem bestimmten Instrumentenensemble arbeitet, aufgefasst" (ebd.: 55). Auch der PR-Chef einer großen kulturellen Veranstaltung kann eher als (wenn wahrscheinlich auch unbewusster) Anhänger dieses Berufsverständnisses angesehen werden. Er ist neben seiner PR-Tätigkeit auch noch Journalist und sieht darin keinen Konflikt („überhaupt nicht"; PR-Chef Kulturveranstaltung). Ziel seiner PR-Arbeit sei Publicity – also *unidirektionale* Werbung statt *reziproker* Austausch: „Wir bieten Leuten eine Möglichkeit, in die Öffentlichkeit zu kommen". Er mache „Kontakte für die [Künstler], damit die Interviewtermine kriegen, und guck[e], dass ein bisschen Berichterstattung stattfindet" (ebd.). Man müsse in seinem Job „irgendwas finden, wie [S]ie den [Künstler; Anm. d. Verf.] verkaufen können" (ebd.). Seine Arbeit bewegt sich im Wechselspiel von „Werbung, Plakate[n], solche[n] Sachen" und es gehe letztendlich darum, das Event bestmöglich in die Öffentlichkeit zu bringen (ebd.).[203, 204] Eine andere PR-Praktikerin aus der Kulturbranche sagt: „Wir kontaktieren hauptsächlich. [...] Natürlich finde ich nicht jeden Film, den wir hier machen, gleich gut, aber man muss da mit einer gewissen Professionalität ran und schauen, dass man das Gute aus einem Film

---

[203] Der Vollständigkeit halber muss an dieser Stelle erwähnt werden, dass die Fragen im Interview teilweise genau solche Antworten heraufbeschworen haben. Beispiel: „Wie schaffen Sie es, dass die --- so oft wie möglich in der Presse erwähnt werden?" (in: PR-Chef Kulturveranstaltung). Dies ändert jedoch nichts daran, dass dieser PR-Praktiker als Repräsentant einer eher *unidirektional-fokussierten* ‚Werbe-PR' fair beschrieben ist.
[204] Als PR-Praktiker *und* Journalist ist seine Beobachtung interessant, dass die „Verkaufsseite" in den letzten Jahren stetig an Einfluss gewonnen habe und versuche, die Berichterstattung „zu kontrollieren" (PR-Chef Kulturveranstaltung). Dabei kritisiert er de facto ein rein *unidirektionales* Verständnis von PR – und spricht gleichzeitig von einem „unheimliche[n] Druck" auf die Agenturen, Artikel zu platzieren (ebd.).

rauspickt und dann versucht, genau das zu promoten" (Agenturinhaberin Kulturbranche).

Der Leiter der Öffentlichkeitsarbeit eines Pharmaunternehmens hat BWL studiert und seine Karriere zunächst in der Marketingabteilung eines anderen Unternehmens begonnen. Auch bei seinem aktuellen Unternehmen sind Marketing und Öffentlichkeitsarbeit in einer Abteilung zusammengelegt, die er nun leitet. Er unterscheidet dabei auch nicht zwischen den beiden Disziplinen: „Marketing und Öffentlichkeitsarbeit funktioniert eigentlich überall nach ähnlichen Prinzipien" (Leiter Öffentlichkeitsarbeit Pharmaunternehmen). Aufschlussreich ist hierbei nicht nur der Singular (Marketing = Öffentlichkeitsarbeit), sondern auch seine Definition von guter PR. Diese bestehe in einer Öffentlichkeitsarbeit, „welche die Interessen der potenziellen Kunden aufgreift und für den Kunden glaubwürdig ist" (ebd.). Die Betonung liegt hier auf dem Kunden – nicht auf der Öffentlichkeit insgesamt. Zwar sagt er einerseits, dass PR-Arbeit „über reine Medienarbeit" hinausgehe, da auch medizinische Einrichtungen, Kongresse und Tagungen von ihm mit Informationen versorgt würden (ebd.). Doch im Kern „berührt Journalismus eher die gesamte Gesellschaft und PR nur eine spezifische Zielgruppe" (ebd.). Dieses Verständnis von PR entspricht der klassisch *fokussierten* Sichtweise, während in der KW gerade auf den „gesellschaftlichen Stellenwert" von PR und „ihre Funktionen für die Gesellschaft" abgestellt wird (Röttger et al. 2011: 23; siehe Kapitel II, 1.2.1). Hauptsächlich würde die Homepage gepflegt und einmal im Monat eine Pressemitteilung versandt – es komme „nicht so häufig vor, dass Journalisten sich direkt bei uns melden" (ebd.). Stattdessen bestehe die Arbeit darin, „unsere Produkte mithilfe von PR-Agenturen [zu vermarkten]" (ebd.). Diese würden beauftragt, „Informations- und Werbetexte für unsere Produkte anzufertigen und diversen Medien anzubieten" (ebd.) – ein eindeutig *unidirektionales* Verständnis von PR. Der Journalismus sei für ihn „allein schon wegen der Anzeigen" auf PR angewiesen (ebd.).

Beim Pressesprecher einer Umweltschutzorganisation handelt es sich um einen Absolventen des Fachs Onlinejournalismus/Online-PR. Er ist zum Zeitpunkt des Interviews seit vier Jahren im Beruf. Morgens komme er ins Büro, sehe sich nach möglichen Themen um, dann werde eine Pressemitteilung geschrieben, abgestimmt und versandt: „Wir scannen immer die Arbeit [der Naturschutzabteilung; Anm. d. Verf.] nach Themen, die wir den Medien verkaufen können" (Pressesprecher Umweltschutzorganisation). Die dabei zu berücksichtigenden Nachrichtenfaktoren fasst er wie folgt zusammen: „Eisbären gehen schon mal an sich gut. Plus Klimawandel, plus internationale Konferenz, hochkarätig besetzt" (ebd.). Dieses ganz klar auf Medienpräsenz und Inhaltsverwertung ausgelegte Verständnis von Öffentlichkeitsarbeit hat einen eher werblichen Charakter und steht somit nicht im Einklang mit einer aus der KW ableitbaren Gestaltung von PR. Ihm sei „in der Bild-Zeitung [...] jeder Artikel recht, der zum Thema Umwelt von uns lanciert werden kann" (ebd.). Zwar weist er darauf hin, dass „oft" auch „reaktiv Pressearbeit" gemacht werde (ebd.). Auch spreche er häufig persönlich (und nicht telefonisch oder per Mail) mit Journalisten, er definiert sich „als Gesprächspartner der Journalisten" (ebd.). Ein wirklich wechselseitiger Austausch kommt jedoch auch deswegen selten zustande, weil sogar schon einlaufende Anfragen von Journalisten vorab standardisiert beantwortet werden: „[M]it der Zeit lernt man auch, wann die Journalisten anrufen und zu welchem Thema, und macht schon im Vorhinein eine PM dazu. [...] [O]b die dpa jetzt anruft und nach einer Stellungnahme fragt, oder ob wir der dpa die Stellungnahme von uns aus schicken, wo ist der Unterschied?" (ebd.). Aus seiner Sicht schließt PR „auch werbende Aspekte mit ein" (ebd.).[205]

Der „typische Ablauf" im Arbeitsalltag der Initiativensprecherin gegen den Ausbau eines Flughafens beginnt, wie bei den meisten der befragten Personen, mit der Auswertung der Tagespresse (Sprecherin Initiative gegen Flughafenausbau). Danach schaue sie, „was für uns interessant ist, wo wir reagieren müssen. Ich schaue nach, ob die von uns verschickten Pressemitteilungen erschienen sind" (ebd.). Sie ist Soziologin und hat nach dem Studium zunächst als Journalistin gearbeitet, war dann in der PR-Abteilung eines Unternehmens tätig. Sie müsse aktuelle Pressemitteilungen „möglichst schnell an die Zeitungen [...] schicken, möglichst um die Mittagszeit, um meine Chancen zu erhöhen, das[s] es auch am nächsten Tag gedruckt ist" (ebd.). Sie schreibe gerne und sehe sich „gerne

---

[205] Am Rande des Interviews erwähnt er interessanterweise, dass er seinen Job auch deswegen ergriffen habe, weil er ihn „unter dem wissenschaftlichen Standpunkt" als ein „sehr interessantes Feld" erachte (Pressesprecher Umweltschutzorganisation). Dabei gehe es ihm um Fragen wie: „Wie funktioniert PR, Propaganda, Journalismus?" (ebd.). Leider wird jedoch im Interview nicht mehr weiter auf diesen Themenkomplex eingegangen, so dass seine Aussage nicht auch noch in *Tabelle 12* mit dem (potenziellen) Interesse der befragten PR-Praktiker nach Wissen der KW aufgenommen werden konnte (siehe Kapitel V, 3.1.2).

gedruckt" (ebd.) Jedoch sei ihr nicht wichtig, „dass mein Name darunter steht. Ich liebe es, wenn meine Gedanken in der Welt sind, möglichst gut geschrieben" (ebd.). Um mediale Aufmerksamkeit für die Anti-Ausbau-Initiative zu erreichen, geht sie fast schon manipulativ vor: „Wir versuchen darauf hinzuweisen, was die gesundheitlichen Auswirkungen des Flughafenausbaus sind. [Zum Beispiel] weiß man jetzt, dass sich die Blutkrebsrate extrem erhöht. Wir versuchen, darauf hinzuweisen, aber manchmal nimmt die Presse das so auf, als wären wir Panikmacher oder Miesmacher. Da muss man sehr vorsichtig vorgehen. Und es will auch der Leser nicht unbedingt so drastisch. Es ist schwierig [...] meine Pressemitteilungen müssen so geschrieben sein, dass der Journalist keine Arbeit hat. Und das funktioniert oft sehr gut. Man muss die Faulheit des Journalisten in Betracht ziehen" (ebd.). Gleichzeitig betont sie jedoch auch, dass es wichtig sei, ein vertrauensvolles Verhältnis mit den Journalisten aufzubauen (vgl. ebd.).

Der CvD (Chef vom Dienst) der Kommunikationsabteilung einer Umwelt-NGO ist ein Grenzfall, er kann nicht ganz eindeutig zugeordnet werden – weist jedoch ebenfalls mehr Überschneidungen mit einem *unidirektionalen* statt einem *reziproken* PR-Verständnis auf. Aktiv ist er in der NGO bereits seit über zehn Jahren, er hat zuvor Politik, Wirtschafts- und Sozialgeschichte sowie neuere Geschichte studiert. Er distanziert sich vom Begriff PR: „Ich denke bei diesem Begriff an die Arbeit in einer Firma, die ein Produkt zu verkaufen hat. Das machen wir nicht" (CvD Kommunikationsabteilung Umwelt-NGO). Doch nach dem täglichen Sichten der Medienlage beschäftigt er sich ständig mit der Frage, welche Botschaft über welchen Kanal versandt werden kann: „Was ist für Internet geeignet, was für Print, was fürs TV? Dann nehme ich Texte von unseren Mitarbeitern ab, berate [...]. Das Ziel ist, für unsere Anliegen Öffentlichkeit zu finden. Damit wesentliche Entscheidungen und Entwicklungen anzustoßen. [...] Was Journalisten angeht, ist mein Anspruch, dass sie anerkennen, dass es bei uns wesentliche Informationen gibt, die relevant sind für eine öffentliche Diskussion und politische Entscheidungen" (ebd.). Es sei seine Aufgabe, dafür zu sorgen, „dass die Projekte draußen verständlich ankommen", sowie öffentlichen Druck auf Unternehmen und Branchen auszuüben (ebd.) – auch dieses Vorgehen kann man nicht als *reziproken* Austausch mit anderen gesellschaftlichen Teilbereichen bezeichnen, es geht nicht um das gegenseitige Verstehen, sondern auch darum, „zuzuspitzen und dem Ganzen eine Richtung zu geben" (ebd.).[206]

Eine andere PRlerin im Umweltbereich hat auf Lehramt studiert und sagt von sich, sie sei beim Verband ohne Referendariat „hängen geblieben" (Pressesprecherin Verband im Umweltbereich). Auch für sie ist das oberste Ziel die größtmögliche Publizität: „Ich habe schon versucht, mich in diesem Bereich [PR; Anm. d. Verf.] kundig zu machen, vor allem herauszubringen, was wir an Presse- und Öffentlichkeitsarbeit leisten müssen, damit der Herausgeber das druckt und es beim Leser ankommt. [...] Wie kann man das verbessern? Wieso ist das so? Wieso nimmt der Journalist den Output nicht an?" (ebd.). Auch für sie sind nahezu manipulative Elemente ein legitimes Mittel, um Aufmerksamkeit zu erregen: „Die Pressearbeit kommt beim Journalisten und beim Leser am besten an, wenn wir etwas haben, womit wir die Leute betroffen machen können. Das ist meistens eine positive oder negative Sensation" (ebd.). Dabei sorgten Ausnahmeereignisse teilweise für größere Aufmerksamkeit: „[W]enn man frühzeitig vor Gefahren warnt, wird das oft nicht angenommen. Erst, wenn es dann passiert ist. Siehe Atomkraft, Tschernobyl, so schlimm das auch war, es hat die Diskussion befördert" (ebd.). Sie wünsche sich nicht, „dass erst ein Unglück passieren muss, damit die Leute begreifen, was wir wollen. Da wünsche ich mir, dass wir früher rüberkommen" (ebd.). Zwar stellt sie klar, dass intensiver Austausch mit Journalisten teilweise mehr bringen würde als der Dauerversand von Botschaften. Es sei „immer die Frage, wie wir mit Informationen umgehen. Geben wir sie platt weiter? Oder können wir auch mal etwas mitteilen, was nicht gleich am nächsten Tag in der Zeitung steht?" (ebd.). Gleichzeitig denke sie „immer in bestimmten Zeitfenstern", denn „[u]m 15 Uhr spätestens ist meine Deadline für Output. Da kann ich in der Presse nichts mehr unterbringen" (ebd.). Sie sieht den Verband als „Multiplikator", der „im Prinzip [...] alle Arten von Medien" erreichen wolle (ebd.).

Die Pressesprecherin einer lokalen Umwelt-NGO ist zum Zeitpunkt des Interviews seit rund einem Jahr fest bei ihrem Arbeitgeber und seit insgesamt drei Jahren im Berufsleben. Zuvor hat sie „Literatur-, Kultur- und

---

[206] Genauso könnte man auch bei der Produkt-PR eines Unternehmens davon sprechen, dass zugunsten der Vorteile des Produktes zugespitzt und Richtung mitgegeben wird. Dass ein hoher Grad an Produkt-PR bzw. an Öffentlichkeitsarbeit zugunsten von bestimmen Weltanschauungen ein Grund dafür sein könnte, warum bestimmte PR-Praktiker ein *unidirektionales* PR-Verständnis ausbilden, wird in Kapitel V, 2.1.3 diskutiert.

Medienwissenschaften" studiert (Pressesprecherin lokale Umwelt-NGO). Es gehe für ihre Organisation unter anderem darum, „Öffentlichkeit für die Beschleunigung des Begrünungsprozesses zu schaffen" (ebd.). Auf die Frage, was der „tiefer[e] Sinn" ihrer Tätigkeit sei, entgegnet sie, dass es darum gehe, „[d]ie Projekte, die wir machen, nach außen zu kommunizieren, bekannter zu machen" (ebd.). Das könnte man als klassisch *unidirektionale* PR bezeichnen, in deren Rahmen es weniger um einen kontinuierlichen Austausch geht – auch wenn ein Großteil ihrer täglichen Arbeit in der Beantwortung von Journalistenanfragen besteht. Man müsse in ihrem Beruf zwar „authentisch" sein und hinter dem stehen, was man tue – jedoch müsse man sich „trotzdem gut verkaufen können und darstellen können" (ebd.). Man könne ihren Job größtenteils „schon als Verkaufen bezeichnen" (ebd.). Dabei müsse man „[e]infache Aktionen" machen, „bei denen die Message klar rüberkommt, die Aufmerksamkeit erregen und gute Bildmotive garantieren" (ebd.). Als *fokussiert* kann man die Arbeit dieser PR-Praktikern jedoch nicht bezeichnen, schließlich zielen die Aktionen der NGO auf die Gesellschaft insgesamt ab.

Abschließend soll noch etwas ausführlicher auf die Leiterin PR/Marketing eines Pharmaunternehmens eingegangen werden – ihr Fall ist aus mehreren Gründen interessant und wird auch in einem späteren Kapitel der Arbeit noch einmal aufgegriffen (siehe Kapitel V, 3.1.3). Sie hat KW mit den Nebenfächern BWL sowie Markt- und Werbepsychologie studiert – jedoch aus privaten Gründen nicht abgeschlossen. Danach durchlief sie eine Ausbildung zur Werbekauffrau und arbeitete in verschiedenen Verlagen und Media-Agenturen. Nun arbeitet sie bereits seit vielen Jahren in besagtem Pharmaunternehmen und konzentriert sich dort auf die Produktkommunikation. Die Öffentlichkeitsarbeit gehört für sie „natürlich" zu dem ihr unterstellten Marketing-Bereich (Leiterin PR/Marketing Pharmaunternehmen).

Im Interview gibt sie zu, „in der Vergangenheit" für die Berücksichtigung von Pressemitteilungen mit der Schaltung von Anzeigen bezahlt zu haben (sie bezeichnet das als „Media Schrägstrich PR, also wenn diese Pakete geschnürt werden"; ebd.). Zwar distanziert sie sich von einem Journalismus, der Pressemitteilungen eins zu eins abdrucke („das halte ich persönlich auch nicht für in Ordnung"; ebd.), doch gleichzeitig steht sie zu einem PR-Verständnis, das vor allem auf die Aussendung von Botschaften abzielt: „Gerade im medizinischen Fachbereich ist das natürlich eine Sache, wenn man eine Studie hat und neue Erkenntnisse hat, dann möchte man die natürlich auch an seine Zielgruppe bringen, und man bietet natürlich den Werbeträgern auch interessantes Material und Informationen" (ebd.). Der Gedanke an *eine* Zielgruppe spricht für ein eher *fokussiertes* Berufsverständnis, genau wie die Nutzung von mehr oder weniger bezahlten redaktionellen Inhalten „in der Vergangenheit" eher an ein *unidirektionales* Kommunikationsverständnis erinnert. Es gehe in der Unternehmenskommunikation darum, sich Themen zu überlegen, sich zu fragen: „Wo habe ich überhaupt eine Chance, dass Mitteilungen abgedruckt werden?" (ebd.). Man müsse „im Gespräch bleiben" und gemeinsam mit Agenturen Konzepte entwickeln, „wo man auch die größtmögliche Chance hat, auch einen Erfolg zu erzielen" (ebd.).

Zwar betont sie, dass das Ziel ihrer Arbeit nicht in reiner ‚Propaganda', sondern vielmehr in einer Art Dienstleistung für die Medien bestehe: „Es gibt Unternehmen, die versuchen knallhart ihre eigenen Interessen durchzudrücken. Wir arbeiten in der Regel anders. Wir möchten schon eine Win-win-Situation haben. Ich denke immer service-orientiert. Ich möchte dem Journalisten etwas anbieten, womit er dann weiterarbeiten kann" (ebd.). Auch findet in ihrer Abteilung offenbar kein blindes Versenden von Botschaften statt, sondern eine aufmerksame Beobachtung des kommunikativen Umfelds, deren Ergebnisse dann an die eigene Organisation weitergegeben werden: „[Wir] screenen [...] auch Medien, wir machen das hier in-house. Wir kriegen sehr viele Printgeschichten und schauen immer durch: Was tut sich? Was macht der Wettbewerb? Welche Themen sind besetzt?" (ebd.).

Doch im Großen und Ganzen geht es für sie darum, die für die Organisation wichtigen Botschaften versandt zu haben. Sie müsse sich überlegen: „Welche Inhalte möchte ich transportieren[?]" und wo sie „Resonanz" erreiche (ebd.). Man müsse ein Thema „unter die Leute bringen, über welche Kanäle auch immer", und je nach konkreter Fragestellung unterscheiden: „Da muss die Zielsetzung klar sein. Will ich die Bekanntheit eines Produktes erhöhen? Will ich ein bestimmtes Thema in den Medien forcieren? Geht es wirklich nur darum, ein Produkt zu hypen? Oder will ich etwas produktneutraler bestimmte Themen oder Wirkmechanismen in die Köpfe bringen? Das sind ganz unterschiedliche Zielsetzungen" (ebd.). Am Ende des Prozesses müsse immer „nachgefasst" werden, wann die Berichterstattung erscheine. Gerade bei der „klassische[n] Produktpräsentation" gehe es „ins Marketing" (ebd.). Man müsse hinter dem Projekt stehen, das man „vermarkten" möchte, es mache ihr vor allem

Spaß, „Produkte zu gestalten, zu positionieren [...] und am Erfolg eines Produktes teilzuhaben" (ebd.).

Auf die Frage, wie man ‚Themen in die Köpfe bringen' könne, antwortet sie unter Bezug auf einen bekannten KW-Terminus: „In der Regel geht das über Meinungsbildner. Das heißt, man sucht sich Meinungsbildner, Experten für einen speziellen Bereich und bespricht mit dem die Zielsetzung, die man hat. Das geht dann über Interviews, über Statements und solche Dinge. Das funktioniert in der Regel sehr gut, sowohl im Fach- als auch im Publikumsbereich" (ebd.). Daher suche ihre Organisation Meinungsbildner und diese stünden „dann zum Beispiel für Interviews zur Verfügung. Wir bieten dann Interviews an oder haben fertige Interviews, Fragen, Antworten, die man dann platzieren kann" (ebd.). Auch wenn an dieser Stelle natürlich nicht unerwähnt bleiben darf, dass der Begriff des Meinungsbildners ursprünglich auf bestimmte aktive *Medienrezipienten* abzielte, die dann andere Rezipienten im Kontext von Wahlkämpfen interpersonal beeinflussten (siehe Kapitel II, 1.1.3), so könnte man an dieser Stelle dennoch die These aufstellen, dass die ehemalige KW-Studentin einen Begriff aus ihrem Studium bewusst oder unbewusst anwendet, um in *unidirektionaler* PR-Arbeit die gewünschten „Themen oder Wirkmechanismen in die Köpfe [zu] bringen" (ebd.).[207] Um ihre kommunikativen Ziele zu erreichen, geht sie insgesamt fast schon wissenschaftlich vor: „Unterm Strich macht mir [...] die Kommunikation in Verbindung mit Marketing und auch die psychologischen Aspekte: Marktforschung, qualitative Marktforschung – in dieser Dreierkonstellation macht es mir eigentlich am meisten Spaß" (ebd.).

Zusammenfassend lässt sich festhalten, dass die hier vorgestellten PR-Praktiker aus den folgenden Gründen als Vertreter eines tendenziell *fokussiert-unidirektional* geprägten Verständnisses von Öffentlichkeitsarbeit typologisiert wurden: Für sie besteht PR vor allem aus Presse- bzw. Medienarbeit – das heißt, nur wenige von ihnen thematisieren ein breiteres Verständnis von der Entstehung öffentlicher Meinung (beispielweise auch über alternative Kanäle wie etwa Social Media oder interpersonale Kommunikation). Für sie definieren zumeist die ‚Clippings' die gesell-

---

[207] Konfrontiert mit der Frage, wer genau so ein Meinungsführer sein könne, nennt sie „Schmerztherapeut[en]", „Professor[en]", „Ernährungswissenschaftler" oder auch einen Sportarzt, der „ein bisschen den Hintergrund" erkläre, und „dann versucht man auch so ein bisschen die Kurve zum Produkt zu kriegen. Aber nicht so platt" (Leiterin PR/Marketing Pharmaunternehmen).

schaftliche Realität. Oberstes Ziel ihrer Arbeit ist die Generierung positiver Artikel, wobei ‚positiv' bedeutet, dass diese möglichst viele Botschaften der eigenen Organisation enthalten. Die Medien dienen im Idealfall als Multiplikatoren für die eigene Meinung, daher sind Journalisten die mit Abstand wichtigste Anspruchsgruppe oder Teilöffentlichkeit. Andere Stakeholder sind hingegen weniger relevant. Der Versand der eigenen Botschaften ist für diese PR-Praktiker deutlich wichtiger als die Reaktion auf (möglicherweise auch kritische) Anfragen. Dieses Verständnis von Öffentlichkeitsarbeit, das oftmals in einer Kombination mit Marketingaspekten vorzufinden ist, kommt dem in der KW dominanten Verständnis von einer *diversifiziert-reziproken* PR nicht wirklich nahe.

2.1.2 Einstellung zu Mertens ‚Täuschungsthese'

Wie stehen diese *fokussiert-unidirektionalen* PRler nun zu Mertens These, dass PR auch mit der „Technik bedingt geduldeter öffentlicher Täuschung" operiere (Merten 2008b: 56f.; siehe auch Kapitel II, 1.2.3)? Hier zeigt eine Analyse der Antworten, dass ein simplifizierender Kurzschluss im Sinne von ‚tendenziell marketingorientiertes PR-Verständnis = tendenziell Täuschung tolerierendes PR-Verständnis (wie in der Werbung)' nicht haltbar ist. Auch wenn mit Sicherheit der Faktor ‚soziale Erwünschtheit' die Antworten verzerrt haben dürfte (niemand gibt gerne zu, Täuschung zu dulden): Mindestens drei der als *fokussiert-unidirektional* orientierten PR-Praktiker widersprechen Mertens These – und es wurden noch nicht einmal alle der genannten PR-Praktiker nach ihr gefragt.

Beispielsweise entgegnet der Sprecher der Landesinnung: „Die PR soll objektiv informieren über das, wofür sie zuständig ist. [...] Lügen und Mauern bringt nichts" (Pressereferent Landesinnungsverband). Auch der Leiter der PR-Abteilung des Pharmaunternehmens weist dieses PR-Verständnis von sich: „Nein. Das würde der Glaubwürdigkeit widersprechen. Als Pharmaunternehmen muss man sich immer bewusst machen, dass man keine Produkte für Kunden im typischen Sinne herstellt, sondern für Patienten. Da wäre jeder Versuch der Täuschung meiner Meinung nach unmoralisch" (Leiter Öffentlichkeitsarbeit Pharmaunternehmen).[208] Und die Leiterin der Pressearbeit für einen Verlag glaubt, dass

---

[208] Gleichzeitig scheint er jede Form der PR per se von Täuschung freizusprechen – was wiederum die Vermutung nahelegt, dass er täuschende Formen von Öffentlichkeitsarbeit

Täuschung eher im „Werbe- und Marketingbereich" zu verorten sei – sie mache „seriöse PR-Arbeit" und würde Dinge, die sie selber nicht gut finde, auch nicht schönfärben, sonst glaube ihr der Journalist „nie wieder was" (Leiterin Pressearbeit Verlag).[209] Sie würde die positiven Aspekte eines Buches hervorheben und die negativen Aspekte weglassen, für Nachfragen jedoch offen sein (vgl. ebd.).

Doch es gibt sie – die *fokussiert-unidirektional* eingestellten PR-Praktiker, die nicht wirklich abstreiten, dass Täuschung zu einem gewissen Grad eine Rolle in ihrem Beruf spielen könnte. So ordnet der Pressechef der Kulturveranstaltung (trotz oder vielleicht gerade wegen seiner journalistischen Erfahrung) sachlich ein: „Es gibt Produkte, da können sie den Leuten sonst was erzählen. Zigaretten, Waschpulver, da ist am Ende wurst, was sie nehmen. Aber es gibt auch Produkte, da gucken die Leute auf ganz andere Sachen [...]. Ich denke, da funktioniert die Täuschung der PR nicht so gut. [...] Wie es so schön heißt: You can fool some of the people some of the time, but you can not fool all of the people all of the time" (PR-Chef Kulturveranstaltung). Auch die Agenturinhaberin aus der Kulturbranche distanziert sich nicht direkt vom Vorwurf der Täuschung. Nach anfänglichem Zögern sagt sie schließlich: „Hm, jein, sagen wir mal. Also klar werden Pressemeldungen so geschrieben, dass sie positiv sind, dass sie auch schon Meinungen produzieren. Also: ‚Der tollste Film', ‚Der Sommerhit des Jahres' und so was. Das ist mehr geworden als früher. [...]. Natürlich kann man manchmal in Diskussionen auch Meinungen relativieren" (Agenturinhaberin Kulturbranche).

Der Geschäftsführer der PR-Agentur reagiert zwar empört auf den Vorwurf der Täuschung. Doch er macht dabei auch klar, dass es für ihn nicht denkbar wäre, auch über die negativen Aspekte von Pharmaprodukten zu sprechen – und damit entspricht sein PR-Verständnis doch eher dem, was Grunig und Hunt in ihrem Vier-Felder-Modell als ‚Propaganda' definieren würden (siehe Kapitel II, 1.2.3): „Das [dass PR täusche; Anm.

---

nicht als solche wahrnehmen würde: „In anderen Branchen mag das anders sein, aber auch da würde ich nicht von Täuschung sprechen. Es ist immer im Interesse eines Unternehmens, in der Öffentlichkeit positiv wahrgenommen zu werden und Geld zu verdienen" (Leiter Öffentlichkeitsarbeit Pharmaunternehmen).

[209] Jedoch wird in dieser Arbeit die Auffassung vertreten, dass ihr in Kapitel V, 2.1.1 dargelegtes Verständnis von Öffentlichkeitsarbeit eben genau davon ausgeht, dass PR einen weiteren Absatzkanal im Marketing-Mix darstellt und die Verkaufszahlen der Bücher erhöhen soll.

d. Verf.] können nur Leute sagen, die das, was wir machen, nicht verstanden haben. Das, was wir machen, ist, die Menschen über Produkte zu informieren, die sie sonst nicht kennen würden. Wir nennen ihnen Vorteile von dem und dem Produkt und erst deswegen können die Leute sagen: Ja, das und das ist genau das Richtige für mich. [...] [D]as wäre ja völlig abwegig, wenn ein Unternehmen sich hinstellt [und sagen würde; Anm. d. Verf.]: Diese und jene Schwachpunkte hat unser Produkt, das wäre ja wirklich undenkbar. So jemand hat dann wohl nicht verstanden, wie Unternehmen arbeiten" (Geschäftsführer PR-Agentur). Die Leiterin PR/Marketing im Pharmakonzern entgegnet hingegen, dass man „differenzieren" müsse: „Ich denke, die Medienanbieter sind auch wirtschaftlich unter Druck. Es gibt natürlich Medien, die sich strikt davon distanzieren, Gefälligkeits-PR zu machen. Auf der anderen Seite kann man natürlich aus wirtschaftlicher Sicht, aus Unternehmersicht, dort sehr schöne Synergieeffekte erzielen" (Leitern PR/Marketing Pharmaunternehmen).

Am deutlichsten wird der Pressesprecher der Umweltschutzorganisation, der interessanterweise Verständnis für die PR-Mitarbeiter in der Atombranche zeigt: „Was ist denn daran verwerflich, wenn jemand für ein Atomkraftwerk PR macht? Was ist der Unterschied zwischen dessen Sichtweise und [T]äuschen? Natürlich wird der nicht sagen: Der Atommüll baut sich in 100 Mio. Jahren nicht ab. Natürlich sagt er das nicht. Aber ist das gleich [T]äuschen, nur weil er das nicht sagt? Oder kann man nicht auch vom Journalisten erwarten, dass er weiß, das ist die subjektive Sichtweise?" (Pressesprecher Umweltschutzorganisation). Er stimme Merten zu und fand dessen These „ziemlich gut formuliert" – nur beim „Wort Täuschung" selbst sei er nicht einverstanden (ebd.). Es gebe „nichts [S]chlimmeres als beim Lügen erwischt werden", Zuspitzen sei jedoch erlaubt (ebd.).

2.1.3 Einflussfaktoren

Welche Gründe könnten nun dazu beitragen, dass ein PR-Praktiker ein eher *fokussiert-unidirektionales* Berufsverständnis ausprägt – oder zumindest im Sinne eines solchen Verständnisses handelt? Wann wird es attraktiv oder vielleicht sogar notwendig, ein eher an Marketinggesichtspunkten orientiertes, teilweise werbliches Vorgehen in der eigenen PR-Praxis anzuwenden? Zwei denkbare Einflussfaktoren scheiden gleich zu Beginn der

Analyse aus: Geschlecht und Position (bzw. Alter und Berufserfahrung). So befinden sich Männer und Frauen in dieser Gruppe, genau wie Geschäftsführer und Berufseinsteiger.

Auffällig ist hingegen, dass alle Agentur-PRler der Sekundäranalyse in dieser Gruppe zu finden sind. Möglicherweise, so könnte man argumentieren, gibt es in Agenturen einen größeren Druck, Berichterstattung und unmittelbar erkennbare Wirkungen bei für den Kunden zentralen Zielgruppen zu erzeugen – auf langfristigen, gesamtgesellschaftlichen Austausch sind ihre Mandate womöglich nicht oft ausgelegt. In der Primäranalyse wurde hingegen implizit die Vermutung aufgestellt, dass *beratende* PR-Agenturmitarbeiter (neben beratenden PRlern aus anderen Institutionen) gegebenenfalls neben ihrer *expliziten* KW-Nachfrage auch eine größere Affinität zum *diversifziert-reziproken* PR-Verständnis der KW aufweisen. Dies wurde durch das Beispiel des Managing Partners der PR-Agentur illustriert, der vom Abbau gesamtgesellschaftlicher Widerstände gesprochen hatte (siehe Kapitel V, 1.3.2, 1.3.3 und 1.3.4). Auch wenn man dem entgegenhalten könnte, dass möglicherweise *keiner* der in der Sekundäranalyse interviewten PR-Agenturmitarbeiter ein *Berater* ist – hier besteht nach Meinung des Autors angesichts des vorliegenden empirischen Materials ein Widerspruch. Damit ist jedoch nicht die These widerlegt, dass *beratende* PRler möglicherweise eher zu einer *expliziten* Relevanzzuschreibung für die KW neigen, selbst wenn sie dabei nicht auch noch notwendigerweise ein *diversifziert-reziprokes* PR-Verständnis an den Tag legen.

Angesichts der Tatsache, dass auch alle im Kulturbereich beschäftigten PRler (Leiterin Pressearbeit Verlag, PR-Chef Kulturveranstaltung, Agenturinhaberin Kulturbranche) in dieser Gruppe zu finden sind, könnte man vermuten, dass PR in diesem Sektor womöglich vor allem dazu beitragen soll, dass am Ende ‚mehr Karten bestellt' und ‚mehr Bücher verkauft' werden. Es wird mithilfe von PR Werbung für ein bestimmtes Produkt betrieben, wenn der PR-Chef der Kulturveranstaltung sagt, es gehe bei seiner Arbeit darum, dass der Katalog „optisch und inhaltlich einfach interessant" sei und man die „Leute schon dazu kriegen" müsse, „da reinzugehen" (PR-Chef Kulturveranstaltung). Hier scheint der Nutzen, *unidirektionale* und *fokussierte* PR mit Blick auf die zahlenden Zielgruppen zu betreiben, größer zu sein als vielleicht in anderen Branchen, in denen es eher die Aufgabe der Öffentlichkeitsarbeit ist, gesamtgesellschaftliche Widerstände gegenüber dem Handeln der eigenen Organisation zu vermeiden oder abzubauen. Die ehemalige Mitarbeiterin einer PR-Agentur für Film (deren Interview nicht in die vorliegende Sekundäranalyse eingeflossen ist, da sie zum Zeitpunkt des Interviews schon seit über drei Jahren nicht mehr in der PR arbeitete) bestätigt diese These zumindest aus ihrer Sicht für den Kulturbereich: „PR ist ja so: Du bekommst ein fertiges Produkt und dieses Produkt gilt es dann besonders kunstvoll und gut und erfolgreich zu promoten" (Mitarbeiterin Film-PR-Agentur).

Auch die Assistentin in der PR-Agentur muss (jedoch außerhalb des Kulturbereichs) vor allem viel Produkt-PR machen, die eine natürliche Nähe zu Werbung und Marketing aufweist, genau wie der Geschäftsführer der PR-Agentur, der selbst BWL studiert hat, aus dem Marketing kommt und der Auffassung ist, dass man „recht schnell bekannt werden muss mit seinem Produkt oder seinem Unternehmen, sonst ist man weg vom Fenster" (Geschäftsführer PR-Agentur) – ein weiteres stützendes Beispiel für die oben bereits formulierte ‚Agenturthese'. Genauso definiert auch ein anderer BWL-Absolvent, der Leiter der Öffentlichkeitsarbeit des Pharmaunternehmens, seine Arbeit vor allem als Produkt-PR bzw. -Werbung: „Wie gesagt, wir vermarkten unsere Produkte mithilfe von PR-Agenturen" (Leiter Öffentlichkeitsarbeit Pharmaunternehmen). Die Sprecherin des Lebensmittelkonzerns findet es „immer schöner für ein ohnehin schon positives Produkt PR zu machen" (Pressesprecherin Lebensmittelkonzern). Und auch die Mitarbeiterin der PR-Agentur (also nicht nur die oben bereits genannte *Assistentin* in einer anderen Agentur) betreibt vor allem für Kunden der Lebensmittelbranche „Produkt-PR", sie müsse sich überlegen, was die Marke „von anderen abhebt" (Mitarbeiterin PR-Agentur). Offensichtlichstes Gegenbeispiel für die ‚Produkt-PR-These' ist die Leiterin der Produktkommunikation eines Pharmakonzerns, die als tendenziell *reziprok-diversifizierte* PR-Praktikerin klassifiziert wurde (siehe Kapitel V, 2.2.1).

Ein *unidirektionales* Vorgehen könnte auch im Fall von bestimmten politischen Interessenvertretungen gefragt sein, deren Ziel gerade in der Propagierung einer bestimmten Position besteht (z.B. der Pressesprecher der Umweltschutzorganisation, die Pressesprecherin der lokalen Umwelt-NGO, der CvD der Kommunikationsabteilung der Umwelt-NGO, die Sprecherin der Initiative gegen den Flughafenausbau oder die Pressesprecherin des Verbands im Umweltbereich). Hier geht es nicht um ein zu bewerbendes Produkt, sondern um eine Weltanschauung – die Methoden ähneln jedoch der Werbung, wenn es darum geht, bildträchtige Aktionen in der Öffentlichkeit zu machen, „bei denen die Message klar rüberkommt" (Pressesprecherin lokale Umwelt-NGO). Jedoch kann man hier nicht von einem *fokussierten* PR-Verständnis sprechen, sondern von einem ganz bewusst *diversifizierten* – es sollen schließlich alle gesellschaftlichen Teilbereiche, und nicht nur ‚die Kunden' oder ‚die Medien', erreicht werden.

Hinzu kommt ein Faktor, der anhand der vorliegenden Interviewtranskripte nur sehr oberflächlich analysiert werden kann: das jeweilige familiäre Umfeld, in dem die Befragten aufgewachsen sind. Beispielsweise kommen sowohl die Pressesprecherin der lokalen Umwelt-NGO als auch der CvD der Kommunikationsabteilung der anderen Umwelt-NGO aus Haushalten mit eher linken politischen Einstellungen (vgl. ebd.). Man könnte die Vermutung aufstellen, dass die damit verbundene starke subjektive Überzeugung, mit Umwelt-PR für etwas ‚Gutes' bzw. ‚Richtiges' Öffentlichkeitsarbeit zu betreiben, dazu führt, dass ein *unidirektionales* Vorgehen leichter innerlich gerechtfertigt werden kann. Ein kritischer Austausch mit den anderen gesellschaftlichen Positionen erscheint dann vielleicht weniger wichtig. Jedoch handelt es sich dabei tatsächlich nur um eine Vermutung – die Datenlage ist in Bezug auf das familiäre Umfeld der befragten Personen zu dünn für belastbare Aussagen.

Ein anderer denkbarer Grund – der auch direkt die Forschungsfrage dieser Arbeit berühren würde – wäre die Ausbildung bzw. der bisherige Werdegang. Man könnte zum Beispiel die These aufstellen, dass jemand, der weder KW noch ein verwandtes Fach, sondern eher Betriebswirtschaft (Marketing) studiert hat, sich weniger der Idee einer *diversifiziertreziproken* Kommunikation verbunden fühlt. Auch könnte man vermuten, dass jemand, der zunächst in einer völlig anderen Branche tätig war, PR in erster Linie als einen ‚Werbekanal' betrachten könnte. Und in der Tat: Viele der *fokussiert-unidirektional* arbeitenden PRler beschreiben sich als klassische Quereinsteiger (z.B. Leiterin Pressearbeit Verlag, Assistentin PR-Agentur, Pressesprecherin Lebensmittelkonzern, Agenturinhaberin Kulturbranche), das heißt sie haben in ihrem Studium kaum Berührungspunkte mit Kommunikation und PR gehabt – oder kommen aus der BWL und haben sich danach beruflich zunächst mit Marketing beschäftigt (z.B. Geschäftsführer PR-Agentur, Leiter Öffentlichkeitsarbeit Pharmaunternehmen).

Eine der PR-Praktikerinnen aus der Kulturbranche sagt: „Ich liebe das Kino, ich gehe sehr gerne ins Kino, das hat sich damals einfach vom

Theater wegentwickelt. [...] Es hat sich einfach eher durch Zufall entwickelt, dass ich hier in der Pressearbeit gelandet bin" (Agenturinhaberin Kulturbranche). Noch direkter sagt es der Mitarbeiter einer PR-Agentur: „Das[s] ich jetzt bei einer PR-Agentur gelandet bin, war in dem Sinne keine bewusste Entscheidung, sonder[n] halt einfach der Tatsache geschuldet, dass ich diese[n] Job als erstes bekommen habe und mir die Sache, wie gesagt, auch Spaß gemacht hat" (Mitarbeiter PR-Agentur). Die Assistentin der PR-Agentur, die unter anderem Ägyptologie und Koptologie studiert hat, meint: „Dann war ich mit meinem Studium fertig und ganz panisch, dass ich nichts bekomme. [...] Ich bin da reingerutscht. Das war jetzt nicht mein Traumziel" (Assistentin PR-Agentur). Und der PR-Chef der Kulturveranstaltung, der über jahrelange Erfahrung als Journalist verfügt, meint, es sei „sicher nicht" sein „Lebensziel", Kataloge zu erstellen – der Job sei ihm „wichtig zum Geldverdienen" (PR-Chef Kulturveranstaltung). Es muss jedoch festgehalten werden, dass auch unter den PRlern mit eher *diversifiziert-reziprokem* Berufsverständnis Leute sind, die „dann so reingerutscht sind" (Leiterin Produktkommunikation Pharmakonzern). Bestes Beispiel ist der Leiter der Unternehmenskommunikation eines Finanzunternehmens, der (wie in Kapitel V, 2.2.1 noch dargestellt werden wird) nicht als *unidirektional-fokussierter* PR-Praktiker bezeichnet werden kann, der aber eine Marketing-Weiterbildung absolviert hat, „über Umwege" in die PR kam und zunächst „die harte Realität im Vertrieb" kennengelernt hat (Leiter Unternehmenskommunikation Finanzunternehmen).

Auch wenn oben bereits festgestellt wurde, dass die hierarchische Position kein zwingender Grund für die Ausprägung bzw. Etablierung eines bestimmten PR-Verständnisses sein kann, so ist es doch auffällig, dass besonders viele ‚Techniker' in der Gruppe der *fokussiert-unidirektionalen* PRler zu finden sind. Diese können durchaus die Hauptverantwortlichen/Leiter für die Kommunikation in ihrer Organisation sein – sind dann jedoch oftmals auch die einzigen PR-Mitarbeiter in der gesamten Organisation. Das bedeutet: Selbst wenn sie die Kommunikation leiten, müssen sie die technischen Aufgaben wie etwa das morgendliche Durchforsten der Medien, das Verfassen von Texten und das Anbieten von Inhalten selbst übernehmen. Man könnte daher die These aufstellen, dass bei so viel technischer Tagesarbeit zu wenig Zeit bleibt, um ‚das große Ganze' zu reflektieren, sprich: über *fokussiert-unidirektionale* PR hinauszudenken, unter Öffentlichkeitsarbeit mehr zu fassen als die Generierung positiver Clippings und sich stärker für die komplexe Entstehung öffentlicher Meinung zu interessieren.

So sagt der Referent des Landesinnungsverbandes etwa: „Ich bin ja Einzelkämpfer, also Presse-/Öffentlichkeitsarbeit und Marketing in einem. Ich mache eigentlich alles, vom Schreiben bis zum Clipping, vom Anfang bis zum Ende. Ich schreibe auch Reden für den Vorsitzenden. Also es ist sehr textlastig" (Pressereferent Landesinnungsverband). Daher vertritt er auch die Auffassung, dass die PR-Ausbildung vor allem „solides Handwerk vermitteln" sollte – auch wenn ein Hochschulstudium, vielleicht „Journalistik oder in die Richtung", natürlich „immer gut" sei: „Texten muss man können. Man sollte sich mit Grafik auskennen, so dass man sich auch mal mit einem Grafiker unterhalten kann. Internet ist natürlich auch immer wichtig" (ebd.). Das Wichtigste in der PR sei jedoch „nicht die Ausbildung, sondern die Connections" (ebd.). Er betrachtet sich eher als ausführendes Organ der Geschäftsführung – inhaltliche Diskussionen würde er mittlerweile nicht mehr oft führen („Irgendwann weiß man, was geht und was nicht geht [...] und dann nimmt das seinen Gang"; ebd.).

Die Agentur-Assistentin, die Ägyptologie studiert hat und die PR als Teil des Marketing definiert, musste lange Zeit Journalisten hinterhertelefonieren, um an einen Artikel für einen Kunden zu erinnern: „Und dann ruft man an, einfach um das Thema noch mal in Erinnerung zu bringen und das kurz zu erzählen. Wenn jetzt jemand sagt, er hat keine Zeit, dann machen wir das auch kurz. Das ist schon der Service-Gedanke" (Assistentin PR-Agentur). Mittlerweile habe sie zwar eine Aushilfe für diese Telefonate. Doch aufgrund ihrer Verantwortung für sieben Kunden müsse sie sehr viel schreiben, „bei den meisten eine Pressemitteilung im Monat", wenn nicht drei (ebd.). Hinzu kämen „ganz viele Sachen, die so mitlaufen würden: ‚Mach mal ein Anschreiben dafür oder Verlosungstexte, also so kleinere Sachen" (ebd.). Auch der Leiter der Öffentlichkeitsarbeit des Pharmaunternehmens sagt, dass ein „große[r] Teil unserer Arbeit [...] durch den Internetauftritt bestimmt" werde, den es zu pflegen gelte (Leiter Öffentlichkeitsarbeit Pharmaunternehmen). Die Website des Unternehmens müsse dabei „täglich neu" gestaltet werden, hauptsächlich gehe es dabei um die Präsentation neuer Produkte und Forschungsberichte (ebd.). Der Geschäftsführer der PR-Agentur erstellt neben nicht näher definierten „Beratungsleistung[en]" „Broschüren" und „Info-Material bis zum Web-Auftritt" (Geschäftsführer PR-Agentur). Auch die Sprecherin des Lebensmittelkonzerns hat eine „arme Kollegin", die „am Freitag 25

Päckchen packen" müsse, „von drei neuen Fruchtsäften" (Pressesprecherin Lebensmittelkonzern). Auch sie selbst habe vor Kurzem „noch Briefe eingetütet" und würde „alle drei Monate neue Produktinformationen mit Bildern als Presseservice verschick[en]" (ebd.). Darüber hinaus müsse sie viel schreiben und telefonieren (vgl. ebd.). Hier ist die Frage, wo technische PR-Arbeit aufhört und strategisches Kommunikationsmanagement anfängt. Eine PR-Agentur könne sie sich jedenfalls in dem kleinen Unternehmen nicht leisten – „[i]ch bin eigentlich allein", sie habe lediglich eine studentische Aushilfe und eine externe Grafikerin (ebd.).

Der Onlinejournalismus- und PR-Absolvent macht klar, dass sein Studium sehr technisch angelegt war: „Man hat viel Praxisnähe, [...] es gibt in jedem Semester Projekte mit externen Partnern. [...] Jeder hat einen Laptop für die Textwerkstatt, Kameraausrüstung" (Pressesprecher Umweltschutzorganisation). Dabei sieht er eine unmittelbare Verknüpfung zu seinem heutigen Job, der ebenfalls sehr von technischen Aufgaben geprägt zu sein scheint, wenn er sagt, „dass man einfach schon während dem Studium Routine in den Bereichen bekomm[t], in denen man später arbeitet. [...] Einfach dass man bis zum Ende des Studiums schon 50 Pressemitteilungen in der Textwerkstatt geschrieben hat" (ebd.). An seinen Aussagen lässt sich exemplarisch ablesen, dass den Technikern oft keine Zeit für einen Austausch mit dem gesellschaftlichen Umfeld bleibt und dass die Kombination von wenig Personal und vielen technischen Aufgaben gegebenenfalls zur Entstehung einer *unidirektionalen* Arbeitsweise beitragen kann: Zwar würde die Organisation auch auf Themen reagieren, beispielsweise auf einen „politischen Beschluss der EU" – doch „wir sind Pressesprecher, wir haben jetzt nicht im Blick, welches Gesetz gerade im EU-Parlament diskutiert wird [...] [d]afür haben wir einfach zu viele Themen [...] plus andere Sachen, die man noch organisieren muss" (ebd.).[210]

Die Pressesprecherin der lokalen Umwelt-NGO befindet sich in der klassischen Anfängerphase ihres PR-Berufslebens, welche viele technische Themen beinhaltet. Auf die Frage, wie ihr Tag aussehe, sagt sie: „Pressemitteilungen verfassen, den Projektleitern wegen den Inhalten hinterherrennen, Mitteilungen rausschicken, mit Journalisten telefonieren, Zei-

---

[210] Dabei weist er darauf hin, dass die hohe Arbeitsbelastung zur Zeit des Interviews darauf zurückzuführen sei, dass nicht alle Stellen besetzt seien – sonst finde er es „eigentlich ganz angenehm" (Pressesprecher Umweltschutzorganisation).

tungen durchforsten, Webseite pflegen, Meetings und Veranstaltungen organisieren, ganz viele E-Mails schreiben" (Pressesprecherin lokale Umwelt-NGO). Hinzu komme, dass sie Printprodukte wie Flyer texte und produzieren lasse (vgl. ebd.). Sie müsse „20 Projekte gleichzeitig nach außen kommunizieren" und sie hätte „gerne mehr Zeit", um sich mit Journalisten zu treffen (ebd.). Ein *reziproker* Austausch ist also aufgrund von Zeitmangel für sie als Technikerin kaum möglich. Die Sprecherin der Initiative gegen den Flughafenausbau ist ebenfalls allein für das Thema Öffentlichkeitsarbeit zuständig und „als berufstätige Mutter ausgelastet" (ebd.). Der CvD der Umwelt-NGO spricht davon, dass der „Stress [...] enorm" sei (CvD Kommunikationsabteilung Umwelt-NGO), und die Sprecherin des Verbands im Umweltbereich muss die Pressearbeit alleine neben anderen Positionen im Verband bewältigen, somit „alles und vieles machen" und „komme [...] nicht dazu, manche Themen intensiver zu behandeln" (Pressesprecherin Verband im Umweltbereich).

Auch die Mitarbeiterin der PR-Agentur muss „viel jonglieren", es sei „sehr schwierig, sich in Ruhe hinzusetzen und eine Pressemitteilung zu schreiben" (Mitarbeiterin PR-Agentur). Zwar stellt sie eine Art Ausnahme oder Gegenbeispiel dar, denn mittlerweile ist sie in einer leitenden Position angekommen, das Verfassen von Texten habe damit für sie „an Stellenwert verloren", so etwas „delegiere" sie und schaue drüber – es sei nun „alles sehr organisatorisch" (ebd.). Genauso könnte man aber auch argumentieren, dass sich das Arbeitsumfeld einer PR-Agentur, die vor allem Markenbekanntheit schaffen soll, bereits in den vergangenen Jahren auf ihr persönliches Verständnis von PR ausgewirkt haben dürfte – und dass eine nun eingetretene Veränderung ihrer täglichen Arbeit nicht sofort zu einem geänderten Verständnis von Öffentlichkeitsarbeit führen wird. Sie scheint in einer Agentur zu arbeiten, die dem Marketing nähersteht als der klassischen PR, und dadurch ist ein *fokussiertes* und *unidirektionales* PR-Handeln eventuell auch eher für sie geboten: „Bei allen Kunden sind wir aufgehängt am Marketing [...]. Die haben Marketing[-] oder Produkt[-]Manager" (ebd.).

Der männliche Agenturmitarbeiter sagt: „Mein Aufgabenbereich umfasst in der Regel das Schreiben von Texten. [...] Daneben redigiere ich auch Texte von freien Textern" (Mitarbeiter PR-Agentur). Manchmal geht die Tätigkeit dieser technisch eingebundenen PR-Praktiker bereits in Richtung Event-Management: „Ich mache den Katalog und das Magazin [...]. Während des Festivals machen wir Kontakte für die [Künstler], damit die

Interviewtermine kriegen [...]. Im Moment [...] machen wir nur noch Aufräumarbeiten, beantworten ein paar wenige Anfragen, verschicken die letzten Kataloge, versuchen sie vor allem in einer Uni-Bibliothek unterzubringen, denn wenn die da steh[en], dann sind ihre Aussichten größer, von der VG Wort noch ein paar Euro zu kriegen" (PR-Chef Kulturveranstaltung).

Auch wenn die hier genannten PRler sicherlich nicht ausnahmslos Techniker sind und auch wenn sich bei der anderen Gruppe (siehe Kapitel V, 2.2) ebenfalls technische Aufgaben finden lassen: Zusammenfassend könnte man die These aufstellen, dass in der Arbeit für eine PR-Agentur (vor allem ohne *Beratungs*-, sondern mit operativem Schwerpunkt), in der Hauptbeschäftigung mit produktorientierter oder auch weltanschauungsgetriebener PR, in der Öffentlichkeitsarbeit für die Kulturbranche sowie in einem hohen Grad an technischen Aufgaben mögliche Gründe dafür zu sehen sind, dass ein PR-Praktiker ein eher *fokussiert-unidirektionales* PR-Verständnis ausbildet bzw. sein Handeln an einem solchen Verständnis ausrichtet. Nachdem alle Agenturmitarbeiter der Sekundäranalyse in dieser Gruppe der PR-Praktiker zu finden sind und es unwahrscheinlich ist, dass all diese Agenturen *nicht* beratend tätig sind, scheint sich jedoch an dieser Stelle eine notwendige Korrektur der in Kapitel V, 1.3.3 formulierten Beraterthese anzukündigen: Möglicherweise stimmt es, dass *beratende* PR-Praktiker eher geneigt sind, die KW aktiv auf dem *Markt des Wissens für Kommunikation* (siehe Kapitel III, 3) nachzufragen – jedoch müssen sie dabei nicht notwendigerweise auch noch ein *diversifziert-reziprokes* PR-Verständnis ausbilden. Gleichzeitig muss im Hinterkopf behalten werden, dass Berater auch in anderen Organisationen zu finden sind als nur in Agenturen. Endgültige Klarheit über die möglichen Einflussfaktoren zur Entstehung eines bestimmten PR-Verständnisses kann jedoch nur die nun folgende Kontrastierung mit der zweiten Gruppe der Sekundäranalyse bringen.

2.2 Praktiker mit *diversifiziert-reziprokem* PR-Verständnis

2.2.1 Zentrale Merkmale

Die Kommunikationschefin eines Biounternehmens, die früher Journalistin war, macht deutlich, dass sie keinen großen Unterschied zwischen Journalismus und PR sieht: „Für mich ist das sowieso nicht so weit auseinander, weil ich sage, ich mache Journalismus für eine Geschichte, für die ich mich entschieden habe" (Kommunikationschefin Bio-Unternehmen). Sie hat ein differenzierteres, tendenziell *diversifiziertes* Bild von der Öffentlichkeit und denkt dabei an mehr als nur die Medien oder die Endkunden: „Mein Kunde ist ja auch die Öffentlichkeit. Insofern ist es auch mein Auftrag, für die Öffentlichkeit zu arbeiten. Aber die Frage ist ja: Was ist die Öffentlichkeit? Ich erwische ja immer nur Teilmengen dieser Öffentlichkeit. Und ich mache mir [durch] Begegnungen, durch Kundenbefragungen, durch den Freundeskreis [...] ein Bild davon, welche Öffentlichkeit [ich] erreichen [will]. Und entwickle darauf[hin] meine Art Sprache, meine Art Bildersprache, meine Themenauswahl" (ebd.). Anfragen von Journalisten müssten innerhalb von 24 Stunden beantwortet sein – sie sehe sich in einer Dienstleisterrolle (vgl. ebd.).

Es gehe ihr darum, „die Bedürfnisse von Medien" ernst zu nehmen, und sie kritisiere Kollegen, wenn diese „keine Zahlen [Geschäftszahlen; Anm. d. Verf.] rausgeben" wollten (ebd.). Das sei für sie „Beton" (ebd.), sprich: Mauern statt Transparenz. Es geht ihr also eher um einen *reziproken* Austausch mit den Journalisten als um eine *unidirektionale* PR, die nur die eigenen, ausgewählten Inhalte umfasst. Darüber hinaus habe sie es sich zum Ziel gesetzt, aufrichtig zu kommunizieren: „Eines unserer Prinzipien ist auch, wir reden nicht um den heißen Brei herum und kommunizieren so ehrlich wie möglich. Wir machen jetzt keine Volksverdummung. Wir sind mit uns selbst auch kritisch und benennen das natürlich. [...] [I]ch glaube, dass das sehr wichtig ist, dass man ehrlich ist, authentisch ist" (ebd.). Zwar spricht auch sie davon, dass Erfolg in der PR für sie „Resonanz" bedeute – dabei denkt sie jedoch nicht nur an Artikel, sondern beispielsweise an Rückfragen und Austausch (ebd.).

Der Pressereferent einer Brauerei, der Germanistik, Anglistik und Politikwissenschaft studiert und eine Weiterbildung zum PR-Referenten gemacht hat, muss zwar auch viel direkte Medienarbeit machen, legt aber Wert darauf, als *reziproker* Praktiker gesehen zu werden. Er bedauere die misstrauische Grundhaltung vieler Journalisten gegenüber Unternehmen, da „wir auch offen kommunizieren. Wir sind natürlich ein Unternehmen, das bestimmte Interessen hat, was wir natürlich auch kommunizieren möchten, aber generell geht es uns schon darum, transparent zu sein. Ich sehe mich auch als jemand, der Firmen-News nach außen repräsentiert. Wir sagen ja auch, was negativ ist. Wir vertuschen ja auch nicht, wenn ein Unfall passiert, oder so" (Pressereferent Brauerei). Er bemühe sich, „kooperativ zu sein", und sieht im Zusammenspiel von PR und Journalisten „viel Partnerschaft" – auch wenn er „Wirtschaftsdaten und Zahlen" (ebd.) nicht einfach rausgeben könne. Genauso gehöre auch PR zu seiner Tätigkeit, bei der man „auch ein bisschen verkaufen" müsse „und vielleicht auch garnieren mit einem Gewinnspiel, oder so" (ebd.). Ebenso darf an dieser Stelle nicht unerwähnt bleiben, dass er auch ein sehr pragmatisches Berufsverständnis an den Tag legt: „Ja also, es ist jetzt nicht von wegen ich möchte die Gesellschaft transparenter und besser machen" (ebd.).

Dennoch weist sein PR-Handeln Gemeinsamkeiten mit einem eher *diversifizierten* Verständnis von Öffentlichkeitsarbeit dahingehend auf, dass er nicht ausschließlich mit Journalisten spricht, um diese zu positiver Berichterstattung zu bewegen. Stattdessen habe er auf Terminen auch „viel mit Gastronomen zu tun" (ebd.). Bei PR-Terminen sei ihm wichtig, dass es „keine gekaufte PR" sei, sprich: „dass jetzt etwas nur aus ---Sicht präsentiert wird" (ebd.). Auch hält er bewusst Distanz zur Marketingabteilung, wenn er sagt: „[I]ch selbst schalte hier keine Anzeigen, das lasse ich bewusst das Marketing machen, weil ich es immer schlecht finde und ich den Fo[k]us darauf lege, dass ich hier Nachrichten verkaufe, die sich nachprüfen lassen, und keine Werbung mache" (ebd.).[211] Er unterscheidet dabei zwischen PR, welche die Aufgabe habe, „redaktionelle Berichterstattung zu generieren", während die „Unternehmenskommunikation"

---

[211] Im Lauf des Interviews wurde auf diese Frage noch detaillierter eingegangen. Dabei stellte der Interviewpartner fest, dass es eine unausgesprochene Vereinbarung zwischen Medien und Unternehmen gebe, dass dort, wo mehr Anzeigen geschaltet würden, auch mehr berichtet werde. Doch aus seiner Sicht ist das nichts, „was man jetzt weiter offensiv in diese Richtung drängen sollte", denn „irgendwann machen sich die Blätter damit unglaubwürdig und dann sind die seriösen Meldungen" darin auch nichts mehr wert. Als PR-Praktiker sei man „selber daran interessiert, dass die renommierten Blätter auch renommiert bleiben" (Pressereferent Brauerei).

ein „Partner des Journalisten" sei, nach dem Motto: „Du brauchst Informationen, ich kann sie dir liefern, ich recherchiere das bei uns im Haus und stelle sie dir zusammen" (ebd.). Gerade in dieser letzten Passage kommt ein *reziprokes* Verständnis von seiner Tätigkeit klar zum Ausdruck.

Eine promovierte Biologin, heute Leiterin der Produktkommunikation eines Pharmakonzerns, hat ebenfalls ein differenzierteres Verständnis von Kommunikation und ist sehr interessiert daran, Wissen darüber zu erlangen: „Wir schauen gerade, wie man unsere Zielgruppe online informieren kann. Ich arbeite mich gerade in das Thema ein, also wie werden die neuen Medien genutzt. Social communit[ie]s zum Beispiel, da schaue ich, wie wir da die Menschen ansprechen können, ob wir Foren generieren, in denen die Leute sich über unsere Produkte austauschen können oder so was" (Leiterin Produktkommunikation Pharmakonzern).[212] Und um den Erfolg ihrer Arbeit zu messen, reiche es ihr nicht, rein quantitativ über die Zahl guter Medienclippings vorzugehen: „Wir evaluieren sowohl qualitativ als auch quantitativ, das ist ganz wichtig, dass das gemacht wird" (ebd.). Das in der KW im Kontext von PR oftmals gebrauchte Wort ‚Vertrauen' (siehe Kapitel II, 1.2.3) ist auch in ihrem Selbstverständnis fest verankert: „Vertrauen ist ganz wichtig in unserer Branche, deswegen ist ehrliche und vertrauenswürdige PR auch so wichtig" (ebd.). Sie definiert sich nicht als Werber, sondern als „Übersetzer" (ebd.). Und: „Wir verkaufen nicht nur, wir wollen auch aufklären über Krankheiten, Betroffenen die Lebensqualität erhöhen, ohne uns wäre die Medizin in Deutschland bei weitem nicht da, wo sie ist" (ebd.). Natürlich kann an dieser Stelle unterstellt werden, dass ‚Aufklären' immer auch Positiv-PR im Sinne des Unternehmens bedeutet („[i]nwieweit können unsere Produkte die Lebensqualität der Menschen erhöhen, so was"; ebd.). Ein wirklich *reziproker* Austausch mit der Gesellschaft scheint bei ihr zumindest nur bis zu einem gewissen Grad gegeben zu sein, denn sie spricht davon, dass sie Formate wie „Frontal 21, Panorama, Report und wie sie alle heißen" zu „oberflächlich" finde, das „langweilt mich sehr, muss ich sagen [...] ich bin eher der rationale Typ" (ebd.).

---

[212] Die Konzentration auf ‚unsere Zielgruppe' spricht zunächst für ein *fokussiertes* Verständnis von Öffentlichkeitsarbeit – im Laufe des Gesprächs wird dieser Eindruck jedoch relativiert. Beispielsweise spricht sie davon, einen „gesellschaftliche[n] Beitrag" mit ihrer Arbeit zu leisten (Leiterin Produktkommunikation Pharmakonzern).

Auch der Sprecher eines Pharmaverbandes kann der Gruppe der tendenziell *diversifiziert-reziproken* PR-Praktiker zugeordnet werden. Nach dem Jurastudium, einiger Zeit in einer PR-Agentur und einem Einstiegsjob in der Eventkommunikation ist er bei seinem jetzigen Arbeitgeber gelandet (Sprecher Pharmaverband). Als würde er das Symmetrie-Paradigma von Grunig et al. aufgreifen, sagt er: „Meine Arbeit ist so 50:50 außengerichtet, binnenbezogen. 50 Prozent meiner Tätigkeit geht nach innen. Also, Unterrichtung, was überhaupt relevante Debatten in Zeitungen sind, Zeitschriften, Fernsehsendungen. [...] Also, das ist Kommunikation im System nach innen. Dann auch nach innen: Kommunikationsplanung, Anpassung von Kommunikationsplanung. [...] Die anderen 50 Prozent sind tatsächlich Umgang mit Journalisten, Pressekonferenzen, Pressemeldungen schreiben" (ebd.). Während alle PR-Praktiker die Berichterstattung im Auge haben und diese an die eigene Organisation weitergeben müssen, scheint dieser Berufsvertreter also noch einen Schritt weiterzugehen, wenn er betont, dass rund die Hälfte seiner Arbeit nach innen gerichtet sei, er äußere Einflüsse weitervermittele und daraufhin auch die ‚Anpassung von Kommunikationsplanung' vornehme. Gleichzeitig darf an dieser Stelle jedoch nicht unerwähnt bleiben, dass Grunig et al. (2002) bei einem idealen symmetrischen PR-Verständnis auch an eine *operative* (und nicht nur eine kommunikative) Veränderung der Organisation denken: „[T]he relationships balance the interests of the organization with the interests of publics on which the organization has consequences and that have consequences on the organization" (ebd.: 11; siehe auch Kapitel II, 1.2.3).

Das Verhältnis zwischen Kommunikationsprofis und Journalisten definiert dieser Praktiker wie folgt: „Pressesprecher und Journalisten sind nicht wie ein verliebtes Paar, die in Liebe schwelgen. Es sind zwei verschiedene Personen mit verschiedenen Interessen. Aber wenn eine gute Geschichte entstehen soll, müssen sie zusammenarbeiten" (Sprecher Pharmaverband). Er scheint eine Art Faible für theoretisches Nachdenken über Kommunikation zu haben und sinniert darüber, wie öffentliche Meinung entsteht bzw. welche Trends es in der Berichterstattung gibt. Auf die Frage, ob er mit der Arbeit von Journalisten zufrieden sei, sagt er etwa: „Ich glaube, dass Meinungsbildner sehr, sehr auf Trends schauen: Wer macht den Trend, wer folgt dem Trend, wer hat den Trend, bloß nicht den Trend verschlafen. Das führt natürlich dazu, dass der Wille ein eigenes Thema zu setzen, vielleicht auch die Fähigkeit, fehlt. [...] Das politisch Polarisierende, Ideologische ist ohnehin aus der Mode gekommen. [...] Keiner will mehr hier die ganz große Meinungskolumne, fünf Seiten, das ist nicht zeitgemäß" (ebd.). Aus seiner Sicht gebe es „eine kleine Anzahl von Kommunikatoren, von Trendsettern, der Herr Jörges, der Herr Markwort, Herr Kleber. So Leute, von denen man glaubt, [...] auf die bin ich schon zentriert. Bloß keine Themenwelle verpassen, ganz allgemein, und schon gar keine, die Arzneimittelherstellung anbelangt" (ebd.). Dabei müssten sich die PR-Praktiker „auf der Absenderseite" aus seiner Sicht „damit rumschlagen", dass sie „parteiische Botschaften" hätten – Journalismus und PR seien „zwei grundverschiedene Dinge, die einander bedingen" (ebd.). Er würde darauf achten, stets mit Journalisten in Kontakt zu sein, und ist darüber hinaus der Meinung, dass besonders kritische Journalisten – entgegen dem *unidirektionalen* Paradigma von PR – besonders bereichernd für die PR sind (ähnlich strengen, aber im Nachhinein als inspirierend wahrgenommenen Lehrern; vgl. ebd.).

Diversifziert ist sein Verständnis von PR deswegen, weil er sein Handeln bewusst in einen gesamtgesellschaftlichen Kontext stellt – und nicht nur *fokussiert* in Bezug auf den Markt: „Es ist vollkommen legitim, das [die eigene Sichtweise; Anm. d. Verf.] nach draußen abzusenden. Das ist auch interessant für die Gesellschaft, es ist aber eben nur ein Teil, und derjenige, der absendet für sich, ohne dass er sagt, ich bin nur ein Teil, ich kann kommunizieren, was ich will. Das muss er für sich klar ziehen, um damit zu leben. Dass er quasi nur einen Teilanblick absenden kann. Und er muss für sich akzeptieren, dass ein rundes Bild nur entsteht, wenn man andere Aspekte dagegenhält" (ebd.). Ein solches PR-Verständnis, das die eigene Perspektive im Zusammenspiel mit den Interessen anderer gesellschaftliche Akteure denkt, sucht man bei den *fokussierten* und *unidirektionalen* PR-Praktikern meist vergeblich.[213]

Die Pressesprecherin eines Naturschutzverbands, die Geschichte und Germanistik studiert hat und die nach dem Volontariat bei einer Regio-

---

[213] Ausnahme ist hier der Pressesprecher der Umweltschutzorganisation, der davon spricht, dass man „in einer pluralistischen Demokratie" die „Pflicht" habe, „seine Interessen über die Kommunikation zu vertreten" (Pressesprecher Umweltschutzorganisation; siehe Kapitel V, 2.1.1). Jeder, auch „die Atomindustrie", habe das Recht, „Kommunikation in ihrem Sinne zu betreiben. Ich finde das nicht verwerflich" (ebd.). Auch hier klingt der Gedanke an, dass erst die Kontrastierung der unterschiedlichen Standpunkte einen gesellschaftlichen Ausgleich ermöglicht. Seine Organisation müsse ihre Arbeit mithilfe von PR „in der Öffentlichkeit legitimieren" (ebd.).

nalzeitung und einiger Zeit bei einer Nachrichtenagentur zu ihrem Verband gekommen ist, sagt, dass ihr die journalistische Ausbildung bei der Vorbereitung auf ihren heutigen Job am meisten geholfen habe (vgl. Pressesprecherin Naturschutzverband). Sie vertritt die Auffassung, dass es nicht nur auf das Aussenden von Informationen oder Botschaften ankomme: „Dass man schnell bedient wird, wenn jemand hier eine Anfrage stellt. Das muss nicht von mir selber sein, ich bin keine Ornithologin. Aber dass man schnell einen kompetenten Ansprechpartner vermittelt. Dass man mit Material versorgt wird und dass man versucht, Themen, die für uns wichtig sind, schnell in den Medien zu platzieren" (ebd.).[214] Auf die Frage, ob sie in ihrer täglichen Arbeit mehr agiere oder mehr reagiere, sagt sie: „Mehr Reaktion" (ebd.). Auch betont sie, dass man Journalisten niemals völlig vom Gegenteil überzeugen könne: „Ein Journalist, der Atomenergie gut findet, wird durch unsere Arbeit wahrscheinlich nicht umschwenken. [...]. Man wird eine Redaktionslinie nie durchbrechen können" (ebd.). Dabei distanziert sie sich auch von manipulativer PR, wie sie beispielsweise ein anderer Verband betreibe: „--- produzier[t] Bilder und Studien, mit denen sie skandalisieren können. Das machen wir so nicht [...] wir stilisieren nichts hoch" (ebd.). Genauso muss jedoch auch in ihrem Fall einschränkend festgehalten werden, dass nicht alle Zeichen in die gleiche Richtung zeigen: Auch ihr Tag beginnt damit, dass sie die Medien nach möglichen Themen durchsucht, zu denen der Verband dann möglichst schnell per Pressemitteilung Stellung nehmen könnte. Sie versuche zu beeinflussen, es gehe jedoch um „die Öffentlichkeit" insgesamt, was man als *diversifiziertes* Verständnis von PR deuten kann (ebd.).

Der interessanteste Vertreter der Gruppe der eher *diversifiziert-reziproken* PR-Praktiker ist der Leiter der Unternehmenskommunikation eines Finanzunternehmens. Er verfügt über jahrzehntelange Berufserfahrung und ist Doktor der Komparatistik – mit Philosophie und Germanistik im Nebenfach während des Magisterstudiums. Als er im Interview auf das Intereffikationsmodell angesprochen wird, äußert er sich ausgiebig dazu: „Oh ja. Intereffikation, Bentele, Günter. PR-Streit des Jahres. Ja, werde ich nie vergessen. [...] Ich bin froh, dass wir den Zerfaß [...] jetzt in Leipzig haben. Ansgar. Das ist wirklich ein großer Kopf, ein kluger Kopf. [...] Also wenn ich noch mal studieren würde, würde ich zu Ansgar [Zerfaß; Anm.

---

[214] Der Fokus auf das ‚Platzieren' spricht wiederum eher für eine *unidirektionale* Sichtweise.

d. Verf.] gehen. Das ist das halbe Einkommen, weil er auch diese Industrieerfahrung hat [...]. Dann war er einer der ersten, nach meinem Wissen, die sich so zur Onlinekommunikation auch in Buchform geäußert ha[ben]. [...] Und Intereffikation ist ja Barbara Baerns, nee, Determination und de[r] ganz[e] Quark da. Ich glaube, dass der Befund nach wie vor stimmt. Die hatte ja damals diese 70 oder 80 Prozent Quote da ermittelt [...]. Es ist nach wie vor signifikant hoch, was ungefiltert als PR-Material in die Zeitungen Eingang findet. [...] Ja, ist so. Eindeutig. Agenda Setting wird von PR betrieben. Das kann man bedauern. Ich bedaure es auch eher" (Leiter Unternehmenskommunikation Finanzunternehmen). An dieser Stelle werden gleich zwei Dinge sehr deutlich: Einerseits kennt er konkrete Inhalte, Begriffe und Autoren der KW und interessiert sich sogar für die fachinterne Debatte. Andererseits „bedauer[t]" er es, dass die Medien zu viel PR-Material ungefiltert übernehmen würden. Man kann ihm daher unterstellen, dass er eher ein *reziprokes* Verständnis von PR hat.

Er ist der Auffassung, dass die Determinationshypothese (siehe Kapitel II, 1.2.3) auf das Verhältnis zwischen PR und Journalismus zutrifft, da die Journalisten unter steigendem Druck und zu schlechteren Konditionen arbeiten müssten, während die PR-Praktiker genau wüssten, wie ‚die Medien' funktionieren: „Sie haben da heute Profis sitzen. Sie haben da ausgebildete Journalisten [in der PR; Anm. d. Verf.], die genau die Gegenseite, das andere System verinnerlicht haben. Genau wissen, wie die ticken, können mit den Nöten auch wunderbar arbeiten. Also Zeitknappheit. Die sind alle ziemlich getrieben, die Kollegen. Die verstehen ja auch nichts mehr" (ebd.). Und dennoch sei eine *fokussiert-unidirektionale* Öffentlichkeitsarbeit nicht begrüßenswert. Er kritisiert Banken dafür, dass sie „ihre Kunden [...] betrogen haben [...]. Ganz üble Nummer, ganz übel. Sie sind fassungslos" (ebd.). Auch ist er der Auffassung, dass „diese Reduktion von Kommunikation auf Presse und Medienarbeit" heute „unzeitgemäß" sei – stattdessen treffe es „Kommunikationsmanagement [...] am besten" (ebd.). Heute müsse man als PR-Praktiker „in der Lage sein, wie ein Manager Dinge einzuführen, umzusetzen, zu implementieren, zu bemessen, zu controllen, zu bewerten, ja? Und nicht wie früher, ich kenn' da einen, den ruf ich mal an und mach' die Story tot. [...] So können sie heute nicht mehr arbeiten. [...] Das spürt ein Journalist ja auch sehr gut, ob sie zumindest ansatzweise wissen, was denn da wirklich in dem Haus gespielt wird" (ebd.). Statt die eigene Perspektive rücksichtslos durchsetzen zu wollen, müsse man „vermitteln" (ebd.).

„Und sie müssen die Bedürfnisse der Medien ins Haus transportieren und deutlich machen, warum [...] schnell reagiert werden muss, warum offen und klar gesagt werden muss, warum gewisse Dinge nicht sein können" (ebd.).[215] Hier klingt ganz klar an, dass das Dialog-Paradigma von Grunig et al. und Burkart (siehe Kapitel II, 1.2.3) von ihm nicht im Elfenbeinturm verortet wird. Kommunikationsagenturen, die „im Auftrag von Mandanten lancieren und schrauben und tun und massieren [...] [d]as ist ja fürchterlich" (Leiter Unternehmenskommunikation Finanzunternehmen). Jedoch sucht auch er sich bestimmte Journalisten für bestimmte Themen heraus, gibt diesen ausgewählte Informationen exklusiv und versucht „Geschichte[n] zu spielen" (ebd.).

Analog zu den als *fokussiert-unidirektional* typologisierten PR-Praktikern soll auch an dieser Stelle abschließend eine kurze Zusammenfassung der Eigenschaften aufgelistet werden, welche die eher *diversifiziert-reziproken* PR-Praktiker ausmachen: Sie beschäftigen sich nicht ausschließlich mit Medien und Journalisten, sondern weisen auch anderen Stakeholdern eine große Bedeutung zu – PR ist für sie nicht nur Pressearbeit. Einige von ihnen lassen sich gerne auf Überlegungen zur Entstehung von öffentlicher Meinung ein und verwenden sogar Begriffe der KW, wie etwa Meinungsbildner, Intereffikation oder Agenda Setting. Ihre Realität besteht aus mehr als nur Medienclippings, sondern beispielsweise auch aus Social-Media-Diskussionen sowie anderen Rückmeldungen. Zentrales gemeinsames Merkmal der in diesem Kapitel analysierten PR-Praktiker ist jedoch die Auffassung, dass PR sich nicht im Versenden eigener Botschaften und in der Kreierung positiver Medienartikel erschöpfen sollte – sondern dass stattdessen auch die Interessen der Umwelt in die Organisation getragen werden sollten, um in einen Austauschprozess zu treten.

2.2.2 Einstellung zu Mertens ‚Täuschungsthese'

Angesichts dieser Affinität zu einer Öffentlichkeitsarbeit mit *diversifiziert-reziprokem* Charakter könnte man vermuten, dass die zu dieser Gruppe gehörenden PR-Praktiker Mertens These von der ‚täuschenden PR' noch

---

[215] Oftmals vermittle er jedoch keine persönlichen Interviews, sondern versende schriftliche Antworten. Das werde „aber akzeptiert. Wundert mich selbst manchmal" – „[l]ogisch" hätten die PR-Kommunikatoren gegenüber Journalisten „eine gewisse Macht" (Leiter Unternehmenskommunikation Finanzunternehmen).

klarer ablehnen als die *fokussiert-unidirektional* orientierten PRler. Und zumindest zu einem gewissen Grad scheint sich diese Vermutung auch zu bestätigen: So reagiert die Kommunikationschefin des Bio-Konzerns ablehnend auf den Vorwurf der Täuschung in der Öffentlichkeitsarbeit („Nee!") und betont, dass ihr Selbstverständnis „doch sehr stark vom Journalismus geprägt" sei (Kommunikationschefin Bio-Unternehmen). Es sei wichtig, „ehrlich", „authentisch" und mit sich „selbst auch kritisch" zu sein und das zu „benennen" (ebd.).[216]

Auch die Leiterin der Produktkommunikation des Pharmakonzerns distanziert sich von Mertens These, aus ihrer Sicht ist sie „absolut nicht angemessen. PR ist ja nicht gleichzusetzen mit Werbung. Werbung ist lediglich Botschaftentransfer, [der] die Leute einlullen soll. Das, was wir machen, ist was völlig anderes. Da stehe ich auch voll hinter, sonst würde ich das nicht machen. [...] Gut gemachte PR ist, wenn die Leute das verstehen, was man ihnen mitteilen will. Das ist ein gesellschaftlicher Beitrag von uns, den wir durch unsere Aufklärungsarbeit leisten" (Leiterin Produktkommunikation Pharmakonzern). Täuschende PR existiere zwar ihrer Meinung nach, sei aber einer möglichst transparenten Öffentlichkeitsarbeit unterlegen: „Schlechte PR ist nicht ehrlich, das ist dann schwach. Da gibt es die großen Heilsversprechen, ohne dass wirklich was dahintersteht, also keine Forschung, keine wissenschaftlich fundierten Daten, keine Evidenzen" (ebd.). Gekaufte Artikel betrachtet sie „natürlich [als] unseriös", sie glaube nicht, dass sich das auszahle (ebd.). Und die Sprecherin des Naturschutzverbandes meint, dass es Täuschung zumindest in ihrem Umfeld „eigentlich" nicht gebe (Pressesprecherin Naturschutzverband). Zumindest treffe der Vorwurf der Täuschung nicht auf ihre Arbeit zu: „Wir manipulieren nicht, wir sagen, wie es ist. Das ist keine Täuschung. [...] Wenn man versucht, etwas zu suggerieren, was gar nicht stimmt, dann macht man sich unglaubwürdig" (ebd.). Sie würde noch nicht einmal bestimmte Fakten in ihrer Kommunikation weglassen (vgl. ebd.).

Es gibt jedoch auch relativierende Stimmen in der Gruppe der *diversifiziert-reziproken* PRler. So entgegnet der Sprecher des Pharmaverbandes auf

---

[216] Einmal mehr muss an dieser Stelle darauf hingewiesen werden, dass Leitfadeninterviews von PR-Praktikern immer auch als PR-Situation aufgefasst werden und dass soziale Erwünschtheit dazu führen dürfte, dass sich nahezu niemand offen zur Täuschung bekennt.

die Frage, ob ihn Mertens ‚Lizenz zum Täuschen' als Terminus störe: „Ja und nein. [...] Gleichwohl glaub' ich, [dass] in modernen Zeiten ein funktionierender Kommunikationszusammenhang ganz, ganz schwer herzustellen ist. [...] Ich will jetzt nicht auf Journalisten schimpfen. Aber die Art und Weise, wie Journalisten heute arbeiten müssen, führt dazu, dass auf der rezeptiven Seite große Probleme sind. Schnelligkeit, wenig Personal, Notwendigkeit, also gespürte Notwendigkeit, die ganz große Sensation zu bringen. [...] [W]ir sind natürlich auf der anderen Seite größtenteils opportunistische Kommunikatoren. [...] Alle haben Kommunikationsziele, die natürlich über die Kommunikation an sich hinausweisen. [...] Darin vernünftige Kommunikation zu erzeugen, das ist gar nicht so einfach" (Sprecher Pharmaverband). Eine klare Absage an Täuschung klingt sicherlich anders. Eine schlechte öffentliche Wahrnehmung der Pharmaindustrie sehe er nicht, denn „[d]ie Überzeugungen der meisten sind ja auf der theoretischen Ebene gut und nicht böse" (ebd.). Im Kontext von gekauften Artikeln sagt er: „Ich will nicht sagen, dass hier nicht im Einzelfall mal gefehlt wurde. Vielleicht habe ich auch schon einmal gefehlt" (ebd.). Die mit Sicherheit interessanteste Antwort kommt vom Kommunikationschef des Finanzunternehmens, der Merten „[d]en schwierigen Kollegen aus Münster" (Leiter Unternehmenskommunikation Finanzunternehmen) nennt. Mertens Vorwurf der Täuschung teile er nicht: „Merten ist mir eher dadurch unangenehm aufgefallen, dass er die Lizenz zur Lüge ausstellen wollte. Und das ist eigentlich der Punkt, mit dem [er] auch immer wieder für Furore sorgt. [...] Lügen würde ich nie. Ich würde nicht naiv sein wollen und immer die Wahrheit sagen. Das ist ein Riesenunterschied" (ebd.).

Wie bereits erwähnt, wurden leider nicht alle PR-Praktiker im Rahmen der Interviews danach gefragt, ob sie Mertens Theorie zustimmen. Nach Sichtung aller verfügbaren Antworten zu diesem Thema scheint es jedoch so, als würde es keinen allzu großen Unterschied zwischen den *fokussiert-unidirektional* und den *diversifiziert-reziprok* arbeitenden PR-Praktikern geben. Die soziale Erwünschtheit spielt bei beiden Gruppen sicherlich eine große Rolle: Nur die wenigsten Menschen würden sich in einer Interviewsituation wohl zur Täuschung bekennen.

2.2.3 Einflussfaktoren

Bei der Diskussion der Einflussfaktoren, die dazu beitragen könnten, dass ein PR-Praktiker ein eher *fokussiert-unidirektionales* Berufsverständnis an den Tag legt, wurde unter anderem vermutet, dass der hohe Grad an technischen Aufgaben eine Rolle spielen könnte (siehe Kapitel V, 2.1.3). Bei der Betrachtung der persönlichen Merkmale der als *diversifiziert-reziprok* typologisierten PR-Praktiker scheint sich diese Vermutung teilweise weiter zu verfestigen. Denn die meisten der PRler in dieser Gruppe müssen sich vermutlich mit verhältnismäßig wenigen technischen Aufgaben beschäftigen. Hier sei beispielsweise der Referent der Brauerei genannt, der direkt an die Geschäftsführung berichtet und der technische Aufgaben gut abgeben kann: Ihm steht neben einer Praktikantin und einer „400-Euro-Kraft" auch noch eine Agentur zur Verfügung (Pressereferent Brauerei). Die Agentur übernehme das Verfassen von Produkttexten für ihn, er widme sich hingegen den „Unternehmensmeldungen" und dem Redigieren von Texten („[das] macht mir am meisten Spaß"; ebd.).

Auch der promovierte Jurist und Sprecher des Pharmaverbandes ist deutlich weniger mit rein technischen Themen beschäftigt als viele andere befragte PR-Praktiker: Er befasst sich fast die Hälfte seiner Arbeitszeit über mit „Kommunikationsplanung" und deren Anpassung, der „Abstimmung" und der „Konzeption" (Sprecher Pharmaverband). Es seien die finanziellen Mittel vorhanden, um Mitarbeiter länger an ein Thema zu setzen (vgl. ebd.). Die PR-Praktikerin aus dem Bio-Unternehmen ist Chefin der Abteilung und seit vielen Jahren im Geschäft. Sie kann von zuhause aus arbeiten – während des Interviews wird kurzzeitig sogar das Zwitschern der Vögel auf der Gartenterrasse thematisiert (vgl. Kommunikationschefin Bio-Unternehmen). Genauso muss jedoch auch festgehalten werden, dass ihr täglicher Arbeitsablauf dennoch zahlreiche technische Themen beinhaltet und nicht nur aus Strategie und Beratung besteht. Sie nennt unter anderem „Medienanfragen, Verbraucheranfragen, eigene Presseerklärungen rausgeben, die Website aktualisieren, Veranstaltungen organisieren" (ebd.). Sie empfindet, genau wie viele der *unidirektional-fokussierten* PR-Praktiker, eine „Begrenzung" durch die „zeitliche Ressource" (ebd.). Der Arbeitsalltag des Leiters der Unternehmenskommunikation des Finanzunternehmens ist „extrem abwechslungsreich", er muss keine technischen Routinen mehr erledigen: „Ich bin viel auf Reisen [...] ich denke, das Geschäft entscheidet sich bei uns im Vertrauen. [...] [I]ch mach' viel und pflege Netzwerke" (Leiter Unternehmenskommunikation Finanzunternehmen). Seine Position erlaube es ihm, „[d]ass man sich dem Chef widmen kann und dass man nicht den Großteil seiner Zeit mit den Medien verbringen muss" (ebd.). Auch die Leiterin der Produktkommunikation des Pharmakonzerns verbringt ihren Tag weniger mit technischen als vielmehr mit Management-Aufgaben wie etwa „Kommunikation zwischen den Geschäftseinheiten", „Treffen", „Konferenzen" und „Abstimmungsbedarf" (Leiterin Produktkommunikation Pharmakonzern).

Bei der Diskussion der Einflussfaktoren der anderen Gruppe wurde auch bereits festgehalten, dass sich dort zwar viele Quereinsteiger und aus dem Marketing kommende Leute befinden – dass die Gruppe diese Eigenschaften jedoch nicht exklusiv hat. Auch unter den *diversifiziert-reziproken* PRlern befinden sich sowohl Ex-Journalisten (z.B. Kommunikationschefin Bio-Unternehmen) als auch Quereinsteiger, wie beispielsweise der Sprecher des Pharmaverbandes („in diese Pressesprecher[s]ache reingerutscht"; „nie konkret nachgedacht"; Sprecher Pharmaverband) oder auch die Leiterin der Produktkommunikation des Pharmakonzerns, die promovierte Biologin ist („PR war ursprünglich nicht mein Wunschberuf"; „bin dann so reingerutscht, das war nicht geplant"; Leiterin Produktkommunikation Pharmakonzern). Man könnte durchaus vermuten, dass bei dem ein oder anderen PR-Praktiker mit journalistischer Vergangenheit eine etwas größere Affinität zu *reziprok-diversifizierter* PR vorherrscht – insbesondere wenn man über 20 Jahre als Redakteurin und freie Journalistin gearbeitet hat, wie die Kommunikationschefin des Bio-Unternehmens. Auch ihr Vater war bereits Journalist. Sie sehe keinen großen Unterschied zwischen PR und Journalismus, sondern „mache Journalismus für eine Geschichte, für die ich mich entschieden habe" (Kommunikationschefin Bio-Unternehmen). Vielleicht will sie auch deswegen keine „Volksverdummung" (ebd.) in Form von rein werblicher Positiv-PR anbieten. Bis heute könne sie fünf bis zehn Prozent ihrer Arbeitszeit für freien Journalismus neben dem PR-Job aufwenden (vgl. ebd.). Auch die Pressesprecherin des Naturschutzverbandes betont, dass sie vor allem von ihrer Zeit im Journalismus profitiert habe. Diese Erfahrung auf der anderen Seite des Schreibtisches halte sie davon ab, zu *unidirektional* zu arbeiten: „Wenn ich jetzt ständig beharrlich anrufe und Pressemitteilungen schicke, dann erreicht man wahrscheinlich eher das Gegenteil" (Pressesprecherin Naturschutzverband).

In Kapitel V, 1.3.3 wurde die Vermutung aufgestellt, dass möglicherweise akademisch begeisterungsfähige *Schöngeister* eher geneigt sein könnten, sich mit theoretischen Gedanken zu Kommunikation und öffentlicher Meinung zu beschäftigen. Sinnbildlich dafür stand der Philosoph mit KW-Begeisterung. Interessanterweise befinden sich auch in der Gruppe der *diversifiziert-reziproken* PR-Praktiker der Sekundäranalyse mindestens zwei Personen, denen ebenfalls eine Begeisterung für die theoretische Betrachtungsweise von Sachverhalten unterstellt werden kann: auf der einen Seite der promovierte Jurist, der für den Pharmaverband arbeitet. Im Interviewtranskript wurde festgehalten, dass er „oft mit wissenschaftlich angehauchten Ausführungen zu ‚Kommunikationszusammenhängen'" antwortete und dass die Antworten „oft in einem ‚belehrenden' Tonfall gehalten" waren (in: Sprecher Pharmaverband). Der Interviewpartner erwähnte während des Gesprächs Namen und Begriffe wie „Habermas", „opportunistisch[e] Kommunikatoren", ebensolche „Absender" genau wie „Rezeptoren" (ebd.).

Und auf der anderen Seite der – ebenfalls promovierte – Komparatistiker mit den Nebenfächern Germanistik und Philosophie, der jetzt Kommunikationschef eines Finanzunternehmens ist. Er plante ursprünglich sogar in die Forschung zu gehen und hatte bereits einige Jahre am Lehrstuhl gearbeitet – allerdings verstarb dann sein Doktorvater und Förderer. Er war im Interview kaum einzufangen, es sei „eher schwierig" gewesen, den Leitfaden durchzubekommen, heißt es in der Beschreibung der Gesprächssituation (in: Leiter Unternehmenskommunikation Finanzunternehmen). Die Frage nach dem Intereffikationsmodell verleitet ihn als Nicht-KWler gleich zu Beginn des Interviews zu einem langen Monolog über die Inhalte des Fachs und auch bei der Beschreibung seiner eigenen Dissertation schweift er lange ab. Heute „gönne" er sich „immer mehr", dabei seien „Lesen und Literatur mein Ding" (ebd.). Darüber hinaus ist er neuem Wissen gegenüber sehr aufgeschlossen: „[L]ernen ist auch tief in mir drin. Also diese Bereitschaft oder dieser Anspruch. Das klingt jetzt furchtbar abgelutscht, aber es ist life long learning. Ich meine, wenn Sie das hier nicht haben und sagen[,] ich lebe mit den Ressourcen, die [ich] mal vor 20 Jahren irgendwie an der Uni erworben hab', das hilft Ihnen nicht. Also müssen [S]ie extrem bereit sein, ständig sich auch neuen Dingen zu öffnen und neue Sachverhalte zu verinnerlichen und sich anzueignen" (ebd.). In diesem Zusammenhang wäre, analog zur Besprechung der Einflussfaktoren bei den *unidirektional-fokussierten* PR-Praktikern (siehe

Kapitel V, 2.1.3), eine Diskussion darüber interessant, ob diese beiden *reziprok-diversifizierten Schöngeister* aufgrund ihrer Erziehung die Leidenschaft für das Theoretisieren entwickelt haben. Jedoch ist die Datenlage für eine sinnvolle Diskussion dieses Einflussfaktors zu dünn.

Weiter oben ist bereits der Vermutung widersprochen worden, dass vor allem *beratende* PR-Praktiker automatisch ein KW-affines, sprich: *diversifiziert-reziprokes* PR-Verständnis ausbilden würden (siehe Kapitel V, 2.1.3). Diese Ansicht bleibt auch nach Sichtung der PR-Praktiker dieser Gruppe bestehen. Jedoch lässt sich mit den soeben genannten Beispielen des Sprechers des Pharmaverbandes und des Kommunikationschefs des Finanzunternehmens noch einmal die These untermauern, dass es gerade die *beratenden* PR-Praktiker sind, die überdurchschnittlich viele KW-Kenntnisse mitbringen bzw., im Fall des Pharmaverbandssprechers, zumindest ein theoretisches Wissen zu Kommunikation signalisieren.

So hält der Kommunikationschef des Finanzunternehmens fest, dass eine gute Verbindung „zum Vorstandschef" eine „ganz entscheidende Voraussetzung" sei, „um einen guten Job zu machen [...] Vertrauen zu haben" – er habe sich eine „symbiotische Taktung", „blindes Vertrauen", den „Zugang und das Ohr des Chefs" erarbeitet (Leiter Unternehmenskommunikation Finanzunternehmen). Er ist schon lange dabei, sei „heute so ein bisschen was wie fast schon Eminenz" des Unternehmens und habe auch „noch den alten CEO" gekannt (ebd.). Er habe auch keine Vorgaben dazu, wie oft sein Unternehmen in den Medien erscheinen müsse: „[I]ch bin nicht so gesteuert. Ich hab von ihm [deutet auf das Vorstandsbüro nebenan] keine Vorgaben, hab auch selbst keine, wie oft der Interviews geben muss oder so was" (ebd.). Hier kann man in der Tat davon sprechen, dass ihm seine *Beraterrolle* dabei hilft, sich nicht ständig an *unidirektional-fokussierten* Vorgaben orientieren zu müssen. Und der Sprecher des Pharmaverbandes unterrichtet nicht nur seine Institution darüber, was sich an medialen Debatten ‚draußen' abspielt, sondern er verwendet auch Energie darauf, dass die „höheren, führenden Stellen im Verband" für Interviews „gebrieft werden": „Das ist ganz klar mein Job zu eruieren. [...] Was ist das Thema, was ist nicht das Thema – und wie stimmt man das alles ab?" (Sprecher Pharmaverband). Dabei spricht er neben dem „persönlichen Faktor" in solchen Interviews auch von „strategische[n] Erfordernisse[n] in der Kommunikation", die zu berücksichtigen seien (ebd.). Es gehe als PRler nicht darum, „als allmächtige Person" im Mittelpunkt zu stehen, sondern es gehe im Gegenteil „immer ganz stark darum, Optionen aufzuzeigen, verschiedene Optionen" (ebd.). Man könnte auch sagen: zu *beraten*.

Was noch weitere mögliche Einflussfaktoren betrifft, so ist sicherlich interessant, dass unter den *diversifiziert-reziproken* PRlern kein einziger KW-Absolvent ist. Allerdings umfasste das Sample der Sekundäranalyse ohnehin nur sehr wenige KW-Alumni (oder ehemalige Studenten ohne Studienabschluss; siehe Kapitel IV, 4). Die These, dass Produkt-PR gegebenenfalls eher zu einem *unidirektional-fokussierten* PR-Verständnis passt, kann hier noch einmal bekräftigt werden. So sagt die Kommunikationschefin des Bio-Unternehmens: „Ich glaube, wo es sich oft verhakt, ist da, wo ich Produkt-PR machen muss. Also in dem Augenblick werde ich ja doch mehr zur Verkäuferin. Ich habe ja das Glück, ich mache Themen-PR, weil ich ja jetzt nicht ein ---Produkt in den Vordergrund stellen muss, und das soll dann erscheinen, möglichst mit Bild, und sofort soll der Absatz, die Nachfrage in die Höhe gehen. Und ich glaube [...], wo es um viel Produkt-PR geht, dass da der Druck einfach höher ist. Da wollen natürlich die Unternehmer sehen: ‚[J]a, ich habe das in Brigitte untergebracht'" (Kommunikationschefin Bio-Unternehmen). Gleichzeitig ist jedoch eine andere *diversifiziert-reziproke* PR-Praktikerin die Leiterin der *Produkt*kommunikation eines Pharmakonzerns.

Abschließend lässt sich daher festhalten, dass für die Entwicklung eines *diversifiziert-reziproken* Verständnisses von PR möglicherweise folgende Einflussfaktoren von Relevanz sind: wenig Produkt-PR, wenig technische Aufgaben sowie in manchen Fällen ein Bezug zu journalistischer Denkweise, der eine *unidirektionale* PR wohl ohnehin zuwiderläuft. Was im Rahmen der Diskussion in diesem Kapitel – eher zufällig – auch noch bekräftigt werden konnte, ist die These aus der Primäranalyse, dass gerade *Berater* und *Schöngeister* theoretisches Wissen zu Kommunikation schätzen. Das bedeutet jedoch nicht, dass dies automatisch mit der Ausbildung eines auch noch *diversifiziert-reziproken* PR-Verständnisses verbunden sein *muss*. Im Fall des Sprechers im Pharmaverband sowie des Leiters der Unternehmenskommunikation des Finanzunternehmens war dies jedoch tatsächlich der Fall.

3. ZUSAMMENFASSUNG UND DISKUSSION

In diesem Kapitel sollen die Ergebnisse der Primär- und der Sekundäranalyse im Hinblick auf die Forschungsfrage konsolidiert werden. Dabei wird, nach einer Zusammenfassung der Merkmale der anderen PRler (Kapitel V, 3.1.1), ein besonderer Fokus auf jene PR-Praktiker gelegt, für welche die KW Relevanz besitzt (Kapitel V, 3.1.2 und 3.1.3). Anschließend wird ein Rückbezug zum theoretischen Modell dieser Arbeit, dem *Markt des Wissens im Bereich Kommunikation*, vorgenommen (Kapitel V, 3.2.1). Auch werden die Ergebnisse vor dem Hintergrund der Frage diskutiert, welche Rolle die KW im *wissens*gesellschaftlichen Teilbereich PR spielt (Kapitel V, 3.2.2). Zentrale Aussagen der beiden Experteninterviews fließen in dieses Kapitel mit ein – sie stellen zusätzliche Stimmen bzw. eine Art Korrektiv für die Diskussion der Ergebnisse dar.

3.1 Für wen die KW (k)eine Relevanz besitzt

3.1.1 Für wen die KW keine Relevanz besitzt

Lässt man die Ergebnisse der Primär- und der Sekundäranalyse noch einmal Revue passieren, so präsentiert sich einem folgendes Bild: Für die Mehrheit der im Rahmen dieser Studie betrachteten PR-Praktiker scheint die KW keine oder nur geringe Relevanz zu besitzen. Bei den selbst geführten Interviews dominieren die *KW-Laien* und die *KW-Kritiker*, bei den darüber hinaus analysierten PRlern überwiegt ein PR-Verständnis, welches mit der KW-Perspektive auf Öffentlichkeitsarbeit wenig gemein hat (siehe Kapitel II, 1.2.1). Zwar handelt es sich bei der vorliegenden Studie um eine rein qualitative Untersuchung, deren Stichprobe über das Prinzip der ‚theoretischen Sättigung' zustande gekommen ist – Mehrheitsverhältnisse innerhalb dieses Samples haben somit eigentlich keine Aussagekraft (siehe Kapitel IV, 4). Dennoch drängt sich bei der Betrachtung der Ergebnisse der Eindruck auf, dass die meisten PR-Praktiker der KW keine große Relevanz zuweisen. Auf die Frage, ‚wie viel KW in der PR steckt', möchte man daher zunächst mit einem ‚wohl nicht sehr viel' antworten.

Für die *KW-Laien* kann das Fach keine Relevanz besitzen, weil sie es nicht bzw. nur in sehr geringem Umfang oder nicht in seiner sozialwissenschaftlichen Ausprägung kennen. Für die *KW-Kritiker* hat es nach eigenen Angaben keine Relevanz, weil es wahlweise als zu theoretisch (vgl. Senior-Beraterin Lifestyle-PR, Sprecherin Landtagsfraktion #2), dann wieder als zu unwissenschaftlich (vgl. Sprecher Stadtratsfraktion #3) oder auch zu naiv (vgl. Sprecher kulturelle Einrichtung) wahrgenommen wird. Darüber hinaus arbeiten viele der *Kritiker* und *Laien* auf Grundlage eines PR-Verständnisses, welches Merkmale von *fokussiert-unidirektionaler* Öffentlichkeitsarbeit aufweist – es geht dabei oftmals darum, so viele positive Clippings wie möglich zu generieren und lediglich die für die Organisation zentralen Zielgruppen zu bearbeiten bzw. zu überzeugen. Jedoch wäre es falsch zu behaupten, dass all jene PR-Praktiker, die das Wissen der KW entweder nicht besitzen (*Laien*) oder gar zurückweisen (*Kritiker*), auch stets ein *fokussiert-unidirektionales* PR-Verständnis ausbilden.

Bei der Diskussion der Einflussfaktoren konnten einige mögliche Gründe dafür herausgearbeitet werden, warum die KW keine unmittelbar feststellbare Relevanz für manche PR-Praktiker hat und warum mehrere unter ihnen zudem auch ein eher *fokussiert-unidirektionales* PR-Handeln an den Tag legen (Primäranalyse) bzw. warum ein solches PR-Handeln auch bei der Mehrzahl der PR-Praktiker in der Sekundäranalyse identifiziert werden konnte. Für die *KW-Laien* wurde dabei festgehalten, dass sie kein spezifisches Alter haben, unterschiedliche Fächer studiert haben (außer KW selbst) und auch im Zuge von Fortbildungen nicht in einen intensiven oder als nützlich erachteten Kontakt mit theoretischem Wissen zu Kommunikation gekommen sind. Oftmals arbeiten sie in Unternehmen sowie im politischen Bereich und sind dabei als ‚Einzelkämpfer' stark mit operativ-technischen Themen beschäftigt. Darüber hinaus scheinen manche ihrer Organisationen dem Thema Öffentlichkeitsarbeit auch nicht die größte Bedeutung beizumessen. All diese Punkte tragen dazu bei, dass sie wohl nicht mit einem spezifischen Fachwissen zu Kommunikation im Allgemeinen bei Vorgesetzten oder Kunden punkten können und dass sich PR für sie meist nicht durch einen gesamtgesellschaftlichen und wechselseitig angelegten Austausch definiert. Die *KW-Kritiker* wiederum haben das Fach alle auf irgendeine Art und Weise kennengelernt und dabei eine negative Einstellung dazu entwickelt. Diese konnte zu keinem späteren Zeitpunkt mehr revidiert werden – auch hat sich bei ihnen kein Bedarf nach dem von der KW vermittelten Wissen ergeben. Generell fragen sie Wissen nicht systematisch ab und definieren ihren Erfolg in der PR des Öfteren (jedoch nicht immer) an ökonomischen Kenngrößen – beispielsweise am durch Öffentlichkeitsarbeit erhöhten Absatz.

Am Ende der Diskussion der Einflussfaktoren für die Gruppe der *fokussiert-unidirektionalen* PR-Praktiker in der Sekundäranalyse wurde konstatiert, dass gegebenenfalls die folgenden Gründe ausschlaggebend dafür sein könnten, dass sie ein von der KW-Perspektive abweichendes Verständnis von Öffentlichkeitsarbeit entwickelt haben: eine Anstellung in einer (vor allem operativ tätigen) PR-Agentur oder in der Kulturbranche, eine thematische Fokussierung auf Produkt-PR oder Öffentlichkeitsarbeit für bestimmte Weltanschauungen sowie eine Vielzahl an technischen Aufgaben.

3.1.2 Für wen die KW Relevanz besitzt

In der Primäranalyse fand sich eine Gruppe von drei PRlern, für welche die KW Relevanz besitzt. Davon können vor allem zwei als wirkliche *KW-Verfechter* bezeichnet werden: der Managing Partner der PR-Agentur und die Sprecherin Landtagsfraktion #1. Der Kommunikationschef des Technologieunternehmens ist dem Fach zwar als Alumnus generell wohlgesonnen und bewertet es im Rückblick auch als praxisnah, würde KW heute jedoch eher im Nebenfach studieren. Darüber hinaus bleibt festzuhalten, dass nicht nur die *KW-Verfechter* Interesse für einzelne Inhalte des Fachs zeigen. Sowohl unter den *KW-Kritikern* als auch unter den *KW-Laien* finden sich Interviewpartner, die zumindest auf Nachfrage ein gewisses Interesse an unterschiedlichen Themen aus dem Umfeld der KW zu erkennen geben. Im theoretischen Modell dieser Arbeit gesprochen haben sie also vereinzelt zumindest schwache Präferenzen für wissenschaftliche Forschung im Bereich Kommunikation – jedoch haben sie sich bislang nicht mit einer aktiven Nachfrage auf den Markt begeben, weshalb sie auch nicht als *Verfechter* typologisiert werden konnten. *Tabelle 12* gibt einen Überblick über diese teils schwachen (*Laien/Kritiker*), teils starken (*Verfechter*) Präferenzen für KW-Inhalte.

Gruppe	Interviewpartner	Präferenzen für KW-Inhalte
KW-Laien	Sprecher Stadtratsfraktion #1	Rezeption von Pressemitteilungen durch Journalisten
	Sprecherin Marktforschungsunternehmen	Präferenzen von Journalisten in Bezug auf Empfangskanal und Formatierung von Pressemitteilungen
KW-Kritiker	Sprecher Automobilkonzern	Voraussichtliche Entwicklung der medialen Berichterstattung („Themenkarrieren") in Krisenfällen (Schweinegrippe)
	Senior-Beraterin Lifestyle-PR	Bestimmte theoretische Fachbegriffe zur Unterfütterung von PR-Konzepten (unbewusste Nutzung)
	Sprecher Landtagsfraktion	Keine konkrete Präferenz – jedoch ebenfalls Vermutung, dass bestimmte Konzepte (z.B. Opinion Leader) unbewusst genutzt werden
	Sprecherin Landtagsfraktion #2	Keine konkrete Präferenz – jedoch der expliziten Auffassung, dass bestimmte Konzepte (z.B. Agenda Setting, Schweigespirale) genutzt werden
KW-Verfechter	Managing Partner PR-Agentur	Vielzahl von Themen in Abhängigkeit vom aktuellen Forschungsangebot; Schwerpunkt: PR-Forschung
	Sprecherin Landtagsfraktion #1	Vielzahl von Themen in Abhängigkeit vom aktuellen Forschungsangebot; Schwerpunkt: PR-Forschung

Tabelle 12: *In der Primäranalyse identifizierte Präferenzen für Inhalte der KW.*
Quelle: eigene Darstellung.

Unter den im Rahmen der Sekundäranalyse untersuchten PR-Praktikern befanden sich insgesamt sechs Personen, die ein tendenziell *diversifiziert-reziprokes* PR-Verständnis erkennen ließen. Manche von ihnen stellten im

Verlauf des Gesprächs theoretische Überlegungen zur Entstehung von öffentlicher Meinung an und verwendeten dabei auch Begriffe aus der KW (Meinungsbildner, Agenda Setting etc.). Dazu gehören beispielsweise die Kommunikationschefin des Bio-Unternehmens oder der fast schon im Grunig'schen Sinne symmetrisch bzw. gesamtgesellschaftlich orientierte Sprecher des Pharmaverbands. Der Leiter der Unternehmenskommunikation des Finanzunternehmens signalisierte sowohl explizite Kenntnisse *von* als auch Relevanzzuschreibungen *für* Inhalte(n) der KW und gab darüber hinaus mehrere Hinweise darauf, dass er eher als *reziprok-diversifizierter* PR-Praktiker anzusehen ist.

Doch welche Persönlichkeitsmerkmale und Umstände konnten nun in der Untersuchung identifiziert werden, die möglicherweise dazu beigetragen haben, dass aus einem PR-Praktiker ein Kenner, Sympathisant, Nutzer oder sogar *Verfechter* der KW wurde (Primäranalyse) – oder zumindest jemand, dessen PR-Handeln mehr Ähnlichkeit mit dem KW-Ideal von Öffentlichkeitsarbeit aufweist als mit dem der klassischen BWL (Sekundäranalyse)? Die *KW-Verfechter* in der Primäranalyse scheinen eher in *beratender* Funktion gefragt zu sein, sie bekleiden leitende Positionen und müssen sich nicht stark mit technischen Themen beschäftigen. Darüber hinaus müssen sie jedoch (vielleicht noch mehr als manch anderer PR-Praktiker) ihre eigene Arbeit vor Vorgesetzten oder Kunden erklären bzw. rechtfertigen und sie verspüren – so zumindest der Managing Partner der PR-Agentur oder auch die Sprecherin des Landtages – eine Nähe zu wissenschaftlichem Denken (*Schöngeister*). Interessanterweise hat nur einer von ihnen KW studiert. Nachdem diese Einflussfaktoren jedoch nur auf Basis von drei PR-Praktikern herausgearbeitet werden konnten, stellte sich die Frage, ob mithilfe der Sekundäranalyse eventuell weitere Belege für die *Berater-* und *Schöngeister*-These gefunden werden könnten.

Dem war jedoch zunächst nicht so – für die Herausbildung eines *diversifiziert-reziproken* (und somit KW-affinen) PR-Verständnisses sind ein beratungsintensives Aufgabenspektrum sowie eine persönliche Neigung zu theoretischem Denken im Praxisalltag nicht ausschlaggebend. Stattdessen konnten die folgenden Faktoren identifiziert werden: wenig Produkt-PR, wenig technische Aufgaben sowie (in manchen Fällen) eine durch frühere Tätigkeiten geprägte journalistische Denkweise. Es fand sich kein einziger PR-Agenturmitarbeiter unter den *diversifiziert-reziproken* PR-Praktikern, wobei es doch gerade die Agentur-PRler sind, die sich oftmals als *Berater* bezeichnen (vgl. Szyszka et al. 2009: 317). Jedoch konnten mit dem Sprecher des Pharmaverbands und dem Leiter der Unternehmenskommunikation des Finanzunternehmens eher zufällig zwei weitere PR-Praktiker identifiziert werden, die sich ebenfalls sehr für theoretisches Wissen im Bereich Kommunikation interessieren (zufällig deswegen, weil diese Eigenschaft nicht standardmäßig im Rahmen dieser Interviews abgefragt wurde). Beide führen einen Doktortitel, weshalb auch ihnen eine gewisse Affinität zu wissenschaftlichen Themen attestiert werden kann. Und beide gaben mehrere Hinweise darauf, dass ihr Alltag vor allem aus *Beratung* besteht. Daher konnte die *Beraterthese*, zumindest was die explizite Relevanzzuweisung für theoretisches Wissen zu Kommunikation (und damit oftmals auch zu den konkreten Inhalten der KW) betrifft, durch die Sekundäranalyse doch etwas weiter erhärtet werden.

Bevor es nun zur abschließenden Diskussion der Studienergebnisse vor dem Hintergrund von theoretischem Modell und theoretischem Rahmen (der Wissensgesellschaft) kommt, sollen noch einmal die *am stärksten* der KW verbundenen PR-Praktiker aus Primär- und Sekundäranalyse unter der Lupe betrachtet werden – schließlich stellen sie im Hinblick auf die Forschungsfrage die interessantesten Untersuchungsobjekte dar. Der soeben genannte Sprecher des Pharmaverbandes zählt hier nicht dazu, denn er gab zu keinem Zeitpunkt des Interviews zu erkennen, dass er die Inhalte (oder Lehrstühle bzw. einzelne Fachvertreter) der KW wirklich als solche kennengelernt hat – selbst wenn er über Vokabular aus dem Kosmos der KW verfügt. In diese Auswahl der *sehr* KW-affinen PRler können nur solche Praktiker aufgenommen werden, die über (1) direkte Affinität (nachweisbare Kenntnis von KW-Inhalten oder -Vertretern bzw. Nutzung von Elementen für die eigene Arbeit) sowie einen gewissen Grad an (2) indirekter Affinität (entweder weitgehend *diversifiziert-reziprokes* PR-Verständnis oder ein zumindest teilweise abstrahierendes Verständnis von öffentlicher Meinung) zum Fach verfügen. Am Ende dieses Auswahlprozesses bleiben vier PR-Praktiker übrig: der Managing Partner der PR-Agentur und die Sprecherin Landtagsfraktion #1 aus der Primäranalyse sowie die Leiterin PR/Marketing aus dem Pharmaunternehmen und der Leiter der Unternehmenskommunikation des Finanzunternehmens aus der Sekundäranalyse (siehe *Tabelle 13*).

	Indirekte Affinität		Direkte Affinität
	Weitgehend diversifiziert-reziprokes PR-Verständnis	Zumindest teilweise abstrahierendes Verständnis von öffentlicher Meinung	Nachweisbare Kenntnis von KW-Inhalten oder -Vertretern bzw. Nutzung von Elementen für die eigene Arbeit
Managing Partner PR-Agentur	✓	✓	✓
Sprecherin Landtagsfraktion #1	✗	✓	✓
Leiterin PR/Marketing Pharmaunternehmen	✗	✓	✓
Leiter Unternehmenskommunikation Finanzunternehmen	✓	✓	✓

Tabelle 13: *Auswahl der KW-affinsten PR-Praktiker für die Detailanalyse in Kapitel V, 3.1.3. Auswahlkriterien waren eine ausreichend starke direkte sowie indirekte Affinität (für Letztere: Erfüllung zumindest eines der beiden genannten Unterkriterien in Spalten 1 und 2) zum Fach.*
Quelle: eigene Darstellung.

3.1.3 Die vier KW-affinsten Interviewpartner

In diesem Kapitel werden die vier KW-affinsten PR-Praktiker aus Primär- und Sekundäranalyse noch einmal daraufhin untersucht, welche Persönlichkeitsmerkmale sie haben und in welchem Arbeitsumfeld sie sich bewegen (Kapitel V, 3.1.3.1), welche Elemente der KW ihnen bekannt sind bzw. welche sie im Sinne des theoretischen Modells dieser Arbeit nachfragen (Kapitel V, 3.1.3.2) und wofür sie diese verwenden (Kapitel V, 3.1.3.3). Einen abschließenden und zusammenfassenden Überblick zu diesen Fragen gibt *Tabelle 14* am Ende des Kapitels.

3.1.3.1 Persönlichkeitsmerkmale und Arbeitsumfeld

Die vier KW-affinsten PR-Praktiker sind alle in gehobenen Positionen in ihrer jeweiligen Organisation tätig. Sie leiten entweder einzelne Bereiche oder (gemeinsam mit anderen Partnern) ein ganzes Unternehmen. Die Sprecherin der Landtagsfraktion kann Arbeit an Agenturen auslagern und hat Praktikanten unter sich. Der Managing Partner der Agentur, die Leiterin PR/Marketing im Pharmaunternehmen und der Kommunikationschef des Finanzunternehmens tragen ihre leitende Aufgabe bereits in ihrer Positionsbezeichnung. Damit geht logischerweise einher, dass es sich bei ihnen nicht um Berufseinsteiger handelt, sie alle verfügen bereits über mehrjährige Berufserfahrung. Dieser Befund deckt sich mit den Ergebnissen der Befragung von Petra Pracht Anfang der 1990er Jahre: „PR-Leiter mit längerer PR-Praxis schrieben wissenschaftlichen Erkenntnissen vergleichsweise häufiger eine wichtige Rolle zu" (Baerns 1995: 13; siehe Kapitel II, 3.1). Der Managing Partner der PR-Agentur war zum Zeitpunkt des Interviews seit zehn Jahren bei seinem Unternehmen und vorher schon an anderen Stellen in PR und Journalismus aktiv. Die Leiterin PR/Marketing des Pharmaunternehmens durchlief nach dem abgebrochenen Studium eine Ausbildung und arbeitet nun – nach anderen beruflichen Stationen – bereits seit vielen Jahren in ihrem Unternehmen. Die Sprecherin der Landtagsfraktion hat einige Jahre bei einer Regionalzeitung hinter sich und der Leiter der Unternehmenskommunikation des Finanzunternehmens ist ebenfalls schon lange im Geschäft.

Darüber hinaus haben diese Praktiker meist Fächer studiert, die auf eine gewisse Liebe zu bildungsbürgerlichen Inhalten sowie vielleicht auch zur Theoretisierung von Alltagsphänomenen schließen lassen (in dieser Studie verkürzt als *Schöngeistiges* bezeichnet – was keinesfalls abfällig gemeint ist). Die Sprecherin der Landtagsfraktion hat Geschichte und Politik studiert, der Managing Partner der PR-Agentur ist Philosoph (Nebenfächer Literatur-, Theater-, Film- und Fernsehwissenschaften) und der Kommunikationschef des Finanzunternehmens ist Doktor der Komparatistik (Nebenfächer im Magisterstudium: Philosophie und Germanistik). Lediglich die Pharma-PRlerin hat KW (Nebenfächer BWL sowie Markt- und Werbepsychologie) studiert (siehe Kapitel IV, 4). Was genau mit der ‚Theoretisierung von Alltagsphänomenen' gemeint ist, sei an dieser Stelle mit der Antwort des Managing Partners der PR-Agentur auf die Frage illustriert, ob sein Studium für seine heutige Tätigkeit wichtig sei. Er bejaht dies und führt aus: „[D]a habe ich mich natürlich schon befasst mit

Themen der Identität, der Kommunikation, des kommunikativen Handelns, mit Fragen von Steuerung von komplexen Organisationen, Gesellschaften, Systemen" (Managing Partner PR-Agentur).

Nachdem jedoch bereits die Wahl eines solchen Studiums auf gewisse persönliche Einflussfaktoren und Präferenzen zurückgeht, wäre es sicherlich interessant, sich auch noch näher mit der Erziehung und dem sozialen Umfeld dieser vier PR-Praktiker zu beschäftigen. Jedoch ist dies, wie bereits weiter oben erwähnt, aufgrund des vorliegenden Datenmaterials nicht möglich. Gleichzeitig liefert eine gewisse Neigung zu *Schöngeistigem* noch keine ausreichende Begründung dafür, warum diese PRler heute die KW schätzen bzw. Elemente von ihr im Alltag nachfragen und/oder anwenden. Denn auch unter den *KW-Kritikern* finden sich Praktiker mit ähnlichen Persönlichkeitsmerkmalen. So etwa der Sprecher Stadtratsfraktion #3, der Theaterwissenschaften studiert hat und der davon spricht, dass sein Beruf ebenfalls nach (dramaturgischen) ‚Inszenierungen' verlange. Die KW hat er im Nebenfachstudium kennengelernt und schätzt sie bis heute nicht: „[D]amals ging's natürlich um so ganz banale Geschichten wie Sender-Empfänger-Modelle, das ist alles ganz schön, aber ehrlich gesagt, ich erinnere mich nicht mehr so sehr daran. Sicherlich hat's was hinterlassen, was mich im Weiteren gebildet hat, aber ich würde sagen, da habe ich aus manch anderem Lebensbereich mehr mitgenommen" (Sprecher Stadtratsfraktion #3).

Es müssen also auch noch weitere Faktoren dazu beitragen, dass diese vier PR-Praktiker eine große Nähe zum Fach zu erkennen geben. Hier wäre es sicherlich hilfreich, noch weitere PRler zu interviewen und zu analysieren. Jedoch kann an dieser Stelle zumindest noch einmal die *Beraterthese* in den Raum gestellt werden, der zufolge *beratende* PR-Praktiker möglicherweise stärker von der KW als wissenschaftlicher Quelle profitieren als andere Praktiker. Denn die oben erwähnte Entbindung von technischen Aufgaben sowie ihre leitende Position dürften auch mit der Erwartungshaltung von Kunden und Vorgesetzten einhergehen, dass diese PR-Praktiker fundierte Kenntnisse und Einsichten zum Thema Kommunikation einbringen – sprich: *Rat* erteilen – können. So definiert sich der Kommunikationschef des Finanzunternehmens beispielsweise fast schon über seinen Draht zur Unternehmensspitze: Diese Verbindung zum „CEO, zum Vorstandschef" sei eine „ganz entscheidende Voraussetzung" dafür, „um einen guten Job zu machen [...] Vertrauen zu haben" (Leiter Unternehmenskommunikation Finanzunternehmen). Seine „symbiotische Taktung" mit dem Chef sowie dessen „blindes Vertrauen", so könnte man vermuten, wird er sich auch durch Beratungskompetenz erarbeitet haben – er spricht selbst vom „Ohr des Chefs", welches offen für ihn sei (ebd.).

Auch der Managing Partner der PR-Agentur erwähnt, dass es im Kontext seiner „Beratungspraxis" wichtig sei, „dass man [einen] gewissen Zugriff auf Themen [in] akademischer Art und Weise gelernt hat, weil die Kunden, die ich berate, haben so [einen] ähnlichen Background [...], [e]her auch so akademisch" (Managing Partner PR-Agentur). Es sei für ihn wichtig zu verstehen, wie „Reputation aufgebaut, verändert, gestützt und zerstört" werde – sein Unternehmen suche „Kooperationen mit wissenschaftlichen Einrichtungen" (ebd.). Die Landtagssprecherin muss in der Lage sein, den Abgeordneten neue mediale und technologische Trends wie *Twitter* zu erklären und darauf aufbauend Strategien zu erarbeiten, welche sich im Wahlergebnis niederschlagen. Man kann es durchaus *beraten* nennen, wenn sie sagt, es sei wichtig, „dass ich den Abgeordneten erklären kann, warum das nicht mehr so ist, dass da dann ein Abgeordneter steht und da ein Journalist und der macht eins zu eins das, was man ihm sagt" (Sprecherin Landtagsfraktion #1). Und auch bei der Kommunikationsleiterin für PR und Marketing kann man vermuten, dass sie die Geschäftsführung kommunikativ *berät* (vgl. Leiterin PR/Marketing Pharmaunternehmen). Genauso muss jedoch festgehalten werden, dass sich auch unter den *KW-Laien* und *-Kritikern Beratertypen* befinden, die das Wissen der KW nicht nachfragen. Einer der größten *Kritiker* der KW in dieser Studie, der Sprecher der kulturellen Einrichtung aus der Primäranalyse, wird von seinem Vorgesetzten oft nach Rat gefragt: „[D]er will und sucht auch Beratung. Also er [...] sucht meine Meinung. Also er ist jemand, der [...] legt Wert auf engagierte [...] Mitarbeiter, die er für kompetent hält, denen er vertraut" (Sprecher kulturelle Einrichtung).

Zusammenfassend lässt sich sagen: Die vier KW-affinsten PR-Praktiker in dieser Studie sind in gehobenen Positionen tätig und verfügen über mehrjährige Berufserfahrung, haben ein gewisses Faible für theoretisches Denken und sind häufig vor allem als *Berater* gefragt. Nur eine einzige von ihnen, die Leiterin PR/Marketing im Pharmaunternehmen, hat dabei KW studiert – jedoch aus ‚privaten Gründen' abgebrochen. Somit könnte man argumentieren, dass diese vier PR-Praktiker vielleicht ein Fach verteidigen, das sie gar nicht kennen. Dass dem so nicht ist, wird im nächsten

Kapitel dargelegt werden – jedoch konzentriert sich ihr Wissen in der Tat auf spezielle Bereiche.

3.1.3.2 Ihnen bekannte bzw. von ihnen nachgefragte Elemente der KW
Vereinfacht und verkürzt gesagt: Die vier KW-affinsten PR-Praktiker dieser Studie kennen vor allem Fachvertreter mit starker PR-Fokussierung – namentlich insbesondere Ansgar Zerfaß und Günter Bentele aus Leipzig. Inhaltlich interessieren sie sich ebenfalls am meisten für PR-intensive Forschung, zwei von ihnen für die Spezialisierung des ‚Kommunikationsmanagements'. Doch sie fragen auch andere Themen nach bzw. wissen über weitere Fachbestandteile Bescheid. So erklärt etwa der Managing Partner der PR-Agentur, dass er an der KW eine Reihe von Dingen schätze – vor allem aber Einblicke zu interpersonaler Kommunikation: „[I]n so [einem] menschenorientierten Sinne, also wo sehr viel über Personalkommunikation läuft, also in der internen Kommunikation. [...] Und auch, [...] dass ich schon wissen muss, wie Medien funktionieren. [...] Verständnis von Medien, klassische [...] Massenmedien in der Gesellschaft. Aber auch [...] mediale Systeme, Intranet oder Mitarbeiter [...] muss ich schon auch alles verstehen" (Managing Partner PR-Agentur).

An Instituten kennt er diejenigen der Universitäten Hohenheim, Zürich, München, der *Zeppelin-Universität* – vor allem aber Leipzig. Hier sei an sein Loblied auf die dortigen Fachvertreter erinnert: „Leipzig, Bentele und Zerfaß. Mit dem Programm. Und den Themen, die die da machen, ist einfach ein Highlight und eine göttliche Segnung [...] hervorragend, ja. [...] [E]infach vom Zuschnitt und von den Möglichkeiten, die die haben. Und dass sie das weiter vorantreiben find' ich sehr vorbildlich und sehr, sehr wichtig. Das wird aber auch [...] bei unseren Kunden schon [...] so [...] gesehen" (ebd.). Von diesen für ihn interessanten Fachstandorten hole er sich in halbwegs regelmäßigen Abständen (etwa einmal pro Semester) auch interessante Abschlussarbeiten: „[I]ch versuche, mich auf dem Laufenden zu halten, indem ich einfach auch gucke, was bestimme Lehrstühle so machen und was für Abschlussarbeiten sie betreuen. [...] [Der] [T]ransfer-Newsletter [...] gibt einem dann schon ein ganz gutes Bild" (ebd.). Normalerweise finde er dann „so drei Sachen, die ich dann ankreuze, und dann versuch' ich die Arbeiten zu bekommen" (ebd.). Für ihn als *Berater* sei es dabei vor allem wichtig, auch über Themen der Evaluation Bescheid zu wissen: „Also [...] ich berate --- in verschiedenen Fragen, da ist das schon wichtig, [...] Themen wie Messbarkeit, [...] Scorecardsysteme für Kommunikationsmanagement" – das finde er „persönlich [...] sehr richtig, sehr, sehr wichtig" (ebd.).

Auch die Sprecherin der Landtagsfraktion hat ein Faible für PR-orientierte Forschung. Auf ihrem Tisch liegen Bücher des ebenfalls an der *Zeppelin-Universität* lehrenden Juniorprofessors für Politische Kommunikation Markus Rhomberg (*Politische Kommunikation*) oder der Hohenheimerin Claudia Mast (*Unternehmenskommunikation*). Wie bereits weiter oben erwähnt, könne sie letzteres neben anderen Büchern „jedem empfehlen" (Sprecherin Landtagsfraktion #1). Die Universität Hohenheim nennt sie explizit als Wissensquelle für ihre Arbeit, genau wie die Arbeiten von Günter Bentele. Dabei zielt sie auf politische Strategie ab und darauf, wie die Bürger politische Kommunikation verarbeiten bzw. welche „kognitive[n] Informationsverarbeitungsschemata" dabei eine Rolle spielen würden (ebd.).

Die Begeisterung für Leipzig teilt auch der Kommunikationschef des Finanzunternehmens. Könnte er heute noch einmal studieren, „würde ich zu Ansgar [Zerfaß; Anm. d. Verf.] gehen. Das ist das halbe Einkommen, weil er auch diese Industrieerfahrung hat" (Leiter Unternehmenskommunikation Finanzunternehmen). Auch sei Zerfaß einer der ersten gewesen, die sich zur „Onlinekommunikation" geäußert hätten (ebd.). Das Thema des Kommunikationscontrollings sieht er hingegen etwas kritischer. Er selbst habe sich schon einmal mit einem Professor der BWL zusammengesetzt („Wir wollten auch Indices basteln, messen"; ebd.) – doch er sei bei dem Thema insgesamt „ein bisschen zurückhaltend" (ebd.): „Also man macht sich da auch etwas vor. Also da können sie Scorecards [...] entwickeln. Aber schauen Sie mal[,] vieles, gerade diese Ad Values, diese komischen Äquivalenzwerte. Vieles von dem [der PR; Anm. d. Verf.] ist doch eigentlich der Verdienst, sich aus den Medien rausgehalten zu haben, in diffizilen Zusammenhängen. Wie wollen Sie das denn messen?" (ebd.). Auch andere Elemente des Fachs sind ihm sehr geläufig. So beispielsweise das Intereffikationsmodell nach Bentele et al. oder die Determinationshypothese von Barbara Baerns (vgl. ebd.). Er vertritt die Auffassung, dass die von Baerns ermittelten Ergebnisse auch heute noch zutreffend seien: „Es ist nach wie vor signifikant hoch, was ungefiltert als PR-Material in die Zeitungen Eingang findet. [...] Ja, ist so. Eindeutig. Agenda Setting wird von PR betrieben" (ebd.).

Unter den vier sehr KW-affinen PR-Praktikern befindet sich nur eine Befragte, die keine spezifischen Institute oder Lehrstühle nennt – die Leiterin PR/Marketing des Pharmakonzerns. Und das, obwohl sie die einzige ist, die das Fach studiert hat. Der Grund dafür dürfte weniger ihr Studienabbruch sein als vielmehr die Tatsache, dass im Rahmen der Interviews in der Sekundäranalyse nicht gezielt nach Wissen zur KW gefragt wurde. Doch auch ohne explizite Aufforderung gibt diese PRlerin Hinweise darauf, welche Elemente der KW ihr nach wie vor präsent sind. So bezieht sie sich auf das Konstrukt von „Meinungsbildnern", die sie nutze, um bestimmte Themen in der breiten Öffentlichkeit zu positionieren: „Das heißt, man sucht sich Meinungsbildner, Experten für einen speziellen Bereich und bespricht mit dem die Zielsetzung, die man hat. Das geht dann über Interviews, über Statements und solche Dinge. Das funktioniert in der Regel sehr gut, sowohl im Fach- als auch im Publikumsbereich" (Leiterin PR/Marketing Pharmakonzern).

Natürlich kann man einwenden, dass der Begriff Meinungsbildner (Opinion Leader), genau wie Agenda Setting, mittlerweile so weit gesellschaftlich etabliert ist, dass es durchaus sein kann, dass jemand diese Konzepte kennt, ohne irgendetwas mit der KW zu tun zu haben. Jedoch betont diese PR-Praktikerin ihre Affinität zu wissenschaftlicher Unterfütterung der eigenen Arbeit, wenn sie sagt, dass ihr Letztere am meisten in Verbindung mit „psychologischen Aspekte[n]: Marktforschung, qualitative Marktforschung" (ebd.) Freude mache. Die Kunst, Leute zu überzeugen, sei auch damals schon der Grund gewesen, warum sie sich überhaupt für das Studium der KW interessiert habe: „Ich habe mich immer schon sehr intensiv mit Kommunikation beschäftigt, weil mich das privat auch sehr interessiert hat. Wobei ich immer so von der werblichen Seite herkam, von der Psychologie und ‚Was passiert da in den Köpfen?'. Wie kann ich die Leute packen? Was passiert, wenn ich eine Botschaft wegschicke, was passiert bei dem anderen. [...] Und wenn ich mehrere Stufen der Kommunikation habe, dann – Stichwort stille Post – was kommt unterm Strich an?" (ebd.). Möglicherweise bezieht sie sich hierbei sogar expressiv verbis auf den Mehrstufenfluss der Kommunikation (siehe Kapitel II, 1.1.3).

Zusammenfassend lässt sich festhalten, dass drei der vier sehr KW-affinen PR-Praktiker die Leipziger Fachvertreter Bentele und Zerfaß kennen und deren Arbeit hoch einschätzen. Auch Hohenheim, Zürich, München und die *Zeppelin-Universität* werden genannt. Darüber hinaus sind die Begriffe bzw. Konzepte Agenda Setting, Meinungsbildner (oder -führer), Intereffikationsmodell, Determinationshypothese sowie eventuell der Mehrstufenfluss der Kommunikation bekannt. Es gibt, neben der PR-Forschung, vereinzeltes Interesse an politischer Kommunikation, kognitiver Informationsverarbeitung und interpersonaler Kommunikation. Es ist zu vermuten, dass diesen PR-Praktikern wohl noch deutlich mehr KW-Aspekte bekannt sein dürften, diese jedoch im Lauf des Interviews nur nicht zum Vorschein kamen. Darüber hinaus kann festgehalten werden, dass sich mindestens drei der vier PR-Praktiker das Wissen zur KW aktiv selbst holen – sprich: es im Sinne des Modells dieser Arbeit ‚nachfragen': Der Leiter der Unternehmenskommunikation des Finanzunternehmens kann die Leipziger Forschung sowie die zahlreichen KW-Inhalte nicht im Studium kennengelernt haben, der Managing Partner der PR-Agentur durchforstet aktiv den *Transfer*-Newsletter der *DGPuK* und die Sprecherin der Landtagsfraktion kauft sich Bücher der KW und sieht die Inhaltsverzeichnisse nach nützlichen Kapiteln für ihre Arbeit durch.

Mit der wiederholten Nennung des Leipziger Instituts und der Wertschätzung der dortigen Forschung wird Laus (1989) Feststellung bestätigt, dass „die Reputation der betreffenden Forscher [...] eine wichtige Rolle" bei der Auswahl wissenschaftlicher Erkenntnisse in der Praxis spielt und dass „Reputation unabhängig von der Qualität der Ergebnisse deren argumentatives Gewicht vergrößern kann" (ebd.: 393). Gleichzeitig muss einschränkend hinzugefügt werden: Zum einen könnte man in der Spezialisierung des Leipziger Instituts auf das Thema Kommunikationsmanagement bereits eine eigene Disziplin (jenseits der klassischen KW) sehen (siehe Kapitel II, 1.2.1). Zum anderen ist die fachliche Zurechnung von Begriffen wie Agenda Setting und Opinion Leader nicht nur aufgrund des interdisziplinären Charakters der KW schwierig (siehe Kapitel II, 1.1.1), sondern auch weil eine Nachfrage nach der KW an sich nicht zwingend notwendig ist, um mit diesen Begriffen in Kontakt zu kommen. Der Sprecher des Automobilkonzerns, ein *KW-Kritiker*, bringt es wie folgt auf den Punkt: „Wirkungsforschung, Agenda Setting und so etwas, also das sind schon Sachen, die hängen bleiben und die man [...] auch in der Praxis immer wieder nutzt und [...] dieser Terminus, Agenda Setting, der ist wirklich sehr verbreitet. Der hat natürlich auch so etwas, ja, mystisch [G]lamouröses. Wenn man [...] irgendwie so die öffentliche Meinung oder irgendwie so das Thema [...] platzier[t], dann [...] ist das schon was. Und wird auch beachtet" (Sprecher Automobilkonzern). Auch die Senior-Beraterin für Lifestyle-PR sagt, dass „Agenda Setting, Massenkommunikation et cetera. [...] Opinion Leader, Mindset, Lobby [...] genau die Dinge" seien, die „in jedem Konzept" der PR-Agentur stehen würden (Senior-Beraterin Lifestyle-PR). Und damit sind wir bei der Frage angekommen, *wofür* die vier KW-affinsten PRler die KW nutzen. Dies soll im letzten Teil dieses Kapitels behandelt werden.

3.1.3.3 Anwendungsfelder der KW

Die hier vorgenommene Trennung zwischen der Frage, *wer* diese sehr KW-affinen PR-Praktiker sind (Kapitel V, 3.1.3.1) und *wofür* sie die als relevant erachtete KW ‚verwenden' (dieses Kapitel), ist natürlich nur schwer durchzuhalten, denn: Wenn jemand, der die KW sehr schätzt, wie oben festgehalten, in seinem beruflichen Alltag vor allem *beratend* tätig ist, wie ebenfalls oben festgehalten, dann liegt die Vermutung nahe, dass die KW genau zu diesem Zweck auch eingesetzt wird. Sie kann als eine von vielen Quellen für die Unterfütterung der eigenen Beratungsleistung eingesetzt werden – entweder gegenüber Kunden oder gegenüber organisationsinternen Anspruchsgruppen bzw. Vorgesetzten.

Am offensichtlichsten wird dieser Einsatz der KW beim Managing Partner der PR-Agentur. Als er die Leipziger Fachvertreter lobend erwähnt, betont er, dass dies auch „von unseren Kunden [...] gesehen" werde (Managing Partner PR-Agentur). Nachdem er in „verschiedenen Fragen" vor allem „berate", seien die Inhalte aus Leipzig eben „sehr wichtig" (ebd.). Die Landtagssprecherin wird hingegen von den Fraktionsmitgliedern zu unterschiedlichen Themen befragt und bezieht ihr Wissen für diese organisationsinterne Beratung ebenfalls (zum Teil) aus der KW: „[D]ie Abgeordneten wollen schon wissen von uns, warum haben wir bei den Jungwählern, bei den jungen Frauen, bei den Landwirten den und den Einbruch gehabt? Das verantworten wir hier schon. Und da draus ziehen die dann einen politischen Schluss [...] [D]ie sehen das nicht unter dem Aspekt der Kommunikation, die sehen das unter dem Aspekt, wir wollen ja 'ne Wahl gewinnen" (Sprecherin Landtagsfraktion #1). Sie müsse im Zweifel schon *Twitter* genutzt haben, bevor dies jemand aus der Fraktion getan habe, und müsse sich mit der Frage beschäftigen, wie politische Informationen verarbeitet werden („[d]as ist doch eigentlich das A und O"; ebd.). Auf die ihr abverlangte Beratungsleistung, einem Abgeordneten zu erklären, warum das Spiel zwischen Politik und Journalismus heute anders ablaufe, ist bereits weiter oben eingegangen worden (siehe Kapitel V, 3.1.3.1).

Die Verwendung der KW als Ressource für Beratungszwecke kann sogar soweit gehen, dass gezielt nach Fachinhalten gesucht wird und diese – mehr oder weniger systematisch – in Wissensmanagementsystemen der jeweiligen Organisation hinterlegt werden, um später wieder angewandt zu werden. Der Managing Partner der PR-Agentur gibt zu Protokoll, dass sich im „Wiki" seiner Agentur KW-Studien finden würden: „Ja unbedingt [...] sind relativ viele drinnen, sogar. [...] Promotion über Einsatz von Wikis oder Social Media in Change, Studie von der Universität Hohenheim war das mal" (Managing Partner PR-Agentur). Wenn jemand im Unternehmen eine interessante Studie entdecke, dann würde man versuchen, „Kontakt aufzu[bauen]" (ebd.). Wie bereits oben erwähnt, betätigt sich seine Agentur sogar selbst akademisch und hat unter anderem „ein kleines Forschungsinstitut mitgegründet" (ebd.).

Eng mit dieser unterstützenden Funktion der KW beim Thema Beratung ist auch ein anderes Anwendungsfeld verknüpft: das des Reputationsgewinns. Die Beherrschung von bestimmten Fachbegriffen könnte, so die These, bei Kollegen, Vorgesetzten oder Kunden durchaus auch als Beleg für kommunikative Kompetenz verstanden werden. Manche der PR-Praktiker, wie etwa die Landtagssprecherin, nutzen die KW hierfür gezielt: „[D]as habe ich gemerkt, dass ich zu wenig diese Fachbegriffe wusste, weil ich das Fachstudium nicht hatte – aber das kann man auch dazulernen. Man muss einfach [...] diese Offenheit ha[ben], sich mit allem zu beschäftigen" (Sprecherin Landtagsfraktion #1). Sie wolle einfach „diesen Fachjargon ein bisschen mehr drauf" haben, deshalb habe sie auch noch eine Fortbildung zum „PR-Berater" absolviert (ebd.). Außerdem weist sie darauf hin, dass ihr theoretische Modelle zu Kommunikation „das Leben [...] erleichtern" (ebd.) würden. Was genau sie darunter versteht, wurde im Interview leider nicht mehr weiter geklärt. Allerdings erwähnt sie, dass sie die Modelle zumeist nicht in ihrer täglichen Arbeit, sondern für Vorträge zum Thema „Pressearbeit, Öffentlichkeitsarbeit" nutze – ein weiterer Indikator dafür, dass die KW auch als Expertisesignal genutzt wird (ebd.).

Und schließlich scheint die KW von diesen vier PR-Praktikern schlicht auch dann angezapft zu werden, wenn sie Prozesse in ihrem PR-/Medienumfeld mit Relevanz für die eigene Arbeit besser verstehen wollen. Beispielsweise sagt der Managing Partner der PR-Agentur: „[W]enn ich was wissen will über Mediendynamik, Medientendenzen, Nutzungsverhalten et cetera, würd' ich immer das Institut in Zürich oder München nehmen" (Managing Partner PR-Agentur). Die Universitäten zieht er in diesem Kontext sogar einem privatwirtschaftlichen Anbieter vor (vgl. ebd.). Auch die Landtagssprecherin nutzt Ergebnisse der Mediennutzungsforschung als Entscheidungsgrundlage dafür, welche Medien zur Erreichung welcher Zielgruppen geeignet sein könnten: „Wie erreiche ich Menschen? [...] [W]ie erreiche ich zum Beispiel die Jugend? [...] [D]a müssen wir dran. [...] [W]elche Nutzung von Jugendlichen, Onlineforen, wie das funktioniert ... was, ob das Protestparteien sind. Wie kommen wir an die ran?" (Sprecherin Landtagsfraktion #1). Und die Leiterin PR/Marketing des Pharmaunternehmens gibt an, stets zu unterscheiden, was gerade das jeweilige Ziel der Kommunikation sei, die sie momentan betreibe: „Da muss die Zielsetzung klar sein. Will ich die Bekanntheit eines Produktes erhöhen? [...] Oder will ich etwas produktneutraler bestimmte Themen oder Wirkmechanismen in die Köpfe bringen? Das sind ganz unterschiedliche Zielsetzungen" (Leiterin PR/Marketing Pharmaunternehmen). Wenn es darum gehe, Themen „in die Köpfe zu bringen", dann mache sie sich daran, wie bereits oben ausgeführt, „Meinungsbildner" zu identifizieren, die dann „zum Beispiel für Interviews zur Verfügung" stünden (ebd.). Hier könnte man davon sprechen, dass in manchen Fällen Konzepte der KW zur Persuasion bzw. zur Beeinflussung der öffentlichen Meinung genutzt werden.

Was das Motiv ,Verbesserung des PR-/Medienverständnisses' anbelangt, so sei hier auch an das Bekenntnis des Leiters der Unternehmenskommunikation des Finanzunternehmens zum „life long learning" erinnert: „[L]ernen ist [...] tief in mir drin. Also diese Bereitschaft oder dieser Anspruch. [...] Ich meine, wenn Sie das hier nicht haben und sagen[,] ich lebe mit den Ressourcen, die [ich] mal vor 20 Jahren irgendwie an der Uni erworben hab', das hilft Ihnen nicht. Also müssen [S]ie extrem bereit sein, ständig sich auch neuen Dingen zu öffnen und neue Sachverhalte zu verinnerlichen und sich anzueignen" (Leiter Unternehmenskommunikation Finanzunternehmen). Die KW kann ihm in diesem Zusammenhang helfen, eigene Beobachtungen auf ihren Allgemeinheitsgehalt hin zu überprüfen: „Barbara Baerns, [...] Determination und [der] ganz[e] Quark da. Ich glaube, dass der Befund nach wie vor stimmt" (Leiter Unternehmenskommunikation Finanzunternehmen).[217] Auch die Landtagssprecherin zeigt sich dem neuen Wissen gegenüber sehr aufgeschlossen – wird jedoch auch von ihrer Organisation dazu gedrängt.

Zusammenfassend kann man also festhalten: Die vier KW-affinsten PR-Praktiker verwenden die KW unter anderem dazu, um ihrer Beratertätigkeit nachgehen zu können, Expertise gegenüber Kunden, Kollegen und Vorgesetzten zu signalisieren, Wissen zum Thema Mediennutzung und Persuasion (Meinungsbildung) gezielt einzusetzen sowie um das eigene berufliche Umfeld mithilfe von wissenschaftlicher Abstraktion ein Stück weit klarer betrachten zu können. *Tabelle 14* gibt noch einmal einen Überblick zu den Erkenntnissen in diesem Kapitel.

---

[217] Interessanterweise vertritt er dennoch die Auffassung, dass PR ein Handwerk sei: „All die Verdienste um Professionalisierung der Disziplin und so. Ich glaube, die Wahrheit liegt wie so oft ein bisschen dazwischen" (Leiter Unternehmenskommunikation Finanzunternehmen). Aus seiner Sicht hat sich der Berufsstand zwar zunehmend akademisiert, ist aber nach wie vor ein Handwerk und keine Wissenschaft: „Und das müssen [S]ie einfach sauber exekutieren" (ebd.).

Persönlichkeitsmerkmale & Arbeitsumfeld	Bekannte sowie nachgefragte Elemente der KW	Anwendungsfelder bzw. Nutzen der KW
• Mehrjährige Berufserfahrung • Leitende Position • Überwiegend *Berater*, keine Techniker • Möglicherweise Neigung zu theoretischer Betrachtung von Alltagsphänomenen („*Schöngeister*")	• Institute: Leipzig, Hohenheim, Zürich, *Zeppelin-Universität*, München • Fachvertreter: Günter Bentele, Ansgar Zerfaß, Claudia Mast, Barbara Baerns • Inhalte (Begriffe und Konzepte): PR-Forschung und Kommunikationsmanagement, Agenda Setting, Meinungsführer, Intereffikationsmodell, Determinationshypothese, interpersonale Kommunikation, kognitive Informationsverarbeitung, eventuell Mehrstufenfluss der Kommunikation	• Beratung • Signalisierung von Kompetenz gegenüber Kunden, Vorgesetzten und Kollegen • Verbesserung des Verständnisses von PR-/Medienprozessen für die eigene Arbeit • Vereinzelt gezielter Einsatz von Konzepten im Rahmen von Persuasion bzw. Beeinflussung öffentlicher Meinung[218]

Tabelle 14: *Zusammenfassung der Merkmale der vier KW-affinsten PR-Praktiker. Quelle: eigene Darstellung.*

3.2 Diskussion

In diesem Kapitel sollen die Ergebnisse von Primär- und Sekundäranalyse nun zum einen vor dem Hintergrund des theoretischen Modells, zum anderen vor der großen theoretischen Hintergrundfolie dieser Arbeit – der Wissensgesellschaft – beleuchtet werden. In einem ersten Schritt soll somit diskutiert werden, inwiefern sich das theoretische Modell als an-

---

[218] Siehe hier auch das Beispiel von Landtagssprecherin #2, die als ‚Agenda Setterin' aktiv ist und die die Schweigespirale anwendet (Kapitel V, 1.2.1). Jedoch zählt sie nicht zu den KW-affinen PR-Praktikern.

wendbar erwiesen hat, inwiefern es angepasst werden muss und welche Ergebnisse sich aus der Studie mithilfe der Kombination von theoretischem Modell und empirischem Material ableiten lassen (Kapitel V, 3.2.1). Im zweiten Schritt sollen diese Erkenntnisse dann dazu verwendet werden, einen Beitrag zu der Debatte zu leisten, welche Rolle die KW in der Wissensgesellschaft spielt (Kapitel V, 3.2.2).

3.2.1 Rückbezug zum theoretischen Modell

Das in dieser Studie entwickelte Marktmodell hat die KW als einen von zahlreichen Wissensproduzenten für professionelle Kommunikation (oder: PR) definiert. Die von ihr generierten ‚Produkte' (Theorien, Begriffe, Studien etc.) werden von unterschiedlichen ‚Konsumenten' unterschiedlich stark nachgefragt: am meisten mit Sicherheit von den Wissenschaftlern selbst, daneben aber auch von Privatleuten, Politikern und einer unbestimmten Anzahl von weiteren Konsumenten – wie eben auch PR-Praktikern. Nachdem die Ergebnisse der Leitfadeninterviews nun in den vorangegangenen Kapiteln ausführlich dargestellt und zusammengefasst worden sind, stellen sich bei ihrer Betrachtung durch die theoretische Brille des Marktmodells zahlreiche Fragen. Die Diskussion dieser Fragen orientiert sich strukturell an den im Theorieteil formulierten forschungsleitenden Vermutungen, die genau zu diesem Zweck aufgestellt worden waren (siehe Kapitel III, 3).

Die erste Frage lautet: Kann das Marktmodell zumindest grundsätzlich als sinnvoll erachtet werden? Sprich: Lässt sich die erste Vermutung dieser Arbeit halten, dass Wissenschaft – in diesem Fall die KW – nicht im Rahmen eines linearen Transfers von der Wissenschaft in die Praxis ‚versendet' wird, sondern dass die PR-Praktiker als eine Konsumentengruppe aktiv KW-Wissen nachfragen? Auf Grundlage der in dieser Arbeit analysierten Interviews kann man diese Vermutung weitgehend bestätigen: Von den vier PR-Praktikern, die dem Fach sehr offen gegenüberstehen, hatte nur eine das Fach tatsächlich studiert und daher Konzepte wie das der Meinungsführer durch die Zeit an der Universität mitgegeben bekommen. Die anderen drei KW-affinen PRler hingegen haben das Fach nicht studiert und machen sich in ihrem beruflichen Alltag aktiv auf die Suche nach Inhalten der KW, die ihnen bei ihrer Arbeit helfen können. So kauft sich die Sprecherin der Landtagsfraktion Bücher der Universität Hohenheim, um die eigene Arbeit zu strukturieren und um den Mitgliedern ihrer Fraktion aus ihrer Sicht qualifizierte Antworten auf Fragen der politischen Kommunikation geben zu können. Ein anderes Beispiel ist der Managing Partner der PR-Agentur, der den *Transfer*-Newsletter der *DGPuK* nach interessanten Abschlussarbeiten durchforstet und der – genau wie der Kommunikationschef des Finanzunternehmens – in den höchsten Tönen von den Leipziger Fachvertretern spricht.[219] Aufgrund ihres aktiven Suchverhaltens könnte man sagen, dass sie bestimmte Präferenzen für theoretisches Wissen zur Kommunikation haben und dieses ‚nachfragen'. Wenn der Sprecher des Automobilkonzerns davon spricht, dass er sich für wissenschaftliche Einschätzungen dazu interessieren würde, wie lange sein Unternehmen das Thema Schweinegrippe (Stand: 2009) wohl noch beschäftigen wird, dann handelt es sich dabei um eine klassische ‚Nachfrage' nach wissenschaftlichem Wissen im Sinne des theoretischen Modells. Das Gleiche gilt für den Sprecher der Stadtratsfraktion #1, der an wissenschaftlichen Erkenntnissen dazu interessiert wäre, nach welchen Kriterien Journalisten Pressemitteilungen bewerten (siehe auch *Tabelle 12*).

Gleichzeitig muss an dieser Stelle noch einmal darauf hingewiesen werden, dass Absolventen des Fachs das im Rahmen des Studiums erlangte Wissen natürlich auch aktiv oder passiv abrufen, um es für ihre Arbeit nutzbar zu machen. KW-Alumni wie der Kommunikationschef des Technologieunternehmens oder der Sprecher des Automobilkonzerns werden aus ihrem Studium Bestandteile in die tägliche Arbeit übersetzen, ohne dass sie dazu formal bei externen Quellen nachfragen müssen. Solche inneren Abrufprozesse sind zwar theoretisch im Modell enthalten, können jedoch kaum im Rahmen von Interviews nachgewiesen werden (Beispiel: ‚Wann haben Sie zuletzt an eine Theorie aus Ihrem Studium gedacht? Was haben Sie damit konkret gemacht?'). Bernd Schuppener zufolge finden wissenschaftliche Elemente somit den Weg in die Praxis, „ohne dass man es merkt" (Schuppener).[220, 221] Dennoch ist es aus Sicht

---

[219] Die Bekanntheit Leipzigs deckt sich mit den quantitativen Ergebnissen der Studie von Bentele et al. (2012), die, wie in Kapitel II, 3.2 dargelegt, festhalten, dass zwar die meisten akademischen Ausbildungsstätten für PR in Deutschland „nur einer Minderheit bekannt" seien, die bekanntesten jedoch „die Quadriga Hochschule in Berlin und die Universität Leipzig" seien (ebd.: 230).
[220] Aus seiner Sicht tragen die Alumni in spürbarem Maße dazu bei, dass sich Fachwissen in den Institutionen festsetzt – auch wenn er, wie bereits oben erläutert, die Auffassung vertritt, dass es sich bei der Leipziger PR-Wissenschaft nicht mehr um KW im klassischen Sinn handelt: „Wenn sie [die Alumni; Anm. d. Verf.] als junge Leute in die Unternehmen

des Autors mit Abstrichen möglich, den Diffusionsprozess von KW-Ergebnissen in die PR-Praxis mithilfe des Marktmodells darzustellen.

Wenn dem so ist, was bedeutet das dann für die zweite Vermutung auf Basis dieses theoretischen Modells – nämlich, dass manche PRler die KW für relevanter halten als andere? Auch diese Vermutung kann nach Sichtung der Interviews als bestätigt gelten. Die Analyse hat klar gezeigt, dass nicht jeder PR-Praktiker die KW in gleichem Ausmaß ‚nachfragt'. Die meisten der analysierten PRler interessieren sich nicht weiter für die KW bzw. kennen ihre konkreten Inhalte viel zu wenig, um diese nachfragen und somit auch verwenden zu können. Bei den selbst geführten Interviews entpuppte sich die große Mehrheit der befragten Personen als *KW-Laien* oder gar als *KW-Kritiker*. Die Mitglieder der letzteren Gruppe schätzen das Fach aus mehreren Gründen gering – unter anderem wegen der ihm zugeschriebenen ‚Naivität' oder Praxisferne. Rainer Zimmermann stellte in diesem Zusammenhang die These auf, dass die KW nicht in „Wettbewerbskategorien" denke wie andere Wissenschaften, wie etwa die Biologie mit der Evolutionstheorie, die Politik, die Soziologie, die Psychologie, die Betriebswirtschaft oder auch die Militärgeschichte (Zimmermann). Die Praktiker seien daran interessiert, auch in der Kommunikation Wettbewerbsvorteile zu erlangen – jedoch gebe die KW ihnen hierfür keine brauchbaren Instrumente an die Hand (vgl. ebd.). Während diese These eine mögliche Erklärung (neben anderen) für die Frustration der *KW-Kritiker* darstellt, ließen sich in der Primäranalyse jedoch auch drei *KW-Verfechter* identifizieren, von denen zumindest zwei Fachinhalte aktiv nachfragen.

Und auch bei der Sekundäranalyse zeigten sich klare Unterschiede in Bezug auf die Relevanzzuschreibung für die KW durch die PR-Praktiker. Bei der Einteilung der Interviewpartner in eine Gruppe von eher *fokussiert-unidirektional* orientierten – und damit per se weniger dem KW-Ideal

---

gehen, bringen sie dieses Know-how mit und verankern es peu á peu. So dass gewisse wissenschaftliche Erkenntnisse Eingang in den Unternehmensalltag finden" (Schuppener).
[221] Hier wird noch einmal die Schwäche des frühen Leitfadens erkennbar, in dem noch sehr auf die unmittelbare Relevanz der Wissenschaft für die Praxis abgestellt wurde. Die Lifestyle-PRlerin bringt es auf den Punkt, wenn sie sagt: „Ich kann's nicht differenzieren [...]. Also ich gehe davon aus, dass es mir in der Praxis geholfen hat. Kann aber jetzt nicht genau sagen, also ich bin jetz[t] niemand, der sich auf irgendetwas da beruft oder ... das konkret benennen kann" (Senior-Beraterin Lifestyle-PR; siehe auch Kapitel III, 2.2.2 zum Thema Wissen in der PR-Praxis).

von PR entsprechenden – PR-Praktikern und in eine weitere Gruppe von eher *diversifiziert-reziproken* PR-Praktikern zeigte sich, dass die Mehrheit der Befragten der ersten Gruppe zugehörig war. Dennoch gab es eine Reihe von PRlern, die in ihrer Arbeit Wert darauf legten, nicht nur Positivbotschaften der eigenen Organisation an ausgewählte Zielgruppen zu versenden, sondern auch Anfragen von außen in die Organisation zu tragen und mit der Gesellschaft insgesamt (zumindest mit *diversen* Teilöffentlichkeiten) in eine Art wechselseitigen Austauschprozess zu treten. Daher kann man sagen, dass das theoretische Ideal von PR aus KW-Perspektive unterschiedlich stark von den Befragten gelebt wird. Während diese Ergebnisse jedoch rein indirekter Natur sind, da in diesen Interviews zu so gut wie keinem Zeitpunkt konkret über die KW gesprochen wurde, konnten mindestens zwei PR-Praktiker identifiziert werden, die Inhalte des Fachs definitiv kannten und für ihre Arbeit nutzbar machten: der Kommunikationschef des Finanzunternehmens sowie die Leiterin PR/Marketing des Pharmaunternehmens. Alles in allem kann die zweite Vermutung also bestätigt werden: Die Inhalte der KW werden weder unisono von den Befragten ignoriert noch in gleichem Ausmaß nachgefragt. Vielmehr gibt es unterschiedliche Präferenzen bei den einzelnen PR-Praktikern, und das führt dazu, dass das Fach für den einen attraktiver und interessanter ist als für den anderen.

Eine dritte Frage lautet: Hat sich die forschungsleitende Vermutung bewahrheitet, dass die KW mit anderen Wissensanbietern im Bereich Kommunikation konkurriert? Hier fällt die Antwort weniger klar aus. Auf der einen Seite fanden sich durchaus Anzeichen dafür, dass die PRler unterschiedliche Institutionen anzapfen, um Wissen für ihre Arbeit zu erhalten. Es gab PR-Praktiker, die die Ergebnisse von Marktforschungsstudien für ihre Arbeit nutzen, es gab andere, die sich von Statistischen Ämtern Daten dazu besorgen, wie sie ihre Zielgruppen am besten erreichen können. Aber auf der anderen Seite muss klar festgehalten werden, dass diese Personen in der Minderheit waren. Die meisten PR-Praktiker scheinen kein klar definierbares Wissen für ihre Arbeit zu nutzen und dafür bestimmte Institutionen zu konsultieren. Vielmehr betonten die meisten der interviewten PRler, dass es in ihrem Geschäft vor allem auf Menschenkenntnis, Bauchgefühl, Berufserfahrung, gesunden Menschenverstand und weitere ähnlich ‚weiche' Faktoren ankomme. Konkretes Wissen zu Prozessen der öffentlichen Meinungsbildung oder theoretische Überlegungen als Grundlage für PR-Strategien und -Konzepte scheinen deutlich weniger wichtig zu sein (von den vier sehr KW-affinen PRlern einmal abgesehen). Daher kann man zu dieser Vermutung festhalten: Nein, die KW scheint nicht wirklich mit anderen Institutionen zu konkurrieren. Das heißt aber nicht, dass sie quasi als erfolgreicher Monopolist auftritt. Vielmehr ist sie eine Art ‚Nischenanbieter' für PR-Praktiker mit spezifischen Präferenzen und einem Hang zu wissenschaftlichem Denken.

Auf die Frage, warum die KW beispielsweise im Bereich der Wirkungsforschung keine größere Relevanz für PRler besitzt (wo diese doch Informationen dazu bereitstellen könnte, wie Kommunikationsinhalte aufbereitet sein müssen, um zum Erfolg zu führen), entgegnete Rainer Zimmermann, dass die KW bis heute keine „Kausalanalyse" liefern könne – sprich: Es sei nicht möglich, definitiv nachzuvollziehen, welcher Kommunikationsinhalt letztendlich zur Ausprägung welchen Verhaltens oder welcher Einstellung beigetragen habe (Zimmermann). Allerdings erwähnt er in diesem Zusammenhang, dass Unternehmen häufig mit Marktforschungsunternehmen zusammenarbeiten würden (vgl. ebd.). Diese qualitative Einzeleinschätzung im Rahmen eines der beiden Experteninterviews ist somit ein Indikator dafür, dass die Vermutung hinsichtlich des Wettbewerbs zwischen der Wissenschaft und anderen Wissensproduzenten grundsätzlich auch für die PR denkbar ist. Dieser Prozess konnte jedoch anhand der vorliegenden Interviews nur partiell nachgewiesen werden.

Werden die PR-Praktiker, wie im Theorieteil als vierte Vermutung aufgestellt, selbst zu Wissensproduzenten? Und falls ja: Wer fragt wiederum dieses Praktikerwissen nach? Auch hier präsentierte sich dem Leser der Interviews ein ambivalentes Bild. Die Mehrheit der PR-Praktiker ist mit dem eigenen Tagesgeschäft so stark beschäftigt, dass weder Zeit noch Interesse bestehen, die im Berufsalltag gesammelten Erfahrungen systematisiert festzuhalten oder weiterzugeben. Dennoch gibt es einige PRler, die Lehraufträge an Universitäten, Hochschulen oder anderen Institutionen wahrnehmen (manche von ihnen sogar an mehreren gleichzeitig). Dieses ‚Sammeln' von Lehraufträgen ist jedoch möglicherweise ein Hinweis für eine andere Motivation hinter diesen Aktivitäten: Die Vermutung liegt nahe, dass einige der als Dozenten aktiven PR-Praktiker vor allem darauf bedacht sind, ihre eigene Expertise bzw. Reputation gegenüber Kollegen, Vorgesetzten, (potenziellen) Kunden oder anderen Anspruchsgruppen weiter zu erhöhen. Eine solche Nutzung von akademischem Engagement soll an dieser Stelle nicht kritisiert werden. Nur: In diesem Fall kann man nicht wirklich davon sprechen, dass diese PR-Praktiker zu Wissensproduzenten werden. Vielmehr werden sie wohl oftmals zu Praxisdozenten an Universitäten, die aus ihrem Alltag berichten oder Workshops mit Studenten aufsetzen. Die Generierung von stichhaltigen oder wissenschaftlich relevanten Erkenntnissen steht wohl nur selten im Mittelpunkt dieser Bemühungen.

Eine eindeutige Beantwortung der Frage, ob PRler auch selbst zu Wissensproduzenten im Bereich PR bzw. professionelle Kommunikation werden, ist daher nur schwer möglich. Die Anschlussfrage – nämlich danach, wer dieses Wissen wiederum nachfragt – ist demnach ebenfalls nicht leicht zu beantworten. Dennoch lässt sich ein Trend erkennen: Die meisten der PR-Praktiker in dieser Studie, die ihr eigenes Wissen festhalten und weitergeben, tun dies über Lehraufträge an Universitäten. Nachfrager wären also Studenten und (in geringerem Ausmaß) die wissenschaftliche Fachgemeinschaft der KW und der Betriebswirtschaft (Marketing). Eine weitere Zielgruppe sind darüber hinaus die Kollegen der eigenen Organisation, die in manchen Fällen von in Wissensmanagement-Tools (‚Wikis') gesammelten Erkenntnissen zur PR profitieren (vgl. Managing-Partner PR-Agentur).

Die fünfte forschungsleitende Vermutung bestand darin, dass es Elemente der KW gibt, die sich einer größeren ‚Nachfrage' in der Praxis erfreuen als andere. Eine der Grundannahmen des Marktmodells bestand darin, dass es auf Nachfrageseite, wie in jedem Markt, unterschiedliche Präferenzen der einzelnen Konsumenten geben muss. Wenn dem so ist, dann werden unterschiedliche Konsumenten auch unterschiedliches Wissen nachfragen: Es war beispielsweise zu vermuten, dass einzelne Nachfrager in ihrem PR-Umfeld besonders darauf angewiesen sind, eine möglichst große Zahl an interessierten Lesern (Empfänger von PR-Botschaften) zu erreichen. Exemplarisch sei hier an den Sprecher der kulturellen Einrichtung erinnert, der daher an Daten des Statistischen Amtes seiner Stadt interessiert war, die ihm bei der Ausgestaltung seiner PR-Maßnahmen helfen. Wissenschaftliche Erkenntnisse der KW sind dabei weniger relevant für ihn. Andere PR-Praktiker wiederum zeigten sich explizit an universitären Inhalten interessiert, da sie sich von diesen beispielsweise ein bestimmtes Vokabular und dadurch eine Stärkung ihrer eigenen Reputation bei Kunden und Vorgesetzten erhofften. Die fünfte Diskussionsanregung dieser Arbeit beruht nun auf der Vermutung, dass auch innerhalb der KW noch einmal nach bestimmten Inhalten differenziert wird, sprich: dass Teile davon den Präferenzen von PR-Praktikern stärker entsprechen als andere und dass diese Inhalte daher bekannter und ‚nachgefragter' sind als andere.

Hier förderte die Studie relativ klare Ergebnisse zutage – diese Vermutung scheint zuzutreffen. Von den vier KW-affinsten PR-Praktikern erwähnten gleich drei die Universität Leipzig mit ihrer Konzentration auf PR, und sogar die sonst an wissenschaftlichen Erkenntnissen gänzlich uninteressierte PR-Referentin im Energiekonzern hatte in einem Artikel davon gelesen, „dass München sehr wissenschaftlich ist und dass Leipzig empfohlen werden kann wegen seiner unmittelbaren Praxisnähe" (PR-Referentin Energiekonzern). Die Namen Günter Bentele und Ansgar Zerfaß wurden dabei mehrfach genannt, ihre Arbeit wurde sowohl vom Kommunikationschef des Finanzunternehmens als auch vom Managing Partner der PR-Agentur als nützlich erachtet. Und die Sprecherin der Landtagsfraktion listete die Publikationen der Leipziger zusammen mit denen der Universität Hohenheim als ihre Lieblingslektüre aus der Wissenschaft auf. Darüber hinaus fielen in mehreren Interviews noch die Begriffe Agenda Setting und Meinungsführer/-bildner. Andere Institute, Theorien, Ergebnisse oder Begriffe der KW wurden dagegen eher vereinzelt erwähnt, so beispielsweise die Universität Zürich, die *Zeppelin-Universität* oder die Universität München, das Intereffikationsmodell oder die Determinationshypothese. Manche PR-Praktiker erwähnten auch die Schweigespirale, Konzepte interpersonaler Kommunikation oder der kognitiven Informationsverarbeitung. Zusammenfassend lässt sich also mit Blick auf die klare Fokussierung auf Fachvertreter und Inhalte aus Leipzig (und, mit etwas Abstand, Hohenheim) festhalten: Ja, es gibt bestimmte Elemente, die als relevanter erachtet werden als andere.

Die Frage, was genau die PR-Praktiker nun mit diesen Elementen der KW machen (die sechste forschungsleitende Vermutung), wurde bereits bei der Zusammenfassung der Ergebnisse beantwortet. Während die überwiegende Zahl der interviewten Personen die KW entweder nicht kennt, nicht schätzt oder zumindest nicht erkennbar ‚anwendet', nutzen die vier KW-affinsten PR-Praktiker sie dazu, um persönlich ein besseres Verständnis des für die eigene Arbeit relevanten PR-/Medienumfelds zu erlangen, um ihre Expertise und Reputation vor anderen zu stärken, um Kunden oder Vorgesetzte zu beraten sowie um (vereinzelt) gezielt Meinungsbildungsprozesse zu beeinflussen (siehe *Tabelle 14*).

Nun stellt sich, als siebter und vorletzter Diskussionspunkt und angesichts der gerade beschriebenen Erkenntnisse, die Frage, inwiefern das Marktmodell angepasst und verändert werden müsste, um bei zukünftigen Untersuchungen in diesem Bereich noch besser verwendbar zu sein. Hier bleibt zunächst festzuhalten, dass sich die Modellierung des Theorie-Praxisverhältnisses im Bereich KW/PR mithilfe eines Angebot-Nachfrage-Mechanismus' als recht brauchbar erwiesen hat: Es stellte sich bei der Analyse heraus, dass es unterschiedliche Nachfrager mit unterschiedlichen Präferenzen unter den PRlern (z.B. wissenschaftsaverse Praktiker auf der einen und KW-affine ‚Leipzig-Verfechter' auf der anderen Seite) gab. Auf der Produzentenseite war jedoch weniger klar erkennbar, mit wem die KW konkurriert. Auch die Vorstellung, dass das Wissen der KW – wenn überhaupt – weniger über einen linearen Transferprozess (beispielsweise über Frontalunterricht im Studium, gewissermaßen in die Köpfe der PR-Praktiker), sondern vielmehr über ein aktives ‚Nachfragen' (z.B. durch Leute, die das Fach vorher gar nicht kannten, dann aber schätzen gelernt haben) in die Praxis gelangt und dadurch Relevanz zugeschrieben bekommt, konnte bestätigt werden.

Mindestens drei Punkte müssten jedoch bei einer Weiterentwicklung des Modells berücksichtigt werden. Erstens: Die strikte Einteilung in ‚Produzenten' und ‚Konsumenten' im Bereich Kommunikation schießt vielleicht etwas über das Ziel hinaus. Einerseits scheint der Wettbewerb der KW mit anderen Institutionen nicht ganz so intensiv zu sein wie erwartet. Andererseits sind PR-Praktiker in Sachen Wissensmanagement vielleicht oftmals doch zu passiv, als dass man sie als wirklich aktive Wissenskonsumenten beschreiben könnte. Ohne die Überlegungen hier allzu sehr vertiefen zu wollen: Man könnte sie tendenziell eher als ‚Beobachter' oder ‚Durchreisende' auf dem Basar des Wissens für Kommunikation beschreiben, die hier und da etwas mitnehmen (beispielsweise ‚Buzz-Words' für Präsentationen und PR-Konzepte wie etwa Agenda Setting oder Opinion Leader), ohne sich aber ernsthaft am Trubel des Markts zu beteiligen. Für die kleine Gruppe der KW-affinen PRler gilt dies nicht, sie sind definitiv als aktive Nachfrager zu bezeichnen. Doch vielleicht sollte man sie nicht in einem Atemzug mit den meisten PR-Praktikern nennen, sondern im Modell eher als ‚Spezialfälle' darstellen.

Zweitens: Die zentrale Schwäche des Modells ist und bleibt die Tatsache, dass ein echter Markt nicht nur auf Angebot und Nachfrage, sondern auch auf Knappheit und Preisen beruht. Und hier wird es mit Blick auf wissenschaftliche Ergebnisse naturgemäß schwierig. Es gibt per se keine Knappheit an KW-Erkenntnissen. Wenn sie jemand ‚konsumiert', also liest, schränkt das niemand anderen in seiner Nutzung ein. Und es gibt daher auch keinen Preis für sie – demnach kann man auch nicht davon sprechen, dass beispielsweise Erkenntnisse der in der Praxis offensichtlich beliebten Leipziger PR-Wissenschaftler ‚teurer' sind als anderes KW-Wissen.[222] Zwar wurde bei der Erstellung des Modells eine Darstellung des KW-Wissens als ein ‚öffentliches Gut' in Betracht gezogen, welches die oben genannten Eigenschaften vereint (siehe Kapitel III, 3). Dies wurde jedoch aufgrund der damit verbundenen Infragestellung des gesamten Marktmechanismus' wieder verworfen. Zudem handelt es sich beim *Markt des Wissens im Bereich Kommunikation* nicht um ein streng ökonomisches Modell, sondern eher um eine Illustration für einen ‚sozialen Markt' (vgl. Gibbons et al. 1994). Es gibt sicherlich noch eine bessere Modellierung des Angebot- und Nachfrage-Verhältnisses im Bereich KW/PR. Die Fixierung auf ein so konkretes Modell wie das eines Marktes führt zweifelsohne auch zu blinden Flecken bei der Analyse, da es andere Interpretationslogiken ausschließt.

Damit hängt unmittelbar auch die dritte Schwäche des Modells zusammen: Es geht zu wenig auf die hinter den einzelnen Präferenzen der Konsumenten stehenden Gründe und Motivationen ein. Insgesamt ist der Studie sicherlich vorzuhalten, dass sie eine Art ‚Makroperspektive' auf die Situation bietet: Sowohl der theoretische Rahmen der Wissensgesellschaft als auch die Marktlogik des eigentlichen theoretischen Modells zielen vor allem auf die Rolle des Fachs in der PR-Berufswelt ab. Was jedoch weitgehend unbeleuchtet bleibt, ist eine systematische Analyse der Gründe, warum manche PR-Praktiker das Fach nachfragen und andere nicht. Zwar wurden einzelne Faktoren herausgearbeitet, die zu einer verstärkten Nachfrage nach KW-Wissen beizutragen scheinen. Aber: Erst eine tiefgehende Kombination der Makro- mit der Mikrosicht könnte wohl noch weitere Aufschlüsse zu dieser Frage bieten. Man könnte an die Ansätze eines Anthony Giddens oder eines Pierre Bourdieu denken. Vor allem Letzterer bietet mit ‚Habitus' und ‚Kapital' weiterreichende theoretische Konstrukte, um noch besser zu verstehen, *warum* jemand das Fach nachfragt. Eine Erweiterung des Modells um solche Elemente scheint daher empfehlenswert. In diesem Zusammenhang soll natürlich auch nicht un-

---

[222] Vgl. in diesem Kontext Hoffjann/Röttger (2009) im Hinblick auf Wissen im Allgemeinen (siehe Kapitel III, 3).

erwähnt bleiben, dass bei einer Folgeuntersuchung auch methodische Unzulänglichkeiten – wie die verhältnismäßig kleine Stichprobe für die Primäranalyse, die Zusammensetzung derselben sowie der nur knapp auf die Lebensumstände der einzelnen PR-Praktiker eingehende Interviewleitfaden – behoben werden sollten.

Als achter und abschließender Punkt soll nun an dieser Stelle ein erstes Fazit zur Forschungsfrage gezogen werden: ‚Wie viel KW steckt in der PR?' – wenn man die hier analysierten Interviews zusammennimmt. Auch wenn das endgültige Fazit zu dieser Studie erst nach der Diskussion der Analyseergebnisse vor dem Hintergrund der Wissensgesellschaft sowie unter Rückbezug auf die in Kapitel I und III, 3 formulierten Unterfragen möglich ist (siehe Kapitel V, 3.2.2 und VI), lässt sich hier bereits ein deutlicher Hinweis geben. Die meisten der in dieser Studie betrachteten PR-Praktiker schreiben dem Fach keine erkennbare Relevanz zu. Entweder kennen sie dessen Inhalte nicht oder sie sind der Auffassung, dass diese keine Relevanz für ihre tägliche Arbeit besitzen. Viele der Interviews in der Sekundäranalyse deuten darauf hin, dass die *diversifiziert-reziproke* KW-Idealvorstellung von Öffentlichkeitsarbeit in der Praxis meistens nicht gelebt wird. Stattdessen scheint ein marketinggeprägtes, tendenziell *fokussiert-unidirektionales* Verständnis von PR vorzuherrschen, bei dem es vor allem darum geht, Positivbotschaften der eigenen Organisation so häufig wie möglich an ausgewählte Zielgruppen zu versenden.

Doch gleichzeitig gibt es auch *Verfechter* des Fachs, die nicht nur einige seiner Vertreter, Theorien, Begriffe und Studienergebnisse kennen. Sie fragen KW-Inhalte zudem aktiv nach und sind davon überzeugt, dass sie ihnen in ihrem Alltag Nutzen stiften können. Vor dem Hintergrund der Tatsache, dass Zahlen in qualitativen Studien wenig aussagekräftig sind, soll an dieser Stelle nicht das Fazit gezogen werden, dass die KW für die meisten PR-Praktiker irrelevant und für einige wenige durchaus relevant zu sein scheint. Stattdessen lautet das Fazit: Auf Grundlage der in dieser Studie analysierten Interviews sieht es so aus, als ob PRler *mit bestimmten Persönlichkeitsmerkmalen und Arbeitsumständen* (leitende Position und mehrjährige Berufserfahrung, wenig technische Aufgaben, oftmals beratungsintensive Tätigkeitsschwerpunkte, generell wissenschaftsaffin) eher dazu neigen, die KW für ihre Arbeit zu nutzen, als andere. Dass es jedoch *die* KW streng genommen nicht gibt, kann nicht oft genug betont werden.

Stattdessen scheint es sich beim als relevant erachteten Teil der KW vor allem um die Leipziger PR-Wissenschaft zu handeln (sofern diese noch

Teil der KW ist). Gestützt wird die besondere Stellung dieses Fachstandortes auch durch die beiden Experteninterviews mit Bernd Schuppener und Rainer Zimmermann – auch wenn an dieser Stelle einschränkend darauf hingewiesen werden muss, dass Bernd Schuppener selbst an diesem Institut lehrt. An seinen Einschätzungen zur Stellung Leipzigs kann man zweierlei ablesen: Erstens betrachtet er das ostdeutsche Institut als eine Forschungseinrichtung der Art, wie sie wohl Gibbons et al. (1994) im Kopf hatten, als sie von einer verstärkt auftretenden Co-Produktion von Wissenschaft und Praxis sprachen („Da gibt es Projektarbeit, die von den Firmen ausgeht oder wo der ein oder andere Professor eingebunden wird in die Problemlösung von Unternehmen"; Schuppener).[223] Die Mitglieder dieses Instituts hätten „überhaupt keine Berührungsängste mit der Praxis […] – ganz im Gegenteil" (ebd.). Und zweitens zahlt sich diese Praxisaffinität der Leipziger PR-Gemeinschaft auch durch eine hohe Relevanz des Forschungsstandortes (und seines Masterstudiengangs Kommunikationsmanagement) in der Praxis aus: „[D]ie sind […] in der Praxis angekommen und akzeptiert. Das heißt, sie werden immer wieder auch von Unternehmen angeheuert, um für die Praxis in der Praxis Probleme zu lösen" (ebd.).

Rainer Zimmermann zweifelt zwar generell an der Praxisrelevanz der KW aufgrund ihrer unzureichenden theoretischen Erfassung von „Wettbewerbssystemen", glaubt jedoch ebenfalls, dass das Leipziger Institut noch am ehesten auf dem richtigen Weg ist: „[D]ie entfalten ihre größte Wirkung […] im Bereich […] Blogging. […] [D]as wäre eigentlich das Feld, wo man erwarten würde, dass die Kommunikationswissenschaft […] jetzt auf den Plan tritt" (Zimmermann). Er empfiehlt der KW generell „einhundert Prozent Internetorientierung", da die zahlreichen Veränderungen im Onlinebereich viele (vor allem ältere) Praktiker nach wie vor mit vielen Fragezeichen konfrontieren würden und Orientierung gefragt sei (vgl. ebd.).

---

[223] Ein besonders anschaulicher qualitativer Beleg für das gebrochene Monopol der Universitäten, wie es nicht nur Gibbons et al. (1994) beschreiben, ist hier auch die Anmerkung von Bernd Schuppener zu der von ihm ins Leben gerufenen *Akademischen Gesellschaft*, die Wissenschaft und Praxis näher zusammenführen soll. Dort, so Schuppener, würden die involvierten Kommunikationschefs die Meinung vertreten: „Wir interessieren uns für Wissenschaft und wir wollen mit dem Geld, das wir da zur Verfügung stellen, […] an der Erarbeitung von wissenschaftlichen Ergebnissen insofern teilnehmen, als wir ein bisschen die Themen mitbestimmen wollen. Wenn wir schon Geld geben, wollen wir auch die Themen mitbestimmen" (Schuppener).

3.2.2 Rolle der KW in der Wissensgesellschaft

Was bedeuten diese Ergebnisse nun für die Rolle des Fachs in der Wissensgesellschaft, genauer: für die Rolle der KW im *wissens*gesellschaftlichen Teilbereich der PR? Trotz der genannten Schwachstellen des Konzepts der Wissensgesellschaft (u.a. Konkurrenz mit anderen ‚Bindestrichgesellschaften', vor allem ökonomisches Paradigma, beobachtbare Diskrepanzen zur Realität; siehe Kapitel III, 1.2) vertritt der Autor der vorliegenden Arbeit die Auffassung, dass dieses theoretische Konstrukt eine sinnvolle Hintergrundfolie darstellt. Dies zeigte sich nicht zuletzt auch daran, dass sich das darauf aufbauende theoretische Modell (der *Markt des Wissens im Bereich Kommunikation*) trotz einiger Schwächen als grundsätzlich brauchbar erwiesen hat (siehe Kapitel V, 3.2.1).[224]

Dem Konzept der Wissensgesellschaft zufolge ist Wissen eine strategische Ressource geworden und besitzt damit erfolgskritische Relevanz für zahlreiche Organisationen und Akteure. Es liefert der Wirtschaft aus der Sicht von Drucker (1969) „das wesentliche und zentrale Potential für die Produktion" (ebd.: 332; siehe auch Kapitel III, 1). Daniel Bell spricht explizit von „*wissenschaftliche[m]* Wissen", welches seiner Meinung nach „in den betreffenden Gesellschaften *die* Quelle für Innovation und kulturelle Entwicklung" ist, „„die Basis der Ökonomie" darstellt und dabei „im Focus der Politik" steht (Vowe 2008: 49; kursive Hervorhebungen im Original; Anm. d. Verf.). Am unmittelbarsten vollzieht sich dieser Prozess im Bereich der Natur- und Ingenieurswissenschaften – hier steht außer Frage, dass die Qualität von wissenschaftlicher Forschung und Ausbildung in einem einzelnen Land mit darüber entscheidet, wie erfolgreich sich die Unternehmen dieses Landes am globalen Markt behaupten können. Die Frage ist nun: Lässt sich – trotz der Unmöglichkeit einer platten Analogie zwischen Natur- und Sozialwissenschaften – zumindest ansatzweise behaupten, dass wissenschaftliches Wissen zu Kommunikation auch für die PR-Industrie eine strategisch relevante Ressource darstellen kann?

Angesichts der vielen PR-Praktiker, die im Rahmen dieser Studie eine Ablehnung oder Unkenntnis des Fachs zu erkennen gaben, scheint es zunächst fragwürdig, von der KW als einer wirklich relevanten ‚Ressource' für die PR zu sprechen. Doch da sich (unabhängig von allen unsicht-

---

[224] In dieses Modell sind, neben dem allgemeinen Hintergrund der Wissensgesellschaft, auch noch eine Reihe weiterer Überlegungen zum Transfer zwischen Wissenschaft und Praxis eingeflossen: siehe Kapitel III, 2.3 und 3.

bar gebliebenen bzw. unbewussten und nicht verbalisierten Relevanzzuschreibungen für die KW) 1) durch alle Gruppen der Primäranalyse hindurch zumindest potenzielles Interesse am Wissen der KW identifizieren ließ (siehe *Tabelle 12*), 2) auch in der Sekundäranalyse PR-Praktiker befanden, die (teilweise sogar mit *diversifziert-reziprokem* PR-Verständnis) Interesse für eine theoretische Analyse ihres Arbeitsumfeldes signalisierten und 3) im Fall der vier sehr KW-affinen PRler direkt nachvollziehbare Nachfrage- und Anwendungsprozesse nach/von wissenschaftlichem Wissen beobachten ließen, gibt es durchaus auch Hinweise auf eine Relevanz der KW für den *wissens*gesellschaftlichen Teilbereich PR.

Bei der Diskussion der möglichen Einflussfaktoren dafür, dass jemand eine sehr hohe Fachaffinität ausgebildet hat, wurden am Ende vier zentrale Faktoren festgehalten: leitende Position, mehrjährige Berufserfahrung, Neigung zu theoretischem Denken (*Schöngeister*) sowie ein *beratungs*intensives Aufgabenspektrum (siehe *Tabelle 14*). In diesem abschließenden Diskussionsabschnitt wird dabei die These aus früheren Kapiteln aufgegriffen, dass es gerade die Rolle des *Beraters* sein könnte, welche die KW (in ergänzender Kombination mit den anderen genannten Faktoren) als eine strategische Wissensressource, als Lieferant von brauchbaren Elementen für die eigene Arbeit attraktiv macht. PR-Praktiker, die *beratend* tätig sind, so die Vermutung, könnten eine Art ‚Einfallstor' für die KW in die PR darstellen und dadurch ihre Relevanz in der Wissensgesellschaft ein Stück weit erhöhen. Dabei geht es nicht nur um PRler, die den Titel *Berater* auf ihrem Namensschild tragen oder die in PR-Beratungen arbeiten. Damit kann auch jemand gemeint sein, der in einer Behörde angestellt ist und von dem Einsichten zu Prozessen der öffentlichen Meinungsbildung erwartet werden – oder ein Unternehmens-PRler, der den Vorstand berät. Angesichts der Tatsache jedoch, dass mehr als die Hälfte aller PR-Praktiker in Deutschland ihre Organisationsführung beraten (vgl. Bentele et al. 2009: 176), kann es dabei nur um Öffentlichkeitsarbeiter gehen, die wirklich einen Großteil ihrer beruflichen Identität aus dieser Tätigkeit ziehen und die auch sehr viel Zeit mit der *Beratung* verbringen.

Für solche Praktiker könnte wissenschaftliches Wissen aus der KW am ehesten ein ‚Produktionsfaktor' sein, sprich: ein Rohstoff zur ‚Produktion' (besser: Ausübung) ihrer Dienstleistung, der *Beratung*. Der Leipzigbegeisterte Leiter der Unternehmenskommunikation des Finanzunternehmens bringt dies exemplarisch zum Ausdruck, wenn er davon spricht, wie wichtig das „life long learning" für ihn als Chef-Einflüsterer des CEOs sei – fast so, als wolle er sich explizit auf das Konzept der Wissensgesellschaft beziehen („[S]ie [müssen] extrem bereit sein, ständig sich auch neuen Dingen zu öffnen und neue Sachverhalte zu verinnerlichen und sich anzueignen"; Leiter Unternehmenskommunikation Finanzunternehmen). Dieses neue Wissen kann er nicht nur für sich selbst nutzen, es kann auch Grundlage für Empfehlungen gegenüber der Unternehmensleitung sein. Howaldt (2010) bezeichnet „beraterische Expertise als zentrale Ressource und Kapital der Berater" (ebd.: 248). Diese seien „professionelle Wissens-Recycler" und „geschickte Informationsbeschaffer" (ebd.: 250) – und die Wissenschaft, so die hier vertretene These, kann ein Bestandteil dieses ‚recycelten' Beraterwissens sein; teilweise in (bis zur Unsichtbarkeit) transformierter Form, teilweise (wie im Fall des über die Aussagekraft der Determinationshypothese sinnierenden Finanzkommunikations-PRlers) in Reinform.

Berater könnten im Wettbewerb nur bestehen, so Howaldt, wenn sie „die eigene Wissensarbeit professionalisieren und sich somit kontinuierlich einen immer neuen Wissensvorsprung erarbeiten [...]. Es geht also um den Aufbau und die kontinuierliche Weiterentwicklung sowohl der beraterischen Expertise als auch der kontextspezifischen Beratungskompetenz" (ebd.: 253). Die qualitativen Ergebnisse dieser Studie können diese Beobachtung nur bestätigen – und konkrete Belege für die Relevanz der KW in diesem Kontext liefern: Wenn der Managing Partner einer PR-Agentur den Newsletter für KW-Abschlussarbeiten nach interessanten Ergebnissen durchliest (die er dann im ‚Wiki' seiner Beratung ablegen kann, wo sich beispielsweise bereits Studien aus Hohenheim befinden) und wenn die Sprecherin der Landtagsfraktion #1 aktiv nach wissenschaftlichen Erkenntnissen dazu sucht, wie junge Wähler zu erreichen sind, um dann ihre Fraktionsmitglieder beraten zu können, so geschieht dies, um sich einen „Wissensvorsprung" zu sichern (ebd.). „Angesichts der wachsenden Professionalisierung der Praxis und ihrer zunehmenden Fähigkeit zur Fremd- und Selbstbeobachtung" würden die „Ansprüche der potentiellen Kunden" steigen, so Howaldt (ebd.). Wissenschaftliches Wissen, so wird hier argumentiert, kann Beratern in manchen Fällen dabei helfen, in diesem Rennen ein paar Meter gutzumachen.

Dass es Anreize für Berater gibt, gegenüber dem jeweiligen Vorgesetzten oder Kunden die eigene Expertise mithilfe von zusätzlich erworbenem, teilweise auch theoretischem Wissen zu demonstrieren, lässt sich auch am

Beispiel der selbstständigen PR-Beraterin ablesen. Diese ist zwar bisher nicht mit der KW als solcher in Berührung gekommen und wurde im Rahmen der Primäranalyse entsprechend auch als *KW-Laie* typologisiert. Doch sie hat nach BWL-Studium, Stationen im (Print- und TV-) Journalismus sowie in einem Konzern zusätzlich noch eine Mediatorenausbildung durchlaufen, um dem jeweiligen Kunden mit noch mehr Wissen aufwarten zu können. Dieses kann sie dann entsprechend verkaufen: „Die könnten alle viel weiter sein, diese Unternehmen. Und dann hab' ich festgestellt, die reden nicht miteinander und hören auch nicht zu. Und hab' meine Mediationsausbildung gemacht, also Wirtschaftsmediation, Konfliktmanagement [...] noch mal 'ne Ausbildung draufgesetzt [...]. Und hab' parallel Coachen und Leadership-Prozesse gemacht und systemisches Coaching, Organisationsberatung" (selbstständige PR-Beraterin). Hier werden die Qualifikationen sozusagen wie die Orden an der Uniform gesammelt. In ihrem Fall ist es zwar nicht die KW, die zusätzliches Wissen zur Verfügung stellt, aber dennoch zeigt das Fallbeispiel, dass gerade Berater zusätzlichem – auch theoretischem Wissen – gegenüber sehr aufgeschlossen sind. Auch der Sprecher der kulturellen Einrichtung (ein *KW-Kritiker*) könnte sich vorstellen, dass wissenschaftliches Vokabular in bestimmten Situationen hilfreich sein kann: „Wenn man zum Beispiel in [einer] gremienlastigen Situation referiert, wo [...] man seine Position untermauern will, dann macht man es mit einem wissenschaftlichen Jargon und [...] unterfüttert die Dinge mit wissenschaftlichen Erkenntnissen" (Sprecher kulturelle Einrichtung).

Bernd Schuppener stützt diese Vermutung ebenfalls. Konfrontiert mit den (damals noch vorläufigen) Ergebnissen der Studie, meint er: „Also die Erfahrung habe ich auch gemacht. Wann immer es in Beratungssituationen die Möglichkeit gibt, Theorien zu zitieren, oder Autoren zu zitieren, die bahnbrechende Erkenntnisse haben, Erfahrungen mitteilen können, dann kommt das gut an. Es kommt gut an, weil man damit ganz einfach nachweislich zeigen kann, dass man auch als Berater nicht einfach nur aus dem Bauch heraus operiert, sondern dass das Hand und Fuß hat" (Schuppener). Aus seiner Sicht handelt es sich bei der Wissenschaftsaffinität von Beratern sogar um mehr als nur um eine potenzielle, sondern vielmehr um eine essenzielle Eigenschaft: „[I]ch glaube, man erwartet von einer renommierten Beratungsgesellschaft, dass man weiß, was die Wissenschaft zur Hand hat. [...] [E]s wird erwartet, dass man sich da auskennt. Und ich glaube, es ist für Beratungsgesellschaften deswegen auch gut, wenn sie zeigen können, dass sie mit Wissenschaft kooperieren oder dass sie da selber einiges auf die Beine bringen [...] das glaube ich schon, die Erfahrung habe ich oft gemacht" (ebd.).[225]

Der Senior-Manager für Marken-PR geht noch etwas weiter und betrachtet Wissenschaft vor allem aus der praktischen (und nicht aus einer kooperativen) Perspektive: „[J]ede Theorie, jeder Lehrsatz, ist so gut wie das, was sich hinterher operativ darstellen lässt. Das heißt, wenn wir einen Effekt haben, der nachweisbar ist [...]. Und [wenn] [dieser] sich sozusagen auch in den Kontext eines Konzeptes einbauen lässt, bin ich extrem dankbar drum. [...] Und ich bin mir [...] sicher, dass der ein oder andere Kommunikationswissenschaftler [...] sich dann auch des eine[n] oder andere[n] [...] Lehrsatzes bedient" (Senior-Manager Marken-PR). Der Kommunikationschef des Technologieunternehmens vertritt dabei mit Blick auf seine langjährige Berufserfahrung in PR-Beratungen die Auffassung, dass gerade Agenturen Wissen sehr aktiv systematisieren würden: „Also der Versuch, innerhalb der Beratungen [...] Wissen überhaupt nutzbar zu machen oder Zugriff zu haben [...] war sehr viel ausgeprägter [als] im Unternehmen" (Kommunikationschef Technologieunternehmen). In seiner Agenturzeit sei Wissen über „Kunden", „Kommunikationsansätze" und „Kampagnen" stärker gesammelt und archiviert worden – schließlich sei das „eigentlich[e] Asset" der Agenturen ihr „Know-how" (ebd.).

Die in dieser Arbeit vertretene Beraterthese deckt sich teilweise auch mit den Ergebnissen in anderen Studien bzw. Feststellungen in Fachbeiträgen. So kam Wienand (2003) in ihrer Studie zu dem Ergebnis, dass Kenntnisse der KW auf einer zehnstufigen Relevanzskala den höchsten Wert bei der Gruppe der selbstständigen PR-Berater erreichen (ebd.: 247).[226] Ulrich Saxer (2006) spricht davon, dass die KW in der PR-Praxis

---

[225] Jedoch muss diese (die vorliegenden Ergebnisse stützende) Bemerkung zweifach eingeschränkt werden: Einerseits wurde diese Aussage in Reaktion auf die vom Autor vorgetragene Ergebnishypothese getätigt, sprich: Sie ist keinesfalls frei von Suggestion und sozialer Erwünschtheit. Und: Bernd Schuppener spricht an dieser Stelle nur von wirklich *externen* Beratern – und nicht von PR-Praktikern wie der Landtagsmitarbeiterin, die *intern* berät.
[226] Zudem zeigte ihre Korrelationsanalyse, „dass in der Stichprobe von 2000 das Item *Grundlagen der Kommunikationswissenschaft* leicht positiv [...] mit einem höheren Alter korreliert" (Wienand 2003: 252). In ihrer Untersuchung ließen sich durch eine Differenzierung nach Altersgruppen im Hinblick auf den Mittelwertsvergleich „signifikante Abweichungen" gerade für die Items der „*kommunikationswissenschaftlichen* Kenntnisse (bis 34 Jahre: 7,0

„nicht nur als Mittel der Kompetenz-, sondern auch der Prestigemehrung gefragt" sein könnte (ebd.: 342). Szyzska et al. (2009) gehen davon aus, dass gerade Agenturen zur Nutzung von „profilbildenden Begriffen" neigen würden, da sie „ihre Leistungen anders ‚verkaufen' müssen als organisationsseitig funktional ausdifferenzierte PR-Abteilungen oder -Referate" (ebd.: 317). Röttger (2009) zufolge operiert zwar „ein Großteil der (externen) Berater ohne theoriegeleitete Arbeitsgrundlagen", jedoch stelle die „kontinuierliche Wissensgenerierung" eine „der zentralen strategischen Herausforderungen der PR-Beratung bzw. des Kommunikationsmanagements" dar, die daher „auf den Beitrag der PR-Forschung und Theoriebildung nicht verzichten" könnten (ebd.: 20f.).[227] Und Fröhlich/Koch (2010) listen in ihrer qualitativen Studie zu den Erfolgsfaktoren für PR-Beratung auf Klientenseite unter anderem das „Vertrauen in die Expertise des Beraters" (ebd.: 47) auf. Berater würden es „als belastend" empfinden, „wenn zur eigentlichen Beratungs-, Konzeptions- und Umsetzungsarbeit ein immerwährender Überzeugungs- und Rechtfertigungsaufwand hinzukommt, der sich aus Skepsis und diffusen Vorbehalten des Klienten gegenüber PR speist" (ebd.: 48). Man könnte argumentieren, dass (auch) aus der KW gewonnenes Vokabular und Wissen zur Stärkung der vom Kunden wahrgenommenen Expertise und damit zu einer Erhöhung des Vertrauens beitragen kann.[228]

Bei der Lektüre dieser Beiträge wird jedoch auch deutlich, an welchen Stellen die Ergebnisse der vorliegenden Studie abweichen bzw. welche neuen Erkenntnisse sie beinhalten: Einerseits konnten in der vorliegenden Dissertation aktive Nachfrageprozesse nach Inhalten der KW sowie eindeutige Relevanzzuschreibungen in Richtung des Fachs eben nicht nur bei *externen* Beratern (Selbstständigen und Agenturen) beobachtet werden,

---

vs. 8,0 bei den über 50-Jährigen) und *Rhetorik/Präsentation* ausmachen" (ebd.: 253; kursive Hervorhebungen im Original; Anm. d. Verf.). Diese Ergebnisse stützen also nicht nur den in dieser Arbeit herausgearbeiteten Beraterfaktor, sondern womöglich auch den Einflussfaktor ‚mehrjährige Berufserfahrung'.

[227] Nichtsdestotrotz zählen für Kommunikationsberater sicherlich „nicht nur explizite und methodisch-reflektierte Daten" (Latniak 2003: 108).

[228] Mit Blick auf die in dieser Arbeit verwendete Unterscheidung zwischen der KW- und der klassischen BWL-/Marketing-Perspektive auf die PR ist es interessant, dass Fröhlich/Koch (2010) auch darauf hinweisen, dass die Klienten PR „nicht als Werbemaßnahme" auffassen sollten: „Klienten setzen PR-Funktionen oft mit Marketingfunktionen gleich und treten auch deshalb teilweise mit völlig falschen Erwartungen in PR-Beratungsprojekte ein" (ebd.: 47f.).

sondern auch bei fraktions- oder unternehmens*internen* Beratern. Und andererseits konnten bei der Analyse der vier KW-affinsten PR-Praktiker dieser Studie noch drei weitere Nutzungsmotive und Anwendungsfelder für die KW jenseits der ‚Signalisierung von Kompetenz gegenüber Kunden, Vorgesetzten und Kollegen' identifiziert werden (siehe *Tabelle 14*): die Stärkung des persönlichen Verständnisses von für die eigene Arbeit relevanten PR-/Medienprozessen, die vereinzelte Nutzbarmachung von Konzepten für die Beeinflussung der öffentlichen Meinung sowie die Verwendung von wissenschaftlichen Erkenntnissen *für die Beratung selbst* – beispielsweise wenn der Managing Partner der PR-Agentur davon spricht, dass auch seine Kunden von der Arbeit der Leipziger Fachvertreter überzeugt seien und dass gerade die Arbeit mit Scorecards sehr wichtig sei. Man könnte auch an die Sprecherin der Landtagsfraktion #1 denken, die ihre Bücher zückt, wenn sie Fragen aus der Fraktion beantworten muss.

Doch selbst wenn die Erkenntnisse der KW auch für die (interne oder externe) Beratung selbst verwendet werden, kommt es nicht zu einer trivialen Anwendung (siehe auch Kapitel III, 2). Howaldt (2010) zufolge geht es „beim Beratungsprozess nicht um einen einfachen Transfer von Expertenwissen vom Ratgeber auf den Ratsuchenden, sondern um einen komplexen Prozess der kontextspezifischen Neuproduktion von Wissen. Für den Berater bedeutet dies: Das Vorhandensein einer spezifischen Expertise reicht nicht aus, um erfolgreich beraten zu können. Notwendig ist vielmehr die Reflexion der Beratungskonzepte und -praktiken" (ebd.: 250f.). Darüber hinaus betont Röttger (2006), dass sich PR-Berater „immer wieder mit neuen Situationen und Konstellationen auseinandersetzen und auf überraschende Nebenfolgen des eigenen Handelns reagieren" müssten (ebd.: 79). Das von ihnen generierte „PR-Beratungswissen" sei daher „prozesshaft und [...] veraltet angesichts der allgemeinen Schnelllebigkeit der Informationsgenerierung sowie dynamischer Entwicklungen von Klientenorganisationen und deren Umwelten rasch" (ebd.: 80). Ob in diesem Zusammenhang Kunczis (2010) Aussage zutrifft, dass sozialwissenschaftliche Befunde „vielfach lediglich zur Legitimierung von Entscheidungen dienen, die unabhängig von den Befunden empirischer Studien bereits getroffen wurden", kann an dieser Stelle nicht geklärt werden (ebd.: 98f.). Fest steht jedoch, dass Wissen niemals „neutral" in bestimmte Verwendungskontexte einfließt, sondern sich „in Tätigkeiten" manifestiert, „die handelnd realisiert werden. Auf der Ebene der auf bestimmte *Resultate* ausgerichteten Handlungen orientieren sich die betrieblichen Akteure an *Zielen*. Der Gegenstand der Tätigkeit ist durch die zugrunde liegenden *Bedürfnisse und Motive* gekennzeichnet." (Clases 2003: 318; kursive Hervorhebungen im Original; Anm. d. Verf.).

Abschließend muss betont werden, dass in dieser Studie nur das Wechselspiel zwischen KW und PR untersucht und somit nur ein kleiner Ausschnitt der Wissensgesellschaft beleuchtet wurde. Das Fach könnte jedoch noch in zahlreichen anderen *wissens*gesellschaftlichen Teilbereichen als Quelle dienen – beispielsweise in Marktforschung, Journalismus oder Werbung. Diese Felder könnten in weiteren Studien erforscht werden, möglicherweise unter Verwendung des hier entwickelten theoretischen Modells, welches dadurch vor allem auf der Konsumentenseite weiter ausdifferenziert werden könnte. Was jedoch die PR und somit die vorliegende Studie anbetrifft, so scheint die KW ihre größte unmittelbare Relevanz in Beratungskontexten zu besitzen. Hier kann sie als wissensgesellschaftliche Ressource aufgefasst werden.

VI. Fazit

Die vorliegende Untersuchung hat die Frage nach der Relevanz der KW für PR-Praktiker gestellt und diese mit der theoretischen Frage nach der Rolle des Fachs in der Wissensgesellschaft verknüpft. Zur Beantwortung dieser Fragen mussten sowohl die KW inklusive des Forschungsbereichs PR als auch das Berufsfeld PR anhand zentraler Eckpfeiler definiert und in Grundzügen beschrieben werden. Dabei beschäftigte sich die Studie mit dem Fach in seiner sozialwissenschaftlichen Ausprägung, wie sie im deutschsprachigen Raum weitestgehend verbreitet ist. Anschließend wurden einige wichtige Studien und Fachbeiträge mit Bezug zur Forschungsfrage gesichtet und mit der Wissensgesellschaft die theoretische Hintergrundfolie der vorliegenden Arbeit kritisch eingeführt.

Auf der Grundlage von bestehenden Konzepten zur Erklärung von Transferprozessen zwischen Wissenschaft und Praxis wurde schließlich ein eigenes theoretisches Modell entwickelt: der *Markt des Wissens im Bereich Kommunikation*, ein Modell zur Illustration von Angebots- und Nachfrageprozessen von/nach Wissen zum Thema Kommunikation im Allgemeinen und Öffentlichkeitsarbeit im Besonderen. Das Modell basiert auf der Annahme, dass es sowohl Produzenten als auch Konsumenten von Wissen zu Kommunikation gibt und dass jeder Produzent auch als Konsument (und vice versa) agieren kann. Die ‚scientific community' der KW ist *einer* von vielen Produzenten von Wissen zu Kommunikation, neben Marktforschungsunternehmen, Unternehmensberatungen, Think Tanks und anderen Institutionen. Ebenso fragt diese Community aber auch Wissen nach – meistens Wissen, das von ihr selbst erzeugt wurde. PR-Praktiker hingegen stellen *eine* Gruppe von Konsumenten von Wissen zu Kommunikation dar. Gleichzeitig produzieren sie teilweise auch Wissen – etwa in Form von Studien oder Lehraufträgen. Die Forschungsfrage nach der Relevanz der KW für die PR wurde schließlich mithilfe von mehreren Unterfragen sowie einem Set an forschungsleitenden Vermutungen in dieses theoretische Modell übersetzt und für den empirischen Teil der Arbeit operationalisiert. Ziel war dabei jedoch nicht eine deduktiv-quantitative Falsifizierung von Hypothesen oder Modell, sondern die Suche nach Antworten sowie die weitere Ausdifferenzierung des Modells im Sinne eines zirkulären Forschungsprozesses. Es wurden 18 Interviews (darunter 16 Leitfaden- und zwei Experteninterviews) vom Autor der vorliegenden Arbeit selbst geführt (Primäranalyse) und zusätzlich 22 Interviews mit PRlern ausgewertet, die im Rahmen eines anderen Forschungsprojekts[229] geführt worden waren (Sekundäranalyse).

Die Auswertung der Ergebnisse erfolgte in zwei Schritten: Zunächst wurden die selbst geführten Interviews typologisiert, d.h. die interviewten PR-Praktiker in Bezug auf ihre (*direkte* und *indirekte*) Relevanzzuschreibung für die KW in drei Gruppen eingeteilt: *KW-Laien*, *KW-Kritiker* und *KW-Verfechter*. Die drei Gruppen unterschieden sich dahingehend, dass das Fach ihren Mitgliedern unterschiedlich stark bekannt war, unterschiedlich stark von ihnen geschätzt und nachgefragt wurde, sowie dahingehend, dass ihr PR-Handeln einen unterschiedlichen Grad an Überschneidung mit dem in der KW vorherrschenden Verständnis von PR aufwies. Als Letzteres wurde, aufbauend auf Röttger et al. (2011), ein PR-Verständnis definiert, welches im Gegensatz zur klassischen Perspektive der BWL und des Marketing *diversifizierte* (d.h. gesamtgesellschaftlich orientierte) sowie *reziproke* (d.h. auf wechselseitigen Austausch abzielende) Grundmuster aufweist und dem zufolge PR nicht als „absatzförderndes Instrument neben anderen" (Röttger 2009: 10) verstanden wird. Neben einer Beschreibung der Charakteristika jeder einzelnen Gruppe und zwei detaillierten Fallbeispielen pro Typ wurden die möglichen Einflussfaktoren diskutiert, die dafür verantwortlich sein könnten, dass sich die PR-Praktiker der einzelnen Gruppen zu *Laien*, *Kritikern* oder *Verfechtern* entwickelt hatten. Ein analoges Vorgehen war im Rahmen der Sekundäranalyse nicht möglich, da die dort interviewten PRler nicht explizit dazu befragt worden waren, welche Rolle die KW für ihre tägliche Arbeit spielt. In ihrem Fall wurde nur untersucht, welche Faktoren zur Ausbildung eines eher *diversifiziert-reziproken* oder eines eher *fokussiert-unidirektionalen* PR-Verständnisses beigetragen haben könnten. Ergänzend wurde auch untersucht, welche Meinung die beiden Gruppen zur These von Klaus Merten vertraten, dass PR Berührungspunkte mit Täuschung aufweist (vgl. Merten 2008b). Jedoch fanden sich hier keine signifikanten Unterschiede zwischen beiden Gruppen.

---

[229] Hauptseminar im Sommersemester 2009 zum Verhältnis von PR und Journalismus im Rahmen des Masters Journalismus an der Ludwig-Maximilians-Universität München (Institut für Kommunikationswissenschaft und Medienforschung)

Anschließend wurden die Ergebnisse der Primär- und Sekundäranalyse zusammengefasst sowie zusammengeführt. Dabei konnte festgehalten werden, dass die Mehrheit aller interviewten Personen der KW durch explizite Aussagen oder durch ihr PR-Verständnis eher wenig Relevanz zuweist. Jedoch konnten zwei PR-Praktiker aus der Primär- und zwei PR-Praktiker aus der Sekundäranalyse identifiziert werden, die eine überdurchschnittlich hohe Affinität zur KW zu erkennen gaben. Diese vier PRler wurden daher noch einmal unter der Lupe betrachtet. Es wurde genau festgehalten, *wer* diese PR-Praktiker sind (sprich: welche Ähnlichkeiten sich in Bezug auf Persönlichkeitsfaktoren und Arbeitsumfeld finden ließen), *welche* Elemente der KW sie kennen bzw. nachfragen und *wofür* sie diese verwenden. Es sind vor allem diese Ergebnisse, die als zentrale Erkenntnis dieser Studie gelten können – denn Mengenverhältnisse („so und so viele KW-Befürworter', „so und so viele KW-Kritiker') besitzen in einer qualitativen Stichprobe nur sehr geringe Aussagekraft.

Dabei stellte sich heraus, dass es insbesondere PR-Praktiker mit mehrjähriger Berufserfahrung in einer leitenden Position zu sein scheinen, welche die KW als relevant für ihre eigene Arbeit erachten. Sie sind oftmals als *Berater* gefragt – entweder in einer externen Rolle (als Agenturmitarbeiter gegenüber dem Kunden) oder einer organisationsinternen Rolle (gegenüber Vorgesetzten und Kollegen). Auch müssen sie sich offenbar weniger mit technischen Themen befassen. Darüber hinaus scheint auch eine persönliche Neigung zu theoretischem Denken bzw. zur wissenschaftlichen Betrachtung von Alltagsphänomenen dazu beizutragen, dass sich manche PR-Praktiker (sie wurden hier plakativ als *Schöngeister* bezeichnet) für wissenschaftliches Wissen zu Kommunikation interessieren. Zu den in der Praxis bekanntesten und am meisten geschätzten Instituten zählen dabei (mit Abstand) Leipzig, Hohenheim sowie (mit einzelnen Erwähnungen) Standorte wie Zürich, die *Zeppelin-Universität* oder auch München. An-Institute, die bereits qua Auftrag Wissenschaft und Praxis zusammenführen sollen, wurden hingegen nicht genannt. Die am häufigsten (durchweg positiv) erwähnten Fachvertreter waren dabei Ansgar Zerfaß, Günter Bentele, Claudia Mast oder auch Barbara Baerns (in dieser Reihenfolge). Was die konkreten Begriffe und Konzepte (sprich: Fachinhalte) betrifft, so dominierten hier ebenfalls die Leipziger PR- bzw. Kommunikationsmanagementforschung, Themen wie interpersonale Kommunikation und kognitive Informationsverarbeitung sowie die Fachtermini Agenda Setting, Meinungsführer, das Intereffikationsmodell und die Determinationshypothese. Konkrete Anwendungsfelder für die KW können bei diesen fast schon fachbegeisterten PRlern die konkrete Beratungspraxis, das Signalisieren von Kompetenz gegenüber Kunden, Vorgesetzten und Kollegen, die vereinzelte Nutzbarmachung von Konzepten bei der Beeinflussung der öffentlichen Meinung sowie die Verbesserung des persönlichen Verständnisses von PR-/Medienprozessen für die eigene Arbeit sein.

Jenseits der Analyse dieser vier Praktiker konnte in Primär- und Sekundäranalyse eine Reihe an Faktoren herausgearbeitet werden, die einer Auseinandersetzung *mit* der oder einer Relevanzzuschreibung *für* die KW entgegenzuwirken scheinen: eine Anstellung als ‚Einzelkämpfer', oft damit verbunden ein hoher Grad an technisch-operativen Alltagsaufgaben, PR-Arbeit für eine Organisation, welche keinen großen Wert auf Öffentlichkeitsarbeit legt, sowie einmalige negative Erfahrungen mit dem Fach, die im Lauf der weiteren Karriere nicht mehr revidiert werden konnten. Der Ausprägung eines KW-affinen PR-Verständnisses scheint zudem die Anstellung in einer (vor allem operativ tätigen) PR-Agentur oder in der Kulturbranche entgegenzuwirken, genau wie eine thematische Fokussierung auf Produkt-PR oder Öffentlichkeitsarbeit für bestimmte Weltanschauungen und ebenfalls eine Vielzahl an technischen Aufgaben.

Damit sind die zu Beginn dieser Studie formulierten Fragen beantwortet, welche in der Summe einen Rückschluss auf die Relevanz der KW für die PR-Praxis erlauben. Auch wenn die vorliegende Studie mit einer verhältnismäßig kleinen Stichprobe arbeitete und zentrale Erkenntnisse nur auf den Interviews mit den vier sehr KW-affinen PR-Praktikern beruhen, konnten Anhaltspunkte dafür gefunden werden, *welche* PR-Praktiker (älter, leitende Position, *Berater*, *Schöngeister*, keine Techniker) sich unter *welchen* Umständen (vor allem in organisationsinternen sowie -externen Beratungskontexten) für *welche* Elemente der KW interessieren bzw. diese nachfragen (vor allem PR- bzw. Kommunikationsmanagementforschung aus Leipzig und Hohenheim). Es konnten auch Antworten auf die Fragen gefunden werden, *wofür* sie diese Fachelemente gegebenenfalls verwenden (Beratung, persönliche Weiterbildung, Beeinflussung der öffentlichen Meinung, Signalisierung von Kompetenz), *welche* Theorien, Begriffe und Fachvertreter/-standorte sie generell kennen (ebenfalls schwerpunktmäßig Inhalte und Fachvertreter der PR-Forschung sowie klassische KW-Begriffe, die jedoch auch Teil des allgemeinen Wortschatzes geworden sind), *wie* sie die ihnen bekannten Inhalte der KW mit Blick auf die PR-

Arbeit bewerten (die vier KW-affinen PR-Praktiker teilweise sehr positiv, der Großteil der interviewten Personen gleichgültig bis kritisch) und *welche* PR-Praktiker ein eher KW-affines Verständnis von ihrem Handeln haben (PRler außerhalb der Produkt-PR, mit tendenziell wenigen technischen Aufgaben und teilweise journalistischem Hintergrund).

Alle erwähnten Ergebnisse der Studie wurden schließlich vor dem Hintergrund des theoretischen Modells und des Konstrukts der Wissensgesellschaft diskutiert. Dabei wurden die im Theorieteil formulierten Fragen und forschungsleitenden Vermutungen abgearbeitet und Vorschläge für eine Weiterentwicklung des Marktmodells gemacht. Es konnte festgehalten werden, dass sich das Modell als weitgehend brauchbar erwiesen hatte und dass spezifische Elemente der KW tatsächlich von einzelnen PR-Praktikern für bestimmte Zwecke aktiv nachgefragt werden. Im Hinblick auf die Frage, was dies für die Relevanz der KW für den *wissens*gesellschaftlichen Teilbereich PR bedeutet, war das zentrale Ergebnis dieser Studie, dass die KW am ehesten für die PR-*Beratung* eine strategische Ressource darzustellen scheint.

Abschließend könnte man nun die Frage stellen, wie die große Relevanz der PR-Forschung aus Leipzig (und, mit Abstrichen, an vergleichbaren Standorten) für einige der in dieser Studie interviewten bzw. analysierten Praktiker aus fachlicher Perspektive zu bewerten ist. Einerseits könnte man argumentieren, dass hier eine Auflösung des „Legitimationsdilemma[s]" (Meyen/Löblich 2006: 59) der KW geglückt ist: Wissenschaftlichkeit und Praxisrelevanz der KW scheinen dort gleichzeitig vorhanden zu sein. Andererseits könnte man jedoch mit Blick auf den hohen Grad an Spezialisierung der Leipziger PR-Wissenschaft auch sagen: Die KW scheint genau an dem Punkt aus ihrem eigenen Dilemma auszubrechen und relevant zu werden, an dem sie aufhört, sie selbst zu sein.

LITERATUR

Adolf, Marian (2010): Nico Stehr: Konzeption der Wissensgesellschaft. In: Kajetzke, Laura / Engelhardt, Anina (Hrsg.): Handbuch Wissensgesellschaft. Theorien, Themen und Probleme. Bielefeld: transcript. S.53-63

Adolf, Marian / Stehr, Nico (2008): Medien in der Wissensgesellschaft: Auf der Suche nach Schnittstellen. In: Raabe, Johannes / Stöber, Rudolf / Theis-Berglmair, Anna M. / Wied, Kristina (Hrsg.): Medien und Kommunikation in der Wissensgesellschaft. Konstanz: UVK. S.62-73

Ahrens, Rupert / Behrent, Michael (1995): Operative Ansätze zur kontrollierten Steuerung von Kommunikationsprozessen. In: Baerns, Barbara (Hrsg.): PR-Erfolgskontrolle. Messen und Bewerten in der Öffentlichkeitsarbeit. Verfahren, Strategien, Beispiele. Frankfurt am Main: Institut für Medienentwicklung und Kommunikation GmbH (IMK). S.85-95

Altmeppen, Klaus-Dieter (2012): Die Sichtbarkeit der Kommunikationswissenschaft: Ein Problem (auch) der Sichtbarkeit ihrer Fachgesellschaft. In: Fengler, Susanne / Eberwein, Tobias / Jorch, Julia (Hrsg.): Theoretisch praktisch!? Anwendungsoptionen und gesellschaftliche Relevanz der Kommunikations- und Medienforschung. Konstanz: UVK. S.35-40

Altmeppen, Klaus-Dieter / Franzetti, Annika / Kössler, Tanja (2013): Das Fach Kommunikationswissenschaft. Vorschlag einer Systematisierung auf empirischer Grundlage. In: Publizistik (58). S.45-68

Altmeppen, Klaus-Dieter / Weigel, Janika / Gebhard, Franziska (2011): Forschungslandschaft Kommunikations- und Medienwissenschaft. Ergebnisse der ersten Befragung zu den Forschungsleistungen des Faches. In: Publizistik (56). S.373-398

Aronson, Elliot / Wilson, D. Timothy / Akert, Robin M. (2008): Sozialpsychologie. 6. akt. Aufl. München: Pearson Studium

Auer, Claudia / Schleicher, Kathrin (2012): Analyse, Evaluation, Kritik: Wie eine theoriegeleitete kommunikationswissenschaftliche Studie einer Großorganisation nützt. In: Fengler, Susanne / Eberwein, Tobias / Jorch, Julia (Hrsg.): Theoretisch praktisch!? Anwendungsoptionen und gesellschaftliche Relevanz der Kommunikations- und Medienforschung. Konstanz: UVK. S.235-253

Avenarius, Horst (2000): Public Relations. Die Grundform der gesellschaftlichen Kommunikation. 2. überarb. Aufl. Darmstadt: Primus Verlag

Badura, Bernhard (1976): Prolegomena zu einer Soziologie der angewandten Sozialforschung. In: Badura, Bernhard (Hrsg.): Seminar: Angewandte Sozialforschung. Studien über Voraussetzungen und Bedingungen der Produktion, Diffusion und Verwertung sozialwissenschaftlichen Wissens. Frankfurt am Main: Suhrkamp. S.7-27

Baerns, Barbara (2005): Public Relations ist, was Public Relations tut. Schlussfolgerungen aus einer Langzeitstudie zur Konzeption und Evaluation in der Öffentlichkeitsarbeit. In: prmagazin 9/2005. S.51-58

Baerns, Barbara (1997): Öffentlichkeitsarbeit als anwendungsorientierte Publizistik- und Kommunikationswissenschaft. Kommunikationsprozesse durchschauen und gestalten. In: Donsbach, Wolfgang (Hrsg.): Public Relations in Theorie und Praxis. Grundlagen und Arbeitsweise der Öffentlichkeitsarbeit in verschiedenen Funktionen. München: Verlag Reinhard Fischer. S.37-54

Baerns, Barbara (1995): „Es läuft auch so!" – Zu offenen Fragen der Transparenz, Kontrolle und Bewertung in der Öffentlichkeitsarbeit. In: Baerns, Barbara (Hrsg.): PR-Erfolgskontrolle. Messen und Bewerten in der Öffentlichkeitsarbeit. Verfahren, Strategien, Beispiele. Frankfurt am Main: Institut für Medienentwicklung und Kommunikation GmbH (IMK). S.9-29

Baerns, Barbara (1985): Öffentlichkeitsarbeit oder Journalismus? Zum Einfluß im Mediensystem. Köln: Verlag Wissenschaft und Politik, Berend von Nottbeck

Baerns, Barbara / Fuhrberg, Reinhold (1995): Öffentlichkeitsarbeit im Rahmen der Publizistik- und Kommunikationswissenschaft. Zur PR-Aus- und Weiterbildung an der Freien Universität Berlin. In: Bentele, Günter / Szyszka, Peter (Hrsg.): PR-Ausbildung in Deutschland: Entwicklung, Bestandsaufnahme und Perspektiven. Opladen: Westdeutscher Verlag. S.77-90

Beck, Ulrich (2007): Weltrisikogesellschaft. Auf der Suche nach der verlorenen Sicherheit. Frankfurt am Main: Suhrkamp

Beck, Ulrich / Bonß, Wolfgang (1989): Verwissenschaftlichung ohne Aufklärung? Zum Strukturwandel von Sozialwissenschaft und Praxis. In: Beck, Ulrich / Bonß, Wolfgang (Hrsg.): Weder Sozialtechnologie noch Aufklärung? Analysen zur Verwendung sozialwissenschaftlichen Wissens. Frankfurt am Main: Suhrkamp S.7-45

Bell, Daniel (1975): Die nachindustrielle Gesellschaft. Frankfurt/New York: Campus

Bentele, Günter (2008a): Ein rekonstruktiver Ansatz der Public Relations. In: Bentele, Günter / Fröhlich, Romy / Szyszka, Peter (Hrsg.): Handbuch der Public Relations. Wissenschaftliche Grundlagen und berufliches Handeln. Mit Lexikon. 2. korr. und erw. Aufl. Wiesbaden: VS Verlag für Sozialwissenschaften. S.147-160

Bentele, Günter (2008b): Intereffikationsmodell. In: Bentele, Günter / Fröhlich, Romy / Szyszka, Peter (Hrsg.): Handbuch der Public Relations. Wissenschaftliche Grundlagen und berufliches Handeln. Mit Lexikon. 2. korr. und erw. Aufl. Wiesbaden: VS Verlag für Sozialwissenschaften. S.209-222

Bentele, Günter (2003): Kommunikatorforschung: Public Relations. In: Bentele, Günter / Brosius, Hans-Bernd / Jarren, Otfried (Hrsg.): Öffentliche Kommunikation. Wiesbaden: Westdeutscher Verlag. S.54-78

Bentele, Günter (1997): Defizitäre Wahrnehmung: Die Herausforderung der PR an die Kommunikationswissenschaft. In: Bentele, Günter / Haller, Michael (Hrsg.): Aktuelle Entstehung der Öffentlichkeit: Akteure – Strukturen – Veränderungen. Konstanz: UVK. S.67-84

Bentele, Günter (1994): Öffentliches Vertrauen – normative und soziale Grundlage für Public Relations. In: Armbrecht, Wolfgang / Zabel, Ulf (Hrsg.): Normative Aspekte der Public Relations: Grundlegende Fragen und Perspektiven. Eine Einführung. Opladen: Westdeutscher Verlag. S.131-158

Bentele, Günter / Dolderer, Uwe / Fechner, Ronny / Seidenglanz, René (2012): Profession Pressesprecher. Vermessung eines Berufsstandes. Herausgeber: Bundesverband deutscher Pressesprecher e.V. Berlin: Helios Media

Bentele, Günter / Fröhlich, Romy / Szyszka, Peter (2008a): Einleitung. In: Bentele, Günter / Fröhlich, Romy / Szyszka, Peter (Hrsg.): Handbuch der Public Relations. Wissenschaftliche Grundlagen und berufliches Handeln. Mit Lexikon. 2. korr. und erw. Aufl. Wiesbaden: VS Verlag für Sozialwissenschaften. S.13-16

Bentele, Günter / Fröhlich, Romy / Szyszka, Peter (2008b): Vorwort zur 1. Auflage 2005. In: Bentele, Günter / Fröhlich, Romy / Szyszka, Peter (Hrsg.): Handbuch der Public Relations. Wissenschaftliche Grundlagen und berufliches Handeln. Mit Lexikon. 2. korr. und erw. Aufl. Wiesbaden: VS Verlag für Sozialwissenschaften. S.9-11

Bentele, Günter / Fröhlich, Romy / Szyszka, Peter (2008c): Teil 1. Disziplinäre Perspektiven. In: Bentele, Günter / Fröhlich, Romy / Szyszka, Peter (Hrsg.): Handbuch der Public Relations. Wissenschaftliche Grundlagen und berufliches Handeln. Mit Lexikon. 2. korr. und erw. Aufl. Wiesbaden: VS Verlag für Sozialwissenschaften. S.17-18

Bentele, Günter / Großkurth, Lars / Seidenglanz, René (2009): Profession Pressesprecher. Vermessung eines Berufsstandes. Herausgeber: Bundesverband deutscher Pressesprecher e.V. Berlin: Helios Media

Bentele, Günter / Liebert, Tobias / Seeling, Stefan (1997): Von der Determination zur Intereffikation. Ein integriertes Modell zum Verhältnis von Public Relations und Journalismus. In: Bentele, Günter / Haller, Michael (Hrsg.): Aktuelle Entstehung der Öffentlichkeit: Akteure – Strukturen – Veränderungen. Konstanz: UVK. S.225-250

Bentele, Günter / Steinmann, Horst / Zerfaß, Ansgar (1996a): Dialogorientierte Unternehmenskommunikation? Eine Einleitung. In: Bentele, Günter / Steinmann, Horst / Zerfaß, Ansgar (Hrsg.): Dialogorientierte Unternehmenskommunikation. Grundlagen – Praxiserfahrungen – Perspektiven. Berlin: Vistas Verlag. S.11-19

Bentele, Günter / Steinmann, Horst / Zerfaß, Ansgar (1996b): Dialogorientierte Unternehmenskommunikation. Ein Handlungsprogramm für die Kommunikationspraxis. In: Bentele, Günter / Steinmann, Horst / Zerfaß, Ansgar (Hrsg.): Dialogorientierte Unternehmenskommunikation. Grundlagen – Praxiserfahrungen – Perspektiven. Berlin: Vistas Verlag. S.447-463

Blum, Roger (2011): Gesellschaftliche Relevanz: Noch nicht bewiesen. In: Klein Report. Online verfügbar. URL: http://www.kleinreport.ch/news/gesellschaftliche-relevanz-noch-nicht-bewiesen-65358.html. Abgerufen am 23.04.2013 um 14:30 Uhr

Bonß, Wolfgang (2003): Jenseits von Verwendung und Transformation. Strukturprobleme der Verwissenschaftlichung in der Zweiten Moderne. In: Franz, Hans-Werner / Howaldt, Jürgen / Jacobsen, Heike / Kopp, Ralf (Hrsg.): Forschen – lernen – beraten. Der Wandel von Wissensproduktion und -transfer in den Sozialwissenschaften. Berlin: edition sigma. S.37-51

Bosch, Aida / Kraetsch, Clemens / Renn, Joachim (2001): Paradoxien des Wissenstransfers. Die „neue Liaison" zwischen sozialwissenschaftlichem Wissen und sozialer Praxis durch pragmatische Öffnung und Grenzerhaltung. In: Soziale Welt (52). S.199-218

Bosch, Aida / Renn, Joachim (2003): Wissenskontexte und Wissenstransfer: Übersetzen zwischen Praxisfeldern in der „Wissensgesellschaft". In: Franz, Hans-Werner / Howaldt, Jürgen / Jacobsen, Heike / Kopp, Ralf (Hrsg.): Forschen – lernen – beraten. Der Wandel von Wissensproduktion und -transfer in den Sozialwissenschaften. Berlin: edition sigma. S.53-69

Böschen, Stefan (2010): Wissenschaft: Epistemisches Niemandsland? In: Kajetzke, Laura / Engelhardt, Anina (Hrsg.): Handbuch Wissensgesellschaft. Theorien, Themen und Probleme. Bielefeld: transcript. S.159-170

Brosius, Hans-Bernd / Koschel, Friederike / Haas, Alexander (2008): Methoden der empirischen Kommunikationsforschung. Eine Einführung. 4. überarb. und erw. Aufl. Wiesbaden: VS Verlag für Sozialwissenschaften

Brosius, Hans-Bernd / Eps, Peter (1995): Framing auch beim Rezipienten? Der Einfluß der Berichterstattung über fremdenfeindliche Anschläge auf die Vorstellungen der Rezipienten. In: Medienpsychologie 7, S.169-183

Brosius, Hans-Bernd / Eps, Peter (1993): Verändern Schlüsselereignisse journalistische Selektionskriterien? Framing am Beispiel der Berichterstattung über Anschläge gegen Ausländer und Asylanten. In: Rundfunk und Fernsehen (41), S.512-530

Bruhn, Manfred / Ahlers, Grit Mareike (2009): Zur Rolle von Marketing und Public Relations in der Unternehmenskommunikation. Bestandsaufnahme und Ansatzpunkte zur verstärkten Zusammenarbeit. In: Röttger, Ulrike (Hrsg.): Theorien der Public Relations. Grundlagen und Perspektiven der PR-Forschung. 2. akt. und erw. Aufl. Wiesbaden: VS Verlag für Sozialwissenschaften. S.299-315

Burkart, Roland (2008): Verständigungsorientierte Öffentlichkeitsarbeit. In: Bentele, Günter / Fröhlich, Romy / Szyszka, Peter (Hrsg.): Handbuch der Public Relations. Wissenschaftliche Grundlagen und berufliches Handeln. Mit Lexikon. 2. korr. und erw. Aufl. Wiesbaden: Verlag für Sozialwissenschaften. S.223-240

Burkart, Roland (2002): Kommunikationswissenschaft. Grundlagen und Problemfelder. Umrisse einer interdisziplinären Sozialwissenschaft. 4. überarb. und akt. Aufl. Wien, Köln, Weimar: Böhlau/UTB

Burkart, Roland (1996): Verständigungsorientierte Öffentlichkeitsarbeit. Der Dialog als PR-Konzeption. In: Bentele, Günter / Steinmann, Horst / Zerfaß, Ansgar (Hrsg.): Dialogorientierte Unternehmenskommunikation. Grundlagen – Praxiserfahrungen – Perspektiven. Berlin: Vistas Verlag. S.245-270

Burkart, Roland (1995): Erfolg und Erfolgskontrolle in der Öffentlichkeitsarbeit: eine Antwort auf kommunikationstheoretische Grundlagen. In: Baerns, Barbara (Hrsg.): PR-Erfolgskontrolle. Messen und Bewerten in der Öffentlichkeitsarbeit. Verfahren, Strategien, Beispiele. Frankfurt am Main: Institut für Medienentwicklung und Kommunikation GmbH (IMK), S.71-84

Burkart, Roland (1993): Public Relations als Konfliktmanagement. Ein Konzept für verständigungsorientierte Öffentlichkeitsarbeit. Untersucht am Beispiel der Planung von Sonderabfalldeponien in Niederösterreich. In: Pelinka, Anton / Haerpfer, Christian (Hrsg.): Studienreihe Konfliktforschung. Band 7. Wien: Wilhelm Braumüller Verlag

Cheng, I-Huei / de Gregorio, Federico (2008): Does (Linking with) Practice Make Perfect? A Survey of Public Relations Scholars' Perspectives. In: Journal of Public Relations Research 20(4). S.377-402

Clases, Christoph (2003): Eine arbeitspsychologische Perspektive auf soziale Dynamiken kooperativer Wissensproduktion. In: Franz, Hans-Werner / Howaldt, Jürgen / Jacobsen, Heike / Kopp, Ralf (Hrsg.): Forschen – lernen – beraten. Der Wandel von Wissensproduktion und -transfer in den Sozialwissenschaften. Berlin: edition sigma. S.303-324

Communicationcontrolling.de: Das Portal rund um Wertschöpfung und Evaluation von Kommunikation. Online verfügbar. URL: http://www.communicationcontrolling.de/. Abgerufen am 01.05.2013 um 10:00 Uhr

Dernbach, Beatrice (2004): Aus eins mach zwei? Systematische Begründungen für unterscheidbare Journalismus- und PR-Studiengänge. In: Altmeppen, Klaus-Dieter / Röttger, Ulrike / Bentele, Günter (Hrsg.): Schwierige Verhältnisse. Interdependenzen zwischen Journalismus und PR. Wiesbaden: VS Verlag für Sozialwissenschaften. S.223-235

Dernbach, Beatrice (1998): Darf's noch ein bißchen Theorie sein? Resümee der 3. Offenburger Gespräche. In: Public Relations Forum 4/98. S.198-201

Deutsche Gesellschaft für Publizistik- und Kommunikationswissenschaft (DGPuK) (2009): Akademische PR-Ausbildung in Deutschland. Positionspapier der Fachgruppe PR/Organisationskommunikation der Deutschen Gesellschaft für Publizistik- und Kommunikationswissenschaft (DGPuK). Online verfügbar. URL: http://www.dgpuk.de/wp-content/uploads/2012/01/DGPUK_StandardsBroschuere20090622_v01.pdf. Abgerufen am 20.06.2013 um 10:30 Uhr

Deutsche Gesellschaft für Publizistik- und Kommunikationswissenschaft (DGPuK) (2008): Kommunikation und Medien in der Gesellschaft: Leistungen und Perspektiven der Kommunikations- und Medienwissenschaft. Eckpunkte für das Selbstverständnis der Kommunikations- und Medienwissenschaft. Selbstverständnispapier der Deutschen Gesellschaft für Publizistik- und Kommunikationswissenschaft (DGPuK). Online verfügbar. URL: http://www.dgpuk.de/uber-die-dgpuk/selbstverstandnis/. Abgerufen am 20.06.2013 um 10:40 Uhr

Donsbach, Wolfang / Laub, Torsten / Haas, Alexander / Brosius, Hans-Bernd (2005): Anpassungsprozesse in der Kommunikationswissenschaft. Themen und Herkunft der Forschung in den Fachzeitschriften „Publizistik" und „Medien & Kommunikationswissenschaft". In: M&K 1/2005. S.46-72

Dörhöfer, Steffen (2010): Wirtschaft: Die wissensbasierte Ökonomie. In: Kajetzke, Laura / Engelhardt, Anina (Hrsg.): Handbuch Wissensgesellschaft. Theorien, Themen und Probleme. Bielefeld: transcript. S.101-112

Deutsche Public Relations Gesellschaft (DPRG) (2005): Öffentlichkeitsarbeit, PR-Arbeit. Berufsfeld – Qualifikationsprofil – Zugangswege. 4. überarb. Aufl. Bonn: DGfK – DPRG Gesellschaft für Kommunikationsservice mbH

Drucker, Peter F. (1969): Die Zukunft bewältigen. Aufgaben und Chancen im Zeitalter der Ungewißheit. Düsseldorf und Wien: Econ

Eisenegger, Mark / Imhof, Kurt (2008): Die Wissensproduktionsstätte Wissenschaft unter Druck – Regularitäten medialisierter Wissenschaftsberichterstattung. In: Raabe, Johannes / Stöber, Rudolf / Theis-Berglmair, Anna M. / Wied, Kristina (Hrsg.): Medien und Kommunikation in der Wissensgesellschaft. Konstanz: UVK. S.74-86

Ekecrantz, Jan (2009): Media studies going global. In: Thussu, Daya Kishan (Hrsg.): Internationalizing Media Studies. Abingdon: Routledge. S.75-89

Evangelischer Pressedienst (epd) (2011): epd medien aktuell, 3. Juni 2011, Nr. 107a. Online verfügbar. URL: http://www.brost.org/uploads/media/epd_medien_aktuell_2011_06_03.pdf. Abgerufen am 23.04.2013 um 11:30 Uhr

Etzkowitz, Henry / Leydesdorff, Loet (2000): The dynamics of innovation: from National Systems and 'Mode 2' to a Triple Helix of university – industry – government relations. In: Research Policy 29 (2000). S.109-123

Evers, Adalbert / Nowotny, Helga (1989): Über den Umgang mit Unsicherheit. Anmerkungen zur Verwendung sozialwissenschaftlichen Wissens. In: Beck, Ulrich / Bonß, Wolfgang (Hrsg.): Weder Sozialtechnologie noch Aufklärung? Analysen zur Verwendung sozialwissenschaftlichen Wissens. Frankfurt am Main: Suhrkamp. S.355-383

Fabris, Hans Heinz (2002a): Angewandte Kommunikationswissenschaft. In: Rudi Renger (Hrsg.): Hans Heinz Fabris. Angewandte Kommunikationswissenschaft. Problemfelder, Fragestellungen, Theorie. Ausgewählte Beiträge 1978-2002. Festschrift zum 60. Geburtstag. München: Verlag Reinhard Fischer. S.17-24

Fabris, Hans Heinz (2002b): Der Mythos der Massenkommunikation. Zum Dilemma der Kommunikationswissenschaft. In: Rudi Renger (Hrsg.): Hans Heinz Fabris. Angewandte Kommunikationswissenschaft. Problemfelder, Fragestellungen, Theorie. Ausgewählte Beiträge 1978-2002. Festschrift zum 60. Geburtstag. München: Verlag Reinhard Fischer. S.245-261

Femers, Susanne (2009): PR-Theorie? PR-Theorie! Plädoyer für eine wissenschaftliche und fachliche Fundierung der Public Relations durch Theoriebildung und reflektiertes Handeln im Berufsfeld. In: Röttger, Ulrike (Hrsg.): Theorien der Public Relations. Grundlagen und Perpektiven der PR-Forschung. 2. akt. und erw. Aufl. Wiesbaden: VS Verlag für Sozialwissenschaften. S.201-212

Fengler, Susanne / Eberwein, Tobias (2012): Theorie und Praxis in der Kommunikations- und Medienforschung. Einführung und Überblick. In: Fengler, Susanne / Eberwein, Tobias / Jorch, Julia (Hrsg.): Theoretisch praktisch!? Anwendungsoptionen und gesellschaftliche Relevanz der Kommunikations- und Medienforschung. Konstanz: UVK. S.11-25

Flecker, Jörg (2003): Erfolgreicher Spagat oder Auslaufmodell? Erfahrungen mit akademisch orientierter angewandter Forschung; in: Franz, Hans-Werner / Howaldt, Jürgen / Jacobsen, Heike / Kopp, Ralf (Hrsg.): Forschen – lernen – beraten. Der Wandel von Wissensproduktion und -transfer in den Sozialwissenschaften. Berlin: edition sigma. S.357-368

Flick, Uwe (2007): Qualitative Sozialforschung. Eine Einführung. Vollst. überarb. und erw. Neuausg. Reinbek bei Hamburg: Rowohlt

Franz, Hans-Werner (2003): Modus 2 in der sozialwissenschaftlichen Arbeitsforschung: Das Beispiel Sozialforschungsstelle Dortmund. Eine Zwischenbilanz. In: Franz, Hans-Werner / Howaldt, Jürgen / Jacobsen, Heike / Kopp, Ralf (Hrsg.): Forschen – lernen – beraten. Der Wandel von Wissensproduktion und -transfer in den Sozialwissenschaften. Berlin: edition sigma. S.369-385

Franz Hans-Werner / Howaldt, Jürgen / Jacobsen, Heike / Kopp, Ralf (2003): Einleitung. In: Franz, Hans-Werner / Howaldt, Jürgen / Jacobsen, Heike / Kopp, Ralf (Hrsg.): Forschen – lernen – beraten. Der Wandel von Wissensproduktion und -transfer in den Sozialwissenschaften. Berlin: edition sigma. S.9-22

Fricke, Werner (2003): Sozialwissenschaftliche Forschung in gesellschaftlichen Kontexten. In: Franz, Hans-Werner / Howaldt, Jürgen / Jacobsen, Heike / Kopp, Ralf (Hrsg.): Forschen – lernen – beraten. Der Wandel von Wissensproduktion und -transfer in den Sozialwissenschaften. Berlin: edition sigma. S.151-173

Fröhlich, Romy (2008a): Definitionen und Praktikertheorien. Die Problematik der PR-Definition(en). In: Bentele, Günter / Fröhlich, Romy / Szyszka, Peter (Hrsg.): Handbuch der Public Relations. Wissenschaftliche Grundlagen und berufliches Handeln. Mit Lexikon. 2. korr. und erw. Aufl. Wiesbaden: Verlag für Sozialwissenschaften. S.95-109

Fröhlich, Romy (2008b): Berufsrollen und Berufsfelder. Public Relations als Beruf: Entwicklung, Ausbildung und Berufsrollen. In: Bentele, Günter / Fröhlich, Romy / Szyszka, Peter (Hrsg.): Handbuch der Public Relations. Wissenschaftliche Grundlagen und berufliches Handeln. Mit Lexikon. 2. korr. und erw. Aufl. Wiesbaden: Verlag für Sozialwissenschaften. S.431-443

Fröhlich, Romy (2008c): PR-Definitionen. In: Bentele, Günter / Fröhlich, Romy / Szyszka, Peter (Hrsg.): Handbuch der Public Relations. Wissenschaftliche Grundlagen und berufliches Handeln. Mit Lexikon. 2. korr. und erw. Aufl. Wiesbaden: Verlag für Sozialwissenschaften. S.615

Fröhlich, Romy (2008d): Das Berufsfeld PR – Auf dem Weg zu einer Frauendomäne? Entwicklung und Status quo der „Feminisierung" der PR. In: Bentele, Günter / Piwinger, Manfred / Schönborn, Gregor (Hrsg.): Kommunikationsmanagement. Strategien, Wissen, Lösungen. Loseblattwerke. Neuwied/Kriftel: Luchterhand, kommunikationsmanager, F.A.Z.-Institut. Sektion 8.01. S.1-42

Fröhlich, Romy (2008e): Weit mehr als Pressearbeit. Public Relations: Berufsfeld und Gegenstand. In: economag, Wissenschaftsmagazin für Betriebs- und Volkswirtschaftslehre. Online verfügbar. URL: http://www.economag.de/magazin/2008/11/165+Weit+mehr+als+Pressearbeit. Abgerufen am: 01.05.2013 um 10:00 Uhr

Fröhlich, Romy (2007): Konsequenzlos. In: aviso (45). S.7

Fröhlich, Romy (2002): Zum Debattenthema „Nutzen für die Praxis". Das Fach hat die Zielgruppe Medienpraxis nie wirklich ins Auge gefasst. In: aviso (31). S.2

Fröhlich, Romy / Koch, Thomas (2010): Beziehung mit Hindernissen. In: pressesprecher 4/2010. S.46-49

Fröhlich, Romy / Peters, Sonja / Simmelbauer, Eva-Maria (2005): Public Relations. Daten und Fakten der geschlechtsspezifischen Berufsfeldforschung. München, Wien: Oldenbourg

Fuchs-Heinritz, Werner (2009): Biographische Forschung. Eine Einführung in Praxis und Methoden. 4. Aufl. Wiesbaden: VS Verlag für Sozialwissenschaften

Fuhrberg, Reinhold (1995): Teuer oder billig, Kopf oder Bauch – Versuch einer systematischen Darstellung von Evaluationsverfahren. In: Baerns, Barbara (Hrsg.): PR-Erfolgskontrolle. Messen und Bewerten in der Öffentlichkeitsarbeit. Verfahren, Strategien, Beispiele. Frankfurt am Main: Institut für Medienentwicklung und Kommunikation GmbH (IMK). S.47-69

Funder, Maria (2010): Geschlechterverhältnisse: postpatriarchale Wissensgesellschaft? In: Kajetzke, Laura / Engelhardt, Anina (Hrsg.): Handbuch Wissensgesellschaft. Theorien, Themen und Probleme. Bielefeld: transcript. S.311-324

Galtung, Johan / Ruge, Mari Holmboe (1965): The Structure of Foreign News. The Presentation of the Congo, Cuba and Cyprus Crises in Four Norwegian Newspapers. In: Journal of Peace Research, Vol. 2, No. 1 (1965), S.64-91

Gibbons, Michael / Limoges, Camille / Nowotny, Helga / Schwartzman, Simon / Scott, Peter / Trow, Martin (1994): The New Production of Knowledge. The Dynamics of Science and Research in Contemporary Societies. London, Thousand Oaks, New Delhi: Sage Publications

Glaser, Barney G. / Strauss, Anselm L. (2008): Grounded Theory: Grundlagen Qualitativer Sozialforschung. Weinheim: Beltz Verlag

Gläser, Jochen / Laudel, Grit (2004): Experteninterviews und qualitative Inhaltsanalyse als Instrumente rekonstruierender Untersuchungen. Wiesbaden: VS Verlag für Sozialwissenschaften

Grunig, James E. (1992a): Communication, Public Relations, and Effective Organizations: An overview of the book. In: Grunig, James E. (Hrsg.): Excellence in Public Relations and Communication Management. Hillsdale: Lawrence Erlbaum Associates. S.1-28

Grunig, James E. (1992b): Preface. In: Grunig, James E. (Hrsg.): Excellence in Public Relations and Communication Management. Hillsdale: Lawrence Erlbaum Associates. S.xiii-xiv

Grunig, James E. / Hunt, Todd (1984): Managing Public Relations. New York: Holt, Rinehart and Winston

Grunig, Larissa A. / Grunig, James E. / Dozier, David M. (2002): Excellent public relations and effective organizations: a study of communication management in three countries. Mahwah: Lawrence Erlbaum

Guggenheim, Michael (2003): Welche Gütekriterien für die neuen Formen des Wissens brauchen wir? In: Franz, Hans-Werner / Howaldt, Jürgen / Jacobsen, Heike / Kopp, Ralf (Hrsg.): Forschen – lernen – beraten. Der Wandel von Wissensproduktion und -transfer in den Sozialwissenschaften. Berlin: edition sigma. S.285-301

Habermas, Jürgen (1982): Zur Logik der Sozialwissenschaften. 5. erw. Aufl. Frankfurt am Main: Suhrkamp

Habermas, Jürgen (1973): Erkenntnis und Interesse. Mit einem neuen Nachwort. Frankfurt am Main: Suhrkamp

Hachmeister, Lutz (2008): Konkrete Kommunikationsforschung. In: Publizistik (53). S.477-487

Hastall, Matthias R. (2011): Jens Woelke / Marcus Maurer / Olaf Jandura (Hrsg.): Forschungsmethoden für die Markt- und Organisationskommunikation. Buchbesprechung. In: M&K 1/2011. S.112-114

Hazleton, Vincent (2006): Toward a Theory of Public Relations Competence. In: Botan, Carl H. / Hazleton, Vincent (Hrsg.): Public Relations Theory II. Mahwah, New Jersey: Lawrence Erlbaum Associates, Publishers: S.199-222

Heinelt, Peer (2003): „PR-Päpste". Die kontinuierlichen Karrieren von Carl Hundhausen, Albert Oeckl und Franz Ronneberger. Rosa-Luxemburg-Stiftung, Manuskripte 37. Berlin: Karl Dietz Verlag

Herger, Nikodemus (2008): Public Relations im Kontext der Unternehmenskommunikation. In: Bentele, Günter / Fröhlich, Romy / Szyszka, Peter (Hrsg.): Handbuch der Public Relations. Wissenschaftliche Grundlagen und berufliches Handeln. Mit Lexikon. 2. korr. und erw. Aufl. Wiesbaden: Verlag für Sozialwissenschaften. S.254-267

Herger, Nikodemus (2006): Vertrauen und Organisationskommunikation. Identität – Marke – Image – Reputation. Wiesbaden: VS Verlag für Sozialwissenschaften

Herger, Nikodemus (2004): Organisationskommunikation. Beobachtung und Steuerung eines organisationalen Risikos. Wiesbaden: VS Verlag für Sozialwissenschaften

Hinsch, Anja (2004): Was wirklich zählt. In: PR Report, November 2004. S.42-44. Online verfügbar. URL: http://www.bertelsmann-stiftung.de/bst/en/media/PR-Report_Studie_November04.pdf. Abgerufen am 01.05.2013 um 11:30 Uhr

Hirsch-Kreinsen, Hartmut (2003): Ein neuer Modus sozialwissenschaftlicher Wissensproduktion? In: Franz, Hans-Werner / Howaldt, Jürgen / Jacobsen, Heike / Kopp, Ralf (Hrsg.): Forschen – lernen – beraten. Der Wandel von Wissensproduktion und -transfer in den Sozialwissenschaften. Berlin: edition sigma. S.257-268

Hohlfeld, Ralf (2011): Public Relations durch Lehre. Die jüngeren KW-Standorte weisen den Weg in die Öffentlichkeit. In: aviso (53). S.4-5

Hohlfeld, Ralf (2006): Öffentlichkeitsarbeit als Bedrohung? Zum Verhältnis von Kommunikationswissenschaft und Öffentlichkeit. In: Holtz-Bacha, Christina / Kutsch, Arnulf / Langenbucher, Wolfgang R. / Schönbach, Klaus (Hrsg.): Fünfzig Jahre Publizistik. Publizistik Sonderheft 5 2005/2006. Wiesbaden: VS Verlag für Sozialwissenschaften. S.391-410

Hoffjann, Olaf (2013): Die Wirklichkeit der Public Relations. In: Publizistik (61). S.76-90

Hoffjann, Olaf (2011): Vertrauen in Public Relations. In: Publizistik (56). S.65-84

Hoffjann, Olaf (2007): Journalismus und Public Relations. Ein Theorieentwurf der Intersystembeziehungen in sozialen Konflikten. 2. erw. Aufl. Wiesbaden: VS Verlag für Sozialwissenschaften

Hoffjann, Olaf / Röttger, Ulrike (2009): Wissensmanagement in PR-Agenturen. In: Röttger, Ulrike / Zielmann, Sarah (Hrsg.): PR-Beratung. Theoretische Konzepte und empirische Befunde. Wiesbaden: VS Verlag für Sozialwissenschaften. S.125-147

Holtzhausen, Derina R. / Zerfaß, Ansgar (2011): The Status of Strategic Communication Practice in 48 Countries. International Journal of Strategic Communication, 5:2. S.71-73

Hon, Linda (2007): How Public Relations Knowlegde Has Entered Public Relations Practice. In: Toth, Elizabeth L. (Hrsg.): The Future of Excellence in Public Relations and Communication Management. Challenges for the Next Generation. Mahwah: Lawrence Erlbaum Associates. S.3-23

Hopf, Christel (2005): Qualitative Interviews – ein Überblick. In: Flick, Uwe / von Kardorff, Ernst / Steinke, Ines (Hrsg.): Qualitative Forschung. Ein Handbuch. 4. Aufl. Reinbek bei Hamburg: Rowohlt. S.349-360

Hovland, Carl I. / Janis, Irving L. / Kelley, Harold H. (1961): Communication and Persuasion. Psychological Studies of Opinion Change. Fourth Printing. New Haven: Yale University Press

Howaldt, Jürgen (2010): Beratung. In: Kajetzke, Laura / Engelhardt, Anina (Hrsg.): Handbuch Wissensgesellschaft. Theorien, Themen und Probleme. Bielefeld: transcript. S.247-258

Howaldt, Jürgen (2003): Sozialwissenschaftliche Wissensproduktion in der Wissensgesellschaft. Von der Notwendigkeit der Verschränkung von Wissensproduktion und gesellschaftlicher Praxis. In: Franz, Hans-Werner / Howaldt, Jürgen / Jacobsen, Heike / Kopp, Ralf (Hrsg.): Forschen – lernen – beraten. Der Wandel von Wissensproduktion und -transfer in den Sozialwissenschaften. Berlin: edition sigma. S.239-255

Hömberg, Walter (2008): Wissen ist Macht!? Medien – Kommunikation – Wissen. In: Raabe, Johannes / Stöber, Rudolf / Theis-Berglmair, Anna M. / Wied, Kristina (Hrsg.): Medien und Kommunikation in der Wissensgesellschaft. Konstanz: UVK. S.25-45

Hundhausen, Carl (1951): Werbung um öffentliches Vertrauen. ‚Public Relations'. 1. Band. Essen: W. Girardet

Jarren, Otfried / Röttger, Ulrike (2008): Public Relations aus kommunikationswissenschaftlicher Sicht. In: Bentele, Günter / Fröhlich, Romy / Szyszka, Peter (Hrsg.): Handbuch der Public Relations. Wissenschaftliche Grundlagen und berufliches Handeln. Mit Lexikon. 2. korr. und erw. Aufl. Wiesbaden: Verlag für Sozialwissenschaften. S.19-36

Jeffrey, Lynn / Brunton, Margaret (2012): Professional identity: How communication management practitioners identify with their industry. In: Public Relations Review (38). S.156-158

Just, Natascha / Puppis, Manuel (2012): Kommunikationspolitik-Forschung: Selbstverständnis und Praxisrelevanz. In: Fengler, Susanne / Eberwein, Tobias / Jorch, Julia (Hrsg.): Theoretisch praktisch!? Anwendungsoptionen und gesellschaftliche Relevanz der Kommunikations- und Medienforschung. Konstanz: UVK. S.43-57

Kahlert, Heike (2010): Bildung und Erziehung: Transformationsprozesse sozialer Ungleichheiten? In: Kajetzke, Laura / Engelhardt, Anina (Hrsg.): Handbuch Wissensgesellschaft. Theorien, Themen und Probleme. Bielefeld: transcript. S.141-157

Kajetzke, Laura / Engelhardt, Anina (2010): Einleitung: Die Wissensgesellschaft beobachten. In: Kajetzke, Laura / Engelhardt, Anina (Hrsg.): Handbuch Wissensgesellschaft. Theorien, Themen und Probleme. Bielefeld: transcript. S.7-17

Katz, Elihu / Blumler, Jay G. / Gurevitch, Michael (1974): Utilization of Mass Communication by the Individual. In: Blumler, Jay G. / Katz, Elihu (Hrsg.): The Uses of Mass Communications. Current Perspectives on Gratifications Research. Beverly Hills, London: Sage Publications. S.19-32

Kepplinger, Hans Mathias (2007): Sachlich richtig. In: aviso (45). S.8

Kepplinger, Hans Mathias (1984): Instrumentelle Aktualisierung. In: Publizistik (29). S.94

Keuneke, Susanne (2005): Qualitatives Interview. In: Mikos, Lothar / Wegener, Claudia (Hrsg.): Qualitative Medienforschung. Ein Handbuch. Konstanz: UVK. S.254-267

Kim, Jai / Hatcher, Caroline (2009): Monitoring and regulating corporate identities using the balanced scorecard. In: Journal of Communication Management, Volume 13, Issue 2. S.116-136

Kirchner, Karin (2003): Integrierte Unternehmenskommunikation. Theoretische und empirische Bestandsaufnahme und eine Analyse amerikanischer Großunternehmen. Wiesbaden: Westdeutscher Verlag

Klewes, Joachim / Westermann, Arne (2004): Kommunikationsmanagement 2008 – Trends aus Sicht der internationalen PR Community. In: Köhler, Tanja / Schaffranietz, Adrian (Hrsg.): Public Relations – Perspektiven und Potenziale im 21. Jahrhundert. Wiesbaden: VS Verlag für Sozialwissenschaften. S.17-31

Kocks, Klaus (2009): PR-Theorien – Vergebliche Versuche in der Halbwelt amerikanisierter Wissenschaft. In: Röttger, Ulrike (Hrsg.): Theorien der Public Relations. Grundlagen und Perspektiven der PR-Forschung. 2. akt. und erw. Aufl. Wiesbaden: VS Verlag für Sozialwissenschaften. S.213-222

Kocks, Klaus (2001): Glanz und Elend der PR: das Verhältnis von Theorie und Praxis der Public Relations. In: Kocks, Klaus (Hrsg.): Glanz und Elend der PR. Zur praktischen Philosophie der Öffentlichkeitsarbeit. Wiesbaden: Westdeutscher Verlag, S.14-26

Kreileder, Christoph (2008): Hätte die Vattenfall-Krise mithilfe von besserer Krisen-PR verhindert werden können? Bachelor-Arbeit, eingereicht am Institut für Kommunikationswissenschaft und Medienforschung der Ludwig-Maximilians-Universität (LMU) München

Kunczik, Michael (2010): Public Relations: Konzepte und Theorien. 5. Aufl. Köln, Weimar, Wien: Böhlau

Kunczik, Michael (2009): PR-Theorie und Praxis: Historische Aspekte. In: Röttger, Ulrike (Hrsg.): Theorien der Public Relations. Grundlagen und Perspektiven der PR-Forschung. 2. akt. und erw. Aufl. Wiesbaden: VS Verlag für Sozialwissenschaften. S.223-239

Kunczik, Michael (1994): Public Relations: Angewandte Kommunikationswissenschaft oder Ideologie? Ein Beitrag zur Ethik der Öffentlichkeitsarbeit. In: Armbrecht, Wolfgang / Zabel, Ulf (Hrsg.): Normative Aspekte der Public Relations: Grundlegende Fragen und Perspektiven. Eine Einführung. Opladen: Westdeutscher Verlag. S.225-264

Kunczik, Michael / Heintzel, Alexander / Zipfel, Astrid (1995): Krisen-PR. Unternehmensstrategien im umweltsensiblen Bereich. Köln: Böhlau

Kunczik, Michael / Zipfel, Astrid (2005): Publizistik. Ein Studienhandbuch. 2. durchges. und akt. Aufl. Köln: Böhlau

Kurt, Thomas (2002): Berufssoziologie. Bielefeld: transcript

Kutsch, Arnulf / Pöttker, Horst (1997): Kommunikationswissenschaft – autobiographisch. Einleitung. In: Kutsch, Arnulf / Pöttker, Horst (Hrsg.): Kommunikationswissenschaft – autobiographisch. Zur Entwicklung einer Wissenschaft in Deutschland. Publizistik Sonderheft 1/1997. Opladen: Westdeutscher Verlag. S.7-20

Kübler, Hans-Dieter (2010): Medien: Faktor, Reflexion und Archiv gesellschaftlichen Wandels. In: Kajetzke, Laura / Engelhardt, Anina (Hrsg.): Handbuch Wissensgesellschaft. Theorien, Themen und Probleme. Bielefeld: transcript. S.171-182

Kühl, Stefan (2003): Wie verwendet man Wissen, das sich gegen die Verwendung sträubt? Eine professionssoziologische Neubetrachtung der Theorie-Praxis-Diskussion in der Soziologie. In: Franz, Hans-Werner / Howaldt, Jürgen / Jacobsen, Heike / Kopp, Ralf (Hrsg.): Forschen – lernen – beraten. Der Wandel von Wissensproduktion und -transfer in den Sozialwissenschaften. Berlin: edition sigma. S.71-91

Lamnek, Siegfried (2005): Qualitative Sozialforschung: Lehrbuch. 4. vollst. überarb. Aufl. Weinheim, Basel: Beltz Verlag

Langenbucher, Wolfgang R. (2010): Wie ein akademisches Fach Form und Format gewinnt (oder hätte gewinnen können!). (Essayistische) Überlegungen zu Akteuren, Diskursen und Rahmenbedingungen (in dokumentarischer Absicht). In: Reinemann, Carsten / Stöber, Rudolf (Hrsg.): Wer die Vergangenheit kennt, hat eine Zukunft. Festschrift für Jürgen Wilke. Köln: Herbert von Halem. S.336-356

Latniak, Erich (2003): Wie gut ist der Platz zwischen den Stühlen? Anwendungsorientierte Sozialwissenschaft im Spannungsfeld von Beratung und Forschung. In: Franz, Hans-Werner / Howaldt, Jürgen / Jacobsen, Heike / Kopp, Ralf (Hrsg.): Forschen – lernen – beraten. Der Wandel von Wissensproduktion und -transfer in den Sozialwissenschaften. Berlin: edition sigma. S.105-119

Lau, Christoph (1989): Die Definition gesellschaftlicher Probleme durch die Sozialwissenschaften. In: Beck, Ulrich / Bonß, Wolfgang (Hrsg.): Weder Sozialtechnologie noch Aufklärung? Analysen zur Verwendung sozialwissenschaftlichen Wissens. Frankfurt am Main: Suhrkamp. S.384-419

Lazarsfeld, Paul F. / Berelson, Bernard / Gaudet, Hazel (1960): The People's Choice. How the Voter Makes up his Mind in a Presidential Campaign. Second Edition, Fifth Printing. New York: Columbia University Press

Lentsch, Justus / Weingart, Peter (2011): Introduction: the quest for quality as a challenge to scientific advice: an overdue debate? In: Lentsch, Justus / Weingart, Peter (Hrsg.): The Politics of Scientific Advice. Cambrigde: Cambridge University Press. S.3-18

L'Etang, Jacquie / Pieczka, Magda (2006): Public Relations and the Question of Professionalism. In: L'Etang, Jacquie / Pieczka, Magda (Hrsg.): Public Relations. Critical Debates and Contemporary Practice. Mahwah, New Jersey: Lawrence Erlbaum Associates. S.265-278

Lewin, Kurt (1963): Field Theory in Social Science. Selected Theoretical Papers. Second impression. London: Tavistock Publications

Löblich, Maria (2010): Die empirisch-sozialwissenschaftliche Wende. Ein Beitrag zur historischen und kognitiven Identität der Kommunikationswissenschaft. In: M&K 4/2010. S.544-562

Löblich, Maria (2008): Das kommunikationspolitische Forschungsprogramm der Bundesregierung und der Wandel der Publizistikwissenschaft zu einer empirischen Sozialwissenschaft. In: Raabe, Johannes / Stöber, Rudolf / Theis-Berglmair, Anna M. / Wied, Kristina (Hrsg.): Medien und Kommunikation in der Wissensgesellschaft. Konstanz: UVK. S.297-313

Luhmann, Niklas (1994): Die Wissenschaft der Gesellschaft. Frankfurt am Main: Suhrkamp

Luhmann, Niklas (1987): Soziale Systeme. Grundriß einer allgemeinen Theorie. Frankfurt am Main: Suhrkamp

Maier, Tanja (2008): Wahrheit, Wissen, Wirklichkeit: Popularisierungsprozesse in Wissenschaftsmagazinen. In: Raabe, Johannes / Stöber, Rudolf / Theis-Berglmair, Anna M. / Wied, Kristina (Hrsg.): Medien und Kommunikation in der Wissensgesellschaft. Konstanz: UVK. S.128-140

Mair, Markus (2012): Public Relations – Theorie contra Praxis? Wissenschaftliche Grundlagen und praktische Umsetzung in der Zielgruppenkommunikation. Zugl. Universität Salzburg, Salzburg, Österreich, Bachelorarbeit, April 2011. Bachelor + Master Publishing, ein Imprint der Diplomica Verlag GmbH

Martinsen, Renate (2010): Politik: Demokratisierung von Expertise. In: Kajetzke, Laura / Engelhardt, Anina (Hrsg.): Handbuch Wissensgesellschaft. Theorien, Themen und Probleme. Bielefeld: transcript. S.113-126

Mast, Claudia / Huck, Simone / Güller, Karoline (2005): Kundenkommunikation. Konstanz: UTB

Merten, Klaus (2008a): Konstruktivistischer Ansatz. In: Bentele, Günter / Fröhlich, Romy / Szyszka, Peter (Hrsg.): Handbuch der Public Relations. Wissenschaftliche Grundlagen und berufliches Handeln. Mit Lexikon. 2. korr. und erw. Aufl. Wiesbaden: Verlag für Sozialwissenschaften. S.136-146

Merten, Klaus (2008b): Zur Definition von Public Relations. In: M&K 1/2008. S.42-59

Merten, Klaus (2006a): Nur wer lügen darf, kann kommunizieren. In: pressesprecher 1/2006. S.22-25

Merten, Klaus (2006b): Studieren oder probieren? Wie wichtig ist ein Studium für die PR-Karriere? Vortrag Careers Day Münster. Online verfügbar. URL: http://careersday.uni-muenster.de/2006/praes_06_merten.pdf. Abgerufen am 20.06.2013 um 11:30 Uhr

Merten, Klaus (2000): Die Lüge vom Dialog. Ein verständigungsorientierter Versuch über semantische Hazards. In: Public Relations Forum 1/2000. S.6-9

Merten, Klaus (1999): Einführung in die Kommunikationswissenschaft. Band. 1: Grundlagen der Kommunikationswissenschaft. Münster: LIT

Merten, Klaus / Schulte, Sarah (2007): Begabung contra Ausbildung. Muss das Qualifikationsprofil für Public Relations neu geschrieben werden? In: prmagazin 9/2007. S.55-62

Meyen, Michael (2009): Medialisierung. In: M&K 1/2009. S.23-38

Meyen, Michael / Löblich, Maria (2011): Gerhard Maletzke. Eine Geschichte von Erfolg und Misserfolg in der Kommunikationswissenschaft. In: Reihe „Klassiker der Kommunikations- und Medienwissenschaft heute", M&K 4/2011. S.563-580

Meyen, Michael / Löblich, Maria (2006): Klassiker der Kommunikationswissenschaft. Fach- und Theoriegeschichte in Deutschland. Kontanz: UVK

Meyen, Michael / Löblich, Maria / Pfaff-Rüdiger, Senta / Riesmeyer, Claudia (2011): Qualitative Forschung in der Kommunikationswissenschaft. Eine praxisorientierte Einführung. Wiesbaden: VS Verlag für Sozialwissenschaften

Moldaschl, Manfred / Holtgrewe, Ursula (2003): Wissenschaft als Arbeit. Zur reflexiven Verknüpfung von Arbeits- und Wissenschaftsforschung. In: Franz, Hans-Werner / Howaldt, Jürgen / Jacobsen, Heike / Kopp, Ralf (Hrsg.): Forschen – lernen – beraten. Der Wandel von Wissensproduktion und -transfer in den Sozialwissenschaften. Berlin: edition sigma. S.205-236

Neuberger, Christoph (2005): Die Absolventenbefragung als Methode der Lehrevaluation in der Kommunikationswissenschaft. Eine Synopse von Studien aus den Jahren 1995 bis 2004. In: Publizistik (50). S.74-103

Neujahr, Elke (2005): Wissen prägt PR-Kultur: Die Voraussetzungen für intelligentes People's Business in einer PR-Agentur. In: Wienand, Edith / Westerbarkey, Joachim / Scholl, Armin (Hrsg.): Kommunikation über Kommunikation. Theorien, Methoden und Praxis. Festschrift für Klaus Merten. Wiesbaden: VS Verlag für Sozialwissenschaften. S.223-236

Nicolai, Alexander T. (2003): Das Wissenschafts-/Praxisproblem aus systemtheoretischer Perspektive. Fallanalyse des Strategischen Managements. In: Franz, Hans-Werner / Howaldt, Jürgen / Jacobsen, Heike / Kopp, Ralf (Hrsg.): Forschen – lernen – beraten. Der Wandel von Wissensproduktion und -transfer in den Sozialwissenschaften. Berlin: edition sigma. S.121-136

Noelle-Neumann, Elisabeth (2009): Öffentliche Meinung. In: Noelle-Neumann, Elisabeth / Schulz, Winfried / Wilke, Jürgen (Hrsg.): Fischer Lexikon Publizistik Massenkommunikation. 4., akt., vollst. überarb. und erg. Aufl. Frankfurt am Main: Fischer. S.427-442

Noelle-Neumann, Elisabeth (1991): Öffentliche Meinung: die Entdeckung der Schweigespirale. 3., erw. Ausg. Frankfurt am Main: Ullstein

Noelle-Neumann, Elisabeth / Schulz, Winfried / Wilke, Jürgen (2009): Einleitung. In: Noelle-Neumann, Elisabeth / Schulz, Winfried / Wilke, Jürgen (Hrsg.): Fischer Lexikon Publizistik Massenkommunikation. 4., akt., vollst. überarb. und erg. Aufl. Frankfurt am Main: Fischer. S.7-12

Nothhaft, Howard (2011): Kommunikationsmanagement als professionelle Organisationspraxis. Theoretische Annäherung auf Grundlage einer teilnehmenden Beobachtungsstudie. Wiesbaden: VS Verlag für Sozialwissenschaften.

Nothhaft, Howard / Wehmeier, Stefan (2013): Make Public-Relations-Research matter – Alternative Wege der PR-Forschung. In: Zerfaß, Ansgar / Rademacher, Lars / Wehmeier, Stefan (Hrsg.): Organisationskommunikation und Public Relations. Forschungsparadigmen und neue Perspektiven. Wiesbaden: Springer VS. S.311-330

Oeckl, Albert (1976): PR-Praxis. Der Schlüssel zur Öffentlichkeitsarbeit. Düsseldorf, Wien: Econ Verlag

Oeckl, Albert (1964): Handbuch der Public Relations. Theorie und Praxis der Öffentlichkeitsarbeit in Deutschland und der Welt. München: Süddeutscher Verlag

Paskin, Danny (2013): Attitudes and perceptions of public relations professionals towards graduating students' skills. In: Public Relations Review, Vol. 39, issue 3. Online verfügbar. URL: http://dx.doi.org/10.1016/j.pubrev.2013.01.003. Abgerufen am 20.06.2013 um 11:35 Uhr

Pfadenhauer, Michaela / Kunz, Alexa Maria (2010): Professionen. In: Kajetzke, Laura / Engelhardt, Anina (Hrsg.): Handbuch Wissensgesellschaft. Theorien, Themen und Probleme. Bielefeld: transcript. S.235-246

Pfeffer, Gerhard A. (2008): Avenarius antwortet Merten: PR und die Lüge. In: PR Journal. Online verfügbar. URL: http://www.pr-journal.de/redaktion-aktuell/branche/6408-avenarius-antwortet-merten-pr-und-die-l.html. Abgerufen am 20.06.2013 um 11:40 Uhr

Pieczka, Magda (2011): Public relations as dialogic expertise. In: Journal of Communication Management, Vol. 15, Issue 2. S.108-124

Pieczka, Magda (2006): Public Relations Expertise in Practice. In: L'Etang, Jacquie / Pieczka, Magda (Hrsg.): Public Relations. Critical Debates and Contemporary Practice. Mahwah, New Jersey: Lawrence Erlbaum Associates. S.279-301

Piwinger, Manfred / Porák, Victor (2005): Grundlagen und Voraussetzungen des Kommunikations-Controllings. In: Piwinger, Manfred / Porák, Victor (Hrsg.): Kommunikations-Controlling. Kommunikation und Information quantifizieren und finanziell bewerten. Wiesbaden: Gabler. S.11-55

Pracht, Petra (1991): Zur Systematik und Fundierung praktischer Öffentlichkeitsarbeit. Ein Soll-Ist-Vergleich. In: prmagazin 5/1991. S.39-46

Preusse, Joachim / Röttger, Ulrike / Schmitt, Jana (2013): Begriffliche Grundlagen und Begründung einer unpraktischen PR-Theorie. In: Zerfaß, Ansgar / Rademacher, Lars / Wehmeier, Stefan (Hrsg.): Organisationskommunikation und Public Relations. Forschungsparadigmen und neue Perspektiven. Wiesbaden: Springer VS. S.117-141

Pühringer, Karin (2006): Wissen – Nichtwissen – Wissensformen. Einführung und inhaltlicher Ausblick. In: Pühringer, Karin / Zielmann, Sarah (Hrsg.): Vom Wissen und Nicht-Wissen einer Wissenschaft. Kommunikationswissenschaftliche Domänen, Darstellungen und Defizite. Münster: LIT. S.7-19

Pürer, Heinz (2003): Publizistik- und Kommunikationswissenschaft. Ein Handbuch. Konstanz: UVK

Raabe, Johannes / Stöber, Rudolf / Theis-Berglmair, Anna M. / Wied, Kristina (2008): Einleitung. In: Raabe, Johannes / Stöber, Rudolf / Theis-Berglmair, Anna M. / Wied, Kristina (Hrsg.): Medien und Kommunikation in der Wissensgesellschaft. Konstanz: UVK. S.9.-23

Rademacher, Lars (2011): Lautsprecher und Leisetreter. Braucht die Kommunikationswissenschaft mehr PR? In: aviso (53). S.2-3

Raupp, Juliana (2009): Wie professionell ist die PR-Beratung? Ein Beitrag zu Stand und Perspektiven der Professionalisierungsdebatte in der PR-Forschung. In: Röttger, Ulrike / Zielmann, Sarah (Hrsg.): PR-Beratung. Theoretische Konzepte und empirische Befunde. Wiesbaden: VS Verlag für Sozialwissenschaften. S.173-185

Raupp, Juliana (2006): Kumulation oder Diversifizierung? Ein Beitrag zur Wissenssystematik der PR-Forschung. In: Pühringer, Karin / Zielmann, Sarah (Hrsg.): Vom Wissen und Nicht-Wissen einer Wissenschaft. Kommunikationswissenschaftliche Domänen, Darstellungen und Defizite. Münster: LIT. S.21-50

Reinemann, Carsten / Peiser, Wolfram / Jandura, Olaf (2004): Die Bedeutung der kommunikationswissenschaftlichen Methodenausbildung für die Berufspraxis. In: Neubert, Kurt / Scherer, Helmut (Hrsg.): Die Zukunft der Kommunikationsberufe – Ausbildung, Berufsfelder, Arbeitsfelder. Band 21 der Schriftenreihe der Deutschen Gesellschaft für Publizistik- und Kommunikationsforschung. Konstanz: UVK. S.141-157

Renger, Rudi (2002): Forschendes Lernen und engagierte Reflexion. Zu einer handlungsorientierten Theorie der Kommunikationswissenschaft. In: Renger, Rudi (Hrsg.): Hans Heinz Fabris. Angewandte Kommunikationswissenschaft. Problemfelder, Fragestellungen, Theorie. Ausgewählte Beiträge 1978-2002. Festschrift zum 60. Geburtstag. München: Verlag Reinhard Fischer. S.5-15

Rohrbach, Daniela (2008): Die Entwicklung der Wissensgesellschaft im Zeit- und Ländervergleich. In: Raabe, Johannes / Stöber, Rudolf / Theis-Berglmair, Anna M. / Wied, Kristina (Hrsg.): Medien und Kommunikation in der Wissensgesellschaft. Konstanz: UVK. S.87-101

Rolke, Lothar (2009): Public Relations – die Lizenz zur Mitgestaltung öffentlicher Meinung. Umrisse einer neuen PR-Theorie. In: Röttger, Ulrike (Hrsg.): Theorien der Public Relations. Grundlagen und Perspektiven der PR-Forschung. 2. akt. und erw. Aufl. Wiesbaden: VS Verlag für Sozialwissenschaften. S.173-198

Ronge, Volker (1989): Verwendung sozialwissenschaftlicher Ergebnisse in institutionellen Kontexten. In: Beck, Ulrich / Bonß, Wolfgang (Hrsg.): Weder Sozialtechnologie noch Aufklärung? Analysen zur Verwendung sozialwissenschaftlichen Wissens. Frankfurt am Main: Suhrkamp. S.332-353

Ronneberger, Franz / Rühl, Manfred (1992): Theorie der Public Relations. Ein Entwurf. Opladen: Westdeutscher Verlag

Rossmann, Constanze (2012): „Gemeinsam ist es leichter" – Zur Relevanz der Psychologie und Kommunikationswissenschaft für die Planung einer Kampagne zur Förderung körperlicher Aktivität. In: Fengler, Susanne / Eberwein, Tobias / Jorch, Julia (Hrsg.): Theoretisch praktisch!? Anwendungsoptionen und gesellschaftliche Relevanz der Kommunikations- und Medienforschung. Konstanz: UVK. S.255-269

Rössler, Patrick (2007): Im Plural. Zu den Empfehlungen des Wissenschaftsrates. In: aviso (45). S.3-4

Röttger, Ulrike (2012): Kommunikationswissenschaft auf dem Rückzug. In: aviso (54). S.4

Röttger, Ulrike (2010): Public Relations – Organisation und Profession. Öffentlichkeitsarbeit als Organisationsfunktion. Eine Berufsfeldstudie. 2. Aufl. Wiesbaden: VS Verlag für Sozialwissenschaften

Röttger, Ulrike (2009): Welche Theorien für welche PR? In: Röttger, Ulrike (Hrsg.): Theorien der Public Relations. Grundlagen und Perspektiven der PR-Forschung. 2. akt. und erw. Aufl. Wiesbaden: VS Verlag für Sozialwissenschaften. S.9-25

Röttger, Ulrike (2008): Aufgabenfelder. In: Bentele, Günter / Fröhlich, Romy / Szyszka, Peter (Hrsg.): Handbuch der Public Relations. Wissenschaftliche Grundlagen und berufliches Handeln. Mit Lexikon. 2., korr. und erw. Aufl. Wiesbaden: Verlag für Sozialwissenschaften. S.501-510

Röttger, Ulrike (2006): Ich sehe was, was du nicht siehst: PR-Beratung und PR-Beratungswissen. In: Pühringer, Karin / Zielmann, Sarah (Hrsg.): Vom Wissen und Nicht-Wissen einer Wissenschaft. Kommunikationswissenschaftliche Domänen, Darstellungen und Defizite. Münster: LIT. S.73-97

Röttger, Ulrike (2004): Welche Theorien für welche PR? In: Röttger, Ulrike (Hrsg.): Theorien der Public Relations. Grundlagen und Perpektiven der PR-Forschung. Wiesbaden: VS Verlag für Sozialwissenschaften. S.7-22

Röttger, Ulrike / Preusse, Joachim / Schmitt, Jana (2011): Grundlagen der Public Relations. Eine kommunikationswissenschaftliche Einführung. Wiesbaden: VS Verlag für Sozialwissenschaften. S.13-16

Rühl, Manfred (2009): Für Public Relations? Ein kommunikationswissenschaftliches Theoriebouquet! In: Röttger, Ulrike (Hrsg.): Theorien der Public Relations. Grundlagen und Perspektiven der PR-Forschung. 2. akt. und erw. Aufl. Wiesbaden: VS Verlag für Sozialwissenschaften. S.71-85

Saxer, Ulrich (2006): Angewandte Kommunikationswissenschaft als Dienstleistung. In: Holtz-Bacha, Christina / Kutsch, Arnulf / Langenbucher, Wolfgang R. / Schönbach, Klaus (Hrsg.): Fünfzig Jahre Publizistik. Publizistik Sonderheft 5 2005/2006. Wiesbaden: VS Verlag für Sozialwissenschaften. S.339-353

Saxer, Ulrich (1999): Organisationskommunikation aus kommunikationswissenschaftlicher Sicht. Eine Standortbestimmung. In: Szyszka, Peter (Hrsg.): Öffentlichkeit: Diskurs zu einem Schlüsselbegriff der Organisationskommunikation. Wiesbaden: Westdeutscher Verlag. S.21-36

Schäfer, Christian (2012): Die vier ‚Währungen' wissenschaftlichen Erfolgs. Eine alternative Chronologie zur Entwicklung der Publizistik- und Kommunikationswissenschaft in Deutschland. In: Fengler, Susanne / Eberwein, Tobias / Jorch, Julia (Hrsg.): Theoretisch praktisch!? Anwendungsoptionen und gesellschaftliche Relevanz der Kommunikations- und Medienforschung. Konstanz: UVK. S.301-316

Scheidt, Katja / Wienand, Edith (2005): Nichts ist praktischer als eine gute Theorie? Oder: Wie viele theoretische Türen lassen sich praktisch öffnen? In: Wienand, Edith / Westerbarkey, Joachim / Scholl, Armin (Hrsg.): Kommunikation über Kommunikation. Theorien, Methoden und Praxis. Festschrift für Klaus Merten. Wiesbaden: VS Verlag für Sozialwissenschaften. S.265-271

Schenk, Michael (2009): Persuasion. In: Noelle-Neumann, Elisabeth / Schulz, Winfried / Wilke, Jürgen (Hrsg.) (2009): Fischer Lexikon Publizistik Massenkommunikation. 4. akt., vollst. überarb. und erg. Aufl. Frankfurt am Main: Fischer. S.443-458

Scheufele, Bertram (2003): Frames – Framing – Framing-Effekte. Theoretische und methodische Grundlegung des Framing-Ansatzes sowie empirische Befunde zur Nachrichtenproduktion. Wiesbaden: Westdeutscher Verlag

Scheufele, Bertram / Brosius, Hans-Bernd (1999): The frame remains the same? Stabilität und Kontinuität journalistischer Selektionskriterien am Beispiel der Berichterstattung über Anschläge auf Ausländer und Asylbewerber. In: Rundfunk und Fernsehen (47). S.409-432

Schierl, Thomas (2002): Grau, mein Freund, ist alle Theorie... Die Diffusion kommunikationswissenschaftlicher Erkenntnisse in der werblichen Kommunikationspraxis. In: Willems, Herbert (Hrsg.): Die Gesellschaft der Werbung. Konzepte und Texte. Produktionen und Rezeptionen. Entwicklungen und Perspektiven. Opladen: Westdeutscher Verlag. S.465-480

Schirrmacher, Frank (2013): Ego. Das Spiel des Lebens. München: Karl Blessing Verlag

Scholl, Armin / Weischenberg, Siegfried (1998): Journalismus in der Gesellschaft. Theorie, Methodologie und Empirie. Opladen: Westdeutscher Verlag

Schulte, Sarah (2011): Qualifikation für Public Relations. Neue Perspektiven in der PR-Berufsfeldforschung. Mit Handlungsempfehlungen für die Aus- und Weiterbildung von PR-Experten. Inaugural-Dissertation zur Erlangung des Doktorgrades der Philosophischen Fakultät der Westfälischen Wilhelms-Universität zu Münster (Westf.). Vorgelegt von Sarah Schulte aus Münster 2011. Online verfügbar. URL: http://miami.uni-muenster.de/servlets/DerivateServlet/Derivate-5940/diss_schulte_sarah.pdf. Abgerufen am 20.06.2013 um 12:30 Uhr

Schulz, Winfried (2009): Public Relations/Öffentlichkeitsarbeit. In: Noelle-Neumann, Elisabeth / Schulz, Winfried / Wilke, Jürgen (Hrsg.): Fischer Lexikon Publizistik Massenkommunikation. 4. akt., vollst. überarb. und erg. Aufl. Frankfurt am Main: Fischer. S.565-592

Schulz, Winfried (1990): Die Konstruktion von Realität in den Nachrichtenmedien. Analyse der aktuellen Berichterstattung. 2. Aufl. Freiburg, München: Verlag Karl Alber

Schweiger, Wolfgang / Rademacher, Patrick / Grabmüller, Birgit (2009): Womit befassen sich kommunikationswissenschaftliche Abschlussarbeiten? Eine Inhaltsanalyse von DGPuK-TRANSFER als Beitrag zur Selbstverständnisdebatte. In: Publizistik (54). S.533-552

Signitzer, Benno (2004): Theorie der Public Relations. In: Burkart, Roland / Hömberg, Walter (Hrsg.): Kommunikationstheorien. Ein Textbuch zur Einführung. 3. überarb. und erw. Aufl. Wien: Braumüller. S.141-173

Signitzer, Benno (1995): Public Relations und Public Diplomacy. In: Mahle, Walter A. (Hrsg.): Deutschland in der internationalen Kommunikation. Konstanz: UVK/Öhlschläger. S.73-81

Signitzer, Benno (1988): Public Relations-Forschung im Überblick. Systematisierungsversuche auf der Basis neuerer amerikanischer Studien. In: Publizistik (33). S.92-116

Signitzer, Benno (1984): Aspekte für die Kommunikationswissenschaft. In: Signitzer, Benno (Hrsg.): Public Relations. Praxis in Österreich. Wien: Orac. S.153-157

Silbermann, Alphons (1996): Abgesang auf die deutsche Medien- und Kommunikationswissenschaft. In: Die Zeit online, 13.12.1996, 14:00. Online verfügbar. URL: http://www.zeit.de/1996/51/komm.txt.19961213.xml. Abgerufen am 24.04.2013 um 11:00 Uhr

Simon, Dagmar / Truffer, Bernhard / Knie, Andreas (2003): Reise durchs Grenzland: Ausgründungen als Cross-Over der Wissensproduktion. In: Franz, Hans-Werner / Howaldt, Jürgen / Jacobsen, Heike / Kopp, Ralf (Hrsg.): Forschen – lernen – beraten. Der Wandel von Wissensproduktion und -transfer in den Sozialwissenschaften. Berlin: edition sigma. S.339-355

Sha, Bey-Ling (2011): 2010 Practice Analysis: Professional competencies and work categories in public relations today. In: Public Relations Review (37). S.187-196

Spiller, Ralf / Weinacht, Stefan (2012): An-Institute im Bereich „Medien und Kommunikation". Befunde einer qualitativen Studie zu einer Organisationsform von Wissenschaft in Deutschland. In: M&K 4/2012. S.577-598

Steinbicker, Jochen (2010a): Peter F. Drucker: Wissensgesellschaft, wissensbasierte Organisation und Wissensarbeiter. In: Kajetzke, Laura / Engelhardt, Anina (Hrsg.): Handbuch Wissensgesellschaft. Theorien, Themen und Probleme. Bielefeld: transcript. S.21-26

Steinbicker, Jochen (2010b): Daniel Bell: Die post-industrielle Gesellschaft als Wissensgesellschaft. In: Kajetzke, Laura / Engelhardt, Anina (Hrsg.): Handbuch Wissensgesellschaft. Theorien, Themen und Probleme. Bielefeld: transcript. S.27-33

Strulik, Torsten (2010): Helmut Willke: Systemtheorie der Wissensgesellschaft. In: Kajetzke, Laura / Engelhardt, Anina (Hrsg.): Handbuch Wissensgesellschaft. Theorien, Themen und Probleme. Bielefeld: transcript. S.65-75

Szyszka, Peter (2009): Organisation und Kommunikation. Integrativer Ansatz einer Theorie zu Public Relations und Public Relations-Management. In: Röttger, Ulrike (Hrsg.): Theorien der Public Relations. Grundlagen und Perspektiven der PR-Forschung. 2. akt. und erw. Aufl. S.135-150

Szyszka, Peter (2008a): Berufsgeschichte. Bundesrepublik Deutschland. In: Bentele, Günter / Fröhlich, Romy / Szyszka, Peter (Hrsg.): Handbuch der Public Relations. Wissenschaftliche Grundlagen und berufliches Handeln. Mit Lexikon. 2. korr. und erw. Aufl. Wiesbaden: Verlag für Sozialwissenschaften. S.382-395

Szyszka, Peter (2008b): Organisationsbezogene Ansätze. In: Bentele, Günter / Fröhlich, Romy / Szyszka, Peter (Hrsg.): Handbuch der Public Relations. Wissenschaftliche Grundlagen und berufliches Handeln. Mit Lexikon. 2. korr. und erw. Aufl. Wiesbaden: Verlag für Sozialwissenschaften. S.161-176

Szyszka, Peter (2008c): PR-Verständnis im Marketing. In: Bentele, Günter / Fröhlich, Romy / Szyszka, Peter (Hrsg.): Handbuch der Public Relations. Wissenschaftliche Grundlagen und berufliches Handeln. Mit Lexikon. 2. korr. und erw. Aufl. Wiesbaden: Verlag für Sozialwissenschaften. S.161-176

Szyszka, Peter (1996): Kommunikationswissenschaftliche Perspektiven des Dialogbegriffs. In: Bentele, Günter / Steinmann, Horst / Zerfaß, Ansgar (Hrsg.): Dialogorientierte Unternehmenskommunikation. Grundlagen – Praxiserfahrungen – Perspektiven. Berlin: Vistas Verlag. S.81-106

Szyszka, Peter (1995): Öffentlichkeitsarbeit und Kompetenz: Probleme und Perspektiven künftiger Bildungsarbeit. In: Bentele, Günter / Szyszka, Peter (Hrsg.): PR-Ausbildung in Deutschland. Entwicklung, Bestandsaufnahme und Perspektiven. S.317-342

Szyszka, Peter / Schütte, Dagmar / Urbahn, Katharina (2009): Public Relations in Deutschland. Eine empirische Studie zum Berufsfeld Öffentlichkeitsarbeit. Konstanz: UVK

Terry, Keith E. (1989): Educator and Practitioner Differences on the Role of Theory in Public Relations. In: Botan, Carl H. (Hrsg.): Public Relations Theory. Hillsdale, N.J.: Erlbaum. S.281-298

Theis-Berglmair, Anna Maria (2013): Why "Public Relations", why not "Organizational Communication"? Some comments on the dynamic potential of a research area. In: Zerfaß, Ansgar / Rademacher, Lars / Wehmeier, Stefan (Hrsg.): Organisationskommunikation und Public Relations. Forschungsparadigmen und neue Perspektiven. Wiesbaden: Springer VS. S.27-42

Theis-Berglmair, Anna Maria (2003): Organisationskommunikation. Theoretische Grundlagen und empirische Forschungen. 2. Aufl. Münster: LIT

Theunissen, Petra / Noordin, Wan Norbani Wan (2012): Revisiting the concept of "dialogue" in public relations. In: Public Relations Review, Volume 38, Issue 1, March 2012. S.5-13

Thussu, Daya Kishan (2009): Introduction. In: Thussu, Daya Kishan (Hrsg.): Internationalizing Media Studies. Abingdon: Routledge. S.1-10

Toth, Elizabeth L. (2007): Preface, Brief Biographies of James E. Grunig and Larissa A. Grunig, Introduction. In: Toth, Elizabeth L. (Hrsg.): The Future of Excellence in Public Relations and Communication Management. Challenges for the Next Generation. Mahwah: Lawrence Erlbaum Associates. S.ix-xx

Uhlemann, Ingrid A. (2012): Nachrichtenwertbestimmung aus Nachrichtenfaktoren – theoretische Konstruktion(en) journalistischer Praxis? In: Fengler, Susanne / Eberwein, Tobias / Jorch, Julia (Hrsg.): Theoretisch praktisch!? Anwendungsoptionen und gesellschaftliche Relevanz der Kommunikations- und Medienforschung. Konstanz: UVK. S.185-200

Verhoeven, Piet / Zerfaß, Ansgar / Tench, Ralph (2011): Strategic Orientation of Communication Professionals in Europe. In: International Journal of Strategic Communication. 5:2. S.95-117

Vowe, Gerhard (2008): „Wissensgesellschaft", „Mediengesellschaft" und andere Angebote für den Deutungsmarkt. Der Beitrag der Kommunikationswissenschaft zum Selbstverständnis der Gesellschaft. In: Raabe, Johannes / Stöber, Rudolf / Theis-Berglmair, Anna M. / Wied, Kristina (Hrsg.): Medien und Kommunikation in der Wissensgesellschaft. Konstanz: UVK. S.46-61

Vowe, Gerhard / Langenbucher, Wolfgang R. / Ruß-Mohl, Stephan / Kepplinger, Hans Mathias / Wessler, Hartmut (2012): Gelebte Synthese von Theorie und Praxis. Ein biographisches Kaleidoskop. In: Fengler, Susanne / Eberwein, Tobias / Jorch, Julia (Hrsg.): Theoretisch praktisch!? Anwendungsoptionen und gesellschaftliche Relevanz der Kommunikations- und Medienforschung. Konstanz: UVK. S.273-299

Watson, Tom (2012): The evolution of public relations measurement and evaluation. In: Public Relations Review, Volume 38, issue 3, September 2012. S.390-398

Weber, Max (1994): Wissenschaft als Beruf. In: Mommsen, Wolfgang J. / Schluchter, Wolfgang / Morgenbrod, Birgitt (Hrsg.): Max Weber: Wissenschaft als Beruf 1917/19. Politik als Beruf 1919. Studienausgabe. Tübingen: J.C.B. Mohr. S.1-23

Wehmeier, Stefan (2011): What makes communication science matter? Zur Relevanz der Kommunikations- und Medienwissenschaft. In: aviso (53). S.3-4

Wehmeier, Stefan (2008): Amerikanische Einflüsse. Systemtheoretisch-kybernetische Ansätze aus den USA und ihre Rezeption im deutschen Sprachraum. In: Bentele, Günter / Fröhlich, Romy / Szyszka, Peter (Hrsg.): Handbuch der Public Relations. Wissenschaftliche Grundlagen und berufliches Handeln. Mit Lexikon. 2. korr. und erw. Aufl. Wiesbaden: Verlag für Sozialwissenschaften. S.281-294

Wehmeier, Stefan / Rademacher, Lars / Zerfaß, Ansgar (2013): Organisationskommunikation und Public Relations: Unterschiede und Gemeinsamkeiten. Eine Einleitung. In: Zerfaß, Ansgar / Rademacher, Lars / Wehmeier, Stefan (Hrsg.): Organisationskommunikation und Public Relations. Forschungsparadigmen und neue Perspektiven. Wiesbaden: Springer VS. S.8-24

Weingart, Peter (2012): Die Wissenschaft der Öffentlichkeit. Kommunikationswissenschaft in der Mediengesellschaft. In: Fengler, Susanne / Eberwein, Tobias / Jorch, Julia (Hrsg.): Theoretisch praktisch!? Anwendungsoptionen und gesellschaftliche Relevanz der Kommunikations- und Medienforschung. Konstanz: UVK. S.27-34

Weingart, Peter (2005): Die Wissenschaft der Öffentlichkeit. Weilerwist: Velbrück Wissenschaft

Weingart, Peter (2003): Wissenschaftssoziologie. Bielefeld: transcript

Weischenberg, Siegfried / Malik, Maja / Scholl, Armin (2006): Die Souffleure der Mediengesellschaft. Report über die Journalisten in Deutschland. Konstanz: UVK

Wenger, Christian (2005): Fallauswahl als theoretisches Sampling. Theoretisch kontrollierte Kontrastierung in interaktiv konstruierten Bezugsrahmen. In: Gehrau, Volker / Fretwurst, Benjamin / Krause, Birgit / Daschmann, Gregor (Hrsg.): Auswahlverfahren in der Kommunikationswissenschaft. Köln: Herbert von Halem. S.52-70

Werner, Petra / Wied, Kristina (2012): Avisiert. In: aviso (55). S.1

Werner, Petra / Wied, Kristina (2011): Avisiert. In: aviso (53). S.1

Werner, Petra / Wied, Kristina (2010): Avisiert. In: aviso (51). S.1

Weßler, Hartmut (2002): Journalismus und Kommunikationswissenschaft: Eine Einleitung. In: Jarren, Otfried / Weßler, Hartmut (Hrsg.): Journalismus – Medien – Öffentlichkeit. Eine Einführung. Wiesbaden: Westdeutscher Verlag. S.17-38

Wienand, Edith (2004): Zur Unprofessionalität von Public Relations. In: Köhler, Tanja / Schaffranietz, Adrian (Hrsg.): Public Relations. Perspektiven und Potenziale im 21. Jahrhundert. Wiesbaden: VS Verlag für Sozialwissenschaften. S.33-46

Wienand, Edith (2003): Public Relations als Beruf. Kritische Analyse eines aufstrebenden Kommunikationsberufes. Wiesbaden: Westdeutscher Verlag

Will, Markus (2008): Public Relations aus Sicht der Wirtschaftswissenschaften. In: Bentele, Günter / Fröhlich, Romy / Szyszka, Peter (Hrsg.): Handbuch der Public Relations. Wissenschaftliche Grundlagen und berufliches Handeln. Mit Lexikon. 2. korr. und erw. Aufl. Wiesbaden: Verlag für Sozialwissenschaften. S.62-77

Wingens, Matthias (2003): Die Qualität von „mode 2". Einige pointierte Bemerkungen. In: Franz, Hans-Werner / Howaldt, Jürgen / Jacobsen, Heike / Kopp, Ralf (Hrsg.): Forschen – lernen – beraten. Der Wandel von Wissensproduktion und -transfer in den Sozialwissenschaften. Berlin: edition sigma. S.269-283

Wissenschaftsrat (2007): Empfehlungen zur Weiterentwicklung der Kommunikations- und Medienwissenschaften in Deutschland. Oldenburg. Online verfügbar. URL: www.wissenschaftsrat.de/download/archiv/7901-07.pdf. Abgerufen am 20.06.2013 um 13:00 Uhr

Woelke, Jens / Maurer, Marcus / Jandura, Olaf (Hrsg.) (2010): Forschungsmethoden für die Markt- und Organisationskommunikation. Köln: Herbert von Halem

Wright, Donald K. / Turk, Judy VanSlyke (2007): Public Relations Knowledge and Professionalism: Challenges to Educators and Practitioners. In: Toth, Elizabeth L. (Hrsg.): The Future of Excellence in Public Relations and Communication Management. Challenges for the Next Generation. Mahwah: Lawrence Erlbaum Associates. S.571-588

Zerfaß, Ansgar (2010): Unternehmensführung und Öffentlichkeitsarbeit. Grundlegung einer Theorie der Unternehmenskommunikation und Public Relations. 3. Aufl. Wiesbaden: VS Verlag für Sozialwissenschaften

Zerfaß, Ansgar (2009): Institutionalizing Strategic Communication: Theoretical Analysis and Empirical Evidence. In: International Journal of Strategic Communication, 3:2. S.69-71

Zerfaß, Ansgar (2007): Unternehmenskommunikation und Kommunikationsmanagement, in: Piwinger, Manfred / Zerfaß, Ansgar (Hrsg.): Handbuch Unternehmenskommunikation. Wiesbaden: Gabler, S.21-70

Zerfaß, Ansgar (2006): Kommunikations-Controlling. In: Schmid, Beat / Lyczek, Boris (Hrsg.): Unternehmenskommunikation. Wiesbaden: Gabler, S.431-465

Zerfaß, Ansgar (1996): Dialogkommunikation und strategische Unternehmensführung. In: Bentele, Günter / Steinmann, Horst / Zerfaß, Ansgar (Hrsg.): Dialogorientierte Unternehmenskommunikation. Grundlagen – Praxiserfahrungen – Perspektiven. Berlin: Vistas Verlag. S.23-58